全国高等院校应用心理学系列精品教材

总主编 李 红

变态心理学

主 编：王卫红 副主编：张 璇

西南师范大学出版社
国家一级出版社 全国百佳图书出版单位

图书在版编目(CIP)数据

变态心理学 / 王卫红主编. -- 重庆：西南师范大学出版社, 2021.7
ISBN 978-7-5697-0973-5

Ⅰ. ①变… Ⅱ. ①王… Ⅲ. ①变态心理学－高等学校－教材 Ⅳ. ①B846

中国版本图书馆CIP数据核字(2021)第123091号

变态心理学

BIANTAI XINLIXUE

王卫红　主编

责任编辑：杜珍辉
责任校对：黄丽玉
装帧设计：汤　立
排　　版：贝　岚
出版发行：西南师范大学出版社
地址：重庆市北碚区天生路2号
邮编：400715
印　　刷：重庆紫石东南印务有限公司
幅面尺寸：185mm×260mm
印　　张：23.5
字　　数：570千字
版　　次：2021年7月 第1版
印　　次：2021年7月 第1次印刷
书　　号：ISBN 978-7-5697-0973-5

定　　价：58.00元

前　　言

“谈虎色变”是形容人们对于可怕事情的一种反应状态。变态心理学可以说是心理学领域中的一只“虎”，虽然它的研究内容对人类社会有极大助益，但大多数人还是对它避之不及。

我曾在学校担任“变态心理学”任课教师许多年，也参与了许多心理学方面的培训工作，还接触了许多心理异常的来访者，深感社会大众对于该领域的心理学内容还存在一些认识误区，以至于问题不能得到更恰当的解决；同时，对于有志于从事心理咨询与临床工作的人而言，“变态心理学”知识的掌握程度，是他们开展专业工作的重要基础。

因此，本书的编写一方面是为了让心理学专业或是心理学爱好者能够结合生活更好地理解变态心理学的相关知识，另一方面能够让普通大众了解生活所谓的“变态”，更好地生活。

在这本《变态心理学》中，我会将自己的学习和实践成果与大家做一个交流，特别是配合理论讲解提供的案例分析与探讨，绝大多数都是一手资料或者最新发生的，有助于大家更好理解和掌握变态心理学的知识。

本书主要内容包括变态心理学概述、精神症状的具体表现、各种精神疾病及其表现、相关的道德法律问题。

本书有以下特点：

1. 理论与实际相联系。虽然变态心理学理论体系较为严密，但我们力求将严密的理论与大众生活和社会发展实际相结合，使高深的理论更为普通人所理解、接纳。

2. 学习与思考相联系。每章后面都布置了相应的复习，不仅是对各章内容的一个深入理解，同时可以引发读者进一步思考，拓展变态心理学视野。

3. 阅读与理解相一致。本书写作中，文字陈述力求易懂易读，尽量用实际案例对概念、原理进行解释，对变态心理学内容的理解有较高的参考价值。

本书大纲由西南大学心理学部王卫红、张璇制订。各章编写人员如下:第一章,王卫红、肖俊艳;第二章,王卫红、周林霖;第三章、第四章、第五章,王卫红、张璇;第六章,王卫红、张璇、屈香妮;第七章,王卫红、李乙;第八章,王卫红、罗佳;第九章,王卫红、田泽宇;第十章,王卫红、杨婕;第十一章,张璇。全书由王卫红、张璇进行统稿,王卫红最后定稿。

本书在编写过程中参阅了大量国内外相关文献资料,在此衷心感谢多年来在变态心理学领域付出辛勤努力并取得成就的专家学者,同时要感谢"出版基金资助"项目,感谢西南师范大学出版社对本书出版的大力支持,特别是任志林、杜珍辉编辑,他们提出的许多具有建设性的意见使我受益良多。

在全书的编写过程中,我们力求精益求精,但是难免会存在一些错误和不足,敬请读者原谅。

本书不仅可以作为高等院校心理学专业、医学相关专业的学生学习用书和教师教学用书,也可以作为心理咨询工作者、社会工作者、心理健康辅导者、临床医学工作者、教育工作者以及社会各界热爱这个领域的人士的辅导和自学用书。

王卫红

2020年9月于西南大学

CONTENTS 目录

第一章

绪论

当今社会生活压力急剧增加，越来越多的人经历着身体和精神上的双重折磨，随之而来的心理问题也日益凸显。

世界卫生组织的2017年的官方统计报告《抑郁症和其他常见精神障碍：全球卫生估计》，以及2018年发表于著名医学杂志《柳叶刀》的报告《2017年全球疾病负担研究》表明，全世界至少有6亿人罹患严重精神疾病，其中抑郁症3.22亿人，焦虑症2.64亿人，双相情感障碍4500万人，精神分裂症2000万人，痴呆症5000万人（因为抑郁症和焦虑症时常伴随起病，因此在计算时部分重叠）。《中国的精神障碍流行状况：一个横断面流行病学调查》（黄悦勤，2019）所报告的，基于中国精神卫生调查（CMHS）的中国精神障碍患病率数据显示：排除痴呆后，六大类精神障碍（心境障碍、焦虑障碍、酒精/药物使用障碍、精神分裂症及相关精神病性障碍、进食障碍、冲动控制障碍）的加权终生患病率为16.6%（13.0%—20.2%）。或者更直接地说，我国有大约2.32亿人患有各种各样的精神疾病。

对于各类精神疾病，大家平常称之为“变态”。广义的“变态”指事物的性状发生变化；也指在生物个体发育过程中的形态变化；还指人的生理、心理的不正常状态。心理学中的“变态”是指：人的生理、心理的不正常状态；心理、行为上异于常人而且呈现病态；或者指经常做出常人无法理解或违背现存常理行为的人。

学习和掌握变态心理学知识，有利于大家对“变态”有更深入、更专业的了解，能够以更有建设性的方式去应对自己及身边人出现的“变态”问题。

本章的主要内容包括：

1. 变态心理学的基本概念；

2. 变态心理学的发展历史；

3. 精神疾病的流行病学。

第一节 变态心理学的基本概念

变态心理学(Abnormal psychology),是研究变态心理的一门学科,主要研究人类各种心理活动,包括认识活动、情感活动、意志活动以及个性心理等方面的异常表现及其病因,并对这些异常现象进行归类、解释,说明其发生、发展和转归的影响因素和规律。

本节主要介绍变态心理、变态心理学以及变态心理学的研究方法。

一、变态心理

(一)概念

1.正常与异常

这是一对相对概念,异常就是变态。根据一定标准,可以将每个人分别归入某一类,但因为分类者的经验不足,至今没有一个统一的、完整的、能够解决所有问题的标准。

如果下一个操作性定义,可以简单理解为:凡现有精神障碍诊断与分类系统包含了的精神疾病,我们认为就是变态;而没有被包含的,则认为正常。

2.诊断与分类系统

目前较为通用且流行的精神障碍诊断与分类系统主要有三种。

(1)ICD(International Classification of Disease)

目前仍在使用的《国际疾病分类》(ICD-10)是世界卫生组织于1990年正式公布的。ICD-10的特点是每个疾病的论断都列出了诊断指标和鉴别诊断要点,其诊断指标与分类方法明显受到美国精神障碍分类系统(DSM)的影响,但又按症状学来分类,保持了自己的某些特色。2018年,中华人民共和国国家卫生健康委员会组织世界卫生组织国际分类家族中国合作中心、中华医学会及有关医疗机构专家对世界卫生组织公布的国际疾病分类第十一次修订本(ICD-11)进行了编译,形成了国际疾病分类第十一次修订本(ICD-11)中文版(简称ICD-11中文版),这个诊断标准按照规范医疗机构疾病来分类。

(2)DSM(Diagnostic and Statistical Manual of Mental Disorders)

《美国精神障碍分类系统》(DSM)第三版于1980年出版,其分类框架较前两版有较大修订,如取消了精神病与神经症的严格划分,取消了神经衰弱的诊断类别,肢解了神经症,并对每个诊断都制定出了一个明确的诊断标准,使诊断的一致性大为提高等。另外还提出多轴诊断概念。1994年出版了第四版,2013年出版了第五版(DSM-5),对所有精神疾病进行了重新定义和分类,并制订了精确和具体的诊断标准。它采纳、吸取了数百位国际一流水准的精神心理疾病教授、精神科医生、心理学博士等各界专家的意见和建议,因而极具科学参考价值。这个诊断标准按照病因学来分类。

(3)CCMD(Chinese Classification and Diagnostic Criteria of Mental Disorders)

1986年6月,中华医学会第三届神经精神科学会在重庆召开,决定成立精神疾病诊断标准工作委员会，委员会通过专题研究与现场测试，用时三年左右，制订了《中国精神病分类与诊断标准》。最新一版CCMD-3于2001年颁布。这个诊断标准的分类兼顾病因、病理学分类和症状学分类。

（二）心理异常的判断标准

心理异常（Psychological abnormality）更多情况下表现为一种伴随着痛苦和功能性损伤出现的个体内部的心理功能紊乱，指人们的心理过程，包括认知、情感、意志和个性心理等方面表现出症状模式，从而出现各种各样的异常。

“与众不同”是一种通俗的说法，而偏离（deviate）也许是更为核心的解释。

一般考虑以下4种偏离：

1.统计学的偏离

从统计学的意义上讲，心理异常是指心理指标与某个确定的常模的偏离。除智力水平外，其他各项心理指标，如认知、情绪与行为等，与常模偏离程度越大，则出现问题的可能性越大。

2.社会文化的偏离

心理异常也被理解为是对某一文化常模的偏离，即某种文化状态中，某些心理状态或活动是不被当下社会的大多数人接受的，也就意味着只有少数人会出现这样的状况，成为大家眼中的“异类”。由此可知，心理变态的人在整个大社会背景中数量是相当少的。

3.个人感受的偏离

（1）心理结构不统一，内部心理与外部行为偏离

例如强迫症患者，当他们发生强迫症状时，虽然他们知道这样的行为是不正常的，但是他们没有办法制止自己，甚至会不自觉地出现一些行为反应，因此，他们的认知与行为是不一致的，他们的内部心理与外部行为是不协调的。

（2）平衡感被打破

健康就是平衡，异常是平衡的偏离。一旦平衡被打破，个体将承受痛苦，如面对危险或丧失，表现恐惧或悲伤，这无可厚非；但如果表现程度和强度过大，超出了应有的反应水平，就可能被诊断为异常。例如面对新型冠状病毒肺炎，有些未被感染的个体，因为对某些信息不恰当地加工，无端认为自己及家人可能被感染了，每天都生活在惊恐之中，就可能是异常的表现。

4.行为功能的偏离

个体的行为表现出一定程度的功能丧失，这是对正常行为的偏离。如癔症患者发病时，他们会失去某部分的躯体功能，例如他们可能瘫痪在床，不能说话等。

这些偏离，会在一定程度上造成个体社会功能受损，被自己或他人评定为异常，且偏离程度与疾病严重程度有着紧密的联系。

（三）判别个体变态的要素

我们需要对一个人是不是心理变态做出判断，判断要素包括以下几点：

1. 无益

正常个体行为背后一般有合理的解释，而某些个体却出现伤害自身的行为或做出伤害别人而又不符合自己利益的行为，就是我们俗话说的“损人不利己”。这样的行为表现是当事人自己不能控制的，他也不想做出这样的行为，但是因为“变态”，他也无能为力。

2. 无接触

变态个体往往缺乏与现实的接触，他们会刻意避免与常人有更多的接触，我们平时可能不大会注意到他们的存在，所以只有出现问题时我们才会大吃一惊并注意到他们的存在。

3. 无法控制

我们会发现，由于对人与情境的情绪反应不适应，这样的人常表现为“喜怒无常”，或无缘无故地高兴，或不知缘由地大发脾气，也可能无端表现出一些伤人毁物的行为，所以我们面对他们这样的表现时会觉得莫名其妙。

4. 无法预测

这类群体的表现很难用正常人的逻辑来进行推理，常出现古怪且反复无常的行为，不能按照常人的思维理解，也无法预知，且更多具有破坏性的特点。

生活中的心理学

他正常吗？

某男，高中生，1997年生，这是其2014年17岁读高二时的表现。

(1)2003年“非典”期间(6岁)，曾连续高烧一个月，后发现肺上有个小泡，一直进行医学治疗，持续时间一年，后有所好转。之后性格发生改变，不愿与人交往，孤僻，怕自己的病传染别人。

(2)两年前(2012年，15岁)开始节食减肥，不吃肉，吃饭也说没有胃口，体重从170斤减到120斤(其身高180厘米)。

(3)目前生活自理能力尚好，学习成绩中等、稳定，记忆力和理解力正常。

(4)注重外表，觉得自己有颗虎牙难看，要求拔掉，但医生和父母不同意，认为没有必要。该生便问母亲，自己是不是亲生的，觉得父母是怕花钱才不给自己治。父母没办法，只好同意其拔牙。

(5)生性敏感，喜欢猜测别人的想法。有一次在表哥家里做客，他对父母说，虽然表哥在笑，但是心里不喜欢自己到他家里吃饭。

(6)不愿意和别人交流，在家时喜欢把自己反锁在房间里面。和父母聊天时，说到自己不喜欢的事情时会不高兴，有时会说出攻击性的言语：我要打你，我要杀死你等。

(7)因为听班主任在班上说有同学仗着家庭条件优越，瞧不起别人，从此以后，他便不愿意买新衣服，并且裤子烂了也要让母亲拿去修补再穿，觉得自己不应该穿得太好，如果自己生活优越会伤害家境不好的同学。

(8)假期父母带他到农家乐玩，他不愿意去，回来之后说："我要把路挖断，让你们在山上住五年，再来接你们。"当他发现母亲为此伤心时，也没有什么内疚的表现。

(9)有一次在走廊上和隔壁班一位男同学(该男同学和他并不熟)聊天时，突然过去抱住人家，吓得那个男同学赶紧跑掉。

(10)一次上课和同学发生肢体冲突，伤到自己手指。从此之后，他便开始带小刀在身上，称其正当防卫，并且开始恶意地揣测别人的想法。

(11)在班主任老师处了解到：该生平时走路速度很快，很着急，老是觉得时间过得很快，不够用；主动讲到自己打架的情况，追问其原因，表示不知道为什么自己要和同学打架；但谈到打架的过程表现得很兴奋，同时手上有攻击的动作，表示自己虽然没有打到同学，但是能吓唬到他们，自己感到高兴；语言不流畅，老是重复一些话语，如"我觉得"等，大多数情况下不能完整地表达一句话，但读英语很流畅，并且会自造新词。

(12)他认为自己没有心理疾病，也没有必要看医生。

如果按照上述的标准，如何对此人的表现进行判断？他正常吗？

(四)其他因素

根据上述要素，我们基本可以对心理是否变态做出判断。

但我们在判断时还会因为其他一些因素而造成误判，这些因素包括：

1.社会因素

我们在考量是否达到变态的标准时，需要考虑该案例是否有社会因素的影响。因为我们的判断会受到社会大众的影响，即周围人对此案例的判断会引导我们的判断方向，不论正确与否，这样会给判断者造成误差。

如果两个不同身份的人，做出了同样的行为，人们会因为他们的身份对其行为作出不同的解析：如同样的醉酒行为，分别发生在一个教师和一个罪犯身上，人们倾向于做出不同评判。

2.主观因素

每个判断者的观察点和侧重点不一样，所以也有可能出现观察者之间的分歧，即因主观经验的不一样，导致认知偏差。

一个小孩的某个表现，在老师、家长和同学眼中可能会得出不一样的结论。比如某人以前接触的案例是以某一类居多的，所以对当前问题他会倾向于往自己熟悉的专业方向上去思考，可能导致判断误差。不同的人有不同的分析视角，从而可能造成判断上的误差。

3.个体自评

在进行判断时，作为观察者，我们也许可以通过客观可观察的行为标准对对象进行评价；但是有一些内在的感受我们是无法体会的，所以我们还需要结合个体自评来进行评估，这样的判断会更加全面。对于不善言辞的个体(如儿童和一些老人),个体自评往往不准确。同时应注意个体也许会有社会赞许效应的出现。

社会赞许(social desirability)是指某一行为是社会对一般人所希望、期待、接受的行为。大多数人越喜欢的行为,其社会赞许性也越高。所以个体表现的(或描述的)不一定是他本身自然状况下表现的,而是按照人们期望的模式去表现(或描述)。

4.实习医生综合征

这样的情况在刚开始进行医务工作的人身上较为常见,因为他们有诊断的压力,担心自己不能诊断出病人的病症而导致失误,便往设想好的病症方面思考,忽视了一些应该注意到的事实,“断章取义”地进行判断,往往会造成诊断失误。

这种情况也常常发生在他们自己身上,他们会结合所学的医学知识,给自己进行各种“诊断”,认为自己患了所了解的各种疾病;一些患者也会根据自己有限的医学知识,对各种渠道的信息进行选择性的搜集,结果给自己做出各种“荒谬”的诊断。

5.标签效应

我们在日常生活中无法避免刻板印象的出现,在对某些个体进行诊断时,也可能给他们贴上某种精神疾病的标签。我们需要避免轻易地给他人贴标签。将一些本不存在的病症强加于他人,是极其不负责任的。

二、变态心理学

(一)概念

1.“病”与“非病”

变态心理学属于心理学分支学科。这一分支科学,至今尚无确切定义。因为有的学者认为,它研究的问题不应该只是正常心理和异常心理之间的差别,还应该把异常心理当作疾病来研究,所以应叫作病理心理学(psychopathology)。

可是,如果把异常心理当作“疾病”看待,在实践中又有困难。把“疾病”一词用在某些人身上是恰当的,但对另一些人来说却是不恰当的,因为相当多的心理异常目前尚不能找到器质性损害的证据,只能将它们暂时称为脑的功能性障碍,按 ICD－10来说,不能称之为“疾病”。

2.本书定义

变态心理学是探索、理解和预测人类心理异常的一门科学,主要说明心理异常的基本性质与特点,并对这些异常进行分类、解释,进而研究遗传因素、个体差异以及生存环境对心理异常发生、发展和转归的影响,探求心理异常发生、发展的规律,并将这些知识应用于实际,以便更好地理解、预测和控制人的行为。

(二)变态心理学的目的与任务

1.变态心理学的目的

变态心理学的目的主要有以下几点:

(1)建立有效的心理异常的诊断体系,对心理异常做出准确诊断。

(2)心理异常病理学的描述。

(3)心理异常病因学的探讨。

(4)心理异常病程的描述。即对心理异常的各个发展阶段进行描述,并同时区分出在各个不同的阶段中与心理异常有关的个人因素和环境因素。

(5)心理异常的治疗。研究不同治疗的途径及效果,以便在实际应用中选用最适合的方案给予最恰当的处理。

2.变态心理学的任务

变态心理学的任务主要分为两个方面:

(1)理论任务

完善心理学理论,揭示心理活动的实质。尤其是探讨心理异常的实质,即揭示异常心理的原因、机制和心理结构问题;从现象上描述异常行为,研究异常心理的评估和诊断,探讨正常和异常的区别以及判断标准,提供判断标准与方法,进而对心理异常进行科学分类,系统地将各种异常情况分门别类;同时丰富各种学派以正常人格的观点为基础,解释心理异常的心理学理论。

(2)实践任务

在了解理论知识的基础上,从实践的角度探讨对心理障碍的防治和对身心健康的维护,对异常心理提供防治的方法,用于临床的描述和治疗,以促进和保障人类精神健康事业的发展。

(三)变态心理学的意义

1.理论意义

变态心理学的研究可以帮助人们从异常与正常的对照角度中更加清楚地揭示人的心理本质,即揭示心理现象对大脑的依赖关系,以及和客观现实之间的交互作用。

变态心理学以普通心理学、实验心理学等的基本知识和实验技术为基础,它的研究成果又可为普通心理学开辟新的工作领域,提炼新的研究课题,从而充实、丰富普通心理学。同时,作为医学心理学、精神病学中的一个重要分支,它与医学心理学的其他分支交叉渗透,互为补充。以变态心理学为理论基础,直接服务于疾病的诊断和防治,其临床资料和实践成果又可丰富变态心理学的内容,验证变态心理学的理论和假说。

2.实践意义

变态心理学的实践意义在于,为我们提供洞察人类历史及人性的新视角,从异常出发检视人类进化的情况;正确地从生物、心理、社会各方面理解变态行为,避免我们"谈'变'色变";同时也能够帮助我们了解自己和他人，可以自查或帮助他人检查心理健康状况，并且能够给予有需要的人正确的帮助；进而我们可以对异常心理进行识别，有效地进行防治。

拓展阅读

童年创伤与精神障碍

在引发精神障碍的各种原因中，童年创伤（Childhood Trauma）是公认的重要因素。

童年创伤是指在18岁以前的童年及青少年期所经历的单一或多重虐待，主要包括情感与躯体虐待、情感与躯体忽略、性虐待、欺凌、社会剥夺、自然或社会灾难、家庭功能失调（例如目睹父母暴力、犯罪；与父母分离，丧亲；父母重病、贫穷或物质滥用）等。这些创伤常常超出个体的承受能力，让个体处于长期的应激状态，可能会导致个体发展出行为、心理或精神障碍。

精神障碍（Mental disorders）是一种疾病，指大脑机能活动发生紊乱，导致认知、情感、行为和意志等精神活动不同程度障碍的总称。常见的精神障碍包括焦虑症、恐怖症、强迫症、精神分裂症、心境障碍、应激相关障碍、睡眠障碍、性心理障碍、器质性精神障碍等。

在234项精神障碍中，有41项精神障碍被认定与童年创伤相关，占精神障碍总数量的17.5%。童年创伤与多种精神障碍有关，其中性虐待与20种，忽略与13种，躯体虐待与10种，情感虐待与10种，依恋问题与4种，分离和丧失与8种，家庭功能失调、亲子关系问题、不良教养方式与7种，未明确指出类型的虐待与11种精神障碍有关，说明童年创伤是导致精神障碍的重要因素。

童年创伤是最重要且可预防的精神病理学因素。研究表明，44.6%童年期起病的精神障碍、32%青少年期起病的精神障碍以及28.6%成年期起病的精神障碍均与个体童年创伤有关。童年创伤还可以解释所有精神障碍发病原因的32.4%，破坏性行为障碍发病原因的41.2%，焦虑障碍的32.4%，心境障碍的26%，以及物质使用障碍的21%。

（四）变态心理学与相关学科的关系

世界上的所有事物都是互相联系的，所以学习变态心理学还需要对与其相关的学科有一定的了解，这样对学习这门学科有重要的促进作用。

1. 变态心理学与医学心理学（Medical psychology）

医学心理学是把心理学的理论、方法与技术应用到医疗实践中的产物，是医学与心理学结合的边缘学科。它既具有自然科学性质，又具有社会科学性质，包括基本理论、实际应用技术和客观实验等内容。医学心理学兼有心理学和医学的特点，它研究和解决人类健康或患病时以及二者相互转化过程中的一切心理问题，即研究心理因素在疾病病因、诊断、治疗和预防中的作用。

变态心理学是医学心理学的一个重要分支，它与医学心理学的其他分支（临床心理、神经心理、健康心理等）交叉渗透，互为补充。所以医学心理学是变态心理学的大背景，对大背景的了解，可以使我们更加全面地学习变态心理学。

2.变态心理学与精神病学(Psychiatry)

精神病学主要研究精神障碍的病因、发病机理、病象和临床规律以及预防、诊断、治疗和康复等有关问题。现代精神病学不但涉及各种精神病、神经症或伴随躯体疾病的精神障碍的诊治,还涉及适应障碍、人格障碍、性心理偏差,以及诸多类别的儿童智力、能力或品德上发育障碍的防止、矫正和处置问题。在理论上涉及自然科学、心理科学和社会科学的若干分支。

从上面我们可以看出精神病学涉及的各种障碍与变态心理学中的症状有重叠之处,同时又因为精神病学可以分为许多专业,比如临床精神病学、成人精神病学、儿童精神病学、老年精神病学、司法精神病学、联络-会诊精神病学、精神病流行学、社会精神病学、社区精神病学、职业精神病学等。它的临床实践可丰富变态心理学的内容,验证变态心理学的某些理论和假设。所以现代精神病学在实践上已发展到与社会心理卫生相结合的阶段。

3.变态心理学与临床心理学(Clinical Psychology)

临床心理学和变态心理学都是医学心理学的分支,但侧重点不同。临床心理学属于应用心理学的范畴,是运用心理学的知识和原理帮助病人纠正自己的精神和行为障碍,通过咨询来指导和培训健全的人,以便有效地适应环境和增强创造力,可见它的朝向主要是临床服务。临床心理学注重对人类个体能力和特点的测量和评估,并根据所收集到的资料对个体进行分析,以支持其所得的有关结论。

变态心理学重在对理论和病理机制进行分析,它是临床心理学的基础,是优化临床服务的前提。临床心理学是变态心理学的应用,它在通过实践活动的验证之后能对变态心理学的理论和构想提出矫正,是检验变态心理学的重要方法。因此它们相辅相成,互相促进。

三、变态心理学的研究方法

变态心理学研究都是相关研究,非实验研究。基于伦理学上的考虑,心理异常本身及其病因学因素无法进行随机分派和测量。由于缺乏直接的实验操作,因此变态心理学研究往往难以明确区分互相并存的假设的正误,也难以得出因果性的结论。

在变态心理学研究中,运用较多的研究方法有三种,即观察法、个案调查法和会谈法。

(一)观察法(Observational method)

1.概念

观察法是指研究者根据一定的研究目的,预先制定研究提纲或观察表,用自己的感官和辅助工具去直接观察被研究对象,从而获得资料的一种方法。

在变态心理学研究中,观察法是指由研究者(或医生)通过直接观察或在谈话中的观察,对来访者(或患者)的心理、行为表现进行有计划、有目的的了解。在观察之前要做好充分的准备,了解被观察对象的基本情况,制订出观察的目标和观察的具体计划。观察的目标尤其重要,目标需要客观、完整。客观是指异常表现能被观察,而且要忠实、客观地记录,再对观察到的资料进行客观分析，切忌主观臆测；完整是指观察目标要是一个完整的单元，最好能够建立可量化的操作标准。

变态心理学中的观察多使用自然观察。自然观察是指在不加任何控制条件的自然情境中进行观察，如对学生在学校期间的各种表现、住院病人在医院里的日常活动以及人们在家庭中的生活习惯进行直接观察，此时观察者完全不介入被观察者所处的环境；同时也可借助录音、摄像等方法进行间接观察。

2.特点

(1)优点

可以在不干涉观察对象的情况下记录，得到较为真实的结果；有接触第一手资料的优势，从而与所接触的研究现象之间有高度的对应性。

(2)局限

大多数情况下观察是被动发生的，所要观察的事情较难控制；某些行为难以观察；观察往往是针对某一特定情境或特定群体展开的，因而难以推广到其他情境或群体；比较费时、费力。此外，观察法需要研究者具有系统的训练背景和研究经验。

(二)个案调查法(Case study method)

1.概念

个案调查是实践中的临床工作者最常采用的方法，即把患者看作一个单一的案例进行全面、深入、系统的调查。

个案材料来源于被试自述或他人报告，可以通过访谈、问卷等方式获得，个案内容除了被试的个人成长史、既往史和现病史等一般资料外，还需要详细了解个人的生活经历、家庭生活和人际关系状况、学习和工作情况、心理发展和教育经历、对人和事的态度与风格、在集体生活中的表现、兴趣爱好和病前性格特点、重要的生活事件和精神刺激以及最近病情的变化等。

个案调查是一种追踪性质的研究，它既可用回忆以往事件和查阅有关记录的方法重新组织信息，也可通过长期追踪描述病程的未来变化获取新信息。

个案调查要强调调查结论在群体中的普遍意义，最好选择有代表性的个案进行研究。

2.特点

(1)优点

无需被研究者做出反应，没有实验效应问题，也没有欺骗或涉及人与人相互作用的问题。并且，这种方法可以追溯人的成长系统，也可以进行跨文化比较。

(2)局限

它是相关研究，无法进行因果判断；完整、客观的资料较难获得；要求研究者有高度的理论素养和分析材料的能力。

(三)会谈法(Interview method)

1.概念

会谈的主要功能是收集患者的有关资料,对患者进行诊断和评估,为患者提供心理支持和治疗。会谈在结构上可以是标准化的,即有固定程序,所要问的问题是事先决定的,会谈者以同样措辞和同样顺序向每个应答者发问,这种会谈受主观影响少,结果便于比较和评估;会谈也可在非标准化或非结构化的形式下进行,此时会谈的内容和顺序取决于应答者的回答和会谈者自己的选择,这样的会谈给予双方很大主动性,但随意性大,结果不易比较。

会谈还可作为一种治疗技术,也有许多具体要求,如治疗者要注意倾听,持非评判性或中性的态度,创设良好的身心环境,使患者感到轻松,得到尊重,科学运用释义、中断、提问、转移等多种技术。谈话的内容要适应患者的接受能力和兴趣,对个性发展或问题改善有关键作用,有利于探索深层病因和鉴别诊断,促进患者认知和态度的改变以及心理问题的解决。会谈可通过录音、录像或会谈后回忆的方式进行资料记录,如果必须在会谈中进行记录,要尽可能简洁,不影响会谈的顺利进行。

2.特点

(1)优点

灵活,可以及时了解和澄清不明确的信息,随时改变和调整。它适用范围广,可以对各种问题和各种对象进行访谈,并且没有文化水平的限制。可以了解会谈者的动机、个性和对特定问题的情绪反应。

(2)局限

需要建立良好的会谈关系,否则可能无法确保会谈结果的客观可靠。

复习巩固

1.判别个体变态的要素有哪些?

2.简要阐述变态心理学与相关学科的关系。

第二节 变态心理学的发展历史

自从有了人类,有了人类心理,变态心理也就相应产生了,所以变态心理学的历史由来已久。变态心理学发展的历史,其实就是人们对于心理变态表现的描述及其病因解释的历史,也是人们如何应对心理变态的历史。

最早可以追踪到几千年前,从远古时代起就有不少关于精神障碍的记载,对心理异常的解释也不断变化,从公元前四五世纪的朴素唯物主义观对心理异常的解释到20世纪以来科学的实验研究的解释论证，人们对心理及心理异常的看法，与社会发展程度特别是心理学科的发展是息息相关的，因为社会的经济、政治、宗教都会影响人们对于心理和心理异常的看法。

有什么样的世界观，就会有什么样的方法论。变态心理学的发展历史，其实就是人们对于人为什么会变态的认识史，也是如何进行处理的治疗史。

一、西方变态心理学发展历史

（一）科学的启蒙

1. 古人的认识

古埃及人、早期的希伯来人和古希腊人对于心理异常的病因有鬼神附体的说法，这类说法可追溯至约公元前1000年。

中世纪神权高于一切，神鬼致病的信念是对心理异常主要的解释。驱魔、拷打、禁锢或烧于火刑柱是“救治”病人，使魔鬼离去的唯一办法，当时人们认为只有这样才能使魔鬼感到此处（人身）不是藏身之地。与此同时，也有人把精神障碍者看作神灵或宗教先知，这种人受到尊敬和崇拜，但这是极少数例子。

拓展阅读

头骨钻孔术

考古学家不止一次在新石器时期的头骨上发现有“高精密度圆洞”，有时不止一个。其中有人大胆推测说，被发现的头骨在当时曾做过外科手术，并且术后此人还能继续存活。学者解释，当时这样的“头骨钻孔术”可以让人体会到幸福的感觉，犹如现在的迷幻剂。

俄《真理报》报道，据传古埃及人、玛雅时期的印第安人都愿意给自己的脑袋做些改变，开洞或是从婴儿起就用绷带将脑袋拉长。这些古怪的做法在科学界还没有相关解释，但从考古学找到的相关资料看，做“钻孔术”的大部分是祭司——那时的贵族阶层。当然，这还是令人迷惑不解。有一个极端说法称，给大脑开孔可以将邪恶之气从大脑赶走。

荷兰学者巴尔克·休格斯20世纪60年代曾研究麻醉剂对人产生的影响。意外的是，他对“开孔”原因给了一个解释。他说大脑开孔可以让人感觉幸福，犹如瘾君子一般。但与酒精和麻醉剂不同，钻孔不会有任何后遗症。

2. 17世纪的女巫审判案

在变态心理学的发展史上，塞勒姆女巫审判案具有典型意义。1692年，美国马萨诸塞州塞勒姆镇一个牧师的女儿突然得了一种怪病，随后与她平素形影不离的7个女孩相继出现了同样的症状。她们开始呈现昏睡状态。姑娘们发出尖叫声，乱扔东西，有时身体抽筋并发出痛苦的呻吟声。

接着,其他女孩也出现同样的症状,恐慌笼罩了整个小镇。

从现代医学角度讲,这是“跳舞病”的一种表现。这类症状的病因可能是一种寄生于黑麦的真菌“麦角菌”,也可能是癔症的流行。但是当时人们普遍认为,孩子们罹患怪病是村里的黑人女奴蒂图巴和另一个女乞丐,还有一个孤僻的从来不去教堂的老妇人施用巫术的结果。人们对这3名女人严刑逼供。发展到后期,塞勒姆镇和波士顿的监狱里等待审判的巫术嫌疑犯人已经人满为患。有200多人被指控使用巫术,女性多于男性。随着女巫案件的不断增加,有些人开始怀疑对这些女孩指控的真实性。在1692年的夏季,6个女巫的绞刑并没有使马萨诸塞地区的女巫审判案终止。愈来愈多的人出现被病魔折磨的症状,于是对女巫的指控和审判也愈来愈多。不论贫富,农民或商人均有可能被指控为巫师,没有人能够幸免。

在强大的舆论压力下,菲普总督于1692年10月29日下令:除非万不得已,不得关押巫术嫌疑犯,并不得伤害任何在押的嫌疑犯。他还下令解散特别审判法庭。1693年1月,最后一场审判巫术的案件结束。1693年5月,菲普总督大赦所有在押的巫术嫌疑犯并终止所有的审判。

到此为止,塞勒姆女巫审判案已使得19人被处以绞刑,1人被石头堆压死。

1992年,马萨诸塞州议会通过决议,宣布为所有受害者恢复名誉。

其实这并不是个例,在当时的气氛下,精神障碍的自然主义思想被清扫,大家都坚信是鬼神所为,并且搜捕精神病人有变本加厉和扩大化的趋势。那些不肯墨守成规的人、受人妒嫉的妇女,还有儿童都被毫不留情地处以严刑或指控致死,无以自卫。这种反女性、反“巫术”的热潮前后葬送了百万人的无辜生命。

3.文艺复兴运动的变革

历史的洪流总是向前推进的。随着欧洲文艺复兴运动的兴起,政治、社会、科学的启蒙逐渐席卷欧洲,改革要求也影响到精神病收容所。这时,出现了现代精神医学之父,法国的皮内尔(Philippe Pinel,1745—1826),他是以人道主义态度对待精神病患者的先驱。皮内尔主张解开约束,以人道的方式对待精神疾病患者,给以自由、阳光和新鲜空气。

皮内尔否认精神病是因为魔鬼附体,认为它是由情绪障碍所致,遗传和“个体敏感”也是发病因素。在精神病分类方面他还保留旧的分类(躁狂、忧郁、癫狂和痴患),将躁狂症从谵妄中分出,指出患者的智能未受影响,并认识到周期性躁狂与抑郁之间的关系,认识到忧郁病人有自杀倾向。

虽然在后期,皮内尔所提倡的废除对精神病人的约束的改革运动进展甚缓,直到皮内尔逝世的时候,还没有从巴黎推行到法国各省。但这是一个有巨大影响的重要运动,它确立了精神病的概念,否定了魔鬼缠身的说法。

(二)分类学的发展

如果说皮内尔的变革在于解放病人,将病人从鬼神之说里面解放出来,那德国的克雷佩林(E. Kraepelin,1856—1926)的变革在于将变态心理的研究引领到严格科学的途径,开始进行最基础的心理生物学的探讨。

1.病因的解释

克雷佩林坚定地认为精神病的原因是纯粹的器质性(Organic cause)的。他先将遗传与心理变态的关系纳入考虑范围，然后又加入了代谢过程的因素，以及身心关系的各方面变化。他始终坚持用实验和测验来探讨病理问题，并且也是从始至终的践行者。

当今社会常常为人强调的精神病生物学基础(遗传、神经病理形态、生化、免疫等)的研究，与克雷佩林的变革有着密不可分的历史渊源。克雷佩林采用严格而科学的方法，对精神疾病的病因、基本心理结构、病理转归、病理解剖等收集了大量的第一手材料，最终提出了疾病单元分类。

2.临床分类

克雷佩林作为临床分类学的创始人，他将实验变态心理学与精神病临床工作相结合，将转归作为同一疾病单元的重要根据，将疾病的病因当作分类的原则，这对后来变态心理学研究方法的细致化具有深远的影响。

但是他的病因推理存在缺陷，即他把能治好的疾病看成是由外部原因引起的，不能治好的是由内部、体质原因引起的。得了精神病后必然会有人渐渐好起来，当然，也有人逐渐恶化。这是先行条件而不是原因。另外一个缺陷是由于过于强调探讨疾病本身，而忽视病人的个人特点，其实，更重要的是病人与其他精神病人有什么共同点。从大量资料与病案史中获得信息的最终目的在于找到心理障碍的普遍性和共同性，在于对疾病的概括，因此克雷佩林的体系是看不到病人的。

(三)精神分析的理解

相比于克雷佩林关注疾病本身，而忽略病人的个人特点，弗洛伊德(Sigmund Freud，1856—1939)的关注点则在于从病人的内心世界来挖掘疾病产生的原因。

作为一个精神科医生，尽管他在早期行医的时候，也和其他同行一样热心于寻找物质性的导致心理变态的因素，但是当时的人们并未能发现机体组织上的变异问题，弗洛伊德就开始从“为什么”的问题出发来考查变态心理现象。

1.病因的探索

弗洛伊德把变态心理学从描述心理现象引申到探究人以及人和社会各方面的动力的精神分析。如果说在他之前的人及同时代人都重视病人的外部因素的话，那么他则从外部走向病人的内心。

弗洛伊德提出了与以前心理学家相反的意见，认为意识过程的起源、基础和动机都存在于无意识之中。意识在人的疾病过程中只是一种外在表现，而内在因素在人的实际生活中具有重要的作用。

2.人格的结构

他将人类心理发展分为心理性欲发展的不同阶段，并且他认为人格结构是由本我、自我、超我三个部分组成的，它们是在无意识机制和性欲发展的相互关系中形成的。

他认为没有偶然的心理现象，疾病和症状都是由无意识动机所致，意识只不过是无意识的可见部分。他强调无意识的冲突对于人格发展的巨大影响,无意识的研究也成为他后来对于正常人格与异常人格发展形成的理论基础。因此临床心理学家的任务就是从无意识中揭示意识,从不正常中了解正常。无意识通过压抑或替代的手段,产生症状,而精神分析治疗就是通过联想、解释、移情、释梦等方法克服压抑或替代的作用,使无意识的东西变得有意识,这样就可以找出症状的含义,使病人理解病态,达到治疗的效果。

3.从意识到无意识

弗洛伊德的精神分析治疗把变态心理学引入一个新的境地,使心理学和精神病学家从研究变态的过程本身转移到研究病态的深层动力和内容上。他强调了神经症和精神病的原因——从根本上说并不一定是由强烈的情绪刺激或外来精神创伤引起的,还必须注意本人内在心理的原因。弗洛伊德的贡献是让人们开始重视精神方面的动机研究。

他也发现了一些事实,如内心冲突会引起神经症,无意识的动机会有所表现、会影响人的行为,早期经验会影响人格的某些方面等。弗洛伊德通过敏锐的观察力看到了当时他所处的社会中存在的一些现象,但是这些现象仅仅在当时的上层社会中有一定的代表性,这是他的缺陷之一。关于他的理论,在下一章还有更详细的介绍。

(四)社区变态心理学的发展

1.社会环境的作用

随着科学和社会的日益发展,社会心理学在心理学中的地位更被人们所重视,人们对变态行为也有了新的理解。心理异常的人不再被看作内部疾病的牺牲者,而是在社会环境连续的相互作用中出现的顺应失败,也就是说人们因为对社会的不适应产生了心理异常的现象。行为方面的异常不是医学上的疾病,也不是人格障碍,人们不应该把这类人定为精神病患者,而确定人群的范围和造成这类现象的社会环境条件成了变态心理学研究的主要任务。

2.预防重于治疗

精神疾病指的是不同形式和不同程度的心理机能失调,因为它只限于某个人在某种特定时间内,所以虽然它的诊断相同,但其根源是多种多样的。专家指出,心理障碍是相同质的不同阶段,看待一个人正常与否要在一定时间内,在一个维度上,因此精神健康绝非静止的,它因外界应激和内部应变的不同情况而变化。

面对生活中的压力,每个人都有自己得心应手的处理办法;而当环境中的应激增加,心理适应的压力也增加,人们采用更有力的处理办法来对付生活中的困境;当人的应激状态逐渐上升时,人们被迫以笨拙的和费力的方式应付困境。如果应激持久,尤其涉及人格的脆弱方面时,慌乱、扰动和无效的行为会导致个体心理全面崩溃。

针对上述情况,社区变态心理学主张放弃专注病人的内部作用,转而探讨家庭、集团、社会等各种力量对人心理机能的影响。心理健康是社区的责任,社区对个人缺乏支持是心理崩溃的原因,而不应归咎于病人个人的内在抗压能力。

社区精神卫生的方向是走出医院、走进社会、重视现实生活情境，重视当前所经受的应激和病人的应对措施及周围对他的支持。因此应把重点放在预防上，而不在于治疗；服务于社区环境，而不在于与个人周围社会远隔的医院；尽可能多地为每个病人提供简易服务，以便应急解决问题，而不应依赖传统的门诊部。

3. 社区精神卫生运动

尽管社区变态心理学对异常的概念和解释还不够精确，但它使人们明白了社会变化与压力、歧视、失业等的不良影响。其防治涉及整个社会问题，而单独的心理学家和精神病学家的工作效果就不大了。另外，由于服务组织不够严密，游离于社会的某些病人也给社区变态心理学的发展带来某些困难。

目前社区精神卫生运动正在世界范围广泛发展与深入，一些困难也在逐渐克服，最后成效还有待时间来考验。但不可否认的是，它已成为经济落后地区开展防治工作的主要方式，对儿童、老人、残疾者等带来巨大益处。

二、中国古代变态心理学思想

“杞人忧天”、“草木皆兵”和“杯弓蛇影”等成语生动地记叙了我国古人对心理异常现象的描述，至今还被人们不断使用着。其实，早在春秋战国时期，我国的《诗》、《易》、《礼》和《左传》中就已经有关于异常心理现象的记载。而我们对于异常心理现象的认识，也同其他地区一样，走过了漫长的道路。

在中国古代，变态心理学思想最早出现在旧石器时期。这个时期，古人没有发明文字，以群居形式居住在山洞之中，他们通过图形来记录那个时期的生活和文化，经考古学家解读后，发现有关于古人驱魔的信息。古人将行为异常的人看作是被魔鬼附身，然后在他们的头顶钻洞迫使魔鬼逃离。对于这一解读的论证，在遗址中出土的有规则缺口的头颅是相当有说服力的证据。

可见在远古时代，人们就已经有对异常行为的认识和治疗手段。同时，从这些线索中可以发现，最早的关于中国变态心理学的记录是跟治病有关的，说明古人还是非常重视心理健康的。至此，随时间推移和人类不断探索发展，在各个时期的古代医书中都可找到关于古代变态心理学的思想，这些思想集中体现了古人对超自然和自然现象的解释。

（一）超自然的解释

1. 附体

如同早期的古埃及、古希腊那样，中国古代也有关于鬼神附体的说法。

在民间，一旦有人出现异常行为，往往也被认为是鬼神附体。当然，有时附体的被认为是神灵（例如在我国有病人自称是王母娘娘下凡），但也有时是鬼魂。

所谓附体其实是潜意识控制与作用于人的神经系统，产生精神错乱。其治疗与国外的情形相似，巫医和巫术被认为是针对这种鬼神附体的最好的治疗方法，具体的方法也是凭借一定的驱魔仪式或驱魔咒语，让鬼神离开人的肉体；有的还让病人喝下施过咒语的药水，或者鞭笞病人以进行驱魔。

2.巫术

远古至西周时期。奴隶社会孕育出了巫术。巫术原理类似于现在的催眠，对于异常心理起到很好的治疗或缓解效果，因此，巫术盛行，而且逐渐演变成巫医，即成为治疗疾病的一种手段。在夏商时期，巫医继续盛行发展，甚至君王治国、衣食住行都要请巫师占卜，比如有“武丁病齿，上帝可赐愈”的说法。

（二）中医的解释与医学治疗

春秋以后，随着《黄帝内经》《伤寒杂病论》等中医书籍的出现，人们开始从中医的角度解读精神异常，并且采用医学的方法进行治疗。

1.症状的描述

作为中国的传统医学，中医对异常现象有自己的解释。在许多医学典籍中都记述了异常心理的症状。《黄帝内经》（简称《内经》，包含《素问》和《灵枢》）成书于战国至秦汉时期，在东汉至隋唐时期仍被继续修订和补充。作为最早的经典医学典籍之一，该书集中了当时名医对异常现象的记载和论述。例如《素问》中提到了“狂”、“躁”、“诸妄”和“癫疾”等名称，不但描述了症状，还论述了致病的原因，主要以阴阳不平衡解释其发病机理；在治疗方面，则提出禁食、服药和针灸治疗等方法。

《黄帝内经·灵枢·论勇》记载，“黄帝曰：夫人之忍痛与不忍痛（者），非勇怯之分也。夫勇士之不忍痛者，见难则前，见痛则止；夫怯士之忍痛者，闻难则恐，遇痛不动。夫勇士之忍痛者，见难不恐，遇痛不动；夫怯士之不忍痛者，见难与痛，目转面盻（别本作盼），恐不能言，失气惊（悸），颜色变化，乍死乍生。余见其然也，不知其何由，愿闻其故”，说明勇者与怯者感受疼痛有着显著差异，这不仅是因为他们生理上皮肤、肌肉等躯体方面的差异，更重要的是二者的个性心理特征导致对疼痛的行为反应存在明显不同，这可以看作是对于感觉异常的具体描述。

7世纪，隋代的巢元方撰写了《诸病源候论》一书，其中论述的异常症状达到了四五十种，有些症状类似于现代医学中的精神分裂症、躁狂症和抑郁症等。在中国古代，抑郁症被称为“郁症”，表现为心情抑郁、情绪低落、消极的自我体验，对外界事物处于一种低兴趣水平状态。

明代和清代我国出现的名医甚多，他们著述丰富，对异常心理现象的论述也非常多。

比如明代杰出的医药学家李时珍在《本草纲目》中总结了我国16世纪前的中医药物知识，记载了治疗癫痫、狂惑、健忘、惊悸、烦躁、不眠等心理异常症状的药物达数百种之多，并介绍了一些方剂。

行为异常的症状，中国古代文献记载了不少异于常人的变态癖好行为。有喜臭癖、嗜痛癖、异食癖、洁癖、恋童癖等。一般人都喜好香味，但从古代起，就有少部分人喜欢闻臭，这种喜好闻臭的行为癖好就是喜臭癖。例如，“鲜于叔明好食负盘臭虫”，“贺兰进明好啖狗粪”。有人说这是由于生物机制异常导致的，也可能是因为生活习惯，至今没有定论。

一般人都不喜疼痛，严重的痛觉甚至让人无法忍受，但是有小部分人很享受疼痛的感觉，甚至会产生快感，这种异常行为被称为嗜痛癖。

精神异常的症状，唐代名医孙思邈在其《千金方》中记录了一个案例：一位精神失常半年多的和尚服用了他配的药物，在连睡了两昼夜后恢复了正常。金元时代的名医张子和，在其论著《儒门事亲》中也记录了许多心理异常的案例。

北宋沈括的《梦溪笔谈》中记载："有松滋令姜愚，无他疾，忽不识字，数年方稍稍复旧。"清代魏之琇（玉璜）辑纂的《续名医类案》也记有这样的例子："桐城友人姚文燮，字经三，顺治己亥进士，诗画皆有名。年六十余，忽病不识字，即其姓名亦不自知。医不知为何症也，竟以是终。"上述例子中的两人都是不明原因丧失了记忆，但是前者是暂时性的，几年之后恢复了；后者是永久性丧失记忆。但这两种失忆都不应该是器质性的，而是功能性的。魏之琇的《续名医类案》中载有关于心因性引起的感知觉异常的症状，原文是"窦材治家中女婢，忽二目失明，视之又无晕翳，细思此女年少，精气未衰，何缘得此症，良由性急多怒，有伤肝脏，故经脉不调耳。遂与密蒙花散一料，如旧光明矣"。从文中描述和解释可见，这个人失明不是器质性原因，而是该女因性急多怒，怒伤其肝而引起的心因性失明。

2.治疗的方法

提到中医中治疗心理异常的方法，《吕氏春秋·仲冬纪》曾记录了名医文挚采用激怒齐王的方法治愈了齐王疾病，结果却被烹杀的事例；《黄帝内经》以阴阳五行学说解释人的心理活动，认为阴阳平衡才能保持人的心理健康，例如"阴平阳秘，精神乃治"。此外，典籍还对人的心理活动进行了早期的分类，认为神、魄、魂、意、志等分属于不同的内脏系统，"心藏神，肺藏魄，肝藏魂，脾藏意，肾藏志"，"人有五脏化五气，以生喜、怒、悲、忧、恐"，"肝在志为怒，心在志为喜，脾在志为思，肺在志为忧，肾在志为恐"。此学说在后来得到进一步的发展，形成了中医情志相胜的治疗原理。

到了金元时期，张子和将《黄帝内经》中以情胜志的观点进一步发挥，提出七情相治的观点。他以情志相胜的方式治疗好了心理与行为异常的病人。按照阴阳五行学，情志相胜的原理以脏象与五行配合，将人体归纳为5个体系：肝木、心火、脾土、肺金、肾水，它们是依次相生的关系，同时以金木土水火的顺序依次相胜（相克，即依次制约的关系）。这5个系统也包括了情志的因素，即悲属肺金、怒属肝木、思属脾土、恐属肾水、喜属心火。情志相胜的原理就是根据五行这种制约关系，以一种情志去矫正相应的另一种情志，以调节某种情志所引起的疾病而达到治疗的目的。具体而言，即恐胜喜，怒胜思，悲胜怒，喜胜悲，思胜恐。

张子和编撰的另一著作《儒门事亲·内伤形》载："卫德新之妻，旅中宿于楼上，夜值盗劫人烧舍，惊坠床下，自后每闻有响，则惊倒不知人，家人辈蹑足而行，莫敢冒触有声，岁余不痊。"。对于该症张子和的治疗方法则是"乃命二侍女执其两手，按高椅之上，当面前，下置一小几。戴人曰：娘子当视此。一木猛击之，其妇人大惊。戴人曰：我以木击几，何以惊乎？伺少定击之，惊也缓。又斯须，连击三五次；又以杖击门；又暗遣人画背后之窗，徐徐惊定而笑曰：是何治法？"。现在看来张子和的治疗方法与现代的系统脱敏法相比，似乎毫不逊色。

清代《古今图书集成·医部全录》中列举了元代名医周真治一产妇，该产妇因产时极度恐惧挣扎而舌出不能收，不能言语。周以朱砂敷其舌，仍令作产子状，以两女扶腋，乃于壁外投大瓦盆作声砰訇，声剧而产妇受惊，闻巨声舌无意中收回矣。此因惊吐舌，仍复原原先情境，再以惊而使之回缩。其中用朱砂，仅系药饵也（匡调元，1995），这类似于心理治疗的冲击疗法，是典型的治疗心因性失语症的方法。

这种以心理的方式而非药物的方式对因心理原因造成的病症的治疗，是中医中的一种心理治疗的方法。

（三）中国古代群体变态心理

1.人际社会的影响

中国人的特殊的变态心理及行为，与中国的政治、经济、文化等因素密切相关，如人际官场的歪风邪气、衣食婚姻风俗的变态，甚至有些小村镇延续至今的恶俗婚闹等。中国自古以来就是一个人际社会，所以中国古代的宫廷病、官僚病、政治病态、颓风怪俗等社会影响的作用不可忽视。

（1）缠足恶习

自唐朝之后，开始盛行缠足的习俗。到了明代，缠足之风大盛，脚之大小，已成为评价女子命运的准则，姑娘出嫁，先看脚的大小，越是小脚，越受称道，“大脚姑娘”要么嫁不到合适的丈夫，要么出嫁后受人耻笑、欺侮，甚至备受虐待。

（2）裙带关系

裙带关系一直是中国文化里的糟粕，尤其在官场盛行，屡禁不止。其逐渐扭曲人的心理，改变人们的是非观，可谓危害极大。

（3）阿Q精神

鲁迅也曾描绘了大量腐朽封建社会下人们畸形的思想和行为，极具讽刺批判性。例如，阿Q精神，阿Q总是用自欺欺人的胜利方法来安慰自己。

2.特殊的群体变态

关于古代的特殊群体，必然谈到太监。太监通过宫刑或阉割手术，丧失生殖能力。他们在生理上是有缺陷的，常被称为“不男不女”。古代奉行“身体发肤，受之父母，不敢毁伤，孝之始也”；“不孝有三，无后为大”。这无疑给他们留下了难以治愈的心理创伤。他们的本我时常处于压抑状态，最终促成心理变态和畸形人格。

而宦官专政是我国君主制度下独有的社会现象。唯我独尊，绝对的支配感是君主的主要心理，这在一定程度上也使得君主惧怕臣民，所以宦官这个群体就出现了。他们通常可以充分赢得皇帝的信任。东汉就是因为宦官专权才逐渐走向末路的。这类人群是由当时独有的社会形态催生的。

3.刑罚制度的变态

中国古代也有很多泯灭人伦的刑罚，它们甚至成为统治者镇压人民的工具。武则天在位时曾重用酷吏；雍正也大兴文字狱，迫害文人，奴役人民的思想。在司马迁的《史记》中记载，吕后就把刘邦生前最宠爱的戚夫人做成人彘，丢在厕所里，并且让自己的儿子亲自去观看。还有如剥皮、炮烙、阉割等惩罚。

商代末年，纣王的宠妃妲己心性狠毒，脾气乖戾，平时很少发笑。纣王为了讨她的欢心，想了许多办法,但妲己脸上难得有一丝笑容。有一天,纣王看见一只蚂蚁爬到了烧热的铜斗上,细小的蚁足被烙伤,不能继续爬行,只是在那里翻滚、挣扎,觉得很有趣,心想,如果人被火烙,那种痛苦挣扎的狼狈相一定更好看。于是,纣王就让人用铜制成方格,下面煨上炭火,把铜格子烧得通红,让有罪的囚犯赤着双脚在上面行走,囚犯痛得惨叫不已,有的人就从格子上掉下来,落入火中被烧死。妲己看到这种情景,果然高兴得咧嘴大笑。纣王大喜,以后经常用铜格子烙人逗妲己发笑,许多人被烙伤或致死。

在中国古代,阉割术的渊源是相当久远的。有证据表明,在殷商时代就有了阉割男性生殖器的意识与行为。当时的阉割术可能是将阴茎与睾丸一并割除的,秦汉时期的阉割技术已较为完备,并已经注意到阉割手术后的防风、保暖、静养等护理措施。这种宫刑不仅针对男的,女的也同样要进行缝阴术,也叫作锁阴术,即用针线绳索将女子外阴缝闭起来。这种宫刑术,因其极其卑鄙、下流,官场上一般不用,但在民间却非常盛行。丈夫对付红杏出墙的妻子,妒妇对付与丈夫有染的奴婢,都热衷于此法。清朝人褚人获所著的《坚瓠集》中,就有“以锥钻其阴而锁之,弃其钥匙于井”的类似记载。宫刑湮灭人性,而太监也正是这一刑法的受害者,由此成为我国古代一类特殊的群体。

4. 多角度分析

中华民族五千年屹立于世界民族之林,必然有令人赞叹的一面,但同样有其病态不堪的一面,应从社会学、心理学等更加全面的视角来看待正常和异常的人格特征和社会行为。这些无疑对我们研究传统变态心理学思想大有裨益。

(四)中国古代治疗方法的研究

1. 中医的治疗

对中国古代变态心理治疗的研究也有不少。中国古代有着独特的精神医学理论和丰富的精神疾病治疗经验。由于古代心身一元哲学观和中医理论整体观的影响,精神疾患大多是被当作躯体疾病治疗,与其他类疾病同样应用阴阳五行等中医理论进行解释,运用气血津液脏腑理论辨证。古代心理治疗医案蕴涵着古人的智慧和深邃的见解,挖掘中医心理治疗的宝贵遗产,医案是合适的切入点,我们可以从古代医案出发,结合西方心理学的理论,对中医历代心理治疗医案进行系统收集整理,使中医心理治疗的诊治经验得到真实、完整的总结和弘扬,从而指导临床实践,满足患者的需求,促进中医心理治疗学科的创建和加快心理治疗本土化建设。

中医古籍中也有大量与精神疾病相关的资料,有对癫、狂等疾病的系统认识,只是相对于现代医学而言,中医学术体系中没有分化出独立的精神医学专科,更没有建立起完善的心理治疗理论。

2. 文化与精神疾病

文化与精神疾病的联系是密不可分的,中国传统文化对精神医学理论和实践有至关重要的影响。社会文化环境中的不良因素是导致心理疾病发生的土壤,中国哲学既世代塑造着国人的心灵世界，又影响了中医精神医学的理论建构。

中国本土心理学脱胎于中国古代哲学，精神医学与中国古代哲学更是息息相关，儒道释思想中包含着许多有价值的精神医学观。中国道家的心理自卫思想与当代心理治疗是相关的，其相关性可以从四个方面来看：自知自胜、提高自我意识；洞明世事，认识规律；知足知止，调整期望值；宁静恬淡，调整心态。

中医精神医学中一些相关概念，如心、神、魂、魄等都带有中国传统文化色彩，在此基础上建立的精神医学相关认识必然也带有鲜明的文化特色。

中国传统儒家伦理为身体的生理特征赋予了道德含义，《礼记》中提出"修身齐家治国平天下"，说明没有担负起相应的社会责任，没有实现个体与他人、与社会的和谐相处，人自身的心灵与身体也不可能达成和谐。

儒家重视人的社会价值，在中医学理论中，人体被比喻成一个社会，每个器官通过发挥各自的特定功能各司其职。只有达到身心的和谐统一才能达到天人合一的境界。

中国古代心理学思想逐步完善和开拓了异常心理学的研究领域。其中医学的发展对变态心理学的发展起到了巨大的推动作用，研究变态心理学的意义也逐步显现出来。

复习巩固

1. 简要阐述中医中治疗心理异常的方法。
2. 简要阐述中国古代变态心理的研究。

第三节　精神疾病的流行病学

精神疾病是精神活动出现异常，产生精神症状，达到一定的严重程度，达到足够的频率或持续时间，使患者的社会生活、个人生活能力受到损害，最终符合现行诊断标准中的某类精神障碍诊断标准的一种疾病。精神疾病是一类严重威胁人类健康的疾病，患者因疾病因素而影响工作、学习和人际交往能力，部分因未得到治疗而导致精神残疾，丧失劳动力，给患者本人及家属带来极大的精神痛苦和经济负担。要解决精神疾病带来的所有问题，首先要对其有一个全面而科学的认识，在系统而科学地认识它之前，先要有一个科学的认识方法，这种方法就是流行病学。

通过精神疾病流行病学研究，掌握这类疾病的发生发展规律，进而了解精神疾病与糖尿病、高血压等身体疾病一样，只是器官功能出现了问题，与道德、人格无关，不应该受到歧视。

一、精神疾病流行病学的概述

（一）精神疾病流行病学的概念

1. 定义

精神疾病流行病学（psychiatric epidemiology），指在临床医学中的精神病学领域里，引入现代流行病学和卫生统计学的方法，从患者个体的诊治，扩大为对精神障碍及与精神健康有关的状态在人群中发生、发展的原因和分布规律的研究；探讨精神疾病的病因、发病机理、临床表现、诊治、预防及预后等临床规律，并着重对群体的特性进行研究，制订预防、控制和治疗这些精神疾病及促进健康的对策和措施，并通过科学的设计、测量和评价方法评价其效果的一门涉及多学科的体系。

2. 任务

精神疾病流行病学是以精神病学为基础的学科，其任务是采用现代精神病学研究的科学方法探讨危害人群健康的主要精神疾病的病因、危险因素、诊断、治疗和预后等规律。其以精神科临床实践为基础，为临床研究和诊治提供有创新性的方法学。

3. 研究对象

精神疾病流行病学的研究对象是患病个体及患病群体，这就需要突破传统的精神科临床医学以医院为基础进行研究的局限，扩大为以人群为基础的社区研究，突出流行病学的宏观研究特点。将流行病学的方法学应用到精神病学的研究，对精神疾病的早期发现和有效的防治，以及对疾病发生、发展和转归的本质及规律的认识有着重要意义和价值。

（二）精神疾病流行病学的指标与研究内容

1. 指标

精神障碍研究常用患病率指标有：

终生患病率（lifetime prevalence）：是指调查对象中，一生中患有研究疾病者所占的比例，调查症状出现的时间范围为“有生以来”；

12个月患病率（12-month prevalence）：是指调查对象中，在过去12个月内患有研究疾病者所占的比例，调查症状出现的时间范围为“过去12个月”；

30天患病率（30-day prevalence）：是指调查对象中，在过去30天内患有研究疾病者所占的比例，调查症状出现的时间范围为“过去30天”。

表1-1是2004年WHO对14个国家（城市）进行的调查统计。精神障碍患病率地区分布重点描述和分析不同地区精神障碍患病率的差异及其产生差异的主要原因。可以描述不同国家和地区、同一国家不同地区以及城乡精神障碍患病率的差异。

表1-1 14个国家的WMH-CIDI/DSM-IV精神障碍12个月患病率 单位:%

国家(城市)	焦虑障碍	情感障碍	冲动控制障碍	物质滥用	任何障碍
美洲					
哥伦比亚	10.0	6.8	3.9	2.8	17.8
墨西哥	6.8	4.8	1.3	2.5	12.2
美国	18.2	9.6	6.3	3.8	26.4
欧洲					
比利时	6.9	6.2	1.0	1.2	12.0
法国	12.0	8.5	1.4	0.7	18.4
德国	6.2	3.6	0.3	1.1	9.1
意大利	5.8	3.8	0.3	0.1	8.2
荷兰	8.8	6.9	1.3	3.0	14.9
西班牙	5.9	4.9	0.5	0.3	9.2
乌克兰	7.1	9.1	3.2	6.4	20.5
中东及非洲					
黎巴嫩	11.2	6.6	1.7	1.3	16.9
尼日利亚	3.3	0.8	0.0	0.8	4.7
亚洲					
日本	5.3	3.1	1.0	1.7	8.8
中国(北京)	3.2	2.5	2.6	2.6	9.1
中国(上海)	2.4	1.7	0.7	0.5	4.3

(译自,WHO World Mental Health Survey Consortium,2004)

根据2014年3月19日《国际流行病学杂志》的研究,来自澳大利亚新南威尔士大学等机构的研究者通过1980—2013年的系统综述及Meta分析研究,在63个国家/地区确定了174个调查,结果显示,每5名受访者中就有接近1人(17.6%)在此前的12个月中罹患达到临床诊断标准的常见精神障碍,29.2%在人生中的某个时段罹患精神障碍。性别对常见精神障碍患病率的影响也相当明显,近12个月内,女性的心境障碍(7.3%:4.0%)及焦虑(8.7%:4.3%)的患病率显著高于男性,而男性物质滥用(2.0%:7.5%)的患病率显著高于女性;终生患病率呈现同样的趋势。同时,常见精神障碍患病率的地区差异同样很明显。亚洲北部及东南亚地区常见精神障碍的期间及终生患病率显著低于其他地区。撒哈拉以南非洲近一年的患病率同样更低,而英语国家的终生患病率最高。

2.研究内容

精神疾病流行病学的研究内容:

一是描述精神疾病在不同时间、地区、人群中的发病率、患病率和死亡率,以及精神状况、社会功能缺陷等情况;

二是通过比较疾病在不同时间、地区和人群的分布,寻找影响分布的原因,探讨疾病的危险因素、流行因素和病因；

三是根据人群研究的结果估计某因素使个体罹患某病的危险性；

四是通过对精神疾病自然史的研究评价涉及精神病的易感因素、保护因素（社会因素、家庭因素）、预后因素和生活事件等问题；

最后在上述研究的基础之上研究制订对精神疾病的预防对策和措施，并评价其效果。

二、精神疾病流行病学的调查结果及现状

（一）国际精神疾病流行率

从全球范围来看，精神疾病的患病率呈上升趋势。成人精神障碍的总体患病率为17%，且不包括睡眠障碍；抑郁症、焦虑障碍、老年痴呆、酒精滥用率均明显增加。

2018年9月，世界卫生组织（WHO）发布了关于酒精滥用的报告：全球酒精依赖的发病率呈下降趋势，但有两个国家增加非常明显——中国和印度。中国酒精滥用的增加被WHO点名。

心境障碍在全球范围内的患病率都很高，但在不同地区、性别和患病类别下存在不同差异。调查研究显示，大约20.8%的人在其一生中会出现心境障碍。

精神分裂症也遍布全世界，世界卫生组织1975年在12个国家和地区的流行病学调查患病率为2%—4%。美国国立精神卫生研究所对社区中精神分裂诊断的终生患病率为13%。

关于性机能障碍的发生率，尽管人类已经基本上冲破了旧有的禁锢，但性仍是人类最重要的隐私。一般统计主要是通过较大规模的人口调查和对诊所就诊病人的调查，1948—1953年的调查显示，男性中阳痿的发生率随年龄呈急速增长的趋势：20岁为0.1%，30岁为0.8%，40岁为1.9%，50岁为6.7%，60岁为18.4%，70岁为27%，75岁以上大于50%。已婚女性中，从未经历性欲高潮的比例随年龄的增长而逐渐减少。

（二）中国精神疾病流行率

在中国20世纪60年代、70年代全国城乡较大规模的精神病普查工作报告中，城市以精神分裂症的患病率最高，农村以精神发育迟滞的患病率最高；80年代以来，随着社会经济发展，经济体制改革和社会变革日益深入；家庭和人口结构的变化，价值观念改变，劳动重新组合，以及社会生活环境的变化，如噪声、污染、拥挤等，生活中的心理紧张因素增加，带来了新的心理卫生问题。如酒瘾患病率在住院病人中的比例以及在群体中均呈上升趋势。

在我国各省市的调查研究中显示，1982年15岁及以上人口中精神障碍（不包括神经症）时点患病率为10.54‰，终生患病率为12.69‰（陈昌惠，1986）。

1990年，对10个城市的4种职业的人群进行调查，平均患病率为37.27‰，4种职业中以科技人员最低（17.69‰），重体力劳动工人最高（66.89‰），而1982年的调查资料中，居民中的患病率为0.21‰。精神病院中酒中毒/物质成瘾的病人比例上升。

而1993年的时点患病率为11.18‰，终生患病率为13.47‰。根据两次调查地区的资料可知，1993年精神障碍总患病率高于1982年（时点患病率为9.1‰，终生患病率11.30‰）。但城乡精神障

碍的患病率差异不大。

随着中国经济的快速发展，社会竞争的加剧，家庭结构的变化，心理应激因素急剧增加，由此引发的心理和行为问题日益突出，精神疾病的患病率与10年前相比明显提高，已经成为当今世界疾病分类中较为严重的一类疾病。其中，非户籍居民患精神疾病的比例明显高于户籍居民；独居者患精神疾病的比例明显高于已婚者和未婚者，失业者患病率高于就业者，文化程度高者其精神疾病患病率高于文化程度较低者，这一结果与国外的一些调查不一致。

2019年“中国精神卫生调查”（黄悦勤，2019）结果显示，排除痴呆后，六大类精神障碍（心境障碍、焦虑障碍、酒精/药物使用障碍、精神分裂症及相关精神病性障碍、进食障碍、冲动控制障碍）的加权12个月患病率为9.3%（95% *CI* 5.4—13.3），加权终生患病率为16.6%（13.0—20.2）。在精神障碍中，焦虑障碍患病率最高，为4.98%；其次为心境障碍，患病率为4.06%；酒精/药物使用障碍位列第三，患病率为1.94%；精神分裂症及相关精神病性障碍（0.61%），65岁老年期痴呆终生患病率为5.56%。同时，调查发现，心境障碍女性的患病率要高于男性；在酒精/药物使用障碍和间歇爆发性障碍方面，男性患病率高于女性，且18—34岁的年龄组患病率最高；精神分裂症及相关精神病性障碍的患病率农村高于城市，且18—34岁年龄组患病率最高。调查结果表明，过去30年内，大部分精神障碍在国内的患病率较前升高。

当然，由于病耻感及精神病性症状的多样性，通过面对面访谈得到的精神分裂症及相关精神病性障碍患病率可能被低估。

三、精神疾病流行病学的发展趋势

（一）精神疾病的负担

1.身体负担

精神疾病所造成的负担很严重。2010年研究发现，全球各地63%的死亡是由非传染性疾病导致的，在这些因非传染性疾病死亡的病例中，80%出现在世界银行所定义的中低收入国家。非传染性疾病部分源于生活方式和饮食，这类疾病成为重大风险意味着，经济进步在增加人类寿命、推动城市化并促进人口增长的同时，也存在黑暗面，对发展中国家而言尤为如此。精神疾病导致的死亡，在我国占到13%，在全球范围内仅次于心血管疾病和癌症，排在第三位。精神疾病对青少年及年轻成人（如15—30岁）个体所带来的负担尤其显著，而这一年龄群体正是社会建设的主力军。

2.经济负担

预计到2030年，精神疾病将在非传染性疾病给全球经济造成的负担中占到1/3以上。综合来看，精神疾病所带来的直接经济影响（如护理开销）和间接影响（如生产力降低）已经让全球经济每年损失了2.5万亿美元左右。根据预测，到2030年，这一数额将增至6万亿美元左右，高于心脏病所带来的经济损失，也高于癌症、糖尿病及呼吸系统疾病所带来的经济损失之和。

3.医疗负担

精神疾病的识别率低，在全球范围内均是如此。根据英国2009年的统计数据，抑郁症的正确诊断率为43.7%，较好的医院平均能达到70%—80%，但也不能将所有的抑郁症都诊断出来。在国内，2008年WHO数据显示，精神障碍识别率在50%左右。上海也曾参加过相关的调查和研究，发现抑郁症和广泛性焦虑障碍的识别率在全球最低，与阿富汗相当，说明我们对抑郁症和焦虑障碍的识别率很差。

由于大多数精神疾病的病因与发病机制不清楚，体征和实验室检查无特异性，加上精神疾病的分类和诊断方法仍停留在症状学的水平，其诊断易受病史采集方法、对症状认识水平等因素影响，因此未识别率高。

精神疾病难治性的比例很高。在美国，抑郁的终生患病率达20%，难治性比例为30%；精神分裂症的患病率为1%，难治性比例同样为30%；强迫症难治性的比例为50%。

很多情况下诊断清楚了，但治疗效果不好，也可能是诊断错误，这种情况是比较复杂的。即便诊断清楚了，病人对药物的反应也不一样；同一种药物，对一名病人有效，对另一名病人则可能无效，很多病人迁延不愈，成为难治性病人。病人对药物的敏感性不同，提示我们对于真正的病因病理机制仍不清楚。

精神科的治疗手段非常有限。医院里主要采用药物治疗，而心理治疗在我国开展得非常不好，这一现象与人们对于心理治疗的认知和医保定价及伦理制度等问题有关。

精神科的物理治疗尚未得到充分开展。例如，基层可能不具备条件，所以开展得不理想。事实上，很多物理治疗对精神障碍有效。精神科对外科治疗存在偏见，因为过去精神疾病的外科治疗主要依靠神经毁损；然而，事实可能并非我们想象的那么可怕，外科的一些定向治疗对于强迫症、抽动秽语综合征是有效的，美国已经批准临床应用，也进入了医学指南。国内还需要更新观点和进一步探索。

（二）精神疾病流行病学的未来和挑战

1.人人享有健康

早在1977年，世界卫生组织就提出了“2000年，人人享有卫生保健”，我国政府也郑重承诺，要让中国人“人人享有健康”。健康就包括躯体和心理两方面的健康。

社会经济和科学技术的发展，以及生活水平的提高使人类对身体健康和生活质量提出了更高的要求。为此，世界各国的医学专家、科研人员和政府机构对精神疾病的防治予以了高度重视，投入了越来越多的力量来加强精神疾病的病因和发病机理的研究，提高防治和康复的水平。根据世界精神病学协会主席赛多利斯（Sartorius，1997）在北京世界精神病学协会地区会议上的报告，发展中国家精神卫生工作的优先领域是促进精神健康，预防和治疗精神及神经障碍，精神疾病和精神残疾的康复，促进心理社会发育。这一发展趋势明确表明了精神疾病的研究对象必然要从临床的个体扩大到社区的群体，通过流行病学研究方法探讨病因和发病规律，从而制订预防、控制和消灭疾病及健康促进的对策和措施，并通过科学的方法学评价其效果。医学和相关的自然科学，以及社会科学相结合是当代精神疾病流行病学发展的必然趋势。

2.关注重点疾病

精神病学专家普遍认为,20世纪末对社会经济发展影响最大、给个人健康和家庭生活危害最深的精神障碍是老年痴呆、精神分裂症和抑郁症。对于这三种重要的精神疾病,需要在精神医学和基础医学的基础上,将经典的流行病学观察法中描述性和分析性研究方法,以及实验法和理论及方法学研究,应用到对疾病的发生和发展的规律、病因和危险因素,以及治疗和预防的各个领域的研究中,加强国际信息的交流和研究的协作,推动精神卫生事业的水平不断提高,发展社会精神病学的理论和实践。

3.中国面临的挑战

中国的精神疾病流行病学与国际上该学科的进展面临同样的挑战,即将精神病学与流行病学有机地结合在一起。对于精神疾病的研究要从患者个体的诊治,扩大到对精神障碍及与精神健康有关的状态在人群中发生、发展的原因和分布规律的研究,探讨精神疾病的病因、发病机理、临床表现、诊治、预防及预后等临床规律,就必须对群体特性进行研究,这必然需要引入现代流行病学和卫生统计学的方法学,采用正规的设计、测量和评价方法进行研究。但是,将经典的流行病学方法应用到精神疾病的研究,常由于精神疾病病因的多重性、症状的不确定性、诊断的多轴性和治疗的复杂性而受到限制。流行病学研究要求调查资料有代表性、随机性和可比性,而在精神病患者中有时由于研究对象不合作而难以实现这些原则。此外,许多精神疾病的分类和诊断方法都是在西方文化背景下发展而来的,将其引入我国无疑会发生文化差异的冲突,亦存在不同种族生物学的影响。为保证研究结论的真实性和可靠性,需要应用流行病学的理论和方法使国际精神疾病研究的方法学中国化,以利于我国精神疾病的临床和社区研究。因此,我国精神疾病流行病学要为之奋斗的目标是与国际先进的研究方法接轨,提高学科的整体水平。

复习巩固

1.阐述精神疾病流行病学的含义。

2.精神疾病有哪些负担?

本章要点小结

1.心理异常(变态)可以界定为,凡现有精神障碍分类系统包含了的精神疾病,我们认为就是变态,而没有包含的,则认为正常。变态心理学,是研究变态心理的一门学科。主要研究人类各种心理活动,包括认识活动、情感活动、意志活动以及个性心理等方面的异常表现及其病因,并对这些异常现象进行归类、解释,说明其发生、发展和转归的影响因素和规律的心理学分支。

2.变态心理学的发展经过了从鬼神说到用科学方法看待的过程,从古至今,国内到国外,人们对心理、心理异常的看法与社会发展程度是息息相关的,因为社会的经济、政治、宗教都会影响人们对心理和心理异常的态度。变态心理学的发展正在向多元化蓬勃发展。对变态心理学的本土化发展我们需要更加重视。

3.精神疾病是一类严重威胁人民健康的疾病,患者因疾病因素而影响工作、学习和人际交往能力，部分因未得到治疗而导致精神残疾，丧失劳动力，给患者本人及家属带来极大的精神痛苦和经济负担。流行病学(epidemiology)是研究疾病分布规律及影响因素，借以探讨病因，阐明流行规律，制订预防、控制和消灭疾病的对策和措施的科学。因而对于流行病学的研究也是非常重要的。

关键术语表

变态心理学	Abnormal psychology
精神病学	Psychiatry
变态基本元素	Basic elements of abnormal
精神分析	Psychoanalytic
精神障碍	Mental disorders
观察法	Observational method
个案调查法	Case study method
会谈法	Interview method
社区变态心理学	Community abnormal psychology
精神疾病流行病学	Epidemiology of mental illness

本章复习题

一、选择题

1.西方狂热的宗教迷信盛行的时期是(　　)。

A.古代　　B.中世纪　　C.近代　　D.现代

2.精神障碍研究常用患病率指标有终生患病率、12个月患病率和(　　)。

A.时点患病率　　B.60天患病率　　C.30天患病率　　D.共病率

3.在变态心理学上“另辟蹊径”的心理学家是(　　)。

A.克雷佩林　　B.弗洛伊德　　C.罗杰斯　　D.荣格

4.心理障碍有三个标准，其中哪个不符合?(　　)

A.心理功能失调　　B.适应不良

C.痛苦或不适当的反应　　D.不恰当的反应

5.精神病学专家普遍认为，20世纪末对社会经济发展影响最大、给个人健康和家庭生活危害最深的精神障碍是(　　)、精神分裂症和抑郁症。

A.焦虑症　　B.强迫症　　C.老年痴呆　　D.恐怖症

6.最早提出情志相胜的治疗原理的古代医学典籍是(　　)。

A.《黄帝内经》　　B.《本草纲目》　　C.《儒门事亲》　　D.《伤寒杂病论》

7.通用且流行的精神障碍诊断与分类系统包括CCMD、DSM和(　　)。

A. APA　　B. TAT　　C. SAS　　D. ICD

8.20世纪末对社会经济发展影响最大、给个人健康和家庭生活危害最深的精神障碍是老年痴呆、精神分裂症和(　　)。

A.网络成瘾　　B.焦虑症　　C.强迫症　　D.抑郁症

二、案例分析题

这是在20世纪初期的一个案例。

安　娜

21岁的安娜,希望寻求治疗。

20岁那年夏天,她父亲得了重病。她和母亲全力陪伴在父亲身边,照料他。医生告诉她们,安娜的父亲时日无多。三个月后,安娜出现一些问题,如虚弱、贫血、厌食、睡眠紊乱、内斜视等。因为她有强烈的咳嗽,需要将她与患病的父亲隔离,虽然她很不愿意。她的症状迅速加重,发展为肢体的痉挛和麻木,并伴有交替出现的兴奋、抑制和失神(absences)状态。在一种意识状态中,她能认识环境,也有悲伤和焦虑,但相对正常。在另一种意识状态中,她有幻觉,安娜表示曾看见一只狗从杯子里喝水。她"顽皮"——骂人,尽量运用挛缩的肢体向人们扔枕头,用尚能活动的手指扯去衣服的纽扣。如果这时房间内有任何变化,如有人进出,她随后诉说一概不知,有意识空白。有时她有"失神"、睡眠障碍和饮食障碍,出现过语言方面的错乱和强烈的自杀冲动。

安娜出生在一个贵族家庭中,这些情况在幼年时期所见不多。她的英语很流畅,并用法语和意大利语阅读,过着维也纳上流社会妇女的日常生活,骑马,做些刺绣。按照医生的描述,安娜一直很健康,成长期并无神经症迹象。她在情绪上总是倾向于轻微的夸张,像是很高兴而又有些忧郁,这使她脾气多少有点变幻无常,易受心境支配,她许多时候会做白日梦,在自称为的"私人戏院"里编造幻想性情节。她有时沉溺于幻想中,以致听不到别人对她说些什么。

请试着分析,安娜是否患有精神疾病,为什么?如果是你,你会采用什么方法进行治疗?

第二章

变态心理学的理论模式

长久以来,人们一直渴望去了解并解释心理异常现象。为什么有人会产生他人无法理解的异常行为?它的发生机制到底是什么?……

随着心理学家们研究的深入,逐渐形成了一系列对异常心理机制的理论假设,主要涉及异常心理的发生、发展、诊断、防治的分析与解释。

这些心理学模型主要包括:心理动力学理论、行为主义理论、认知心理学理论、人本主义理论、神经科学理论等,不同的学派各有其侧重点。

本章将着重介绍各个心理学流派对变态心理现象的分析解释和各理论模型的心理咨询、治疗技术,其主要内容是:

1.心理动力学理论;

2.行为主义理论;

3.认知心理学理论;

4.人本主义理论;

5.神经科学理论。

第一节　心理动力学理论

心理动力学(psychodynamics)理论在人格和变态的研究中主要关注的是心理动力如何塑造人格和影响人的行为,强调无意识领域中的心理冲突在造成心理异常方面所起的重要作用。这一理论模型最早而又系统性的代表是弗洛伊德的精神分析学说。

弗洛伊德之后的许多心理学家都在新的方向上不断发展心理动力学模型。

一、弗洛伊德理论的主要内容

在弗洛伊德的一生中,他把全部的精力和热情都投入到心力(psychic energy)的探索中,形成了他自己的一套研究,改变了人们过去对人格的看法。

关于这一理论的概述,有三个重要方面:心理结构和人格结构、心理焦虑及防御机制、早期性心理发展的各个阶段。

(一)心理结构和人格结构

1. 无意识(unconscious)、前意识(preconscious)、意识(conscious)

弗洛伊德把人的意识分成三个层次(图2-1):意识、前意识、无意识。意识是指人们能够直接感知到的部分;前意识是介于意识与无意识之间,虽然不能即刻回忆起来,但经过努力就可以进入意识的部分;无意识(又称潜意识)是指不能意识到的、藏在内心最深处的那部分,占据着心理活动最大的一部分。他曾做过一个形象的比喻:人的心理活动就像漂浮在海洋上的一座冰山,意识部分好比露在海面上的小小山尖,而无意识则是海洋下面看不见的巨大部分,前意识是介于两者之间的部分。

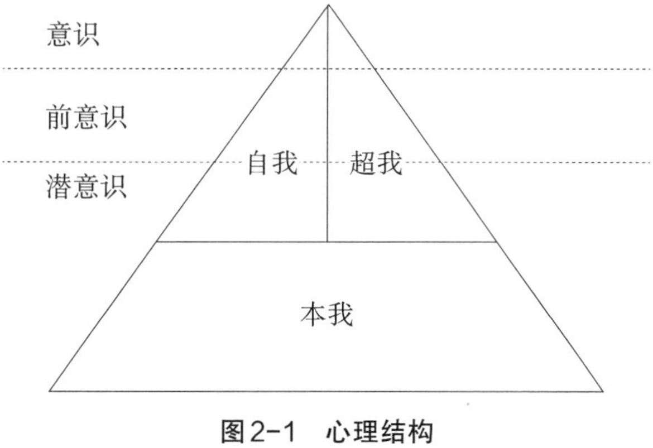

图2-1　心理结构

弗洛伊德非常强调无意识的作用,他认为在无意识里包含了大量不能被人类社会伦理道德、宗教法律所允许的、原始的、动物的本能冲动和与各种与本能有关的欲望,这些无法得到满足的欲望和冲动被压抑到无意识领域中,它们并不是安分守己的,而是积极活动的,不断寻找出路,试图回到意识中以求得满足。但是,无意识的东西要进入意识并不容易,必须接受意识的检查。由于无意识的本能欲望不为社会道德所允许，一旦被表现出来，就会在意识中唤起焦虑和羞耻感，因此意识会给予相反的力量加以阻止，形成压抑。

这种无意识的矛盾冲突常常是各种各样的精神症状、梦境、失言、口误的根源。

2. 本我(id)、自我(ego)和超我(superego)

弗洛伊德根据多年的临床经验指出，人格结构包括本我、自我、超我三部分。这些术语，就像很多心理术语一样，从不同途径进入了我们的日常用语。

本我是最原始的、与生俱来的本能，包括饥、渴、性和攻击。基本上，它是我们体内所包含的动物性，如果完全不加以抑制，它将驱使我们变成强奸犯或杀人恶魔。弗洛伊德认为，本我内部的能量或者驱动力就是性本能，同时他也提出人有两种本能：生的本能和死的本能。就像物质与反物质一样，这两种基本驱动力，一方面希望生存和满足，另一方面又趋向死亡和毁灭，它们之间的对立是永不停歇的。另外，本我是在无意识状态下运作的，遵循着快乐原则，它要求立即满足本能需求，就像一个被宠坏的孩子，要在第一时间得到一切它想得到的东西，不考虑社会规则、习俗或别人的需求。

然而，在弗洛伊德的观点里，本我的自私和间或的危险欲望并不是不受抑制的。在生命产生的数月之后，我们就懂得通过调整自己的本能需求，适应现实世界。换句话说，我们必须寻求某种方式，在不妨碍周围人的前提下满足自己的本能需求，即我们必须现实地活着。

人格中保证这种现实行为的部分称为自我。在弗洛伊德看来，自我就是从本我中分化出来控制和约束本我的，它遵循现实原则，允许延迟满足，指导人采取社会允许的方式满足本我的需要。它是本我与外界关系的调节者。

超我是指道德的我，是人格中最文明、最道德的部分，大部分属于意识层面。它代表理想而非现实，努力追求完美而非快乐，遵循的是道德原则，同样允许延迟满足。超我的形成很大程度上依赖于父母的影响。在儿童的早期生活中，父母总是有意无意地依据自己的道德标准和社会规范去评价、奖励和惩罚儿童，长此以往，父母关于奖惩儿童行为的标准逐渐内化为儿童自己的行为规范，形成了超我。

本我、自我、超我三者之间的关系并非静止不变的，而是不断互相作用着的。自我要同时协调和满足本我、超我、现实三方面的要求，即自我在超我的监督下，按现实可能的情况，只允许来自本我的冲动进行有限的表现。本我、自我、超我所占据的意识水平是不同的，除了本我完全处于潜意识层面之外，自我和超我在意识的三个层次中均存在，它们的相互关系就构成了个体复杂的人格动力结构。

一个人要保持心理健康，就必须依赖这三种力量维持平衡，否则就会导致心理失常。比如在人格障碍中，心理能量的释放是不合理的，要么本我太强，要么超我太强，自我很难控制欲望或满足良知，从而导致冲动性的或反社会性的人格异常，或者表现为强迫性的人格障碍。

(二)焦虑及防御机制

如同我们所看到的，自我通过不断斗争，使得自己能管理本我和超我之间的冲突。然而有时候，无论是本我还是超我，都会努力摆脱自我的控制，表现为无法接受的感受或行为。

人们对这些威胁的反应是体验到焦虑(anxiety)。

1.焦虑

类似于大多数人所谓的"害怕",焦虑是心理痛苦的一种状态。焦虑可能来源于现实中,例如面临即将到来的一场重要考试;或者起源于本我的冲动,例如面对一个有吸引力的异性。这个冲动要冲破自我的控制而又受到超我的惩罚(以内疚的形式)或现实的惩罚。大部分焦虑不会在意识层面被体验到,它封存于潜意识中,个体会通过自我运用防御机制(defence mechanism)来处理面临的危险。

2.防御机制

焦虑是一种信号,它能提醒自我启动无意识的保护性过程——防御机制(表2-1),这种机制能够保证由冲突带来的原始情感处于受控制的状态,这样自我才能继续它的协调工作。

根据弗洛伊德的理论,我们随时都在使用防御机制——尽管有时它适用,有时它不适用。例如,当你因为老师给分不合理而在某门考试中成绩很差时,回到家,你会对你的家人甚至是家里的狗大喊大叫吗?如果是,那么这就是一种转移的防御机制的例子。如果不这样做,在心理上我们将会有所欠缺,因为防御机制所隐藏的事实不断地突破到意识层面,会产生令人无法忍受的焦虑。另外,防御机制还有适应功能,它使得我们避免面对我们不能面对的状况,继续生活。

在弗洛伊德提出防御机制这个概念之后,弗洛伊德的女儿安娜·弗洛伊德(Anna Freud,1895—1982)更全面地发展了这个概念。

表2-1　心理动力学理论的一些自我防御机制

防御机制	定义	例子
压抑(repression)	将唤起焦虑的想法排除出意识	喜欢某一个女孩,但这个女孩已经有男朋友了,于是在心里默默喜欢
退行(regression)	在压力下,行为倒退回早期发展阶段	刚入学的大学生不适应群体生活,生活无法自理,常想家,想妈妈
合理化(rationalization)	为自己不能接受的行为找自欺欺人的借口	一个学生在解释他作弊行为时说:"每个人都这么干。"所谓"酸葡萄心理"、"甜柠檬心理"和阿Q精神即是这种机制的表现
转移(transfer)	将意见和冲突从具有威胁或不合适的对象身上转到威胁小的对象身上	由于论文的事情被老师批评,转而对其他人发火以宣泄愤怒
投射(projection)	将自己不合理的冲动强加给别人,认为别人有这样的想法	当你说你哥们儿爱上某校花,也许正是你已经爱上她了;所谓"我见青山多妩媚,料青山见我应如是"
否认(denial)	拒绝接受残酷的真相	无法接受考试挂科的现实或者恋人做出的分手决定,认为这不是真的
反向形成(reaction formation)	采取与自身真实想法截然相反的行为以抑制该冲动	很喜欢一个女生,但没有勇气表白,于是处处与之作对;父母常在小时候对我们这样说:"我这样做都是为你好!"
升华(sublimation)	将原始欲望导向积极的有建设性的成就当中	一个充满敌意的人将攻击的冲动转向体育竞技,如喜欢打架的人从事拳击运动

防御机制是指自我对本我的压抑,以便我们可以正常地进行日常工作。弗洛伊德认为口误和平时的健忘,显示了其因压抑而被排除在意识之外所隐藏的动机。

如果恋人在大发雷霆后离开而忘记带伞,可能是无意识地在制造一个回来的借口。然而,防御机制也可能引起异常行为,一个人在强大压力下的退行行为会使个体不能适应现实情境。

(三)性心理发展阶段

弗洛伊德认为性本能背后有一种潜在力量,称为"力比多"(libido),它对人的行为具有推动作用。弗洛伊德认为在不同年龄阶段"力比多"能量投注于身体的不同部位并引起相应的愉悦体验,根据这一特点,他总结出个体会经历一系列的性心理发展阶段(psychosexual stages),而这有着非常深刻和持续的意义。这使得弗洛伊德成为最早对异常行为的研究做出实验性设想的人之一。这些阶段——口唇期、肛门期、性器官期、潜伏期和生殖期(表2-2)——表现出我们基本需求的不同形态及满足我们生理快感的欲望。

表2-2　弗洛伊德的性心理发展阶段

名称	时间	特点
1. 口唇期(oral stage)	0—1岁	婴儿最初依靠吮吸生存,所以这一时期婴儿的主要活动为口腔活动,快感来源于口唇吮吸或咬牙、咬东西
2. 肛门期(anal stage)	1—3岁	此时期幼儿要接受排泄大小便方面的训练,力比多的焦点也从口唇转移到肛门,此时力比多的满足主要来源于排泄大小便所带来的快感
3. 性器官期(phallic stage)	3—6岁	儿童不仅对自己的性器官产生兴趣,而且他们的行为也开始有了性别之分。在这个阶段,对人格的发展最为重要的事件是,在儿童心里产生了有关父母的情绪冲突,即男孩心中的俄狄浦斯情结(Oedipus complex)和女孩心中的艾莉克拉情结(Electra complex),也就是我们通常所说的"恋母情结"与"恋父情结"
4. 潜伏期(latency stage)	6—12岁	当儿童解决了恋父或恋母情结之后,他们的力比多冲动处于暂时的潜伏状态,性兴趣被其他的兴趣所取代。在这一阶段,由于儿童生活范围的扩大和在学校学习了系统知识,儿童人格中的自我和超我部分得到了更大的发展。男女儿童之间的关系较疏远,团体活动时多是男女分组,甚至互不交往。这一状况一直持续到青春期才会发生变化
5. 生殖期(genital stage)	12岁以后	进入青春期,由于性器官的成熟,儿童的性冲动再次萌发,他们开始对异性发生兴趣,喜欢参加由两性组成的集体活动。这时儿童的心理发生了根本的转折,从"自恋"转变成"异性恋"。异性恋一旦形成,就会持续一生,以后不再发生根本的变化

弗洛伊德猜测,如果我们在某一特定时期没有获得应有的满足或者某个时期留下了过于强烈的印记(他称之为"固着",fixation),那么在成年生活中,这个个体的性格中会体现出那个时期的特殊性。例如,口部快感期的固着将导致过多地吮吸手指和通过吃食物、咬铅笔和咬指甲加重口部的刺激,伴随着口部固着而来的成人个性特点,包括依赖、波动以及作为对这些趋势的反应的逆反心理和玩世不恭。

二、其他心理动力学家的理论

弗洛伊德的原创理论，在很多方面都经历了不同程度的修改与发展，这些工作主要是由他的学生和信徒完成的。在此期间，一部分理论学家从精神分析学说中取出一部分理论，将其不断完善，而另一部分理论学家则进入了全新的研究方向中。

（一）安娜·弗洛伊德的理论

安娜·弗洛伊德集中研究了自我防御机制如何影响人们的行为，并成为现代自我心理学领域的第一位倡导者。她的著作《自我与防御机制》至今仍有影响。在安娜·弗洛伊德看来，个体会在现实性的探索和防御中渐渐学会适应性的本领和技能。如果自我不能成功地实现如延迟冲动或控制冲动等功能，或者对强烈的内心冲突无法采用适当的正规防御，异常的行为就产生了。

（二）卡尔·荣格的理论

瑞士精神病学家卡尔·荣格（Carl Jung，1875—1961）原是弗洛伊德的学生，后与弗洛伊德决裂，发展了自己的心理动力学理论——分析心理学。他反对弗洛伊德理论中许多性欲的观点，引入了集体无意识（collective unconsciousness）的概念，认为它是千百年来社会和文化积淀的智慧结果，深藏在个体的脑中而代代相传下来。荣格还指出，精神和宗教的驱力与性驱力一样，也是人性的重要部分，并强调一些持久的人格品质的重要性，如内向（羞涩、孤僻的倾向）和外向（友好、开放的倾向）。

（三）阿德勒的理论

阿德勒（Alfred Adler，1870—1937）和荣格一样，曾经在弗洛伊德的内部圈子中占有一席之地，后来与弗洛伊德分道扬镳而形成了自己的理念。阿德勒致力于自卑感和对自尊的寻求的研究，并创造了"自卑情结"这一术语，认为有些人是因身体缺陷而产生自卑感，进而产生补偿的需要。我们所有人都会因为在童年时过于渺小，而在某种程度上产生自卑感。这种自卑感驱使我们去追求优越，进而激发追求显赫的社会优势。

荣格和阿德勒都认为人性的本质是积极的，并且有一种自我实现的强烈的驱力。阿德勒提出，创造性的自我努力会使个体克服障碍并发展个人潜能，将心理动力学理论的重点从本我转向了自我。阿德勒的学术观点被称为个体心理学。

（四）埃里克森的理论

近期的一些心理动力学模型也非常强调自身或自我，而较少像弗洛伊德那样强调性本能。埃里克森（Erik Erikson，1902—1994）认为儿童的社会关系要比无意识的过程重要，他最杰出的贡献是他的毕生发展理论，在这个理论中他较为详细地描述了人一生的八个特定阶段及每个阶段伴随的危机和冲突。例如，在这些特殊时期的最后一个——从大约65岁开始的老年期，每个人会回顾他的一生并尽量使它变得有意义，他会获得圆满完成某些目标的满足感，同时也会为那些没有实现的目标而沮丧。

科学的发展已经证明了用发展的观点考察精神病理学的正确性和合理性。

三、精神分析疗法相关概念

1. 自由联想(free association)

精神分析治疗的许多技术都是通过宣泄和领悟来解释无意识心理过程和冲突的本质。弗洛伊德发展了自由联想的技术,他要求病人说出一切进入脑中、没有经过意识检验的想法。这一技术的目的是揭示病人那些可能被压抑的、充满感情的内容,因为一旦重新意识到它们,会让人觉得很痛苦或者受到恐吓。

2. 梦的解析(interpretation of dream)

第二个通向潜意识的重要渠道是梦的解析。弗洛伊德相信,在睡眠中,自我的防御力被降低了,因此潜意识的事物能够浮到表面上来。但是防御从未被完全放松,即使在梦境中,受到压抑的冲动也只是以象征的方式来揭示自身。

3. 阻抗(resistance)

当病人被引导去了解他们讨厌的潜意识时,他们可能开始出现对此的阻抗,立即使用各种防御机制来避免回答治疗师的问题。他们可能转移话题、沉默,或与治疗师对抗,他们甚至可能开始失约。这时治疗师必须指出这种阻抗,然后如果可能的话,解析它,并尝试推测病人试图不被发现的东西。

4. 移情(transference)与反向移情(countertransference)

移情与反向移情被认为是身为精神分析家的治疗者与病人之间十分重要的关系。在治疗过程中,当他们的关系有进展时,医生可能会发现病人心理内部冲突的本质,这是因为,在一种叫"移情"的现象中,病人开始和医生发展他们在孩童时期与父母等重要人物交往时产生的非常一致的关系。毫无理由地怨恨医生的来访者可能是在重演孩童时期对重要他人的怨恨。更常见的是,病人会深深地爱上医生,这也许反映了他以前对重要他人强烈的积极感情。在"反向移情"现象中,医生会将他们自己的一些经历和情感,通常是积极方面的,施加到病人身上。在处理自己和病人的感情之前,医生都需经过严格的训练,无论采用何种方式治疗,心理健康专业人员都需遵循伦理法则,避免与病人产生治疗外的关系。

四、对心理动力学理论的评价

弗洛伊德的精神分析理论作为第一个系统的心理动力学模型,对异常心理学的奠基、发展和走向成熟做出了历史性的伟大贡献。

(1)他第一次提出人的心理异常并不都是由大脑的生理和解剖结构的损害所引起的,人内在的心理冲突也可能造成心理异常,从而使得变态心理学的研究从生物学转向心理动力学,注重从病人内心深处挖掘异常原因。

(2)他强调本能冲动和欲望是人的心理动力,性是人类的基本动机,是推动人们心理活动的一种基本动力，这是对当时心理学界的挑战。

(3)他提出的“心理防御机制”概念，说明人有一套自发的心理调整机制，在一定程度上可以使人的内心冲突得以缓和，使人的心理活动恢复并保持某种稳定状态。

对精神分析的一个主要的批评在于它的不科学性。首先，它仅仅依靠病人对许多年前发生的事件的报告；其次，这些事件经过观察者经验的过滤，然后经治疗师的解读，可能每个治疗师的结论和做法是不一样的；最后，没有对其中任何一种心理现象进行细致测量，也没有很明显的方式能够证明或者推翻精神分析的基本假设，而这是至关重要的，因为测量、证实或推翻一种理论是科学研究的基础。

复习巩固

1.弗洛伊德提出人的心理结构包括哪些内容？

2.在现实生活中，你所表现的防御机制有哪些？这些防御机制起作用了吗？有没有更好的方式来应对？

第二节　行为主义理论

当精神分析在20世纪风靡整个世界时，俄国和美国的研究者提供了一个同样有影响力的心理学模型——行为学模型，这一模型使精神病理学领域科学研究方法得以系统发展。

行为主义理论重点研究行为在环境中的经验习得方式，它的两个核心内容是经典条件反射和操作条件反射(表2-3)，后来行为主义者承认模仿和观察学习也可以养成行为习惯。

一、巴甫洛夫和经典条件反射

经典条件反射(classical conditioning)源于20世纪初俄国生理学家和心理学家巴甫洛夫(Иван Петрович Павлов，1849—1936)以狗作为实验对象的经典实验。狗吃食物会引起唾液的分泌，这是先天的无条件反射，食物是无条件刺激；如果对着狗摇铃铛，狗不会分泌唾液，但是如果每次给狗吃食物之前出现铃声刺激，这样多次结合后，只要铃声一响，狗就会分泌唾液。

铃声本来与唾液分泌无关(称为中性刺激)，由于多次与食物先后出现，铃声具有了引起唾液分泌的作用，即铃声已成为进食的“信号”。这时，铃声就转换为条件刺激，这种反射就是条件反射。

为区别后来的操作条件反射，人们又将其称为经典条件反射或应答性条件反射，强调环境刺激对行为反应的影响。

你可以识别日常生活中的经典条件反射吗？小孩子在看到针管或者是穿白大褂的人会害怕或者哭泣，为什么？针管或者白大褂可能就是条件刺激，因为曾经看过病或者打过针，它引起了害怕和肌肉紧张的条件反应。

恐怖症可能是经典条件作用的结果。比如,一个在电梯中受到性侵的人,可能会发展出对乘坐电梯的恐惧。在这个例子中,一个中性刺激(电梯)与一个令人讨厌的刺激(性侵)相联结,这就导致了条件反应(恐惧)。

巴甫洛夫的发现有着深远的意义。长期以来,人们一直认为人类对环境的反应是复杂的主观加工过程,但巴甫洛夫的这一发现由此提出了另一种可能:我们很多的反应只是简单的学习过程。换言之,我们的爱和恨、欣赏和反感只是很简单的条件反射过程,就是将生活中的事物与一些诸如食物、温暖和创伤之类的本能反应相匹配的过程。

二、斯金纳和操作条件反射

操作条件反射(operant conditioning)源于19世纪90年代桑代克(Edward Lee Thorndike,1874—1949)的工作,他把饥饿的猫放在迷津里,并且观察它们是如何学会逃避囚禁并获得食物的。他设计了各种各样的迷津,其中一些有可按压的杠杆,另一些有可拉动的绳子,还有可以越过的架子。

迷津里的猫乱抓乱咬试图逃脱,偶然发现一个绳索的圈,拉动它便得到了自由。在刚开始的几次实验中,猫逃离迷津所用的时间非常长,但在一次次的成功后,时间便缩短到几秒。

桑代克由此提出了“尝试错误论”和“效果论”,当一种反应引起积极的后果时,这种反应就会得到重复;反之,引起消极后果时,这种行为被重复的可能性就很小。

斯金纳(Burrhus Frederic Skinner,1904—1990)的操作条件反射模型就建立在桑代克的学习理论基础上。

斯金纳被认为是现代用学习模型来解释心理障碍贡献最大的学者之一。他在1935年设计了一个称为“斯金纳箱”的动物实验装备。箱内有一根杠杆,当一只饿鼠在箱内自由探索时,偶尔碰压到杠杆,得到了食物的奖赏;在一次次食物的强化下,鼠逐渐学会了主动按压杠杆取得食物的行为。同样,按压杠杆的行为也可因停止供应食物而逐渐消退。

这一过程是学会一种操作的过程,因而被称为操作条件反射,也称工具操作条件反射。在经典(应答)条件反射中,有机体对环境的反应是被动的,而在操作条件反射中,正如名字所暗示的,有机体是主动做出反应的。

表2-3 经典条件作用与操作性条件作用的对比

经典条件作用	操作性条件作用
行为受反应前刺激(条件刺激和非条件刺激)控制。	行为受跟随反应的后果(奖励、惩罚)控制。
通常涉及奖励或惩罚。	不涉及奖励和惩罚。(虽然令人愉悦或厌恶的刺激可能会被使用)
通过条件作用,新刺激(条件刺激)开始产生“旧”行为(反射行为)。	通过条件作用,新刺激(强化物)产生新行为。
消退由于强化物的停止而产生。	消退是由于非条件刺激的停止而产生。
学习者是被动的(反射性地做出反应): 反应是不自主的,即行为是被刺激诱发的。	学习者是主动的(操作性行为):反应是自主的,即行为是生物体主动做出的。

在操作条件反射中,反应的获得与加强由其结果所致。

下面我们来看一下操作条件反射中的几个重要概念:

(1)正强化(positive reinforcement),指在反应之后出现某种刺激让相关行为再次出现的可能性增加;

(2)负强化(negative reinforcement)则是指通过撤销某种令人不快的刺激而让行为增加。某种行为既可以通过正强化来增加,也可以通过负强化而得到加强。

如果鼠按压杠杆的行为得到了食物的奖励,鼠按压杠杆的行为就会增加,这属于正强化;如果鼠按压杠杆的行为使得自身遭受的电击停止,鼠按压杠杆的行为就会增加,这属于负强化。

(3)消退(extinction),指行为结果导致的积极刺激减少,该行为反应就会减弱。如鼠按压杠杆的行为得不到原有的食物奖励,那么其按压杠杆的行为就会减少,这属于消退。

(4)惩罚(punishment),指行为结果导致的消极刺激增加,从而使该行为反应减少。

如鼠按压杠杆的行为使其自身遭受电击,其按压杠杆的行为就会减少,这属于惩罚。和强化一样,惩罚也有两种主要形式。一种叫作正惩罚,这种惩罚要求实施令人厌恶的刺激,就像上面例子中的电击一样,以减少行为出现的可能性;另一种方式叫作负惩罚,这种惩罚要求消除强化物,如鼠按压杠杆时,不出现食物,那么其按压杠杆的行为也会减少。

你可能已经注意到了,惩罚与负强化都与令人不快的刺激有关。但是,请注意,惩罚和负强化对于行为的作用是相反的。惩罚是用来削弱一种行为,或减少这种行为再次发生的可能性;与此相反,负强化和正强化一样总是增加某种反应再次发生的可能性。

图2-2简要总结了正、负强化和惩罚的区别。

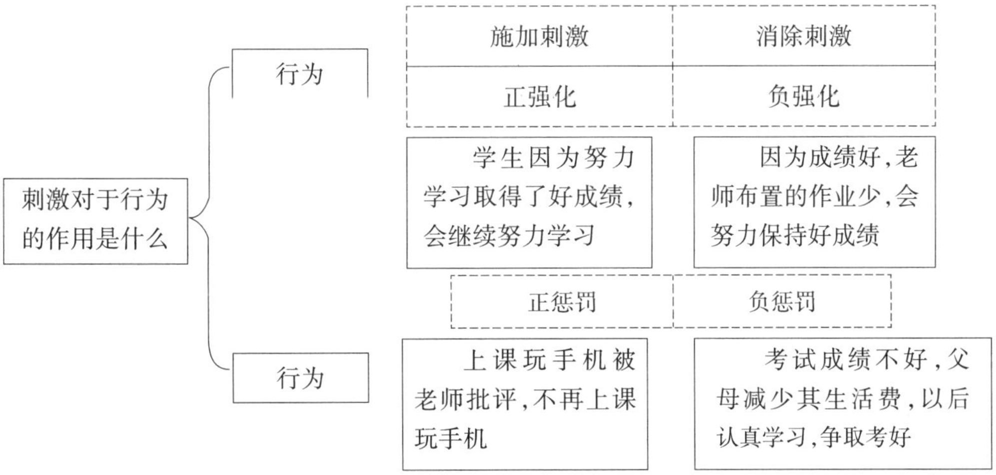

图2-2 强化与惩罚的区别

心理学家意识到强化比惩罚更可取。当惩罚的威胁消失后,惩罚所具有的压制行为的力量通常也会消失,惩罚还会引发逃避或攻击行为,而且惩罚的实施往往也不公平,比如在成长过程中,男孩受到的惩罚要多于女孩。因此,日常应用中,强化多于惩罚。

三、模仿学习和观察学习

20世纪50年代，心理学家艾伯特·班杜拉(Albert Bandura，1925—2021)指出，人们可以通过观察他人来完成行为学习，这一观点就是后来的社会学习理论。该理论认为，人们通过模仿生活中重要人物(尤其是父母)的行为模式学会新行为。当被模仿者是权威人物，或者得到模仿者认同时，行为学习更容易通过模仿来实现。当一个人观察他人行为所得到的奖励或惩罚，并据此来调解自己的行为时，就产生了观察学习。

例如，一个孩子看见有人考试作弊，并因此遭到了惩罚，他观察到考试作弊的后果，因此不大可能做出同样的行为。在如今信息发达的时代，媒体、网络对孩子的影响是非常大的，在特定的网络游戏中，因暴力行为而得到直接奖赏，这种虚拟的满足感也会延伸到现实生活中。

四、行为主义疗法

行为主义治疗试图通过产生正常行为的方法来调整变态行为，南非精神病学家瑟夫·沃尔普(Joseph Wolpe，1915—1997)对此做出了杰出贡献。他研究出一系列治疗恐惧的行为疗法，其中最著名是系统脱敏法。它假设，同时呈现对立的反应(如放松)与引起焦虑的刺激，那么这些刺激与焦虑的关系会弱化，从而焦虑会消失。

系统脱敏有三个阶段：

(1)训练来访者放松。

(2)治疗师和来访者一起制定害怕等级表(从最害怕到最不害怕)。

(3)真正的脱敏。

大多数的脱敏反应是在治疗室通过想象来完成的。在治疗过程中，要求来访者放松然后呈现害怕登记表中的一条条刺激，从最不害怕的开始。当来访者接收到某个刺激后不能放松时，可以让他停止想象，进行放松练习，然后继续。系统脱敏能有效治疗很多疾病，比较明显的有恐怖症，不断做噩梦，社交恐惧等。

虽然系统脱敏很有效，但是很大程度上已经被暴露法所取代，因为它更简单和有效。它与系统脱敏很相似，但没有放松训练的阶段，只是将病人长时间暴露在害怕的刺激下并且不允许他逃避。这个技术特别适合治疗强迫症。当病人害怕被传染时，就让病人碰到或沾上脏东西或任何病人要避免的物质，并且不允许病人采取缓解焦虑的行动(通常是洗手)，最终使他们意识到他们害怕的东西并没有危险性。

五、对行为主义理论的评价

行为模型可以解释和解决许多变态心理学的问题：

(1)某些心理障碍的发生可以是“错误的习得性行为”的结果；许多不良的生活习惯或行为可以通过强化的作用而固定下来。

(2)采用比较客观的实验研究方法，从而提供了当代变态心理学研究的方法论基础。

(3)为心理障碍的治疗提供了一种较为有效的治疗方法，比如系统脱敏法、厌恶疗法。

但其模型本身是不完善的，其中条件反射理论大多来自动物实验，难以全面解释人类的复杂行为。其提出的强化、消退等基本概念，把人的行为简化为刺激与反应，却忽视了人的内在意识和主观能动性。

复习巩固

1.经典条件作用与操作性条件作用的区别是什么？

2.你能举出日常生活中的经典条件反射、操作条件反射和观察学习的例子吗？

第三节 认知心理学理论

认知心理学直到20世纪70年代才在变态心理学中显示出其重要性，它认为变态行为是心理加工过程的产物，重视一个人的想法、信念、期望、倾向和对事件的解释对其行为的影响。认知取向的治疗师主张通过改变认知缓解或消除症状。

在变态心理学理论模式中，认知理论之所以重要，有两个原因：第一，许多心理疾病者有严重的认知障碍（Beck，2000）。例如，重抑郁症者很难集中注意力，在这种情况下病人就很容易失败，如此反复恶性循环就更加重病人的抑郁。第二，某些认知风格虽然不是症状的表现，但是确实会导致疾病，这种可能性推动着认知研究的发展。

一、艾利斯的认知理论

艾利斯（Albert Ellis，191—2007）认为负性事件本身不能导致焦虑、抑郁或紊乱的行为，是我们对负性事件的不合理信念造成了消极情绪和异常行为。艾利斯的ABC理论详细阐明了认知因素对人的心理异常的作用。其中，A（activating event）指外在的诱发事件，B（belief）指信念，对事件的看法、态度，C（consequence）指情绪、行为结果。

如果一个学生因为考试不及格而感到焦虑和沮丧（C），这看起来好像考试不及格（A）是直接导致其痛苦的原因，但是痛苦实际上来自于他对于考试的信念（B），而不是考试不及格本身。对同一诱发事件，不同信念导致不同的结果。

通过临床观察，艾利斯总结出日常生活中常见的困扰、情绪障碍及神经症的11类不合理信念，并从中抽取出不合理信念的三个主要特征：

（1）绝对化要求：人们以自己的意愿为出发点，对某一事物产生必须或应该这样那样的信念。如认为自己“逢考必过”。

（2）过分概括化：一种以偏概全的不合理思维方式。如果考试不过，那么一切都不好。

（3）糟糕至极：认为如果一件不好的事发生将是非常可怕、非常糟糕的，是一场灾难，甚至是灭顶之灾。例如，有的学生认为没有什么事比考试不及格更糟糕的了。

艾利斯运用ABC理论来解释异常情绪和行为反应，并发展了一种治疗模式——合理情绪行为疗法(REBT,rational-emotive behavior therapy),帮助人们抵制不合理信念,并用更合理的信念替代它们。

艾利斯承认儿时的经历与不合理信念的起源有关,这些信念会循环往复,会不断给我们制造痛苦。对于大多数焦虑和抑郁的人来说,获得更多快乐不在于发现和解决内心深处的冲突,而在于认识和矫正不合理的个人信念或要求。

生活中的心理学

认知在引发焦虑障碍中所起的作用

个体歪曲的认知过程或者是思维观念,在焦虑症状的形成当中,起着非常重要的作用,有研究发现焦虑症患者比着一般人,更倾向于把这个模棱两可,甚至是将某个良性事件,解释成危机的现状,更加倾向于认为坏事情会落到他们的头上,更加倾向于认为失败在等着他们,更加倾向于低估自己对于消极事件的这种控制和处理的能力。

两个人有同样的演讲技能,但其中一个人在公开演讲时感到非常焦虑,另一个则很放松。演讲中有人中途离开,这本是件很常见的事,但两个人对此的反应却非常不同。焦虑的那个人认为:"我一定让人厌倦,为什么我要演讲那么长时间?我的演讲一定很失败。"相反,放松的那个人对自己说:"那个出去的人一定还有课要上。没什么,只是他错过了我最精彩的部分。"

二、贝克的认知理论

贝克(Aaron Temkin Beck,1921—)是最早运用认知疗法对抑郁症进行治疗的心理学家,他接受了认知过程是情绪和行为反应的中介的观点,但他又进一步指出情绪和认知是相互影响的,情绪障碍正是由于负性认知与情绪障碍之间的恶性循环而造成的,因此打破恶性循环是治疗情绪障碍的关键。贝克认为,适应不良的行为和情绪不是起源于不合理信念,而是起源于歪曲的认知,也叫认知曲解。

贝克论述了下列常见的歪曲认知:

(1)主观推断(subjective inference):没有支持性的或相关的根据就做出结论,包括"灾难化"或在大部分情境中都想到最糟糕的情况和结果。

(2)选择性概括(selective abstraction):仅根据对一个事件某一方面的了解就形成结论。在这一过程中其他信息被忽略,并且整体背景的重要性也被忽视。

(3)过度概括(overgeneralization):由一个偶然事件而得出一种极端信念并将之不适当地应用于不相似的事件或情境中。

(4)夸大和缩小(magnification and minimization):用一种比实际大或小的意义来感知一个事件或情境。

(5)个性化(personalization):个体在没有根据的情况下将一些外部事件与自己联系起来的

倾向。

(6)贴标签和错贴标签(labeling):根据缺点和以前犯的错误来描述一个人和定义一个人的本质。

(7)极端思维(polarized thinking):用全或无、非黑即白的方式来思考和解释,或者按“不是/就是”两个极端来对经验进行分类。

和艾利斯一样,贝克也发展了一个主要治疗模式,叫作认知治疗,这个治疗致力于帮助有心理障碍的个体识别和纠正错误的思维方式。

三、认知治疗的临床实践

在实际应用中,认知方法有一系列的程序。在会谈阶段,治疗师会收集来访者现在的信息,包括患者的思维模式和反应。这个过程帮助治疗师和来访者了解一系列因素间的相互作用,诸如成长经历、认知中的核心信念、错误应对模式(如逃避问题)、来访者自动加工模式中的各种反应,还包括家庭作业,来访者通过它表达现在的需求。

所有认知治疗中有一个共同因素,就是确认和改变导致来访者不良行为的思维模式,治疗师指导来访者理解认知和心理问题之间的关系,与来访者一起探索更适合的理解自己、世界和未来的方式。

在认知治疗中最主要的两种技术是苏格拉底式询问(产婆术式辩论)和行为验证技术。在苏格拉底式问答中,治疗师会提一系列问题来让来访者自己判断他正在思考的问题、所作的假设,以及是否存在必然真理的信念。治疗师会问“哪些能证明你的信念?哪些能反驳你的信念?”以及“你这么想的好处有哪些?”。在行为证明技术中,要来访者通过事实来论证假设。如一位抑郁症学生坚持她的朋友不再需要她了,我们可以让她打电话给一些朋友建议开个聚会。她可以自己来检验结果:是否所有的人拒绝和她说话?是否所有人都拒绝她的邀请?

四、对认知理论的评价

认知疗法的优点在于关注具体的操作变量,坚持以经验为依据;认知治疗的另一个优势是有详细的操作手册,描述如何进行实施和评估。例如,贝克和他的同事编制了治疗抑郁症的认知治疗操作手册(Beck、Rush、Shaw等,1979)。这有利于培训治疗师运用这些方法,以及对大量的结果进行研究。最后,认知理论最成功的是它的显著疗效,它很实用,目前最有效的治疗对象是抑郁症和焦虑症。

对认知观点的一个主要批判在于认知模型更多依靠逻辑推理提出理论,研究方法欠科学;关于认知改变与情绪、行为异常之间的因果关系推断缺乏科学效度,尚需更多实证研究的支持;此外,它的一个主要缺陷是,改变对世界的思维方式并不是解决所有问题的答案。比如,来访者在生活中会遇到很多具体的问题:工作环境的压力、家庭虐待等,他们需要的不仅仅是改变对环境的态度,还要切实的状况改变。另外,它也忽视了认知因素以外的因素在心理异常中的作用。

复习巩固

1.简述艾利斯的ABC理论。

2.认知治疗中的技术有哪些?

第四节 人本主义理论

与心理动力学理论家所持有的对人类潜力的相对悲观的看法相反,人本主义者提出了对人类的一个非常积极的看法。例如,弗洛伊德描绘出生活就像一个战场,在那里我们时刻处在被最黑暗的力量制服的危险之中,而人本主义者认为如果允许人们自由发展,没有不恰当的限制,他们将成为理性、社会化和建设性的人,这样的人被激励去实现对他们能力的一个更高级的憧憬。在怀有这样积极看法的人本主义者中,最有影响力的代表是罗杰斯(Carl Ransom Rogers,1902—1987)和马斯洛(Abraham Harold Maslow,1908—1970)。

一、马斯洛的人本主义观点

(一)马斯洛的需要层次理论(Hierarchy of needs theory)

马斯洛假定了一个需求的层次,从下逐级往上,依次为生理需要、安全需要、归属与爱的需要、尊重的需要和自我实现的需要(图2-3)。人们总是先满足低级需要,然后才关注高层次的需要。在人生的进程中,人们大部分都是沿着这样由低到高的层次前进的,最终达到自我实现。根据马斯洛的观点,只有一小部分人可以最终达到自我实现的境地。其中,低级需要直接关系到个体的

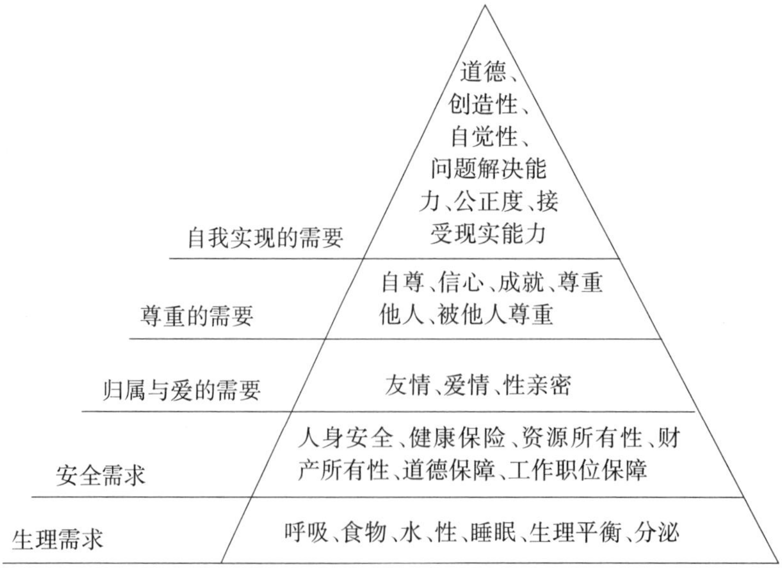

图2-3 马斯洛的需要层次理论

生存，因而也叫缺失需要，即当这种需要得不到满足时，将直接危及个体的生命。高级需要虽然不是维持个体生存所绝对必需的，但是这种需要的满足能使人健康、长寿、精神旺盛。在这个意义上，高级需要也叫生长需要。

马斯洛看到了高级需要与低级需要的区别，要满足高级需要，必须先满足低级需要，但他并没有把两者绝对对立起来。在人的高级需要产生之前，低级需要只要部分地得到满足即可。他还认识到，在人类历史上，那些为实现理想和事业胜利而不惜牺牲一切的人，会不考虑自己的生理需要和安全需要。同样，一些虔诚的宗教信徒，他们忍受着低级需要的缺失，过着贫穷困苦的生活，以此来实现他们更完善的潜能。

（二）对心理健康人的研究

长期以来，心理学家都在关注和研究心理不健康的人，而马斯洛则对心理健康的人进行研究。他认为符合心理健康标准的人就是那些完全满足了自我实现需要的人。

马斯洛通过对一些已经满足自我实现需要的人进行访谈，从而概括出心理健康人的特征：

（1）比普通人更少受文化规范和习俗的约束，他们“受自己做人的原则支配，而不是受制于社会规则”；

（2）具有创造性，这种创造性是以与众不同的方式完成一项工作时表现出来的；

（3）与为数不多的人产生了深厚的个人友谊；

（4）拥有高峰体验。高峰体验是一种超越一切的体验，其中没有任何焦虑，人感受到自我与世界的和谐统一，感受到暂时的力量和惊奇。

二、罗杰斯的人本主义观点

（一）自我实现论（self-actualization theory）

1.我实现动机

罗杰斯认为，每个人都有一种“自我实现”或“自我提高”的动机，表现为最大限度地实现各种潜能的取向。个体在自我实现的驱使下成长与发展，同时也发展了自我，自我是罗杰斯理论中非常重要的核心概念。他把自我分成理想自我与真实自我，自我发展的过程就是自我逐渐靠近理想自我的过程，真实自我与理想自我的和谐统一就是自我实现。

2.“无条件积极关注（unconditional positive regard）”

罗杰斯用“无条件积极关注”来解释自我发展的机制。所谓无条件积极关注是指一种没有价值条件的积极关注体验，即使自我行为不够理想，个体仍能够从父母或他人身上得到尊重、理解和关怀。无条件积极关注最早来自父母、老师、朋友等他人，随着自我的发展，可以转向自己。但是，父母只是在孩子满足自己的期望时才会爱他们，这使得孩子学会了抛弃自己真实的情感和愿望，只接受父母赞许的那一部分自我，抗拒自己的弱点和错误，形成了不完善的自我。

3.人格正常的人

罗杰斯认为人格正常的人就是技能完善者,也就是获得无条件积极关注的人。这些人具有以下特点:

(1)经验开放性:机能完善者不需要防御机制,对一切经验采取开放态度,不封闭自我。

(2)存在主义的生活方式:对生活有着新鲜感,觉得自己生活于存在的每一瞬间。

(3)信任自己的机体:不徒劳地思虑所面临的每一件事,但是他们考虑问题是全面的,并且能够对行动的过程迅速做出决定。

(4)富有自由感:做出的决定都是出自个人的意愿,而非受外部的强制或内部的压抑;能享受到生活的个人权力感,相信未来是由自己决定的。

(5)高度创造力:富有创造和创新能力,而非遵循或消极适应社会和文化系统。

(二)心理治疗理论

罗杰斯是从治疗的观点来看最有影响力的人类学者。罗杰斯开创了以患者为中心的治疗方法,之后被称为“以人为本的治疗”。在这种方式中,治疗师扮演一个被动的角色,尽可能少地作阐述。治疗重点是给个体一个在治疗过程中发展自己的机会,摆脱威胁到自己的镣铐。

人本主义者有足够的信心在人际关系的能力方面发展成长。无条件积极关注、完全无限制地接受大多数病人的情感和行为,是人本主义最关键的部分。以人为本的治疗期望得到的结果是病人们变得更坦率和诚实,并且能利用他们先天的成长因素。

三、对人本主义的评价

人本主义模型对变态心理的解释以及对心理咨询和治疗的实施提供了一种新的思路和更合乎人性的新的技术路线。罗杰斯和马斯洛真正关注的不是变态,而是无法达到最低限度的可接受的正常标准。按照马斯洛的观点,一个男子可能从事一份工作,照顾他的孩子,在现实和想象之间做出区分,但是他仍然感到孤独,被疏离和不成功——一种被马斯洛称之为“正常人的精神病理学”的状态。马斯洛辩论道,人类要求比起码的“适应”多得多的东西。因此,心理学应该不仅致力于修复“崩溃”,也要帮助人们生活得多姿多彩且富有创造性。人本主义者积极看待来访者,相信来访者有能力改变自己;关注来访者的心理成长,而不仅仅是心理障碍;将关注的重点放在此时此地,而不是遥远的过去。因此,有人甚至把人本主义模型视为变态心理学和心理治疗理论发展史上的第三浪潮。

当然,人本主义模型也受到了一些批评,主要集中在它的方法上。有人认为人本主义模型提出的心理治疗方法缺乏可操作性,对来访者的心理问题的判断与探究方法缺乏科学的准确性和客观性,他们强调个体独特的、不可计量的经验,强调人的互异性大于共性。就像马斯洛提到的,人本主义模型在没有心理障碍的群体中得到了最好的应用。这几十年来,应用以人为本的方式来治疗严重心理障碍的已经明显减少,尽管在精神病理学的某些领域里还时常有它的变体定期出现。

复习巩固

1. 马斯洛的需要层次理论中包括哪些内容?

2. 如何理解罗杰斯的自我实现论?

第五节　神经科学理论

神经科学主要研究神经系统，特别是脑的工作原理，对理解人的行为、情绪以及认知过程极为重要。在了解该领域最新研究成果之前，先来看看脑及神经系统的工作原理。如果行为异常的确是生物学功能障碍所导致的，那么导致这种功能障碍的最可能的部位就是神经系统。神经系统是一个从大脑通贯全身的巨大的电化学传导网络。其功能就是在全身不同细胞间，以电化学冲动的形式传递信息。

人的神经系统分为中枢神经系统（包括脑和脊椎），以及周围神经系统（包括躯体神经系统和自主神经系统，图2-4）。

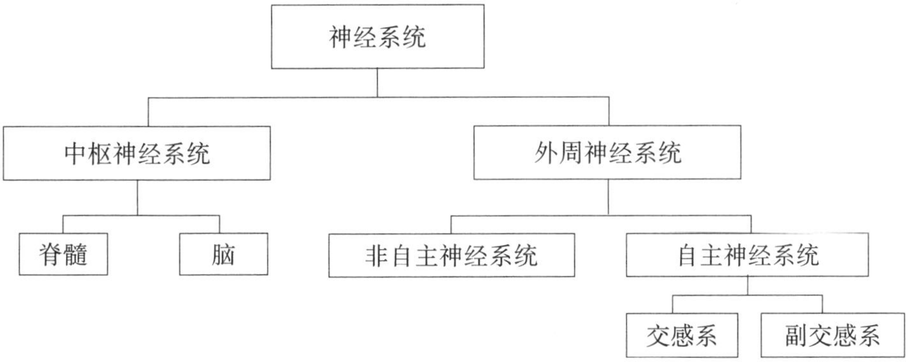

图2-4　神经系统结构示意图

一、中枢神经系统

中枢神经系统（central nervous system）负责处理从感觉器官获得的所有信息，并做出反应。该系统可以从无关的信息中，挑选出有关的相关信息，并对照记忆库，查找新旧信息有何关联，然后做出相关反应。从逻辑上讲，当中枢神经系统出现问题时，其行为也会出现问题。

脊椎是中枢神经系统的组成部分，但它的主要功能是传递大脑的指令以及向大脑传递信息，这决定了脊椎是人体内最复杂的器官。

（一）神经元

通常情况下，大脑可以调动1400亿个神经细胞（称为神经元）来控制人的思想和行为。神经元将信息传遍整个神经系统。神经元由细胞体、树突和轴突组成。

细胞体(cell body),神经核包含于其中。在胞体发生的化学反应为神经冲动的传递提供了能量和化学物质。

树突(dendrites),这是一种从胞体分支而出的短纤维,上有无数传受体(receptors),负责从其他神经细胞处以化学冲动的形式接受信息,并将其转变为电冲动。

轴突(axon),由胞体向外伸展出来的一根长纤维。神经元通过它将神经冲动传给其他神经元或肌肉、腺体。

(二)神经递质

其实神经细胞并不是真正的彼此相连。化学冲动和电冲动都要越过一个小小的间隙才能到达下一个神经元。一个神经元的轴突和另一个神经元的树突之间的空隙称为突触间隙(synaptic cleft)。这一间隙的活动是心理病理学研究的焦点之一。从一个神经细胞的轴突释放出来,负责向另一个神经细胞的受体输送电冲动的化学物质称为神经递质(neurotransmitters)。20世纪20年代,科学家们才认识到神经递质的存在,而关于神经递质与精神障碍的关系的研究历史就更短了。现在,这已经成为变态心理学的神经科学研究中最令人振奋的领域之一。科学家通过尖端技术已经分辨出很多不同种类的神经递质。

以下是在精神病理中有重要作用的一些神经递质:

1.乙酰胆碱(Ach,Acetylcholine)

最早发现的神经递质,参与向全身骨骼肌传递神经冲动。在中枢神经系统,它也参与了注意历程、睡眠障碍,以及阿尔茨海默病。

2.多巴胺(DA,Dopamine)

对调节运动行为和与奖赏相关的行为非常重要。某些经常滥用的药物,如兴奋剂,就是作用于多巴胺系统。人们认为多巴胺活性的改变与帕金森氏病和精神分裂症有关。

3.γ-氨基丁酸(GABA)

一种几乎只在大脑中发挥作用的神经递质,可以抑制神经元发放冲动。一些抑制焦虑的镇静药物就是通过提高它的活性起作用的。

4.去甲肾上腺素(NE)

在中枢神经系统,该神经递质可能对危险的警觉性以及恐慌症和抑郁症有关。

5.5-羟色胺(5-HT,5-Hydroxytryptamine)

该神经递质在抑制中有重要作用。5-羟色胺和去甲肾上腺素的不平衡可能导致严重的抑郁,以及一些其他疾病,包括焦虑症、强迫症、进食障碍、攻击性、自杀、精神分裂及酗酒。

二、脑部结构

我们通常将脑的结构分为两个主要部分(图2-5):脑干(brain stem)和前脑(forebrain)。大部分动物都有脑干,位置比较靠下,功能比较“原始”,负责大部分最重要的自主运动,包括呼吸、睡眠和运动协调。前脑进化时间较晚,功能较为先进。

脑干最下部称为后脑(hindbrain),由延髓(medulla)、脑桥(pons)以及小脑(cerebellum)组成,负责调解很多自主运动,包括呼吸、心跳以及消化。小脑控制运动协调。

中脑(midbrain)负责运动和感觉输入之间的协调,其中网络激活系统(reticular activating sys - tem,RAS)负责处理唤醒和紧张的信号,并间接控制我们的睡眠和清醒状态。

脑干的最上端是丘脑(thalamus)和下丘脑(hypothalamus),负责控制行为和情绪。有些解剖学家将丘脑和下丘脑归于前脑,然而这两个结构实际上在前脑和脑干的其他部位间起到桥梁作用。

前脑的底部,丘脑和下丘脑的上方,是心理学研究中的重要区域——边缘系统(limbic sys - tem),包括海马(hippocampus)、扣带回(cingulate)、隔膜(septum)和扁桃体(amygdala),这些都是按照形状命名的。这一系统负责调解情绪体验及表达,并在一定程度上调解认知能力,控制冲动。脑边缘系统的重要性还体现在能够影响某些基本内驱力,包括性、攻击性、饥渴等。

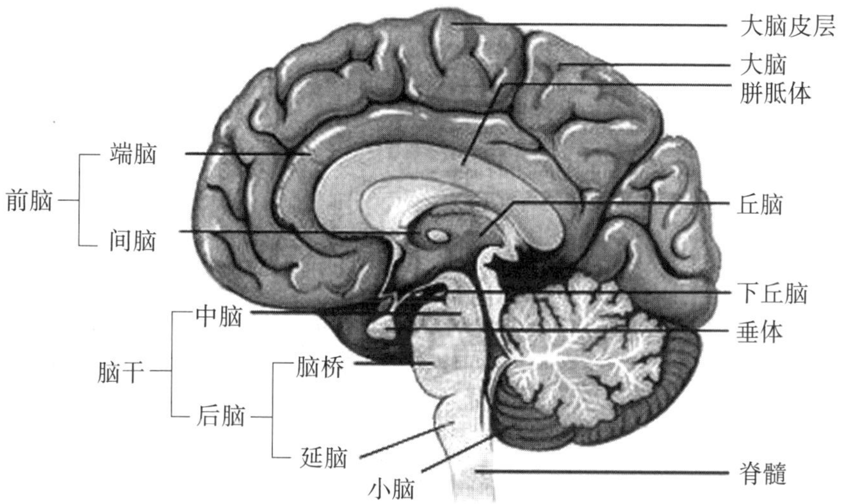

图2-5　脑部结构示意图

前脑中最大部分是大脑皮层(cerebral cortex),包含中枢神经系统80%以上的神经元。大脑皮层分为两个半球。尽管两个半球看起来结构相似,各自独立运转,但研究表明两个半球各有所长。对右利手的人而言,左半球主要负责言语和其他认知经历;右半球则对周围的事物更敏感,更多地产生创造性想象。在特定的心理障碍中,两个半球所起到的作用不尽相同。例如,有科学家认为阅读障碍(与阅读有关的学习障碍)的根本原因是两半球各自运转失常或两半球联系失常。每个半球都由四个相互独立的区域(脑叶)组成:颞叶(temporal lobe)、顶叶(parietal lobe)、枕叶(occipital lobe)及额叶(frontal lobe),它们负责不同功能。颞叶负责分辨不同的声音和图像,以及长时记忆;顶叶负责分辨各种触觉;枕叶负责视觉输入的整合和理解。这三个位置较后的脑叶共同负责加工视觉、听觉、触觉以及其他信息。

对于心理病理学研究而言,额叶的意义尤为重要。我们大部分的思维、理性以及记忆都集中在该区域。它还使得我们能与周围的环境及人协调一致。在心理病理学研究中,大部分科学家将脑部研究重点放在大脑皮层的额叶、边缘系统以上。

三、外周神经系统

外周神经系统(peripheral nervous system)与脑干协调一致,以确保身体功能正常运转,它包含躯体神经系统和自主神经系统。躯体神经系统控制肌肉,该部位损伤会使得我们无法控制自己的动作(包括言语)。自主神经系统包括交感神经系统和副交感神经系统,主要负责调解心血管系统以及内分泌系统,帮助消化,调解体温等。

(一)躯体神经系统(somatic nervous system)

躯体神经系统感受并作用于外周环境。躯体神经系统传递通过感觉器官收到的信息到大脑,并且它将大脑的信息传向骨骼肌,后者可以使肌体产生运动。这种由躯体神经系统介导的行为是我们自主指导的,如拿起电话,穿过街道,试穿鞋子等。

(二)自主神经系统(autonomic nervous system)

外周神经系统的另一分支——自主神经系统,对变态心理学有着特殊的意义。躯体神经系统指导我们对环境刺激更好地做出反应,如看到绿灯就过马路,而自主神经系统调节我们的更自主的反应,如当我们过马路时,快跑时心率加快。由于自主神经系统的功能倾向于自主性,它通常被认为是“非随意”神经系统。并且,尽管我们知道许多自主功能是由自主神经系统控制引起的,但这个功能仍通常是我们无意识行使的,例如:心跳的控制,呼吸,血压,瞳孔扩大,膀胱的收缩,排汗,分泌唾液,肾上腺素分泌,以及胃酸产生等。

自主神经系统又分成两个分支——交感神经系统和副交感神经系统——它们的功能通常是互补的。交感神经系统主要负责在应激或危险情境下,通过迅速激活器官和腺体调节身体功能。交感神经系统处于兴奋状态时:心跳加快,流入肌肉的血液量增加;呼吸加快,促使更多氧气进入血液和大脑;激发肾上腺。上述变化有助于我们采取行动,如果我们遇到迫在眉睫的危险,比如半路遇到劫匪,我们会比交感神经系统没有激发内部器官时跑得更快,或更有力地保护自己。当你在报纸上读到一个女人举起重物救出被困的儿童,就可以肯定是她的交感神经系统在发挥作用。

副交感神经系统的功能之一就是平衡交感神经系统。也就是说我们不可能永远保持过度警觉或备战状态,副交感神经系统在交感神经系统兴奋过后接管身体,恢复到激发前的状态,并通过帮助消化的方式来恢复储存能量。

(三)内分泌系统(endocrine system)

与中枢神经系统密切相关的是内分泌系统,它的主要功能是产生化学信息载体——激素,并直接释放到血液中。另外,它可以影响性功能、食欲、睡眠、生理生长发育、能量获得,以及情绪反应。例如:慢性低水平的甲状腺活性导致焦虑症状,如紧张和易激惹,以及抑郁样症状——疲乏,冷漠等等。

激素可能与某些高度特异的精神障碍有关。主导型抑郁症就是其中之一。许多研究表明,在抑郁人群中,下丘脑功能异常导致一种称为促肾上腺皮质激素释放因子(CRF)的化学物质过度分泌,这种CRF又导致垂体和肾上腺的过度活化。同时,动物实验表明出生前的压力可能导致成年后CRF的慢性增高,因此产生抑郁倾向。激素失衡同样也存在于双相情感障碍、进食障碍和与压力相关疾病中。

四、对神经科学理论的评价

如果异常行为作为部分器质性病变被人们所认识,这将有利于减少现今仍然吸附于精神病理学的瑕疵。并且,如果精神病理学是生物学因素所导致的,那么其治疗也应该从生物学角度进行——通过较精神治疗更快更便宜的生物治疗。但是支持这种观点的最有力论据只是有关于它的成就的记载。在过去几十年间,神经科学研究人员在认识生理系统与精神障碍关系方面取得了重大进步。这些突破促进了一些有效药物的发展及一些著名的诊断工具的发明,如CT、PET、MRI;反之,这些进步又为进一步的发现提供了基础。

我们不能不加分辨地套用所有的观点。例如,如果某种精神障碍与某些生物化学异常有关,不能由此认为这种生化异常就是该精神疾病的原因。它们可能是这种精神疾病引起的结果;同样地,我们不能通过治疗有效来推论某些精神障碍的原因。

阿司匹林可以减轻头痛,但这并不意味着头痛是因为缺乏阿司匹林引起的。而且并非所有的生物治疗都是成功的。

神经科学研究同样也牵涉到伦理问题。就与基因有关的一些疾病而言,例如精神分裂症,如果技术允许的话,我们是否应该“修复”这些有缺陷的基因呢?同时,我们是否应该禁止这些疾病的病人生养小孩呢?我们是否需要提醒他们因为这种疾病而死亡的危险性?

另外一个伦理问题与症状减少有关。例如,自从上个世纪50年代以来,就有了控制精神分裂症的药物产生,然而它们并不能够治疗这种疾病,它们消除许多明显的症状,使得上千的病人从医院里出来,但是这些病人出来后又去了哪里呢?事实上,许多人最后死在大街上。药物的应用与否只是“权宜之计”,是否使我们推迟发展对精神病人长期的公众关怀?

复习巩固

1.请简要画出神经系统结构图。

2.神经科学的发展可能对变态心理学产生哪些影响?

关键术语表

心理动力学	psychodynamics
潜意识	Subconsciousness
精神分析	Psychoanalysis
防御机制	Defense mechanism
行为主义	Behaviorism

认知理论　　Cognitive theory
人本主义　　Humanism

本章要点小结

1.心理动力学理论关注引起个体焦虑并最终导致适应不良行为的无意识冲突。人们处理这些冲突的方式取决于他们所使用的防御机制。新心理动力理论弱化了无意识冲动的作用,转而强调人际环境中个体自我概念的发展。

2.行为主义理论只关注环境中的奖励和惩罚研究对行为形成和维持的作用。人们可以通过模仿别人的行为来学习,也可以通过观察他人的行为所受到的奖励和惩罚来学习。

3.认知理论指出,人们对事件的归因,对控制和自我效能的认知,以及他们的综合信念和假定会影响到他们对环境进行反应时的行为和情绪状态。人本主义理论认为,所有人都力争完全实现自身潜能和自我实现。

4.人本主义者认为如果允许人们自由发展,而没有不恰当的限制,他们将成为理性、社会化和建设性的人,这样的人被激励去实现对他们能力的一个更高级的憧憬。在怀有这样积极看法的人本主义者中,最有影响力的代表是罗杰斯和马斯洛。

5.神经科学主要研究神经系统,特别是脑的工作原理,对理解人的行为、情绪以及认知过程极为重要。

本章复习题

一、选择题

1.下列说法不符合弗洛伊德关于“人格结构”的表述的是(　　)。

A.“本我”按“快乐原则”活动

B.“自我”按“现实原则”活动

C.“超我”按“道德原则”活动

D.人格结构由潜意识、潜意识、意识构成

2.弗洛伊德提出的性心理发展阶段的顺序是(　　)。

A.潜伏期、口唇期、肛门期、性器官期、生殖期

B.口唇期、潜伏期、肛门期、性器官期、生殖期

C.口唇期、潜伏期、性器官期、肛门期、生殖期

D.口唇期、肛门期、性器官期、潜伏期、生殖期

3.观察学习是由(　　)提出。

A.班杜拉

B.巴甫洛夫

C.斯金纳

D.桑代克

4.下列表述中符合人本主义对变态心理学的解释的是(　　)。
A.“自我”无法实现的结果和趋于完善的“潜能”特征受阻
B.“人格结构”和“行为过程”的不平衡
C.“心理动力学”特征发展受阻
D.“情绪”过程和“情感”过程的偏离
5.艾利斯ABC理论中的“B”指的是(　　)。
A.诱发事件
B.信念
C.结果
D.过程
6.马斯洛需要层次理论最高一级是(　　)。
A.归属与爱的需要
B.尊重的需要
C.自我实现的需要
D.安全的需要
7.包括海马、扣带回、隔膜和扁桃体的区域是(　　)。
A.大脑皮层
B.边缘系统
C.丘脑
D.下丘脑

二、案例分析题

小红的烦恼

19岁的小红,在一个小镇长大,家境贫寒。今年刚上大学,学校在离家很远的一个省会城市,对于离开家她很不情愿,但这是个难得的机会,家人老师都鼓励她去。她通过申请助学金暂时解决了经济上的困难。

当小红还是个孩子的时候,有一年夏天她参加了夏令营,整整一周她都非常想家。现在当她试图在新城市适应大学生活的时候又出现了那种感受。她非常难过,会无缘无故地哭,并且开始不去上课。

在学校,她几乎没有朋友,整天在寝室待着,很少出门,甚至不和那位对她很关心的室友交流。小红已经很久不洗澡了,时常赖在床上不起,还会好几天不吃东西。

因为不能适应大学生活,她觉得自己是失败者,并且不敢把这些情况告诉父母。一来怕他们担心,二来也觉得他们帮不上什么忙。

对于自己的未来,她完全没有任何想法,她曾说“还不如死了好”。

试从不同心理学流派的角度来分析小红的表现,并提供相应的处理建议。

第三章

心理障碍的基本症状

心理障碍是指个体由于生理、心理或社会原因而导致的各种异常心理过程、异常人格特征和异常行为方式，表现为没有能力按照社会认可的适宜方式行动，以致其行为的后果对本人和社会都是不适应的。

心理障碍的基本症状是指临床上常见的心理异常的个别症状，这些症状是心理异常的主要诊断依据。心理障碍的基本症状主要包括认知过程障碍、情绪过程障碍、意志行为障碍和意识障碍等。准确识别这些异常表现，是从事临床心理工作的基础。精神科医生学习这些知识，主要是为了诊断精神障碍并进行相应治疗；心理学工作者了解这些内容，则是为了鉴别精神障碍和非精神障碍，以便必要时将精神障碍患者及时转诊；一般人学习后，可以对自己或他人的表现，有更准确的认识和判断。

本章主要内容：

1.认知过程障碍；

2.情绪过程障碍；

3.意志行为障碍。

第一节 认知过程障碍

认知过程是指个体获取知识和应用知识以及信息加工的过程，这是人的最基本的心理过程。它包括感觉、知觉、记忆、思维、想象和言语等。人们通过感知觉接受外界输入的信息，借助于神经系统的加工处理，将这些信息转换成内在的心理活动（或知识、经验），并运用这些知识和经验支配人的行为，以解决当前面临的问题，这个过程就是信息加工的过程，即认知过程。如果感知、记忆、思维等认知过程出现异常，就会引起严重的学习、记忆障碍，同时伴有失语、失用、失认、失行等症状。

常见的认知过程障碍主要有：感觉障碍、知觉障碍、思维障碍、注意障碍、记忆障碍、智能障碍等。

一、感觉障碍

（一）感觉与感觉障碍

1.感觉

感觉是人脑对客观事物的个别属性的反映，是人类最初级的心理过程，也是一切心理活动的基础，如视觉、听觉、触觉、嗅觉和味觉等。

2.感觉障碍

感觉障碍是指个体在反映刺激物个别属性的过程中出现困难和异常的心理现象。

（二）感觉障碍的分类

常见的感觉障碍主要有：

1.感觉过敏（Hyperesthesia）

感觉过敏是指病理性或功能性的感受性提高，感觉阈限降低，对外界低强度刺激的过强反应。临床表现为患者对一般强度的刺激反应特别强烈和敏感，显得难以忍受，如感到阳光特别刺眼，正常说话的声音异常刺耳，轻微的触摸皮肤都会感到特别疼痛难耐等。

此症状多见于癔症、疑病症或神经衰弱等。

2.感觉减退（Hypoesthesia）

与感觉过敏相反，感觉减退是由于病理性或功能性的感受性下降，感觉阈限增高而对外界刺激的感觉迟钝。临床表现为患者觉得对话声似乎来自远方，皮肤像包裹着一层薄膜，对本来会产生强烈疼痛的刺激只产生轻微的痛觉等。例如，一位患者曾有过割腕自伤的行为，当被问及这么做时的感受，自述并不觉得疼痛。

感觉减退较多见于神经系统疾病，谵妄或其他类型的意识障碍等，在深度催眠的状态下也会有此反应;也可见于精神分裂症、癔症和抑郁症等。

感觉减退的症状加深时,会对外界刺激不产生任何反应,这种状态则被称为感觉消失。感觉消失多见于癔症。

3.感觉倒错(Paraesthesia)

感觉倒错是指对外界刺激产生与正常人不同或性质相反的异常感觉。例如,对热的刺激产生冷的感觉,轻触皮肤时会有疼痛感等。

感觉倒错多见于癔症。

4.内感性不适(Senestopathia)

内感性不适,又名体感异常,是指躯体内部产生的性质不明确、部位不具体的不舒适感或难以忍受的感觉,这些感觉都是异样的,且往往难以表达。例如,患者会感到体内有虫子爬、内脏被牵拉等特殊感觉,但是不能明确指出具体的部位和性质。

内感性不适多见于精神分裂症、疑病症和抑郁症等。

二、知觉障碍

(一)知觉与知觉障碍

1.知觉

知觉是人脑对直接作用于感觉器官的客观事物整体属性的反映,它是客观事物的个别属性或个别部分在大脑中综合起来,并借助以往的类似表象与记忆经验而形成的一种整体印象(或映象)。例如,根据苹果的颜色、形状、味道等,结合既往对苹果的认知,在大脑中产生苹果的印象,这就是一种知觉。

2.知觉障碍

知觉障碍是指在反映刺激物整体属性的过程中出现困难和异常的心理现象。知觉障碍是心理异常中最常见的症状,同时也是许多精神疾病的主要症状。

(二)知觉障碍的分类

常见的知觉障碍主要有错觉和幻觉。

1.错觉(Illusion)

错觉是对客观事物歪曲的知觉,也即把实际存在的事物歪曲地感知为与实际完全不相符合的事物。如把马路看成小河、把陌生人看成熟人等。正常人和精神疾病患者均可能产生错觉。

只要错觉产生的条件存在,错觉就一定会产生。正常人产生错觉的原因有两种,一是由于客观刺激对象的特点,如光线暗淡的情况下把猫看成狗,或者穿竖条纹的衣服显瘦等;二是主观因素,在某种情绪状态(如紧张、期待)下,会影响个体对于事物的知觉,成语“杯弓蛇影”“草木皆兵”描述的现象皆属此类。

然而，正常人的错觉是偶然出现的，经过验证就能知道产生的原因，虽不能消除，但能够正确对待，这种情形属于生理性的；而精神疾病患者的错觉是病理性的，常常在意识障碍时出现，多表现为错视和错听，并常带有恐怖色彩。例如，一位患者将挂在衣架上的大衣看成是魔鬼，输液管上的标签看成是毛毛虫等，这种情形无法用事实来说明，也不能接受现实检验；一些严重躯体疾病患者在谵妄状态下也会产生错觉。

2.幻觉(Hallucination)

幻觉是无对象性的知觉，是指在客观现实中并不存在某种事物，但患者却感知到它的存在。幻觉是一种很重要的精神病性症状。

幻觉现象的产生是无法进行检查的，也即不能用事实来向患者证明或无法使患者相信其幻觉形象是不存在的。患者会对医生的劝说进行反驳，例如，“您怎么会看不见？在那边，在右边角落里站着一条狗，竖着耳朵，毛是棕黄色的”，“您怎么会听不见？要知道，我能很清晰地听到一个男人的声音，命令我‘举起手来’，那是一种吸烟人才会发出的嘶哑的声音。”因此，要说服幻觉患者是不可能的，只有随着整体病理状态的改善，幻觉症状才能消失。

按照感觉器官的不同，幻觉可分为以下几种：

(1)幻听，指在没有声音刺激时出现声音的知觉体验。幻听是最常见的幻觉形式，也是临床上最具诊断意义的症状。

患者会凭空听到各种声音，如流水声、鸟叫声等，但大多数情况是言语声。

根据幻听的内容，幻听包括言语性和非言语性幻听。言语性幻听又可分为几类：若患者听到别人在议论自己，甚至是斥责、嘲笑、讽刺自己，称作“评论性幻听”；若患者听到有声音命令自己去做某事，如打人、拒绝进食、自杀或自伤等，称作“命令性幻听”；若听到的声音是意见不一的人，站在不同的角度谈论自己，甚至自己还与他们发生争吵的，称作“争论性幻听”。

幻听多见于精神分裂症，器质性、反应性精神障碍等。

(2)幻视，是指在没有视觉刺激时出现的视觉形象的体验，多与幻听一起出现。幻视时看到的形象，有时较清晰、鲜明，有时又较模糊、不清楚。多见于精神分裂症、脑器质性疾病等。

(3)幻嗅，是指在没有嗅觉刺激时，出现了嗅觉体验。幻嗅的患者常嗅到异常味道，大多数是一些难闻的、令人不愉快的气味，如烧焦的气味、腐烂的气味等，故常常以手掩鼻。

(4)幻味，是指患者尝到食物中有某种特殊的或奇怪的味道，常引起拒食、拒饮。

幻嗅和幻味往往同时出现，并经常与被害妄想结合在一起，多见于精神分裂症。单一出现的幻嗅，多见于颞叶癫痫或颞叶器质性损害。

(5)幻触，也称“皮肤与黏膜幻觉”，指在没有任何刺激的情况下，患者感到皮肤上有某种异样的感觉。常见的有麻木感、通电感、虫爬感、触压感等，如患者感觉胳膊上有滴水流了下来，可是检查却发现什么也没有。多见于精神分裂症、癫痫、脑器质性精神障碍和物质成瘾等。

(6)内脏幻觉，是指患者体验到躯体内部某一部位或某一脏器有一些异常的知觉体验。例如，患者清楚地感到自己的某一内脏在扭转、穿孔，或有昆虫在胃内游走，性质很明确、部位很具体。多见于精神分裂症或严重抑郁发作。

按幻觉出现的附加条件，又可将幻觉分为下列几种特殊类型：

(1)机能性幻觉，是指客观刺激引起一种知觉体验的同时，同一感觉器官产生的幻觉体验。幻觉体验与正常知觉同时出现、同时存在、同时消失，两者彼此独立，互不融合。例如，患者在听音乐的同时听到了骂他的声音，把音乐关闭后，便听不到骂他的声音。前者是真实存在的知觉，后者则是幻觉。临床上机能性幻听较常见，多见于精神分裂症。

(2)反射性幻觉，是指客观刺激引起某种知觉体验的同时，在另一感觉器官产生了幻觉体验。例如，患者听到音乐声的同时，看到一个人在那儿表演，前者是真实听觉，后者是视幻觉。临床上反射性幻觉多见于精神分裂症。

(3)思维鸣响，又称思维回响或思维化声，是特殊形式的幻觉，表现为幻听，但内容为患者所想而又尚未说出来的思想内容。这种幻觉对诊断精神分裂症有一定价值。

例如，患者想喝水，即出现“喝水、喝水”的声音；想要看书时，则听见“看书去”的声音；看书时，听见声音将书的内容念出来。患者对声音的体会是“自己的思想变成了声音”，声音来自心灵之中或脑内。

(4)心因性幻觉，是指由强烈的精神刺激引发的幻觉，幻觉的内容与精神刺激的因素密切相关。幻觉内容情感色彩浓厚，有很强幻想性，是患者急切盼望出现的事情。例如，患者在迫切期待某人出现的情况下，可听到叩门声或呼唤声；或者当听到亲人不幸罹难的消息时，难以接受，遂走进亲人的房间，发现其还在那儿，并且还与之进行交流。多见于应激相关障碍、分离障碍等。

按幻觉体验的来源，幻觉可作如下分类；

(1)真性幻觉，指患者经由感官所感知到的实际不存在的、来源于客观空间的幻觉。此时患者所感知的幻觉形象与真实的事物完全相同，鲜明生动，患者常以为是他亲眼看到的或亲耳听到的，伴有相应的情绪和行为反应。

(2)假性幻觉，幻觉产生于患者的主观空间，如脑内、体内，幻觉形象模糊、不生动，位置不精确。这些幻觉并不需要通过患者的感官就能获得。例如，听到肚子里有说话的声音，脑子里出现一些声音，可以不用自己的眼睛就能看到头脑里有一个人像。

3.感知综合障碍(Psychosensory disturbance)

感知综合障碍是指患者对客观事物的本质属性或整体能正确认识，但是对这一事物的某些个别属性，如大小、颜色、位置等产生与该事物不相符合的认识。

感知综合障碍主要有以下几种表现：

(1)空间感知综合障碍，又称视物变形症，患者感到周围的人或物体在大小、方位、距离等方面发生了变化，分为视物显大症、视物显小症等。可见于癔症、癫痫等。

(2)时间感知综合障碍，患者对时间的快慢出现不正确的知觉体验，如感到时间已经“凝固”或感到时间“一闪而过”等。可见于抑郁发作、躁狂发作、精神分裂症等。

(3)周围环境改变的感知综合障碍，患者觉得周围事物似乎是不鲜明的、模糊不清的，觉得周围事物像布景、“水中月”、“镜中花”，人物像是油画中的肖像，没有生机，这种现象称为“非真实感”。可见于抑郁发作、精神分裂症等。

(4)体形感知综合障碍,患者认为自己的面孔或体形改变了形状,模样发生了变化,因而在一日之内多次窥镜,故称为“窥镜症”。可见于精神分裂症和脑器质性精神障碍。

三、思维障碍

(一)思维与思维障碍

1.思维

思维是人脑对客观事物间接的、概括的反映过程,它是人类认识活动的最高形式。思维通过对事物的分析、比较、综合、抽象和概括,使人们不仅能反映由感觉器官所直接感知的事物,而且能够反映事物间的内在联系。这是一种用推理或判断间接反映事物本质的活动。

2.思维障碍

思维障碍是指人脑由于某种外来的或体内的有害因素的影响,破坏了人脑正常的活动规律或扰乱了人的思维的逻辑进程,在病理的基础上倒退到低级的水平上进行分析和综合、抽象和概括、比较和联想,形成一些异乎常人的逻辑概念,作出违反常人逻辑的判断和推理,从而丧失正常的正确反映客观现实的思维能力。也即是说,思维障碍是指患者对客观现实进行了歪曲的反映。它是精神分裂症最有特质性的症状之一。

思维障碍的临床表现主要分为思维形式障碍和思维内容障碍。

(二)思维形式障碍

1.思维联想活动的量和速度方面的障碍

(1)思维奔逸(flight of ideas),一种兴奋性的思维联想障碍,又称“观念飘忽”。它是指联想的速度加快,数量增多,内容生动丰富。患者表现为语量多,语速快,口若悬河,词汇丰富,常为环境中的变化所吸引而转移其话题(随境转移),或按某些词的表面音韵(音联)或与某些句子在意义上的相近(意联)而转换主题。往往表现出思潮澎湃,概念一个接一个不断地涌现出来,而且说话语速增快,口若悬河,高谈阔论,出口成章。

多见于躁狂状态或心境障碍躁狂发作。

生活中的心理学

思维奔逸……

某女,24岁,宾馆服务员,躁狂发作期。问其叫什么名字,在哪儿工作。患者谈到自己的名字,并认真解释名字的由来,表示当初父母还专门请人给算了卦,排了五行八字;言及自己在某某宾馆工作,这个宾馆的设施设备情况,自己如何进入该宾馆,与宾馆哪些同事相处较好,与哪些同事有矛盾;目前工作状态如何,即将转正云云；见到听众中一男性青年，便立即询问其婚恋情况，言及若已经结婚就去离了，有女友就跟她断了，自己给他当女朋友或妻子。因为自己很孝顺，而且还很会赚钱。自己可以去当模特，一天可以挣上好几千，钱对自己根本不是问题。然后话锋一转，问谁有卫生纸，说自己想去上厕所大便了。正当听众愕然之际，她拉开面前的抽屉，言及是自己干妈的抽屉（医生介绍该患者来院一周，已经认了若干干妈，有医生、护士甚至还有患者），并从里面拿了几张卫生纸出门，说自己很快就解决。一会儿回来后又要给大家唱歌，张嘴就唱，并询问大家自己唱得好不好；并说自己去练过的，到卡拉OK厅去练，下午晚上很贵，所以只能上午去练。如果自己去参加××歌唱比赛，一定能够得奖，只是因为宾馆事情较多，自己脱不开身。然后又说自己讲了半天，有些口渴了，让护士去给她拿杯子倒水。自己是××床的，杯子放在××地方，为了清洁卫生，自己用了哪些方式清洗杯子。护士要去给她倒水时，她又提到，自己床头有两个热水瓶，一个中的水较热，一个不保温，要分别从中倒出一部分，这样温度才刚刚好喝……

(2)思维迟缓(thought slowness)，一种抑制性的思维联想障碍，又称“思维抑制”。与思维奔逸相反，思维迟缓的主要表现是思维活动显著缓慢、联想困难、数量减少。患者对问题反应迟钝，回答问题十分困难，拖延很久，难以出口；有时，在再三重复和催促下才能回答，且回答的内容也很简单。

多见于抑郁状态或心境障碍抑郁发作。

(3)思维贫乏(poverty of thought)，是指联想数量减少、概念贫乏。外在表现与思维迟缓相似，但存在本质的不同。思维迟缓的核心表现是“慢”，而思维贫乏的核心表现是“空”。患者平时沉默寡言，很少主动讲话，对一般询问往往无明确应答性反应，或简单地回答“没什么可说的”“不知道”，严重时患者可能什么问题都回答不知道。自述“脑子空虚，既无可想的，也无可说的”，但患者对此漠然处之。

常与情感淡漠、意志缺乏相伴出现，构成精神分裂症的三项基本症状，也可见于脑器质性精神障碍及精神发育迟滞。

(4)病理性赘述(circumstantiality)，指患者在与人交流时，不能简单明了地回答问题，在谈话过程中夹杂了很多不必要的细节，回答问题时啰嗦、反复、赘述。以思维过程的主题转换中带有粘滞性，停留在某些枝节问题上而抓不住主要环节为其主要特征。

多见于老年性痴呆和脑器质性精神障碍。

2.思维联想活动的连贯性障碍

(1)思维松弛(loosening of associations)，又称思维散漫，指联想范围过于松散，思维内容虽有些关联，但缺乏必然的逻辑联系，显得整个谈话结构不紧密，内容很散漫，与其交谈十分困难。可见于精神分裂症早期。

(2)思维破裂(splitting of thought)，指在意识清晰的情况下，患者思维联想破裂，思维内容缺乏内在联系，其每句话的语法结构虽然正确，意义也可以理解，但整段谈话中句与句之间无任何联系，往往是一些语句的堆积，缺乏中心思想。严重时，言语支离破碎，句子结构不完整，只是一些不相关的字、词的堆积,称为语词杂拌。

(3)思维不连贯(incoherence of thinking),指联想的破裂程度,较思维破裂更严重,词与词之间都失去了联系,多伴有不同程度的意识障碍。

出现以上三种症状的患者往往会让人感觉答非所问,与之交流十分困难。多见于精神分裂症。

(4)思维中断(blocking of thought),指在无意识障碍又无明显的外界干扰的情况下,患者的思维过程会在短暂的时间内突然中断,表现为患者说话时突然停顿,片刻之后又重新说话,但所说内容不是原来的话题。这种思维中断并不受患者意愿的支配,可伴有明显的不自主感。有的患者在回答医生对上述现象的提问时说:"当时我心里明白,但脑子里一片空白"。

多见于精神分裂症。

(5)思维云集(pressure of thought),又称强制性思维(forced thinking),指思维不受患者意愿的支配,强制性地大量涌现在脑内。内容大多杂乱无章,毫无意义,出乎意料而又无法控制。这些内容突然出现,又突然消失,往往反复出现。患者会这样描述说:"这些乱七八糟的想法一出现,就像夏天天空中的云彩一样,突然乌云密布,又见阳光。"

多见于精神分裂症。

3.思维逻辑性方面的障碍

(1)病理性象征思维(pathologic symbolic thinking),指患者把一些很普通的概念、词句或动作和物品赋予某种特殊的意义,除患者本人外别人无法理解。

多见于精神分裂症。

(2)语词新作(onomatopoiesis),指患者创造一些文字、符号、图形,并赋予特殊意义,或将不同意思的词融合、浓缩、拼凑在一起,以表达特殊的概念,除患者本人外别人无法理解。

多见于精神分裂症。

(3)逻辑倒错思维(paralogic thinking),主要特点为推理缺乏逻辑性,无前提或人为设置前提,推理毫无根据,或因果倒置,推理离奇古怪不可理解。

多见于偏执型人格障碍和精神分裂症。

(三)思维内容障碍

1.妄想(Delusion)

(1)定义

妄想是在病理基础上产生的歪曲信念、病态的推理和判断,包括错误的判断与逻辑推理。思维内容障碍中最常见、最重要的一种症状是妄想。

(2)特征

妄想主要有三个特征:

①妄想是一种坚信或确信,不接受事实和理性的纠正,是不可动摇和不可纠正的;

②妄想是自我卷入的。其核心判断总是包含着"我";

③妄想是某个人独有的信念。

(3)分类

按照妄想的起源以及与其他精神症状的关系,妄想可分为原发性妄想与继发性妄想。

①原发性妄想(primary delusion),是指突然发生的,内容不可理解,与既往经历和当前处境无关,也不是起源于其他精神异常的一种病态信念。

原发性妄想是精神分裂症的特征性症状,对精神分裂症的诊断有重大参考价值。

②继发性妄想(secondary delusion),是以错觉、幻觉、逻辑推理障碍、情感高涨或低落等精神异常为基础所产生的妄想,或者在某些妄想的基础上产生另一种妄想。继发性妄想可见于多种精神疾病。

(4)临床妄想类型

在临床上,常见的妄想主要有:

①关系妄想(delusion of reference),患者把周围环境中一些实际与他无关的现象,都牵连到他自己身上,并错误地认为都是针对他的。例如,患者坚信别人的咳嗽、关门、谈笑、议论等一切活动,以至于收音机广播、报纸刊登的新闻和网络上的消息等都是别有用心,针对他而发的。

关系妄想的内容多半对患者不利,多见于精神分裂症和其他妄想性障碍。

②被害妄想(delusion of persecution),患者无中生有地坚信周围某些人或某些集团会对他实施不利的行为,进行打击、陷害、谋害和破坏。在妄想支配下,患者可出现拒食、自杀以及攻击、报复等行为。

这种妄想是最常见的,多见于精神分裂症和偏执型人格障碍。

③影响妄想(delusion of influence),又称被控制妄想,患者觉得自己的思想、情感和意志行为等都受到外界某种力量(如电波、超声波或特殊的先进的仪器)的干扰、控制、支配、操纵,而不能自主;或认为外力作用于自己的身体,产生种种不舒服的感觉。例如,患者感到恐怖分子运用高科技的电脑来控制自己的思维,自己的一举一动包括在想什么,对方都能知道。

多见于精神分裂症。

④夸大妄想(delusion of grandeur),患者认为自己有非凡的才智(能力夸大)、至高无上的权力和地位(地位夸大),大量的财富和发明创造(财富夸大),或是名人的后裔(血统夸大)等。

可见于心境障碍躁狂发作、精神分裂症和痴呆等。

⑤嫉妒妄想(delusion of jealousy),患者毫无根据地坚信自己的配偶对自己不忠实,另有所爱。因此,患者跟踪监视配偶的日常活动,或翻阅配偶的手机信息,检查配偶的衣服、提包等日常生活用品,以寻找私通情人的证据。有的患者甚至对配偶或第三者采取攻击行为。主要见于男性,又称“奥赛罗综合征”。

男性患者的嫉妒妄想多见于慢性酒精中毒伴有性功能减退的患者,也可见于更年期精神病、精神分裂症、反应性精神病及妄想状态等。

⑥钟情妄想(delusion of love),实质上是被钟情妄想。患者坚信某对象对自己产生了爱情,而不是自己的单相思,即使遭到对方严词拒绝,仍坚信不疑,认为对方是在考验自己对爱情的忠诚,因此纠缠不已。

多见于精神分裂症。

⑦内心被揭露感(experience of being revealed),又称被洞悉感。患者认为自己内心的想法或者本人的隐私,未经患者文字表达,已经被人知道;虽然说不出是怎样被人探知的,但确信别人已经都知道。患者认为“我想的东西他们都知道,我就像是个透明人一样”。

多见于精神分裂症。

⑧疑病妄想(delusion of ill-health),指患者毫无根据地坚信自己患了某种严重身体疾病或不治之症,如认为脑内长有肿瘤,患有重病,心脏停止跳动等,因而到处求医,即使通过一系列详细检查和多次反复的医学验证都不能纠正。

多见于老年期抑郁或老年期痴呆等。

⑨自罪妄想(delusion of self-accusation),指患者毫无根据地坚信自己犯了严重错误或不可宽恕的罪恶,应受严厉的惩罚;认为自己罪大恶极死有余辜,以致坐以待毙、拒食自杀,或要求劳动改造以赎罪。

主要见于抑郁症,也可见于精神分裂症。

生活中的心理学

精神症状分析

下面是一位患者的自述以及可能的症状分析:

我的问题是由于焦虑引起的,别人不理解我,我在公路上经常看见一些人好像针对我,穿得花里胡哨的,他们说我大义灭亲。(幻听、被害妄想)

我听见魔音在说话,开始听见人在说话,说自己好的,也说自己不好的,我用声音辨别人,他们老是装成我的亲人。(真性幻听)

我家中种韭菜,我接孩子,我老婆凶得很。我韭菜一亩地产量高,她不接孩子,我起火了,我也打她,那是年轻的时候。(思维破裂)

2. 强迫观念(Obsession)

(1)定义

又称强迫性思维,指在患者头脑中不由自主地反复出现同一内容的思维,患者明知不该这样但又无法摆脱,因而苦恼不堪。

(2)表现

强迫观念可表现为脑子里出现一个观念或看到一句话,便不由自主地联想起另一个观念或语句(强迫性联想)、不能自制地反复回忆(强迫性回忆)、反复思索无意义的问题(强迫性穷思竭虑)、脑中总是出现一些对立的思想(强迫性对立思维)、总是怀疑自己的行动是否正确(强迫性怀疑)等。

强迫观念常伴有强迫动作。多见于强迫症。强迫观念(或强迫性思维)和强制性思维的区别见表3-1。

表3-1 强迫观念(或强迫性思维)和强制性思维的区别

区分	强迫观念	强制性观念
内容	一个或数个相同观念的反复出现	突然涌现的大量杂乱无章的思潮
情感反应	大多感到苦恼、焦虑、无法摆脱	无强烈的情感反应
自知力	多有强烈求治意愿	多无求治意愿
见于何病	强迫症	精神分裂症

3.超价观念(Overvalued ideas)

(1)定义

超价观众是一种在意识中占主导地位的错误观念。

(2)特征

它的发生虽然常常有一定的事实基础,但是患者的这种观念是片面的,是与实际情况有出入的。由于患者的这种观念带有强烈的感情色彩,因而患者才坚持这种观念不能自拔,并且明显地影响到患者的行为。这种观念往往与切身利益有关,如自身的健康、荣誉、发明创造和亲人的安危等。如个别发明家、艺术家存在对个人天才的超价观念,他们的想法尽管显然与事实不完全相符,但不易纠正;有个别猎人会用整天时间去追逐一个毫无价值的猎物亦属此类。

多见于人格障碍和心因性精神障碍患者。

四、注意障碍

(一)注意与注意障碍

1.注意

注意是指心理活动对一定对象的指向和集中。外界的任何事物以及我们自己的心理活动和行为,都可能是注意的对象。注意的特征主要有注意广度、注意稳定性、注意的转移和注意的分配。注意不是一种独立的心理过程,它是一切心理活动的共同特性,它与意志活动、周围的主动适应紧密联系,与个人的思想、情感、兴趣和既往的体验有关。

2.注意障碍

注意障碍是对注意水平与程度达不到应有状况的一种描述。由于注意不是一种独立的心理过程,因此它总是和某些心理过程的障碍联系在一起。

(二)注意障碍的分类

临床上常见的注意障碍有:

1.注意程度障碍

(1)注意增强(accentuation of attention)

患者对一定的对象予以过分的注意,即使细枝末节也不轻易放过。

按照注意的对象不同,注意增强可分为两种类型:一种指向外在的某些事物,如有妄想观念的患者,常过分地注意观察他所怀疑的人的一举一动,甚至对某些微小细节都保持高度注意和警惕。另一种指向患者本身的某些生理活动,如神经症患者的疑病观念,这些患者常过分地注意自身的健康状态,其他任何事件都不易转移他们的注意力。

多见于精神分裂症、躯体形式障碍等。

(2)注意减退(hypoprosexia)

患者有意注意和无意注意的兴奋性均减退。患者的注意不能在较长时间内集中于某一事物,同一时间内注意的广度缩小,注意的稳定性也显著下降。

多见于神经衰弱、脑器质性精神障碍及意识障碍。

2.注意集中性障碍

(1)注意缓慢(blunting of attention)

患者注意兴奋性的集中困难和缓慢,但注意的稳定性障碍较小。患者能正确地回答第一个问题,但接连不停地对他提出第二、第三个问题时,他的回答就显得缓慢。

多见于抑郁症。

(2)注意狭窄(narrowing of attention)

患者的注意范围显著缩小,主动注意减弱。当患者集中注意于某一事物时,其他易于唤起注意的事物并不能引起患者的注意。

多见于朦胧状态、痴呆患者。

3.注意稳定性障碍

(1)注意涣散(aprosexia)

患者表现为主动注意明显减弱,即注意不集中,患者不能把注意力集中于某一事物并保持相当长的时间,以致注意很容易分散。例如,即使看了很长时间的书,结果仍不知所云,就像没读过一样。

多见于神经衰弱和精神分裂症。

(2)随境转移(distractability)

患者被动注意的兴奋性增强,但注意不持久,注意的对象不断转换。如处于兴奋状态的躁狂患者,注意力受周围环境中别的新现象所吸引而转移,以致不断改变话题和活动内容,而这种注意力又不能持久,外界的偶然变动又会将患者注意力吸引到另一方面去。

常在思维奔逸中出现,多见于躁狂症。

(3)注意固定(fixation of attention)

患者主要表现为注意稳定性增强且不易转移。可见于正常人,如科学家在集中注意力思考时,能将注意力较长时间地固定在某一研究问题上,此时为正常的注意固定。精神分裂症患者在牢固的妄想观念及强迫观念活跃时,可出现注意力高度集中在妄想上,且固定无法转移,这是病理性的注意固定。还可见于其他妄想性精神障碍、抑郁症、孤独症等。

五、记忆障碍

(一)记忆与记忆障碍

1.记忆

记忆是人脑对过去经验中发生过的事物的反映,是在感觉、知觉和思维基础上建立起来的精神活动。记忆包括识记、保持、再认和回忆四个基本过程。

2.记忆障碍

记忆障碍指个人处于一种不能记住或不能回忆信息和技能的状态,可能是由于生理性的或情境性的原因引起的永久性或暂时性的记忆受损,涉及识记、保持、再认和回忆四个过程不同成分的受损,但一般都同时受损。

记忆障碍是精神疾病中较为常见的心理异常现象。

(二)记忆障碍的分类

常见的记忆障碍主要有:

1.记忆增强(hyperamnesia)

记忆增强是一种病理性的记忆增强,表现为患者对病前不能够回忆且不重要的事都能回忆起来。例如,一位大脑受损的女患者,儿时学过英语并已达到对话水平,但是由于长期不使用,故而完全忘记。患病后,她不仅能把相关内容全部回忆起来,而且还和儿时说得一样流利。

多见于心境障碍躁狂发作、偏执状态以及精神分裂症等。

2.记忆减退(hypomnesis)

记忆减退是指患者的记忆能力普遍降低的现象,即患者的识记、保持、再认和回忆这四个环节的能力的普遍减退。记忆减退在临床上较多见,可以表现为远记忆力和近记忆力的减退。脑器质性损害患者最早出现的是近记忆力的减退,如患者记不住最近几天,甚至当天的进食情况,或记不住近几天谁曾前来看望等等。病情严重后远记忆力也减退,如回忆不起本人的经历等。

主要见于脑器质性精神障碍。

3.遗忘

遗忘是指对于识记过的事物不能回忆。如果既不能回忆又不能再认,称为完全性遗忘。对于正常人来说,遗忘是正常现象,但是如果对某一段经历或重大事件不能回忆,则称为遗忘症。遗忘症和一般遗忘现象类似,越是靠近的经验遗忘得越彻底,回忆起来的可能性越少,遗忘过程往往从新近的扩展到较远的。例如,一位出了病房就找不到自己房门和床位的患者,却可以回忆一些很早以前的童年经历。

遗忘症(amnesia)有几种不同的表现:

(1)顺行性遗忘(anterograde amnesia)

顺行性遗忘是短时记忆障碍,患者不能回忆起病后一段时间内所遇到的人和经历的事,但能回忆起久远的事。遗忘时间和疾病同时开始,一般和严重的应激事件有关。例如,一名遭遇强暴的女性,当警察向她询问有关嫌疑人的信息时,不能很好地回忆。这主要是因为强暴事件给她带来了强烈的情绪反应,使得她对嫌疑人的信息甚至这段经历产生了遗忘;以后可能在催眠或者其他因素作用下又重新回忆起来。

(2)逆行性遗忘(retrograde amnesia)

患者回忆不出疾病发生之前某一阶段的事件,一般和器质性的损害有关。如影视剧中常用的情节,某个对象因为遭遇车祸或其他意外导致失忆,从而忘记自己过去的身份等信息。多见于脑外伤、脑卒中发作后,遗忘时间的长短与脑外伤的严重程度及意识障碍的持续时间长短有关。

一般而言,顺行性遗忘多为心因性的,逆行性遗忘多为器质性的。因此,典型的逆行性遗忘对脑外伤性精神障碍的诊断有参考价值。

(3)进行性遗忘(progressive amnesia)

患者记忆的丧失随着病情的发展而逐渐发展,表现为再认和回忆的严重障碍,持续进行且日趋严重,多由近事遗忘开始,逐渐发展到远事遗忘。患者除有遗忘外,同时还伴有日益加重的痴呆和淡漠。

多见于老年性痴呆患者或者正常老年人。

(4)心因性遗忘(psychogenic amnesia)

患者对生活中某一特定阶段的经历完全遗忘,通常是由沉重的创伤性情感体验引起的。遗忘的内容只限定于与某些痛苦体验有关的事件。

多见于分离障碍或反应性精神病。

4.错构(paramnesia)

错构指对过去经历过的事情,在发生的时间、地点和情节上出现错误的回忆,并深信不疑。患者将过去经历过的,但在他所指的那段时间里并没有发生过的事件,错误地作为当时的一件真事来诉说,不自觉地加以歪曲和渲染,并坚持自己所说的事情是真实的。例如,一位患者初次与医师见面,便表示他与这位医师在某处见过面,谈过话,而实际上与他在某地见面的是另外一个人。

多见于各种原因引起的痴呆及酒精中毒所致的精神障碍。

5.虚构(confabulation)

虚构指患者在回忆中把过去从未发生过而纯属幻想的事件,当作亲身经历,并坚信确有其事。患者以这样一段虚构的事实来弥补他所遗忘的那一片断的经历。由于虚构患者往往有严重的记忆障碍,因而记不住虚构的内容。并且,由于易受暗示的影响,虚构的内容经常变化。

多见于各种原因引起的痴呆及慢性酒精中毒所致的精神障碍。

需要指出的是,当患者同时出现记忆减退(特别是近记忆力减退)、错构、虚构以及定向力障碍时,则称之为柯萨可夫综合征(Korsakov's Syndrome),又称遗忘综合征。主要见于慢性酒精依赖者长期缺乏维生素B_1造成的丘脑和乳突体不可逆损害，也可见于颅脑创伤或其他脑器质性损害的患者。

6.似曾相识症

似曾相识症是记忆障碍的特殊表现形式，属再认错误，是指患者对于过去从来没有认知或体验过的人或事物，认为是曾经感知过甚至熟悉的。例如，新到一个陌生的地方，觉得是旧地重游；新见面的陌生人，似乎过去曾经见到过；甚至一切新的、生疏的东西全都有熟悉感，有已知的或曾经历过的体验。

多见于癫痫和器质性精神病(如颞叶病变)，也可见于精神分裂症患者。

7.旧事如新症

旧事如新症是指患者对以往已认知或体验过的人和事物，感到从未经验过。对熟悉的周围人和事物，感到陌生。例如，熟悉的生活环境，好像是初临的异地；患者对家门、街道感到生疏；对同事甚至亲人都变得全然不识。

此症状可以是人格解体或现实解体症状的一部分，亦见于有严重记忆障碍的患者。

六、智能障碍

智能是一种复杂的、综合的精神活动功能，它反映的是个体在认识活动方面的差异，是对既往所获得的知识和经验进行运用的能力，也是用以解决新问题和形成新概念的能力。它包括观察力、记忆力、注意力、思维能力、想象能力等，涉及感知、记忆、注意和思维等一系列认知过程。

智能障碍可表现为全面性的或部分性的智能减低，程度严重时称为痴呆。

智能障碍主要有两种类型：先天性智力低下和后天获得性痴呆。

1.精神发育迟滞(Mental retardation，MR)

精神发育迟滞是指在胎儿期、出生时或婴幼儿时期，由于多种致病因素的影响，大脑的发育受到阻碍，以致大脑发育不良，使智能的发育停留在一定的阶段。随着年龄的增长和特殊的训练，患者的智力水平可能有所提高，但仍明显低于正常同龄人。主要表现为社会适应能力、学习能力和生活自理能力低下；其言语、注意、记忆、理解、洞察、抽象思维、想象等心理活动能力明显落后于同龄儿童，是儿童常见的一种发育障碍。

2.痴呆(Dementia)

痴呆是一种较严重的智能障碍，是后天的记忆、智能明显受损导致的。患者的大脑发育已基本成熟，但是，由于各种有害因素造成大脑器质性损害，引起智能严重障碍。主要表现为分析综合判断推理能力下降，记忆力、计算力下降，后天获得知识的能力丧失，工作和学习能力下降或丧失，甚至生活不能自理，并伴有精神和行为异常。多见于脑炎后遗症、老年性痴呆、脑动脉硬化性精神病及麻痹性痴呆等。

3.假性痴呆

一些人在遭受强烈的精神创伤后，可产生一种类似痴呆的表现，而大脑组织无任何器质性损害，称为假性痴呆。假性痴呆预后较好，智能水平随着情绪状况的稳定逐渐恢复，严格意义上讲，不是真正意义上的智能障碍。

可见于分离障碍、应激障碍等。

复习巩固

1.错觉与幻觉的区别是什么？

2.什么是妄想？妄想有哪些特点？

3.简要阐述遗忘症的类型及具体表现。

第二节　情绪过程障碍

人们在加工外界输入的信息时，不仅能认识事物的属性及其关系，还会形成对事物的态度，产生满意、不满意、喜爱、厌恶、憎恨等主观体验，这个过程就是情绪过程。情绪过程是在认识过程的基础上形成的，又会对认知过程产生巨大的影响，成为调节和控制认知过程的一种内在因素。如果个体情绪的程度、形式以及内容等出现异常，就会导致感知、记忆、思维等认知过程出现异常，引起行为上的混乱。

情绪过程障碍主要表现为情绪过程程度、性质和持续性方面的问题。

一、表现为高涨和兴奋的情绪活动异常

1.情绪高涨(Elation)

情绪高涨是指在一段时间内情绪持续性增高的现象，表现为患者的情感活动显著增强，经常表现得兴高采烈，得意洋洋。患者对一切都感到乐观，对任何事物都很有兴趣，自我评价过高，容易引起周围人的共鸣。但患者的情绪状态很不稳定，有时会很容易被激怒，不过这种变化往往转瞬即逝。往往与思维奔逸同时出现，是躁狂状态的重要表现。

2.欣快(Euphoria)

患者经常满面笑容，但面部表情单调刻板，与周围环境没有联系，也说不清为何高兴，难以引起别人的共鸣，因此给人以呆傻、愚蠢的感觉。欣快在表面上与情感高涨类似，但是它总是伴随智能障碍出现的，因此二者有本质不同。多见于痴呆或精神分裂症。

3.情绪爆发(Emotional outburst)

这是一种在精神因素作用下突然发作的、爆发性的情绪障碍。患者表现为哭笑无常，有时捶胸顿足、号啕大哭，有时又载歌载舞、兴高采烈等。这类症状来得快去得也快，持续时间短暂，常用“歇斯底里”来形容这种状态。

这是癔病的主要精神症状之一。

4.病理性激情(Pathological affect)

这是一种突然、强烈而短暂的情绪发作,并伴有一定程度的意识障碍。患者常有冲动和破坏行为,事后,患者不能完全回忆发作经过,因而不能自行控制。多见于严重的颅脑外伤、癫痫或中毒性精神病,也可见于精神分裂症。

5.易激惹(Irritability)

这是一种反应过度状态,患者对于一般的刺激就产生强烈且不愉快的情绪体验,表现为生气、烦躁、愤怒等,甚至大发雷霆。这种状态的持续时间一般比较短暂。常见于癔病、躁狂状态、躯体性疾病或器质性精神病。

二、情感淡漠与减退

1.情感淡漠(Apatheia)

情感淡漠是指患者对外界的任何刺激都缺乏相应的情感反应,对于一些能引起正常人极度悲伤或者高度愉快的事件,患者都无动于衷,漠不关心。对周围发生的事情视若无睹,毫无反应,对周围人和事物态度冷淡。

该症状多见于精神分裂症,常与思维贫乏同时出现,对于鉴别精神分裂症具有特征性的意义。

2.情感减退(Hypothymia)

情感减退的患者对各种外界事物逐渐丧失相应的态度和内心情感体验。除了重大干扰或侮辱会偶尔引起患者的一点愤怒或者回避反应,患者对其他刺激都不会有情绪反应,完全丧失任何行动动机,处于麻木不仁的状态中。

多见于晚期精神分裂症和器质性精神障碍痴呆状态。

三、抑郁、恐惧和焦虑

1.抑郁(Depression)

抑郁是指在一段时间内情绪持续低落的现象。主要表现为情绪低落,整日忧心忡忡,无精打采,愁眉不展,唉声叹气,心境抑郁悲观,“度日如年”“生不如死”等。患者往往对自己的能力估计过低,认为自己一些小困难也克服不了,对周围的事物都失去兴趣,觉得没有意思,不喜欢与人交往。此外,患者常自责自罪,甚至出现自杀意念和自杀行为。

这一症状为抑郁症的典型表现之一。

2.恐惧(Phobia)

恐惧是指持续性地对特殊的人、物或情境产生惧怕情绪和回避行为,主要表现为害怕、提心吊胆。轻则饮食失调,出现睡眠困扰;重则惊恐不安,奔跑喊叫,伴有心慌心悸等自主神经功能变化。这种情绪反应是与情境不相符的,不合理的,患者自己也能意识到,明知没有必要,却无法控制该反应。

从内容来看,可以有各种类型的恐怖:对人多拥挤的公共场所或空旷地方的恐惧称作"广场恐惧症";在社会交往中对人的恐惧称为"社交恐惧症"等。

这一症状多见于恐惧性神经症。

3.焦虑(Anxiety)

焦虑是指患者在缺乏客观根据的情况下持续性地害怕,对自身的健康状况或客观情况出现过分的担心,因而表现出坐立不安,惶惶不可终日,反复找人诉说。常常伴有憋气、心悸、出汗、手抖、尿频等自主神经功能紊乱症状。有时患者呈现发作性的极度焦虑,体验到濒死感、失控感,伴有呼吸困难、心跳加快等症状,这种急性焦虑发作称为惊恐发作。

焦虑和惊恐发作多见于焦虑神经症、惊恐障碍。

四、情绪错乱

1.情绪倒错(Parathymia)

情绪倒错是指认识过程和情绪过程之间丧失一致性,从而出现脱节的现象。患者的情绪反应和外界刺激的性质不符。令人高兴的事件引起悲哀的情绪体验,令人悲哀的事物则引起快乐的情绪反应。

常见于精神分裂症,尤其在青春型患者中更为多见。

2.表情倒错(Parametrium)

表情倒错是指个体的表情动作和内心体验之间不协调的现象。患者号啕大哭,但内心并没有感到悲伤,也不能说出情绪波动的原因;有时本来心里是高兴的,但是表情却显得非常伤心,痛哭流涕。

多见于精神分裂症。

3.矛盾心态(Ambivalence)

矛盾心态指个体对同一事件或同一个人同时产生两种互相矛盾的情绪体验,如患者对其亲人又喜欢又讨厌,但不能意识到两者是相互矛盾的,也不因这两种情感的对立而感到苦恼。

多见于精神分裂症。

复习巩固

1.如何鉴别情感淡漠和情感减退?

2.简要阐述情绪倒错的表现。

第三节 意志行为障碍

人不仅能认识世界，对事物产生肯定或否定的情绪，而且能在自己的活动中有目的、有计划地改造世界。这种自觉的能动性是人和动物的本质区别。心理学把这种自觉确定目的，并为实现目的而自觉支配和调节行为的过程称为意志行为过程。

人们对自己的行为的自觉调节和控制，是根据自己的认识和情绪来实现的；而人的意志行为的坚强与否又对人的认识和情绪产生巨大的影响。由于大脑皮质活动受到抑制或大脑皮质出现器质性损害，使之在确定目标或在意志行为过程中出现增强、减弱、混乱等状态，这就是意志行为障碍。意志行为障碍在各种精神疾病发作时都有表现。

一、意志障碍

1.意志增强（Hyperbulia）

意志增强是指在病态动机和目的的支配下，患者的意志活动增多，意志力量增强。患者的意志具有病态的顽固性。例如，强迫症（或偏执）患者会反复从事在他人看来无意义且无价值的行为；有些患者在躁狂发作时，对周围的一切事物都非常感兴趣，什么事都去参与，不知疲倦地忙忙碌碌。

意志增强与思维奔逸、情感高涨同时出现，构成躁狂状态的典型表现。

2.意志减弱（Hypobulia）

意志减弱是指患者的意志活动减少，意志力量减退。主要表现为患者的心情焦躁、情绪低落，缺乏坚持性，容易灰心丧气，不能坚持到底，这是意志减弱的一种表现，多见于神经症。

意志减弱的另外一种表现是患者对周围事物兴趣索然，整日呆坐不动或卧床不起，严重时连日常生活都不能自理。这种状态的意志减弱与思维迟缓、情感低落一起构成抑郁症的典型表现。

3.意志缺乏（Abulia）

意志缺乏是指患者的意志活动缺乏或极度减少，意志力量的极度减退。主要表现为患者对外界环境毫无兴趣，缺乏任何情感反应，严重缺乏行动动机。行为被动，完全丧失了任何自觉主动的行为。

多见于精神分裂症衰退期或脑器质性精神障碍。

二、行为障碍

行为是指在人的思想、情感、意向等心理活动的影响、调节与支配下，在日常生活、学习和工作中所表现出来的各种动作和行动的总和。行为障碍是可观察到的个体活动异常，它是各种心理过程障碍的结果。它可由各种原因产生，例如疾病患者为了减轻痛苦而采取一定的强迫体位，如腹膜炎病人取仰卧位；严重呼吸困难的心脏病或肺疾病患者取端坐呼吸体位；而精神障碍患者没有器质性原因，但却表现出一些特征性行为。许多行为障碍与思维、言语、情感障碍有紧密联系。

按照行为障碍的表现,它常分为精神运动性兴奋与精神运动性抑制两类。

(一)精神运动性兴奋(Psychomotor excitement)

精神运动性兴奋指患者的动作行为及言语活动明显增多,分为协调性和不协调性精神运动性兴奋两种。

1.协调性精神运动性兴奋

患者表现为动作和行为的增加与思维、情感活动以及环境都是协调一致的。患者的动作和行为都是有目的并且可理解的。多见于情感性精神障碍躁狂发作。

2.不协调性精神运动性兴奋

患者表现为动作和行为的增多与思维和情感不相协调。患者的行为无明确的动机和目的,动作杂乱无章,令人难以理解。多见于精神分裂症的青春型和紧张型,也可见于意识障碍的谵妄状态时。

(二)精神运动性抑制(Psychomotor inhibition)

精神运动性抑制指动作行为和言语活动显著减少,主要表现在以下几个方面:

1.木僵(Stupor)

患者行为动作和言语活动完全抑制或普遍减少。患者几乎静止不动,长时间保持一种固定的姿势,不言不语、不吃不喝,对外界刺激没有动作反应,口涎外溢,大小便潴留。

木僵状态主要有四种不同的原因:抑郁性木僵是指患者在抑郁状态下由于深度抑制出现的木僵状态,患者情绪低落,运动减少,整日僵卧,有时会伴有唾液和尿便的潴留;紧张性木僵的患者全身骨骼肌肉发生不同程度的紧张,几乎没有任何主动运动,在相当长的时间内保持一个姿势固定不变;器质性木僵发生于严重的急性脑损害后,患者不能运动,但可被动进食或排便;心因性木僵,是指在强烈精神刺激后出现的行为和言语活动的抑制状态。

2.蜡样屈曲(Waxy flexibility)

这是在木僵状态的基础上出现的一种特殊状态,患者的姿势固定不变,身体任人摆布,可在某种位置维持较长时间而不主动改变,如同蜡做的一般。在患者仰卧时抽去他头下的枕头,他的头部仍然保持悬空而不主动放下,这种状况称为“空气枕头”(air pillow)。蜡样屈曲多见于精神分裂症紧张型。

3.违拗症(Negativism)

患者对于别人向他提出的要求不仅没有相应的行为反应,反而加以抗拒。主动性违拗,指患者做出与要求完全相反的动作;被动性违拗,则是患者对别人提出的要求一概加以拒绝,不做出任何反应;口中唾液积聚不吐出,小便潴留不排泄,称为生理性违拗。多见于精神分裂症紧张型。

4. 被动服从(Passive obedience)

与违拗症的表现恰好相反,患者对于他人的任何要求都会无条件接受,即使别人的要求会对他不利,患者也会被动地服从。多见于精神分裂症紧张型。

5. 刻板动作(Stereotyped act)

患者在没有任何目的的情况下,机械、刻板地重复某一单调无意义的动作。常与刻板言语同时出现。多见于精神分裂症紧张型。

6. 模仿动作(Echopraxia)

患者简单地、无目的地重复别人的动作,常与模仿言语同时出现,多见于精神分裂症紧张型。

7. 意向倒错(Parabulia)

患者的行为冲动,意志活动与一般常情相违背,让人难以理解,如患者无明确动机地伤害自己的身体,吃正常人不吃或厌恶的东西,如烂瓜果、粪便等(又称异食症)。多见于精神分裂症青春型。

8. 强迫动作(Compulsive act)

患者明知没有必要,但又不由自主地反复进行的动作。患者明明知道这种行为没有意义,想控制却又控制不了,为此痛苦不堪。强迫动作多与强迫思维有关,多见于强迫症;也可作为强迫状态的一部分,多见于精神分裂症。

9. 作态(Mannerism)

患者做出一些幼稚、古怪、愚蠢的动作、姿势、步态或表情,使人感到像是故意装出来的,如患者会挤眉弄眼、做鬼脸等。多见于精神分裂症青春型。

拓展阅读

定向力与自知力

定向力(orientation)指一个人对时间、地点、人物以及自身状态的认识能力。前者称为对周围环境的定向力,后者称为自我定向力。对周围环境的定向力包括时间定向、地点定向、人物定向等。自我定向力包括对自己姓名、性别、年龄及职业等状况的认识。

定向力障碍是指对环境或自身状况认识能力的丧失或认识错误。定向力障碍多见于意识障碍,它是意识障碍的一个重要标志,但定向力障碍患者并不一定存在意识障碍,如老年痴呆患者可有定向力障碍,但意识清晰。精神分裂症患者也可在意识清晰状态下出现定向力障碍,通常表现为双重定向。也即是对周围环境的时间、地点、人物出现双重体验,其中一种体验是正确的,而另外一种体验则与妄想有关,是妄想性的判断或解释。

自知力(insight),又称领悟力或内省力,是指患者对自己实际存在的躯体疾病和心理异常的认知和判断能力。不同精神疾病自知力的损害程度是不同的,例如,焦虑障碍等神经症患者的自知力一般保持完整;精神分裂症等重性精神障碍患者的自知力一般是缺乏的。

自知力缺乏是重性精神障碍的重要标志。临床上往往将有无自知力以及自知力恢复的程度作为判断患者是否有精神障碍、精神障碍的严重程度以及疗效的重要指征之一。自知力完全恢复是精神疾病康复的重要指标。

复习巩固

1.如何鉴别意志减弱和意志缺乏?

2.精神运动性抑制有哪些类型?

本章要点小结

1.认知过程障碍是指感知、记忆、思维等认知过程的异常,这些异常会引发严重的学习、记忆障碍,同时伴有失语、失用、失认、失行等症状。常见的认知过程障碍主要有:感觉障碍、知觉障碍、思维障碍、注意障碍、记忆障碍、智能障碍等。

2.情绪过程障碍表现为情绪的程度、形式以及内容等方面的异常,进而导致感知、记忆、思维等认知过程出现异常,引起行为上的混乱。常见的情绪过程障碍主要有:表现为高涨和兴奋的情绪活动异常、情感淡漠与减退、抑郁、恐惧和焦虑、情绪错乱等。

3.意志行为障碍是指由于大脑皮质活动受到抑制或大脑皮质出现器质性损害,使之在确定目标或在意志行为过程中出现增强、减弱、混乱等状态。常见的意志行为障碍主要有:意志增强、减弱、缺乏等意志障碍,精神运动性兴奋和精神运动性抑制等行为障碍。

关键术语表

幻觉	hallucination
思维障碍	disorder of thought
妄想	delusion
注意增强	accentuation of attention
情绪高涨	elation
遗忘症	amnesia
意向倒错	parabulia
木僵	stupor

本章复习题

一、选择题

1.下列不属于感知障碍的是(　)。

A.感觉障碍　　B.知觉障碍

C.感知综合障碍　　D.躯体障碍

2.“妄想”是一种脱离现实的病理性思维,其类型不包括(　　)。

A.关系妄想、被害妄想　　B.夸大妄想、自罪妄想

C.病理性象征思维　　D.内心被揭露感

3.意识清楚时出现的谈话内容缺乏逻辑性,可能是(　　)。

A.思维破裂　　B.思维松弛

C.思维中断　　D.思维不连贯

4.如果出现注意范围缩小、主动注意减弱,这可能是(　　)。

A.注意减弱　　B.注意狭窄

C.自知力不完整　　D.内心被揭露感

5.关于“记忆减退”的临床表述,下列描述中不正确的是(　　)。

A.远记忆力减退

B.近记忆力减退

C.脑器质性损害者在早期容易出现近记忆力减退

D.神经症患者在早期易出现远记忆力减退

6.关于“痴呆”,下列说法中不正确的是(　　)。

A.是一种综合征

B.绝大多数是功能性的

C.是在意识清楚的情况下,后天获得的记忆、智能的明显受损

D.常伴有精神和行为异常

7.关于“情感淡漠”,下列说法中不正确的是(　　)。

A.对事物缺乏相应的情感反应

B.表情比较呆板

C.内心体验丰富,但表达不出来

D.对周围事物漠不关心

8.处于焦虑中的人会出现来回走动,这种表现属于(　　)。

A.情绪的主观体验　　B.精神运动性不安

C.自主神经系统紊乱　　D.精神运动性抑制

9.关于“意志缺乏”,下列说法中不正确的是(　　)。

A.多见于躁狂症患者中　　B.行为被动

C.生活极端懒散　　D.缺乏应有的主动性和积极性

10.关于“强迫动作”,下列说法中不正确的是(　　)。

A.患者感到痛苦,但又无法摆脱

B.多见于强迫症

C.是一种违反本人意愿,反复出现的动作

D.多见于精神分裂症

二、案例分析题

一名大三女生,认为自己有钟情妄想,而且已经困扰自己五年多了。

以下是她的自述:

钟情妄想?

刚开始的时候,我总是无缘无故地认为同班的男生喜欢自己,于是千方百计地从他的言谈举止中寻找喜欢自己的信息,这样的情况持续了半年多。慢慢地,我的钟情妄想所涉及的对象范围扩大了。之后我遇到的每一个异性,不管年龄大小,都会让我生出“他喜欢我”的念头。与这个念头同时产生的是痛苦,说不出原因的痛苦。

当我很忙,没时间这样想的时候,一切都好好的,觉得生活是这样的美好;然而,一旦产生这些想法,我就无法摆脱,痛不欲生。有时候,我甚至会想,与其这样痛苦,还不如结束生命,彻底摆脱地好。

我该怎么办,我真的不想眼睁睁地看着自己就这样痛苦地活着。这样下去,等待我的只有死路一条。

她的症状表现是钟情妄想吗?

第四章

精神分裂症

精神分裂症属于精神疾病的范畴，是所有精神疾病中最常见和最严重的一类。它是一组具有感知、思维、情感、行为等多方面障碍的综合征，包括思维无逻辑，知觉和注意错误，情绪表达存在困难或不恰当，行动和行为错乱等。精神分裂症一般起病于青壮年，常常会病程迁延，给患者及身边人带来持续性困扰。

所谓“分裂”，是指人的主观感觉、思维、意志、情感、行为等心理机能与客观现实之间的分离、不协调或不一致，或者人的人格特征无特殊原因发生显著的改变，而非指任何器质性的分裂样的病变。这些分裂症状会导致个体生活中出现广泛的错乱，使得个体无法维持稳定的工作、自立的生活以及亲密的人际关系，而且这些症状还会引来他人的嘲笑和迫害。

目前为止，我们并不清楚精神分裂症的确切病因，也没能找到更有效的治疗方法。本章对精神分裂症进行探讨，以期为精神分裂症的诊断和治疗提供指导。

本章的主要内容是：

1.精神分裂症的概述；

2.精神分裂症的分型和病程；

3.精神分裂症的病因与治疗。

第一节　精神分裂症的概述

一、精神分裂症的发展历史

1.名称的由来

精神分裂症(schizophrenia)的症状描述可以追溯到古代埃及、印度、中国及希腊,然而,真正将精神分裂症作为一种疾病来研究与治疗则始于19世纪中叶。

英国的哈斯拉姆(John Haslam,1809)在《对发疯和忧郁的观察(*Observations on Madness and Melancholy*)》一书中生动地描述了这种"精神错乱的表现"——疾病的来袭几乎是察觉不到的,当它能够引起格外注意时,通常都已经过去几个月了……接下来,个体变得忧心忡忡,活动明显减少,并且他们正常的好奇感也较从前减少。他们无视那些曾经给他们带来快乐和知识的物质与追求,他们的感觉变得极其迟钝,家长及其亲属对他们的感情得不到他们的回应……

法国医生莫勒尔(Benedict Morel,1857)用法语"démence précoce"(早发性痴呆)来描述精神分裂症,因为这一疾病主要起病于青少年时期,最终表现为智能严重衰退。

2.克雷佩林的分类

1899年,德国精神病学家克雷佩林(Emil Kraepelin,1856—1926)在前人研究的基础上,提出了目前最经典的关于精神分裂症的描述和分类。克雷佩林有两方面卓越的贡献:一方面,他把一些通常被认为是独立的、不同的精神异常症状,如紧张(catatonia,交替出现木僵和兴奋)、青春期痴呆(愚蠢和情感不成熟)和偏执(paranoia,夸大或被害妄想)合并在一起,称作"早发性痴呆"(dementia praccox),并指出这些症状具有相似的内在特征,即都是早期症状,之后发展为"精神脆弱"。另一方面,他将早发性痴呆与躁狂性抑郁症(现称为心境障碍)区分开来。早发性痴呆起病年龄早,预后不良,而躁狂性抑郁症不一定具备这样的特征。此外,克雷佩林还罗列了早发性痴呆的诸多症状,包括幻觉、妄想、违拗以及刻板行为等。

3.布鲁勒的研究

20世纪初,瑞士医生布鲁勒(Eugen Bleuler,1909)在对精神分裂症进行了细致的临床学研究后提出了"精神分裂症"(schizophrenia)这个术语。单词"schizophrenia"来源于希腊语"分裂"(skhize -in)和"精神"(phren)的组合。

布鲁勒认为,这类患者的所有异常行为的背后是人格基本功能的联合断裂(associative split - ting),也即负责联系不同功能的力量的瓦解。因此,精神分裂症患者无法保持连贯一致的思维,从而导致他们表现出多种多样的症状。

布鲁勒提出了精神分裂症的基本症状——"4A"症状,包括联想障碍(association disturbance)、情感淡漠(affective disturbances)、矛盾意向(ambivalence)及内向性(autism),而幻觉、妄想等是附加症状。此外,布鲁勒还强调该病起病早,预后差。

二、流行病学

精神分裂症是一种多发的精神疾病，可见于各种文化和地理环境，其患病率和发病率在世界各国大致相同，终生患病率约为1%。

（一）患病率

1. 全球患病率

目前，全球大约有4500万—5000万人患有精神分裂症，其中3300万人在发展中国家。通过对46个国家的188项研究（1965—2002）进行系统分析后发现，该病的时点患病率和终生患病率的中位值分别为4.6‰和7.2‰。另有资料指出，精神分裂症的时点患病率为总人口的0.6‰—8.3‰，终生患病率为2‰—15‰，年发病率为0.11‰—0.7‰。美国国立精神卫生研究院1988年对纽约的社区调查显示：精神分裂症1个月的患病率为6‰，6个月为8‰，终生患病率为13‰。

2. 我国患病率

我国大约有700万人患有精神分裂症；父母一方是精神分裂症患者，其子女患精神分裂症的风险概率为10%，远远高于一般人群。1993年，对北京、大庆、上海等七个地区进行的流行病学调查结果显示，时点患病率为5.13‰，终生患病率为6.55‰，男女比例为1∶1.6。浙江省（2001）的流行病学调查结果显示，15岁及以上人群精神分裂症的时点患病率为3.01‰，而河北省（2004）的时点患病率为5.46‰，终生患病率为6.62‰。

2012年启动的中国精神卫生调查结果显示，18岁及以上城乡社区常住6个月以上的居民中，患有精神分裂症12个月以上的患病率为5.59‰。该调查还发现，无论城乡，精神分裂症的患病率均与家庭经济水平呈负相关。

（二）发病率

1. 全球发病率

通过对33个国家的160项研究（1965—2001）进行系统分析后发现，精神分裂症的年发病率中位值为0.15‰。国际精神分裂症试点调查（IPSS）——12个国家20个中心历时20多年针对3000多人——资料显示，精神分裂症在一般人群中的年发病率在0.2‰—0.6‰，平均为0.3‰。另有数据显示，精神分裂症在一般人群中的发病率为0.5%—2%。美国对六个地区的调查结果显示，精神分裂症的发病率为0.43‰—0.69‰，15岁以上人群发病率为0.30‰—1.20 ‰。

2. 我国发病率

在我国20世纪70年代的普查中，全国精神分裂症的年发病率为0.1‰；上海和川南地区发病率为0.27‰和0.35‰，山东崂山地区0.09‰。北京郊区基层精神病防治网的数据显示，1975—1982年间，该地精神分裂症的平均年发病率为0.11‰。大庆地区基层防治机构的调查数据表明，1986—1990年间，该地精神分裂症的发病率达0.17‰—0.26‰，平均发病率为0.22‰。

总体上，精神分裂症可在任何年龄发生，但发病高峰集中在成年早期，男女患病率大致相等，性别差异主要体现在首发年龄和病程特点上。90%的精神分裂症起病于15—55岁之间;发病的高峰年龄段,男性多在17—30岁发病,女性多在20—40岁发病。与男性不同是,中年是女性的第二个发病高峰年龄段,3%—10%的女性患者起病于40岁以后。此外,男性发病的可能性随着年龄的增加而下降,但是首次发病的时间可以晚至75岁;女性在36岁以前的发病概率低于男性,36岁以后发病概率高于男性。

(三)病程发展

精神分裂症患者在反复发作后,可能出现人格改变、社会功能下降,临床上呈现为不同程度的残疾状态。残疾状态较轻时,患者尚保留一定的社会适应能力和工作能力。另有一小部分患者病程为渐进性发展,或每次发作都造成人格的进一步衰退和瓦解,病情的不断加重最终导致患者长期住院或反复入院治疗。

精神分裂症发病可以是隐蔽的,但大多数个体表现为缓慢和逐渐发展的有临床意义的各种体征和症状。20%的精神分裂症患者预后较好,女性预后好于男性,这可能是因为男性患者罹患更多脑损伤以及女性患者雌激素的保护作用等。在少数患者身上,该疾病逐渐发展为慢性病,并伴有活动期症状的加重或缓解。其他个体表现为病程逐渐加重。

三、临床表现

精神分裂症的临床表现具有不确定性:①此类患者体征与症状复杂多样,但却没有哪一个体征和症状具有诊断的绝对特异性,所出现的各种体征和症状同样可见于其他精神或神经疾病中;②体征和症状会随着病程的演变而变化,不同个体或处于疾病的不同阶段,其临床表现可有很大差异。

下面从病前和病后症状两个方面进行描述。

(一)病前症状

病前症状是指在明显的精神症状出现之前,患者所表现出的一些非特异性症状。这些症状在青少年中并不少见,但更多见于发病前。多数患者的病前症状持续数月甚至数年,且常在诊断确定后才会去回顾。

最常见的病前症状可以概括为以下几方面:

(1)认知改变,对自身和外界的感知改变,且出现一些古怪或异常的观念和想法等;

(2)情绪改变,如抑郁、焦虑、易激惹等;

(3)行为改变,如社会退缩、兴趣丧失、多疑敏感、社会功能下降等。部分患者可能会出现一些新的“爱好”,如痴迷某些抽象的概念、哲学和宗教迷信问题等;

(4)生理反应,睡眠和食欲改变、虚弱感、头痛、背痛、消化道症状等;

(5)其他,部分青少年患者会突然出现强迫症状为首发症状,常慢性起病,表现形式与强迫症状不同,种类往往较多,内容荒谬;患者的自知力不完整,不感到痛苦,情感反应不鲜明,反强迫愿望不强烈。

由于处于病前症状的患者在其他方面基本保持正常，且常常对这些症状有较为合理的解释，如性格方面的缺陷或者生活中所遇到的烦恼所致，故常常不为家人重视。

（二）病后症状

目前，关于精神分裂症的症状已经积累了大量的研究结果。DSM-5中精神分裂症谱系(schizophrenia spectrum)概括了五类精神病性障碍——包括妄想、幻觉、思维(言语)紊乱、明显紊乱或异常的运动行为(包括紧张症)和阴性症状，以及它们的数量、严重性和持续性，以区别不同的精神病性障碍。

精神分裂症患者可能会表现出所有或部分精神病性症状。但是，该障碍在不同个体中表现不同。五类精神病性症状包括四种阳性症状——幻觉、妄想、思维和言语紊乱、行为异常或紧张性行为等，以及阴性症状。此外，精神分裂症患者还表现出大量的认知缺陷，这些认知缺陷与功能衰退有关，尽管认知症状不属于诊断标准。

五类精神病性症状的具体表现如下：

1.阳性症状

阳性症状指与现实扭曲有关的症状，包括幻觉、妄想、思维和言语紊乱、行为异常或紧张性行为。一般指患者具有正常人没有的一些表现或反应，简称为“人无我有”。50%—70%的精神分裂症患者存在幻觉、妄想或者二者兼有。阳性症状是异常的知觉、思维和行为的外显表达，是较明显的精神失常表现，故称其为阳性。在大多数情况下，精神分裂症的急性期以阳性症状为主。

(1)幻觉

幻觉是精神分裂症的常见症状之一，发生率约为50%，但它不是精神分裂症的特征性症状，其他精神病性障碍也可能有幻觉出现。一项针对幻视患者的研究发现，60%的患者被诊断为精神分裂症或分裂情感性障碍，25%的患者被诊断为抑郁症，15%的患者被诊断为双相情感障碍。

精神分裂症患者的幻觉具有以下特点。

第一，幻觉常在患者意识清醒的状态下出现，所谓“睁眼说瞎话”；

第二，幻觉内容怪异，即正常人无法理解；

第三，幻听最为常见，尤其以言语性幻听最为多见。一项研究发现，74%的精神分裂症患者表现出幻听。幻听多为指令、评论、争论、讥笑、威胁等，声音清晰，患者往往信以为真；

第四，幻视出现时，患者多为旁观者；

第五，幻触多反应在性器官或电流感上；

第六，幻觉体验可以非常具体、生动，也可以是朦胧模糊的，但多会给患者的思维、行为带来显著的影响，患者会在幻觉的支配下做出违背本性、不合常理的举动。例如，幻听内容具有侮辱性，患者会与幻听对骂，甚至引发攻击。

一些研究采用高级的脑成像技术——单光子发射计算机断层扫描(single photon emission computed tomography，简称SPECT)——考察幻觉在脑中发生的位置。一项早期研究针对患有言语性幻听的精神分裂症男性患者,采用SPECT技术扫描了患者在有幻听体验和没有幻听体验下的大脑状况,结果发现,在幻听过程中激活最强的脑区是参与言语产生的布洛卡区,而不是参与言语理解的威尔尼克区。该结果令人出乎意料,因为言语性幻听通常涉及理解他人的语言,按理说应该是威尔尼克区的激活更强。这个结果说明,在幻听体验下的患者听见的不是他人的声音,而是自己的想法或是自己的声音,但是他们意识不到其中的差别。

除了幻觉之外,精神分裂症患者还表现出其他感觉和知觉障碍。

精神分裂症患者常见的感觉障碍包括感觉过敏、感觉迟钝、感觉倒错、内感性不适;常见的知觉障碍还包括感知综合障碍,如视物显大症、视物显小症等。此外,部分患者还会出现下列情况。例如,听到脑子里说话声(假性幻觉);并未张口但喉部有说话或唱歌的感觉,想到的内容在脑子里化为声音(思维鸣响);感到头颅增大,耳、眼、鼻改变了位置等(体型感知综合障碍)。

(2)妄想

妄想是一种思维内容障碍,是精神分裂症最常见的症状之一。它在精神分裂症的鉴别与诊断中具有重要意义,被称为是“疯癫的基本特征”。

例如,如果你相信松鼠是被派到地球上进行侦查活动的外星物种,那么你就会被认为存在妄想。尽管妄想的荒谬性显而易见,但是患者却坚信不疑。在患病初期,部分患者对自己的某些明显不合理的想法也许会将信将疑。但是,随着疾病的发展,患者逐渐与病态的信念融为一体,并受妄想的影响而做出某些反常的言行。此外,妄想是在意识清晰的基础上产生的,这些离奇古怪或令人难以置信的想法会在患者身上持续出现,另外,妄想的内容可与患者的生活经历、教育程度以及文化背景有一定的联系。例如,一位来自化工行业的工程师认为自己喝水的杯子被人动了手脚,每天都会释放定量的有毒化学元素,造成自己慢性中毒。

精神分裂症患者的妄想表现形式多种多样。不同妄想在患者身上出现的频率不同,因而对疾病的诊断价值也不同。临床上以关系妄想、被害妄想、嫉妒妄想、钟情妄想、非血统妄想等较为常见,特别是关系妄想和被害妄想。

关系妄想的患者把周围与他无关的事情都当成是与他有关的,不断地思考这对他将意味着什么。一项跨国研究发现,65%的精神分裂症患者患有被害妄想。被害妄想一般在关系妄想的基础上产生,表现为患者觉得周围发生的事不仅与他有关,而且矛头是指向他的,认为别人在侮辱、贬低、伤害甚至毁灭他,并把环境中无害的事件感知为威胁和跟踪迫害的迹象。例如,患者认为家人在自己的饭菜里下了无色无味的毒,要害死自己。此外,还有如非血统妄想,患者无中生有地认为自己不是父母亲生的;夸大妄想,坚信自己是一个赫赫有名、权势无上的人;自罪妄想,坚信自己犯下了不可饶恕的罪行;疑病妄想,认为自己患了可怕的生理疾病;虚无妄想,坚信自己、他人、世界都不会存在,现在所有看到的都是不真实的;钟情妄想,认为自己被异性所钟情,因而眷恋、追逐对方……

尽管大多数精神分裂症患者都有妄想这一症状,但是心境障碍、伴随着精神病性症状的抑郁和妄想障碍等也会继发出这一症状,称为继发性妄想。

因此,为了更好地鉴别和诊断精神分裂症,我们应该更多识别原发性妄想。原发性妄想并不是直接由感知觉障碍或其他歪曲的观念所引申，而是一种凭空出现的妄想，与患者以前的思想和情感毫无联系。发病急，感知障碍丰富者以原发性妄想多见；发病年龄较晚，起病缓慢，病程迁延者，多为继发性妄想。

(3)思维和言语紊乱

精神分裂症患者的思维和言语紊乱通常是指思维形式紊乱，表现为联想和逻辑障碍。

联想障碍给人以"文不对题，答非所问"的感觉，医生常描述这类患者"交流困难"。精神分裂症患者常见的联想障碍表现为思维松弛、思维破裂、思维不连贯、接触性离题(即"答非所问"，患者在交谈中表现出一种不完全性离题的状态。患者的回答往往与所提问题沾边，但接着就是离题，接下去还会一而再、再而三地沾边和离题)。

思维逻辑障碍大多在联想障碍基础上产生。在思维过程中，患者不能按照正常的思维逻辑规律来分析问题，而往往表现出概念混乱和一些奇怪的逻辑推理。精神分裂症患者常见的逻辑障碍表现为象征性思维、逻辑倒错性思维、语词新作、诡辩症(患者对某些毫无现实意义的问题进行肤浅的，貌似合理而实际无效的辩证和探索，表现为长谈阔论，侃侃而谈，拒不接受别人的批评和意见，语句多、内容空洞，缺乏实际意义，所论问题也常是一些想入非非的事情，给人似是而非、牵强附会、执意诡辩的印象，但语句的文法结构是正确的)以及矛盾思维(在患者身上同时存在两个相互矛盾、相互对立的概念，两种思维固执地存在，互相抗衡，相持不下)。

(4)行为异常或紧张性行为

精神分裂者个体的紊乱行为经常引起其他人的恐惧。个体可能会表现出不可预测的、无明显原因的激动，如突然大喊大叫、破口大骂或匆忙奔跑。这些行为可能是由幻觉和妄想所致。例如，一名有被害妄想的患者可能幻想有个可怕的人在追赶他，因此做出尖叫和逃跑的反应；一名患者坚信有人在他的脑内植入芯片以监视他的思想、行为等，由于没有人相信他，因而激动得来回踱步。发病年龄早且以行为紊乱症状为主要表现的患者常常有明显的感知觉和思维障碍，这往往预示患者也会出现较大社会功能损害和恶化的病程。

精神分裂症患者一般生活不能自理，如洗澡、选择合适的衣裤以及按时饮食等日常活动。很多人外表邋遢，对于外界环境反应异常，如有时在寒冷的天气里衣着单薄，天气炎热时却层层包裹。因为注意和记忆都受到损害，即使完成简单任务(如刷牙)，也必须付出他们全部的注意力。他们还可能做出一些社会不可接受的行为，如吃屎喝尿，称为意向倒错。

紧张症是反映个体对环境极度缺乏反应性的紊乱行为，包括对指示缺乏反应(如违拗症)，表现出刻板、不恰当或怪异的姿态，甚至完全丧失言语或动作反应(如缄默症)。具体表现为木僵、蜡样屈曲、违拗症、刻板言行以及缄默症(表现为患者缄默不语，或有片断的破裂性语言)，同时可伴有拒绝、违拗、木僵、蜡样屈曲、冲动等症状。患者意识清楚、无智能缺损、自知力缺乏。此外，有的患者还表现为对他人的言语动作进行毫无意义的模仿，称作模仿症；或者作态，即以特殊表情、姿态、动作表示某种意义，难于为别人所理解。紧张性兴奋表现为突然发生不可理解的冲动行为，言语内容单调刻板,行为无目的性。它经常与木僵交替出现,在木僵过程中突然出现不协调的精神运动兴奋,表现出行为紊乱、冲动、大喊大叫等,然后又会突然转入紧张性木僵状态。

此外,在一些精神病性症状支配下,患者可能出现自伤、自杀、冲动伤人等行为,被称为激越症状。主要包括两个方面:

①攻击暴力行为。部分患者可表现激越、冲动控制能力减退及社交敏感性降低,轻者可能表现出如随意抢夺别人手上的东西或将食物扔到地上等行为,严重者可能出现冲动攻击与暴力行为。

一般认为,精神分裂症患者发生攻击暴力行为的可能性比正常人高四倍,但精神分裂症患者发生严重凶杀行为的可能性并不比正常人更高;然而,精神分裂症患者成为攻击暴力受害者的可能性却远比正常人更高。

攻击暴力行为的高危因素包括:性别(男性患者有着攻击暴力行为的身体优势),病前存在品行障碍、反社会型人格,共患物质滥用及受幻觉、妄想的支配等。预测攻击暴力行为的最佳因素是既往的攻击暴力行为史,即过去发生过攻击暴力行为,那么现在发生此类行为的可能性较大。

②自杀。精神分裂症患者的自杀率很高,他们自杀的可能性是普通人的12倍。20%—50%的精神分裂症患者在其患病过程中会出现自杀企图,最终死于自杀者约为5%。自杀行为多发生在疾病早期,或在入院或出院不久后发生。

引起自杀最可能的原因是抑郁症状,尤其是期望高、病后失落感强烈、意识到理想难以实现、对治疗失去信心的年轻男性患者;而虚无妄想、命令性幻听、逃避精神痛苦及物质滥用等则是常见的促发因素。一些已经恢复了的患者,当想起自己在病中的表现,觉得难以面对,也可能造成自杀。一些精神疾病治疗药物对降低精神分裂症患者的自杀意念较为有效。

除了上述行为紊乱之外,精神分裂症患者还表现出明显的意志障碍,包括:

①意志增强,表现为病态的自信和固执的行动。有的患者在妄想的支配下会反复提出控诉或坚持进行某种赎罪活动。例如,患者总感觉水里有毒(被害妄想),为了喝上干净的水,不惜每天花几个小时时间到十几里外的山上去担水(意志增强);

②犹豫不决,表现为缺乏决断类,行动上举止不定,忧虑重重。例如,有的患者欲睡觉,走到床边后又退出房间,如此反复不能决定。

在幻觉、妄想、思维和言语紊乱、行为异常或紧张性行为等阳性症状的影响下,精神分裂症患者还会表现出不适当的情感,即患者的情感表达与外界环境和内心体验不协调。在疾病的急剧发作期,患者的情感可出现不明原因的剧烈变化,多伴有幻觉和妄想产生,表现为兴奋、激动、紧张、恐惧、焦虑、忧郁或突然情感暴发,可能伴随有伤人、毁物或自杀行为。阳性症状的不适当情感主要表现为情感倒错,患者悲喜失调,有时会出现兴奋激动或焦虑抑郁等反应,但大多与周围环境无联系而是受幻觉妄想所支配,有时其情感与周围环境极不协调,如为亲人开追悼会时却站在一旁自笑。其情感也常与思维内容不协调,如笑嘻嘻地叙述自己的悲惨遭遇,谈到高兴的事情时反而伤心落泪。

2.阴性症状

阴性症状是指正常心理功能的缺失，涉及情感、社交及认知方面的缺陷。一般指患者丧失了正常人应有的一些表现或反应，简称为“人有我无”。具体而言，包括意志减弱、社交退缩、快感缺失、情感淡漠、言语贫乏等症状。多为慢性起病，表现为对人冷淡和疏远、自我克制力的减退、易激惹、少语、呆坐、学习成绩下降和生活懒散等。

阴性症状可以是精神分裂者的早期症状、慢性衰退期的症状，也可以是一种特殊的亚型——单纯型的主要构成症状。大约有25%的精神分裂症患者表现出阴性症状。它们在急性发作之后会长久持续下去，对精神分裂症患者的生活产生深远的影响，且难以治疗。

(1)意志减弱

意志减弱主要表现为缺乏主动性、进取性，缺乏要求或打算、生活被动、处处均要别人督促。病情严重的患者，吃饭、洗澡等基本生活都需要医护人员催促照料。也即他们难以进行工作、学习和处理琐碎的家务，更多的时候只是坐在那儿，什么也不做。此外，意志减退还可能会导致社交退缩，缺乏与他人接触的欲望。例如，意志减退的患者不愿跟朋友出去逛街或看电影。

(2)社会退缩

社会退缩是指对社会关系的冷淡和对社交兴趣的减少或缺乏。精神分裂症患者通常是退缩的，与社会疏离，表现为少与家人、亲友交往，性兴趣下降，难以体会到亲情与爱，不主动参与社交活动，即使与他人在一起的时候，他们与只会表现出比较简单的互动。某些疏离源于精神分裂症带来的污名，家人有时会疏远精神分裂症的家庭成员，人们也常常躲避他们。只有当个体被温暖的家人和朋友围绕，但没有表现出与他们交往的兴趣时，才会诊断为社交退缩。

(3)快感缺失

快感缺失是指丧失对快乐活动(如进食、社交、性等)的兴趣和快乐体验的缺乏。

需要注意的是，快感体验包括两类：一种是实际快感，与当下愉悦事件的出现有关。例如，你在吃一顿大餐时的快乐；另一种是期待快感，指因将来的事件或活动而获得希望的快乐程度。例如，想到自己即将大学毕业时的快乐。

精神分裂症患者似乎只在期待快感上有缺损，而在实际快感上没有缺损。也即是，当提到期望中的幸福情境时，相比于没有精神分裂症的人，大部分有快感缺失问题的精神分裂症患者体验到更少的快乐；然而，当呈现实际的享乐活动时，如滑稽的电影或美味的佳肴，精神分裂症患者与没有精神分裂症的人都体验到同样的快乐。大约50%的精神分裂症患者有此症状。

(4)情感淡漠

情感淡漠表现为不能理解和识别别人的情感表露和(或)不能正确表达自己的情感。患者在情感的反应性、面部表情、眼神接触、体态语言、语音语调、亲情交流等方面均存在缺陷。表现为目光呆滞，脸部肌肉木僵，两眼无神。和他说话的时候，他可能会以平直、没有语调的声音来回答，且与谈话对象无目光交流。

此症状是社会功能不良、治疗效果差的重要预测因子。

需要注意的是，情绪淡漠是情绪缺乏外在表达，而非内在体验，事实上，有情绪淡漠的患者的内在情绪体验一点也不匮乏。近20项研究表明,相比于无精神分裂症的人,精神分裂症患者面对诱发情绪反应的喜剧片段面部表情几乎没有变化,但是他们却报告体验到同样多甚至更多的情绪。

情感淡漠多见于男性、起病年龄早以及病前社会功能不良的患者身上。

(5)言语贫乏

言语贫乏指言语的产生减少或缺乏。表现为患者言语交流减少,回答问题内容空洞、简单(注意:如果患者的语量不减少,但内容空洞、单调、缺乏意义,则属于思维形式障碍)。例如,让一个言语贫乏的患者讲述他快乐的人生经历,他会回答"结婚",而难以描述其他细节。严重者几乎没有自发言语。精神分裂症患者的这种交流缺陷被认为是缘于消极的思维障碍,而非缺乏沟通技能。一些研究者指出,有言语贫乏的患者可能找不到合适的词语来表达他们的想法。部分有言语贫乏的患者也会表现为反应滞后或回答问题迟缓。与其交谈令人沮丧,你会感到让他们说话好像给他们拔牙一样费劲。

3.认知缺陷

近年来,精神分裂症患者的认知缺陷受到广泛重视。他们表现出一系列高级的认知功能缺陷,包括意识、注意、记忆、智能、抽象概括、创造力以及自知力等方面。研究发现,很多认知缺陷发生在精神分裂症急性症状出现之前,并且认知缺陷在障碍病程或治疗中通常得不到改善。因此,认知缺陷可能是精神分裂症早期的风险指标,促发了其他症状的出现,而且很大程度上导致了这一疾病的致残性。

一般而言,精神分裂症患者对时间、空间和人物能进行正确的定向,意识通常清晰,一般的记忆和智能没有明显障碍。慢性衰退患者,由于缺乏社会交流和新知识,可能会导致智能减退。此外,与无此障碍的个体相比,精神分裂症患者更难集中和维持注意;工作记忆存在缺陷,无法将信息保持在记忆中加以操作。注意和工作记忆的这些缺陷让精神分裂症患者很难辨别头脑中与当前情境有关的想法,并忽视与自己正在做的事情无关的环境刺激,从而可能导致幻觉、妄想以及紊乱的思维和行为。

关于自知力,精神分裂症患者在疾病发作期常缺乏自知力,无法区分主观体验和客观现实,常否认有病,不愿主动就医。因此,自知力评估是用来判断患者是否有精神分裂症、精神分裂症的严重程度以及衡量疗效的重要指标之一。

四、精神分裂症的评定与诊断

(一)精神分裂症的量表评定

对精神分裂症的诊断、评估和研究可以通过供医生使用的精神科量表来进行。

1.简明精神病评定量表(BPRS)

BPRS由John E. Overall等于1962年编制,主要用于观察评定精神分裂症的症状特点和疾病严重程度,特别适用于急性期精神分裂症的评定。它是精神科应用得最广泛的评定量表之一,包含

18个条目,采用1—7分的7等级评分法,总分在18—126分之间。总分越高,表明症状越严重。该量表为他评量表,一次评定,针对患者近一周的精神症状,需要约20分钟的会谈和观察。

2.阳性与阴性症状量表(PANSS)

PANSS由Kay Fiszbein和Opler于1987年编制,用以评定不同类型精神分裂症症状的有无和严重程度。它包括33个条目,包括5个分量表——阳性量表7个条目,阴性量表7个条目,一般精神病理量表16个条目,以及3个补充条目评定攻击危险性。此外,在本量表的基础上,研究者还归纳了6组症状群——反应缺陷、思维障碍、激活性、偏执、抑郁以及攻击性。PANSS可以对精神分裂症患者的症状做出全面的衡量,可作为分型的评定标准。主要适用于成年人,对其近一周的精神症状进行评定。采用1—7分的7等级评分法,每个条目上的得分越高,表明症状越严重。

3.精神病症状严重程度临床工作者评定量表

精神病症状严重程度临床工作者评定量表由临床工作者在临床评估时完成。包括8个条目,每一个条目都要求临床工作者对患者在过去7天内经历的每一个症状的严重程度进行评分。采用0—4分的5等级评分法,每个条目上的得分越高,表明症状越严重。

4.卡尔加里精神分裂症抑郁量表(CDSS)

CDSS是加拿大卡尔加里大学的Addington等于20世纪90年代编制,主要用于评定精神分裂症伴发的抑郁症状。包括9个结构式的条目——抑郁情绪、绝望感、自我贬低、罪感性牵连观念、病理性罪恶感、晨间抑郁、早醒、自杀、观察到的抑郁表现。采用0—3分的4等级评分法,每个条目上的得分越高,表明症状越严重。

通过这些量表的应用,我们可以评估精神分裂症患者症状的严重程度、治疗前后患者症状的变化以及所用药物的疗效。但需强调的是,尽管精神科评定量表对精神分裂症的临床诊断具有良好辅助作用,但最终确诊还是需要临床医生依据统一的诊断标准,结合临床检查等进行。

(二)精神分裂症的鉴别诊断

具有典型精神分裂症症状的病例,按操作性诊断标准,诊断不困难。但是,当症状表现不明显、不明确时,需要与下列疾病相鉴别。

1.脑器质性精神障碍

各种有可能导致大脑形态、内环境改变的疾病,如癫痫、颅内感染、脑肿瘤、脑外伤和某些躯体疾病,如系统性红斑狼疮和药物中毒,都有可能引起类似精神分裂症的表现,如生动鲜明的幻觉和被害妄想等。但是,这类患者往往有不同程度的意识障碍,症状有昼轻夜重的波动性,幻觉多为恐怖性幻视。而且,患者的症状出现之前有脑外伤、脑炎等病史,并随着躯体疾病的恶化而加重,随着躯体疾病的改善而好转。故鉴别中关键是要找到原发的脑器质性病变。目前,神经系统检查、头颅CT、MRI、EEG、脑脊液检查以及实验室检查等,一般都可以发现脑部病变的存在。常见的脑器质性精神障碍包括:脑炎、颞叶癫痫、器质性木僵等。

2.情感性精神障碍

由于许多精神分裂症患者表现出情感症状，而情感性精神病患者又会出现精神分裂症症状，故有时较难鉴别。大多数情况下，精神病性症状是在情绪高涨或抑制的背景下产生的，一般与患者的心境相协调，如躁狂患者出现夸大妄想，抑郁症患者出现贫穷或自罪妄想。但是，有时也会出现一些与当前心境不协调的短暂的幻觉、妄想症状。然而，一般情况下，通过治疗，精神病性症状通常在情感症状有所改善时快速消失。结合既往发作病史、病程、症状持续时间、治疗反应及疾病转归等因素可作出判断。

严重抑郁患者思维迟缓，行为动作减少，有时可达到亚木僵或木僵状态，即抑郁性木僵，需要与紧张性木僵鉴别。抑郁性木僵患者的动作虽然缓慢，但是耐心询问仍可得到一些简短的、切题的回答，且眼神常流露出忧心忡忡和欲言又止的表情，表明患者与周围环境仍有一定的情感交流。此外，一般不会有肌张力增高和违拗症状。然而，紧张性木僵患者对周围环境不能做出相应的应答和情绪反应，有表情呆板、情感淡漠、不言不语不动、违拗、紧张性兴奋、肌张力增高等症状，依此可进行鉴别。

部分起病较急的精神分裂症患者可表现兴奋躁动，行为动作增多，需要与躁狂症相鉴别。躁狂症患者情感活跃，富有感染力，主动与他人接触，情绪变化与外部刺激反应一致，属于协调性精神运动兴奋，且没有幼稚愚蠢的行为；而精神分裂症患者表现为不协调的精神运动性兴奋，虽然行为动作增多，但情绪并不高涨，表情呆板淡漠，动作单调而杂乱，且还有其他精神分裂症的其他症状如思维破裂、幻觉、妄想等。有一种伴意识障碍的急性躁狂发作（谵妄性躁狂），可表现为思维不连贯，行为紊乱不协调，与急性精神分裂症进行鉴别时存在一定困难，这就需要结合既往病史、病程、症状持续时间、治疗反应及疾病转归等因素做出判断。

3.心因性精神障碍

由于精神分裂症可由心理因素诱发，故有时易误诊。一般而言，心因性精神障碍发病后易缓解，病程大多不超过半年，精神症状与心理因素关系密切，情感反应强烈。然而，精神分裂症则难缓解，幻觉、妄想内容离奇、情感淡漠。当然，如果某些患者的心理因素持续存在，心因性精神障碍则难以缓解，这就需要结合既往病史、病程、症状持续时间、治疗反应及疾病转归等因素做出判断。

4.神经症

部分精神分裂症患者，尤其是在疾病早期，常出现失眠、头痛、焦虑、强迫等神经症性表现，故应与神经症相鉴别。一般而言，神经症患者不会出现思维破裂、情感淡漠和幻觉、妄想等精神病性症状，且大多数患者有较好的自知力，了解自己的病情变化和处境，求治心切，情感反应强烈。然而，精神分裂症早期虽有自知力，但是没有求治愿望，情感反应亦不强烈。而且，精神分裂症患者的强迫内容常有离奇、荒谬、多变和不可理解等特点，摆脱愿望也不强烈、痛苦体验也不深刻。此外，还伴有精神分裂症的其他症状，如情感淡漠、思维迟钝、行为孤僻退缩等。

5.人格障碍

在青少年期起病的精神分裂症患者，可出现人格和行为改变；某些人格障碍，如分裂型、分裂样、边缘型、强迫型人格障碍可表现出某些精神分裂症的特点，因此需要与人格障碍相鉴别。鉴别的重点是要详细了解患者的生活和学习经历，要追溯到童年时期。人格障碍以人格明显偏离正常为特征，一般没有明显的、持续的精神病性症状，如幻觉、妄想、思维联想障碍、情感淡漠、情感倒错等。其症状表现是一个量的变化，无确切的发病点。然而，精神分裂症不仅具有精神病性症状，病前病后还有明显的转折，情感和行为有质的异常。

6.偏执型精神障碍

偏执型精神障碍也会表现出幻觉和妄想，需要与精神分裂症相鉴别。偏执型精神障碍以固定的系统妄想为主要临床表现，妄想结构严密，妄想内容有一定事实基础，不荒谬离奇；患者的思维有条理和逻辑，行为和情感反应与妄想内容一致；患者无智能和人格衰退；且一般没有幻觉或不是主要表现。然而，精神分裂症的妄想内容常常离奇、荒谬、泛化，结构松散没有系统，导致常人不能理解；且常伴有幻觉以及精神或人格衰退，依此可进行鉴别。

复习巩固

1.精神分裂症有哪些阳性症状和阴性症状？

2.如何对精神分裂症和心因性精神障碍进行鉴别诊断？

第二节　精神分裂症的分型和病程

一、精神分裂症的分型

精神分裂症的临床表现十分丰富，为了研究和治疗的需要，根据不同的标准进行了分型。

（一）以生物异质性为基础的分型

19世纪，英国医生雷诺茨和杰克逊（Reynolds & Jackson）最早提出了阳性症状与阴性症状的划分。他们认为，精神分裂症阳性症状是由于某种病理原因引起潜在的脑功能解除抑制的结果，从而产生了正常人不应存在的症状；阴性症状则是由于大脑高层皮质活动过程的解除，使患者缺乏正常人精神活动中应具备的某些方面的功能。

在此基础上，克洛尔（Crow，1980）进一步提出精神分裂症分为I型和II型。I型精神分裂症是阳性症状亚型，其原发症状是幻觉、妄想、明显的思维障碍、反复的行为紊乱和失控等，此亚型潜在的病理生理机制是脑内生物化学机制过程的失衡，如多巴胺受体功能的亢进。它对抗精神病药物反应良好，无认知功能改变，预后良好；II型精神分裂症是阴性症状亚型，其原发症状是情感淡漠、言语贫乏、意志缺乏、无快感体验、注意障碍等，此亚型患者的脑CT显示其有脑室扩大和皮质萎缩等症候，提示可能存在潜在的脑结构异常。它对抗精神病药物反应差，伴有认知功能改变，预后差，脑细胞丧失退化（额叶萎缩），脑内生物化学机制没有特别变化。克洛尔认为，I型可以发展成为II型，两者也可以同时存在，II型也可以单独存在。

（二）以临床特征为基础的分型

在临床诊断中，CCMD-3、ICD-10、DSM-V所提出的分型有所不同。CCMD-3将精神分裂症分为偏执型、青春型、紧张型、单纯型、未定型、其他型或待分类的分裂症六大类；ICD-10将精神分裂症分为偏执型、青春型、紧张型、未分化型、残留型、单纯型、其他精神分裂症七大类；DSM-V将精神分裂症分为7大类，分别是分裂型人格障碍、妄想障碍、短暂性精神病性障碍、精神分裂症、精神病性障碍、紧张症和其他特定和未特定的精神分裂症谱系及其他精神病性障碍。

下面依照我国CCMD-3对于精神分裂症的分型进行详细介绍。

1.偏执型

（1）患病情况

目前，偏执型是精神分裂症最常见的一个分型，又称妄想型。国内资料显示，偏执型患者占所有精神分裂症患者的50%左右。在精神分裂症的所有亚型中，本病发病年龄最晚，一般在30—35岁。然而近数年来，可见不少20多岁即发病者。

（2）临床症状

精神分裂症偏执型以相对稳定的妄想为主要临床表现，常伴有幻觉（特别是幻听），其中被害妄想、关系妄想和嫉妒妄想较多见。因此，可以用一个“疑”字来形容此种类型的主要表现。近20—30年来，家族显赫妄想（名门妄想）和非血统妄想出现较多。大多数患者几个妄想并存，同时伴有与妄想内容相似的言语性幻听，多为评论性、命令性或威胁性幻听。妄想和幻觉内容较荒谬离奇，脱离现实。患者的情感和行为受妄想和幻觉支配，可出现恐惧、发怒、谩骂、伤人、自伤等行为。偏执型患者较少出现显著的人格改变和衰退，但幻觉和妄想症状长期保留。

（3）病程及预后

本型起病呈亚急性或慢性，病程可呈发作性，精神活动衰退很慢，部分患者可在某种程度上自行缓解，少数人能完全缓解，部分患者发展成为慢性。如能及时治疗，预后往往较好，大多数患者能胜任一些简单的工作，日常生活能自理。

生活中的心理学

精神分裂症偏执型

某男，22岁，大三学生，言行怪异、出现幻觉、妄想一年之久。

患者自小少言寡语，人际交往少，脾气暴躁，一年前因父亲病故和失恋，开始失眠、呆滞、郁郁寡欢，说“我活不了几天了，我有罪”；听到火车鸣响、鸡鸣狗叫就害怕、恐慌；见到警察就称“我有罪”；看见小汽车时就会惊恐地询问他人：“那是不是来逮捕我的？”患者的记忆、智能无障碍，但是孤独离群，生活懒散，时而恐惧、激越，时而自语自笑、凝神倾听。一次，突然对电风扇下跪，说听到电风扇里有一男声责骂他是“傻X”。遂认为自己脑子想的事已被别人知晓，“监视器就是邻居家的电脑和自己的手机”。问患者为什么时哭时笑？患者回答：“我脑子被一死者控制，我哭笑不受自己支配。”

该学生被诊断为精神分裂症偏执型。

2.青春型

(1)患病情况

在所有精神分裂症的分型中，青春型精神分裂症有较高的家族遗传倾向。不少人在小时候也会出现一些特征，诸如：内向、寡言、胆小、性情孤独、少与人互动、缺乏社交生活等。早年精神分裂症青春型患者较多见，近年逐渐变少。对上海住院精神病人的调查结果显示，青春型患者占住院精神病患者的12.5%。

(2)临床症状

在临床表现上，精神分裂症青春型有较明显的思维联想障碍，情绪不稳，伴有幼稚愚蠢的行为，可出现作态和性色彩行为。因此，可以用一个“乱”字来形容此种类型的主要表现。具体而言表现为，思维零乱，可出现思维散漫、思维破裂；思维内容荒谬离奇，有时会伴有片段的幻觉、妄想；情感肤浅、不协调，喜怒无常，时而痴笑，时而发怒，变化莫测；行为不可预测，缺乏目的，常常扮鬼脸、恶作剧，不分场合与聊天对象开一些幼稚的玩笑。此外，患者本能欲望亢进，不拘场合做出猥亵行为，可有意向倒错，吃脏东西，甚至吃大小便。

(3)病程及预后

本型多在青春期起病，呈急性和亚急性起病，病情进展快。如不治疗，病情将快速发展至严重的程度；治疗后如不长期维持服药，则易复发，数年后可出现精神衰退。

该病的发病年龄越早，家族遗传倾向就越高，疾病也越严重，对于治疗的反应也越差。青春型精神分裂症属于严重的精神疾病，但其病情的发展有一个自轻至重的发展过程，在这个过程中会有许多“蛛丝马迹”的症状表现，只要稍加留意就可以及时发现，及时治疗，病情会得以控制。

3.紧张型

(1)患病情况

早年精神分裂症紧张型患者较多见，近30年来，逐年减少。上海的一项调查结果显示，紧张型患者占住院精神病患者的11%。

(2)临床症状

精神分裂症紧张型以明显的精神运动紊乱为主要表现，可单独或交替出现紧张性兴奋和紧张性木僵，或自动性顺从与违拗。因此，可以用一个“呆”字来形容此种类型的主要表现。

紧张性兴奋为不协调的精神运动性兴奋，患者行为明显增多且杂乱，不可理解，突然发生，常无目的性，可出现骂人、喊叫、冲动伤人、自伤或毁物等行为，持续数日或数周，有时可自行缓解或转入紧张性木僵。

紧张性木僵表现为精神运动性抑制，患者不言、不语、不食、不饮水，固定在一个姿势，大小便潴留，对周围环境刺激缺乏反应，但患者此时意识是清楚的。当木僵状态解除后，患者能回忆整个经过。有的患者肌肉张力增高，出现蜡样屈曲、空气枕头等症状，这些症状在20世纪60年代还可见到，但近20年很罕见。还有些患者出现刻板动作、模仿动作和违拗。木僵发生呈急性和亚急性，可持续数周、数月，有的可自行缓解，也可突然转变成紧张性兴奋，对木僵患者要警惕其突然的变化。

(3)病程及预后

精神分裂症紧张型多见于青壮年，呈急性或亚急性起病。此类型的精神分裂症患者同其他类型的精神分裂症患者一样，患者病前大多具有内向、孤独、缺乏自主性、依赖性强、敏感多疑、胆小怕羞的性格特点。只要外界环境中有不良刺激，就容易诱发此病。在发病前和发病早期，有萎靡无力、食欲不振、怠惰少动、缺少兴趣、情绪低落的行为表现。随着病情的发展，紧张性木僵和紧张性兴奋的症状交替出现。

该病病程多呈发作性，症状可自动缓解，治疗疗效好。

4.单纯型

(1)患病情况

这是一种罕见的精神分裂症的分型。根据国内统计数据，单纯型患者约占精神病住院患者的1%—4%。

(2)临床症状

精神分裂症单纯型主要表现为思维贫乏、情感淡漠和意志减退等症状。因此，可以用一个“懒”字来形容此种类型的主要表现。疾病初期多表现为“神经衰弱”的症状，如主观的疲劳感、失眠、少语、人际交往减少，之后逐渐变得孤僻、被动、生活懒散、不求上进、无故旷课或旷工，故起病潜隐，早期不易被发现。随后进一步发展为情感逐渐淡漠，对亲人疏远、冷淡，行为古怪、退缩，脱离现实生活，无法适应社会生活。一般无幻觉、妄想等阳性症状。

(3)病程及预后

精神分裂症单纯型多于青少年期起病，起病隐蔽，早期不易发现，常缓慢发病，持续发展，几年后出现精神衰退。该型症状很少自发缓解，治疗效果欠佳，预后差。

5.未定型

未定型又称混合型，指符合精神分裂症诊断标准，有明显阳性症状，又不符合上述各亚型的诊断标准，或为偏执型、青春型或紧张型的混合形式。

6.其他型或待分类的分裂症

此类分裂症包含符合精神分裂症诊断标准，但不符合上述各亚型的诊断标准，具体包括：

(1)儿童分裂症，指首次发生在儿童、少年期(16岁以下)的分裂症。

(2)晚发性分裂症，指首次发生在60岁以后的分裂症。

(3)分裂后抑郁，指近一年内诊断为精神分裂症，分裂症病情好转或痊愈时出现的抑郁症状；此时以持续至少2周的抑郁为主要症状，虽然遗留有精神病性症状，但已非主要临床相；排除抑郁症、分裂情感性精神病。

(4)分裂症缓解期(型),指曾确诊为分裂症,现临床症状消失、自知力和社会功能恢复至少已2个月。

(5)分裂症残留期(型),指过去符合精神分裂症诊断标准,且至少2年一直未完全缓解,但病情有好转,至少残留下列一项:①个别阳性症状;②个别阴性症状,如思维贫乏、情感淡漠、意志减退或社会型退缩;③人格改变,患者现时社会功能和自知力缺陷不严重,最近1年症状相对稳定,无明显好转或恶化。

(6)慢性分裂症,指病程至少持续2年的、符合精神分裂症诊断的患者。

(7)分裂症衰退期,指符合分裂症诊断标准,最近1年以精神衰退为主,社会功能严重受损,成为精神残疾。

二、精神分裂症的病程和预后

(一)病程

无论发病的年龄如何,随着时间的推移,精神分裂症似乎具有一个规律的病程。传统上该病程分为三个阶段。

1. 前驱期

在一些病例中,精神分裂症的发病是非常突然的,一个有理性的、具有良好调适能力的人会突然转变为一个有幻觉的精神病患者。然而,在另外一些病例中,在任何明显的精神病症状显露之前,有一个缓慢的、不知不觉的机能衰退过程,这个过程可能已经有几年了。这个逐渐衰退的过程就叫作前驱期。

在前驱期,精神分裂症患者的变化一般为社会退缩和社会孤立。他们在生活上变得懒散,常常不修边幅,不注意卫生,如忘记洗澡,穿着衣服睡觉等;在学校表现和工作业绩上开始退步;情感淡漠和倦怠;同时,他们的感情开始变得肤浅而不合时宜(具体表现见本章第一节病前症状的相关内容)。由于前驱期症状发展过于缓慢,因此很难引起患者家人和朋友的注意。直到当事人开始表现出离奇的行为方式,如搜集垃圾,与不存在的人说话,或者做一些明显离奇古怪的行为时,说明病程已进入活动期。

2. 活动期

在这个阶段,患者开始表现出明显的精神病性症状——幻觉、妄想、言语紊乱、严重的社会退缩等,并且伴有强烈的情感反应,如痛苦、焦虑、抑郁和恐惧。如果不治疗,活动期可以自行消退,或一直持续下去。经过有效治疗以后,活动期通常能够得到控制,患者会在较长时间内表现相对正常的社会功能,但是多数患者会复发。正是由于在活动期,因此不管是首次发作还是症状加重的阶段,大部分患者都可接受治疗。

3. 残留期

正如发病几乎是在一夜之间突然发生的一样,许多患者也会突然恢复。但是,恢复通常是一个渐进的过程。对于大多数患者而言,活动期之后是残留期。在这个阶段,患者的行为与我们在前驱期所见的症状相似,情感的迟钝与淡漠特别常见,但很少伴有活动期所产生的那般强烈的情感反应;患者的言语可能依然散漫,仍然缺乏生活处理能力;虽然完全的幻觉和妄想可能已经消失,但是患者可能继续存在一些不同寻常的知觉体验和离奇古怪的观念,如声称能够预知未来或者拥有某种特殊能力等。因此,对于那些处于残留期的精神分裂症患者来说,做一件家务或接受一项工作仍然是困难的。残留期的症状严重程度在人与人之间有很大差异。有些人的心理功能保持相当完好,而有些人则可能严重受损。

此外,世界卫生组织提出可将精神分裂症的病程归纳为:

①单次发作,完全持久的缓解;

②单次发作,不完全缓解;

③两次或多次发作,间歇期完全或基本正常;

④两次或多次发作,间歇期残留部分症状;

⑤首次发作后即表现为持续的精神病态(无缓解期),逐渐衰退。这种分类具有较好的临床和研究实用性。

(二)预后

随着现代治疗手段的不断进步,精神分裂症的预后并不像人们所想象的那样悲观,因为大约60%的患者可以恢复一定的社会功能。在首次发作的精神分裂症患者中,有75%的患者可以治愈,约20%的患者可保持终生健康。

多数研究认为,女性,已婚,始发年龄较大,急性或亚急性起病,病前性格开朗,人际关系好,职业功能水平高,以阳性症状为主,症状表现中情感症状成分较多,家庭社会支持多,家庭情感表达适度,治疗及时、系统,维持服药依从性好等指标,是有利于预后的因素。

总之,由于不同研究所选用的诊断和预后标准不同,故病程和预后的结果差异很大。结合已有资料可以得到以下结论:

①精神分裂症患者的病程特征具有很大的异质性;

②近半数患者在平均6年的随访期间会有明显的改善;

③病程的变化在疾病的前5年最大,然后进入一个相对的平台期;

④精神分裂症患者的总体预后差于分裂情感性障碍和心境障碍;

⑤病程和预后的差异与所选用的诊断标准有关;

⑥精神分裂症的长期结局难以预测。

复习巩固

1.I型精神分裂症和II型精神分裂症的特点分别是什么?

2.哪种精神分裂症的分型最为常见?其临床特点是什么?

第三节　精神分裂症的病因及治疗

一、精神分裂症的病因

精神分裂症的发病原因比较复杂，大多数国内外学者都认同，精神分裂症是在遗传与环境的相互作用下发生的，其发病机制与生物、心理、社会等多种因素息息相关。

（一）生物学因素

1.遗传因素

研究者已经做过大量研究来探讨精神分裂症是否存在遗传原因。家庭研究、双生子研究及寄养研究都为此提供了有力的证据。通过遗传学方面的研究，我们可以确定：基因是决定某些人易于患上精神分裂症的原因。而且许多科学家认为，单个基因异常并不能解释这种复杂的障碍（或一组障碍），可能是不同的基因变异导致了该障碍的不同症状，例如一组基因可能导致了阳性症状，另一组基因可能导致了阴性症状；或者不同的基因变异数量产生了不同的疾病易感性，携带易感基因数目越多，患精神分裂症的风险越高。

（1）家庭研究

弗兰克（Fran Kallmann，1938）发表了一项针对精神分裂症患者家族的大规模研究，结果发现，父母的精神分裂症越严重，孩子患精神分裂症的概率越高。在另一项经典的研究中，戈特斯曼（Gottesman，1991）汇集了40多份研究资料，结果发现，个体与患者之间所拥有的相同基因数目越多，其患病的风险就越大。例如，如果你的同卵双胞胎兄弟姐妹患有精神分裂症，则罹患上精神分裂症的概率最大，约为48%；如果是异卵双胞胎，患病风险就下降为17%。父母一方是精神分裂症患者，其子女患精神分裂症的风险概率为10%，远远高于一般人群。

家族研究的结果表明，基因在精神分裂症中发挥着重要的作用，但是个体与其患精神分裂症的亲属之间相似的不仅仅是基因，还有共同的生活经验，基因通过环境发挥作用。因此，我们还需要用双生子和寄养研究来帮助我们评估共同经历在精神分裂症中的作用。

（2）双生子研究

双生子研究在探讨人类行为中的遗传作用上是非常重要，也非常有用的。遗传学理论告诉我们，同卵双生子的人格特征会比异卵双生子及普通兄弟的更为相似；同样，异卵双生子和普通兄弟姐比无关个体更具有相似性。

有研究者对55对双生子进行了一项研究。其中，有22对是同卵双生子，其余的23对是异卵双生子，年龄在19—64岁之间，平均年龄37岁。研究者在长达26年的时间里对他们进行观察，以检验这些双生子中出现相似症状的情况。结果发现：50%的同卵双生子和9%的异卵双生子出现精神分裂症的表现一致。换句话说，50%的同卵双生子被诊断为精神分裂症住进了医院。同卵双生子的一致率高于异卵双生子，异卵双生子的一致性又高于无关个体。但是，这种一致性从未达到100%。也就是说，遗传是导致精神分裂症的一部分原因，许多其他的生物和环境因素也会影响个体是否以及怎样表现出精神分裂症症状。米尔斯基等(Mirsky,2000)对吉内(Genain)四胞胎的39年的追踪研究也证明了这个观点。她们四姐妹的基因相同,在相同的家庭环境中成长。尽管都患有精神分裂症,但是她们的具体症状、发病时间、病程的结局都有很大的差异。此外,双生子研究也表明,阴性症状比阳性症状更容易受遗传因素的影响。

(3)寄养子研究

在首例寄养研究中,赫斯顿(Heston,1966)研究了那些受到母亲的遗传影响而患上精神分裂症的儿童,他们都是在收养家庭中长大的。他将生母是正常人的被收养儿童,与那些生母是精神分裂症的被收养儿童进行了比较,结果发现:在那些生母为精神分裂症患者的收养儿童中,47人中有5人被诊断为精神分裂症,22人存在病态人格;控制组50人中没有人被诊断为精神分裂症,9人存在病态人格;实验组和控制组存在显著差异。另一项关于女性精神分裂症患者后代的大型研究也得到了相似的结论。在164名生母患有精神分裂症的被收养者中,患精神分裂症的概率是8.1%;而197名控制组的被收养者患病风险明显更低,只有2.3%。由此可见,基因对于精神分裂症发挥着重要作用。

(4)关联分析

遗传的连锁和关联研究依赖于患者家族的遗传特质,如血型(已经确定的染色体位点)。研究者找到这些特质的基因位点(称作基因标记)之后,就能大致推断出家族遗传的疾病的基因位点。到目前为止,研究者已经考察了一些可能与精神分裂症有关的基因位点,如第1、2、3、5、6、8、10、11、13、20、22号染色体。在这些可能导致个体易感精神分裂症的基因中,可信度最高的三个染色体片段是第8号染色体上的NRG1,第6号染色体上的DTNBP1以及第22号染色体上的COMT。基因NRG1与神经递质谷氨酸的NMDA受体有关,而且有利于髓鞘化过程,这与精神分裂症的产生有关;基因DTNBP1编码的蛋白质虽然在大脑中表达,但是基因或蛋白质的功能都尚不完全清楚,它似乎影响整个大脑的多巴胺和谷氨酸神经递质系统,这些系统也与精神分裂症的产生有密切关联;基因COMT和前额叶皮层所负责的执行功能有关,精神分裂症患者的执行功能存在问题,包括计划、工作记忆和问题解决等方面,因此COMT基因与精神分裂症有关。

2.神经生物因素

关于精神分裂症起因的任何理论都会涉及神经递质——多巴胺(DA)。神经元的传递过程可以在很多情况下受到影响,那些化学信号可以被兴奋剂增强,也可以被抑制剂减弱。抑制剂通过阻止神经递质的释放、以树突水平模块化的吸收方式使化学信号减弱或消失,从而阻止它们被传递;而兴奋剂会促进化学信号的传递,在极端的情况下,会通过增加神经递质的释放、制造或者影响树突上更多的受体,导致过多的神经递质活动。

最初的多巴胺理论认为,精神分裂症是大脑中的多巴胺水平过高导致的,尤其是前额叶和边缘系统。该理论得到了一些证据的支持。例如,使用吩噻嗪类或神经阻滞剂等药物,能够阻断多巴胺的再摄取,从而减轻精神分裂症的症状;苯丙胺类药物能提高大脑多巴胺功能水平,会加重精神分裂症的阳性症状;精神分裂症患者比正常人有更多的多巴胺受体,一些脑区的多巴胺水平也更高。但是,近年来的研究发现,最初的多巴胺理论过于简单。许多精神分裂症患者服用吩噻嗪类药物后并没有反应，或者只是缓解了阳性症状，而阴性症状并没有得到解决，这表明多巴胺耗竭并不能解释阴性症状。此外，个体在开始药物治疗后，多巴胺水平的变化非常快，然而患者身上的症状变化往往需要更长的时间，这表明多巴胺水平不是症状的唯一决定因素。

在此基础上，戴维斯等(Davis，1991)对多巴胺理论进行了修正，指出不同的多巴胺受体和脑区不同的多巴胺水平能解释精神分裂症的症状。具体而言，中脑边缘系统是与认知和情绪有关的皮层下脑区，该区域的多巴胺活动过度，可能会导致个体特别关注本来无害的刺激，进而引起幻觉和妄想以及动机缺乏；大脑前额叶参与了注意、动机和行为组织，该脑区多巴胺活动水平低下可能会导致精神分裂症的阴性症状——缺乏动机，没有能力照料自己的日常生活，以及情感迟钝。

此外，精神分裂症的神经生物研究还发现，其他神经递质也对精神分裂症的产生有重要影响。例如，5-羟色胺(5-HT)对中脑边缘系统中的多巴胺神经元具有调节作用，它的功能过度是精神分裂症阳性和阴性症状产生的原因之一；神经递质谷氨酸(Glu)的缺乏会导致幻觉、妄想、情感淡漠、退缩等症状，且谷氨酸神经元调节功能紊乱会导致多巴胺功能异常；神经递质γ-氨基丁酸(GABA)的不足可能会导致多巴胺神经元活动增加。

3.脑结构和功能异常

长期以来，临床医生和研究者一直认为，精神分裂症患者脑内的许多区域都有异常状况，既包括宏观的结构特征，也包括微观的细胞结构。随着正电子断层扫描(PET)、计算机轴向断层扫描(CAT)、磁共振成像(MRI)、脑电图(EEG)等技术的发展，科学家能够检测精神分裂症患者脑部的主要结构和功能缺陷。

对精神分裂症患者的第一次神经成像研究使用的是CAT扫描技术，结果显示：精神分裂症患者的脑室比正常人更大。这一结果通过MRI技术得到了进一步证实，精神分裂症患者的左脑室明显比右脑室更大。精神分裂症患者较大的脑室，与其在神经心理测验上较差的表现、发病前较低的社会功能、药物治疗较差的效果等具有相关关系。此外，同卵双生子研究对此提供了进一步的证据。这些同卵双生子中的一方患有精神分裂症，另一方健康，结果发现，患病一方的脑室比健康一方的脑室更大。由此我们可以推论，导致大脑中这些异常的原因可能并非来自遗传。最近有研究发现，脑室可能会在整个病程中不断扩大，超出典型的老龄化所带来的变化。这表明，精神分裂症患者的大脑异常会随着时间的推移变得更糟。

脑室扩大并不是在每一位精神分裂症患者身上都有体现。某些因素似乎与这种结果有关。例如，脑室扩大在男性患者中比在女性患者中更多见；而且，脑室的扩大与患者的年龄以及精神分裂症的持续时间呈正比；一些研究还发现，出生前曾暴露于流感病毒的精神分裂症患者出现脑室扩大的可能性更高。此外，在其他障碍的CT扫描中我们也发现了明显的脑室扩大，如有精神病性症状的双相障碍等。

然而，脑室大小本身并不是问题，脑室扩大表明邻近脑区可能没有完全发育或者萎缩，因此脑室才有可能变大。大量研究结果发现，脑内的很多区域都存在萎缩现象，如前额叶、颞叶等。

众所周知，前额叶皮质在言语、决策、情绪和目标导向等行为的控制上起着重要作用，而精神分裂症患者的这些行为都有不同程度的损伤，因此，我们可以推论，精神分裂症患者的前额叶皮质存在一定缺陷。研究结论证实了这个假设,患者的前额叶皮质的灰质减少。同时,还有研究发现,精神分裂症患者,特别是那些以阴性症状为主的患者,在完成心理测验时,其前额叶皮质的糖代谢水平较低,表明前额叶激活存在问题,而且额叶激活问题与阴性症状的严重程度密切相关。进一步的研究发现,尽管前额叶的灰质体积减小,但是这个区域的神经元数量并没有减少,减少的实质上是“树突棘”。树突棘是树突上的小突起,它的减少意味着不能从其他神经元接受神经冲动,神经元之间的通信被阻断了,导致患者的言语和行为失常。当前的研究正试图将这些树突棘的异常和有关基因的异常关联起来。

其他研究发现,精神分裂症患者的颞叶皮质有结构和功能上的异常,包括颞中回、海马、杏仁核和前扣带回等区域。例如,研究发现,颞叶皮质的灰质有减少,而且在基底节(如尾状核)、海马、边缘结构中灰质的体积也有所减小。海马对长时记忆的形成有重要作用。研究结果指出,精神分裂症患者在对存储在记忆中的信息进行编码或提取时存在海马活动的异常。双生子研究进一步证明,相比于没有患精神分裂症的个体,患病个体的海马体积会减小,且在第一次发作时,海马体积就会显著减小。此外,在精神分裂症患者的一级亲属中也发现了类似的海马异常现象。

除了灰质减少之外,精神分裂症个体的白质也有减少和异常,特别是与工作记忆相关的区域。白质异常会导致不同脑区协同工作困难,从而导致精神分裂症患者的心理和行为紊乱。而且,这些白质异常在个体具有明显的精神分裂症症状之前就出现了,这说明它们是该障碍的早期迹象,而不是病程的结果。

由以上结论我们可以看出,精神分裂症患者脑中存在多种异常,从而导致精神分裂症患者的认知功能紊乱。需要注意的是,这种功能紊乱出现在精神分裂症发病之前。也即是说,脑损伤是逐步形成的,并且在明显的症状表现出来之前就已经开始了,甚至可能始于出生前。但是,到底哪一种脑内异常才是关键因素?要找到这个答案,我们还需要走很长一段路。

4.产前和围产期因素

有证据表明,产前和围产期的环境与精神分裂症的发病有关,包括胎儿期病毒感染、妊娠期并发症以及分娩并发症等。有研究指出,母亲曾在妊娠中期暴露于流感病毒的个体比其他人更容易患精神分裂症。我们可以推论,病毒类的疾病可能会损伤胎儿的大脑,进而影响精神分裂症的发生。此外,妊娠期并发症(如出血)和分娩并发症(如窒息或缺氧)等环境刺激,也可能会影响精神分裂症的发生。不过,也可以是因为胎儿本身携带的精神分裂症易感基因促成了他们的出生并发症。还有研究者探索了长期使用大麻对于精神分裂症的影响,结果发现,长期服用高剂量的大麻会增加个体患上精神分裂症的风险,且精神分裂症患者比其他人更容易患上大麻使用障碍。但是,这两个问题之间的关系尚不明确,而且对于这种关系是否会受到其他因素的影响,目前也未形成共识。

(二)心理和社会因素

生物学因素确实在精神分裂症的产生中起着重要的作用。然而,事实上,89%的精神分裂症患者的亲属并没有患精神分裂症。幼年时期的脑部损伤可能来自于病毒的袭击或者是产科并发症,从而产生了诱发精神分裂症的生理压力;且并不是所有精神分裂症患者都表现出脑室扩张的症状,他们的多巴胺系统也并非都表现出活动亢奋。由此我们可以看出,精神分裂症的病因并非那么简单,某些因素会增大个体患上精神分裂症的可能性,但并不必然导致这种障碍。因此,我们应该结合心理及社会方面的因素对精神分裂症的病因进行更深入的探究。

1.生活压力

一些研究者认为,精神分裂症是由环境中的压力造成的。然而,压力并不能完全解释精神分裂症的产生,而且也没有证据表明精神分裂症患者比其他人经历过更多的压力事件。事实上,精神分裂症患者在日常生活中承受的压力并不比健康的个体更大。但是,他们似乎对压力非常敏感。研究发现,相比于精神分裂症患者的亲属和健康个体,日常生活压力更能预测患者的积极情绪的减少和消极情绪的增加。而对于日常生活压力的易感性会增加复发的可能性。研究结果显示,精神分裂症复发者比没有复发者更可能在复发前一个月内经历过负性事件。

如果压力事件经常在复发之前出现这种说法成立的话,那么,在生物学水平上,压力是怎样使病情恶化的呢?研究显示,在症状加重之前,患者的皮质醇分泌量显著增加,它能够提高多巴胺的活性。这也许是压力与精神病性症状之间关系的生理基础,即伴随压力出现的皮质醇升高可能是通过增加多巴胺的活性而使病情恶化的。

但是,我们也不要过分夸大压力事件与疾病新一轮发作之间的关系。一项对精神分裂症患者进行的为期一年的跟踪调查,结果发现,其中超过一半的复发者在同期经历了急性症状的复发,但复发前并没有经历负性事件。此外,其他研究表明,精神分裂症患者在复发前经历的很多生活事件可能是复发的前驱症状引起的。例如,精神分裂症复发的一个前驱症状是社会退缩,它可能会使得患者经历人际关系破裂、失去工作等负性生活事件,进而导致疾病复发。

2.高危儿童

精神分裂症患者的孩子有近13%的可能罹患精神分裂症,这些高危儿童一直是许多研究的关注热点。萨诺夫和菲尼(Sarnoff Mednick & Fini Schulsinger,1980)从上世纪60年代起对高危儿童进行了一项经典的追踪研究。他们在丹麦选取了207名母亲患有严重精神分裂症的儿童,以104名母亲没有精神分裂症病史的儿童作为对照组。这些孩子首次被研究时的平均年龄为15岁。研究者对他们进行了十多年的跟踪调查,结果发现,早期家庭教养环境的不稳定能够预测精神分裂症的产生。

3.家庭与复发

早期的研究者们认为,家庭关系,特别是母子之间的关系,在精神分裂症的发展过程中至关重要。当母亲过度保护孩子又拒绝孩子的亲近,放纵孩子又不让他们发展自主感时,就会让孩子感到自己没有价值;而且,长期接受这种矛盾信息会让孩子不相信自己对这个世界的认知和感受,因而对自己、环境和他人的看法变得扭曲,这些原因都会导致个体更易患上精神分裂症。但是这些理论经不起科学推敲,却让精神分裂症患者的家人充满内疚。

近来的研究工作不再那么关注家庭互动对精神分裂症的影响,而更加重视家庭互动对精神分裂症复发的影响。对出院后的精神分裂症患者进行抽样调查后发现,那些与亲友接触较少的患者比那些与亲友相处较长时间的患者更不容易复发。如果家庭成员表达出过多的批评(不同意)、敌意(憎恶)或过度的情绪卷入,患者就容易复发。其他研究也发现,家庭中较多的情绪表达是慢性精神分裂症复发的先兆。事实上,如果你患有精神分裂症,而同时又生活在一个情绪表达较多的家庭中,那么你复发的可能性比生活在较少情绪表达的家庭高3.7倍。

然而,情绪表达观点的批评者认为,在一些精神分裂症患者的家庭中观察到的敌意和侵扰可能是患者症状的结果,而不是复发的原因。家庭通常能谅解精神分裂症的阳性症状(如幻觉、妄想),因为他们认为这些症状是不可控制的;但是他们不能谅解阴性症状(如缺乏动机、情感迟钝),因为他们认为这些症状是可以控制的。阴性症状较多的患者可能会使家人产生更多的情绪表达,他们也很容易复发,但不是由情绪表达引起的。

二、精神分裂症的治疗

对精神分裂症患者的治疗不仅涉及使用药物帮患者减轻症状和帮助个体应对障碍的后果,还包括提供社会服务来帮助他们重新融入社会,并确保他们能够获得日常生活所需的各种资源。但是,不论是首次发作还是复发的精神分裂症患者,抗精神病药物治疗都应作为首选的治疗措施。对部分药物治疗效果不佳和(或)有木僵、违拗、频繁自杀、冲动攻击的患者,急性治疗期可以单用或合用电抽搐治疗;对于诊断明确、配合治疗以及无潜在风险者可选择门诊治疗;而那些有潜在风险(自杀、攻击、共患严重躯体疾病、生活自理困难等)、不配合治疗、诊断不明确的患者则需要住院治疗。健康教育、心理社会干预等其他措施贯穿在整个治疗过程中。

(一)生物学干预

1.早期的安抚

一百多年前,研究者就认为精神分裂症需要某种形式的生物学干预。在19世纪晚期,生动描述了早发性痴呆的克雷佩林指出,这种疾病是一种脑病。但是,由于那个年代缺乏生物学疗法,他只能按照惯例建议医生用“耐心、和蔼、自我克制”去安抚兴奋的患者。而这种方法只是一种暂时帮助患者度过紊乱期的手段,并不能看作一种真正的治疗方法。

2.外科手术和胰岛素

随着医学的发展,精神外科手术(psychosurgery)发展起来,外科医生给精神分裂症患者做脑部手术,试图“修复”或移除产生幻觉或妄想的脑区。这些患者在手术后一般表现得较为平静,但是手术往往会让他们产生严重的认知和情绪缺陷。

另外,20世纪30年代,人们使用胰岛素休克疗法(insulin shock therapy)来治疗精神分裂症,患者被大量注射胰岛素,直到他们休克。然而,患者苏醒后少有好转,且这个过程非常危险。

3.化学药物治疗

20世纪50年代后,氯丙嗪才被引入用来治疗精神分裂症。此后,其他几种抗精神病药物也被应用于精神分裂症的一系列治疗中。最近,非典型抗精神病药物也逐渐被引入,它有望减轻患者的阳性症状，同时副作用较典型抗精神病药物更小。

(1)典型抗精神病药

20世纪50年代，一批药物的出现，如氯丙嗪、三氟拉嗪、硫利达嗪、氟奋乃静和奋乃静等，使得精神分裂症的治疗取得了一定突破，这些药物被统称为神经阻滞剂。它通过阻断多巴胺D2受体来减少脑中多巴胺的活动，从而使患者的思维更清晰，减少幻觉和妄想。神经阻滞剂主要针对阳性症状(幻觉、妄想、认知和行为紊乱等)起作用，它对阴性(注意减退、情感迟钝等)症状几乎不起作用。事实上，约有25%的患者对典型抗精神药物的反应不太好。许多服用这些药物的患者，尽管其精神病症状并不活跃，但仍不能正常工作和建立人际关系。精神分裂症患者通常需要长期服用这些药物，以防急性症状的新一轮发作。如果中断服药，一年内约有78%的患者会复发，两年内约有98%的患者会复发，而持续服药的患者的复发率只有30%。

然而，不幸的是，这些药物都有很大的副作用，包括头晕眼花、口干舌燥、视力模糊、流口水、性功能障碍、视觉障碍、体重增加或减少、便秘、女性月经不调、抑郁等，甚至出现运动不能，即肌肉动作缓慢、言语单调和面无表情，类似帕金森氏病的症状。通过减少药物剂量可以降低神经阻滞剂的副作用，因此临床医生通过只开具维持剂量(不出现急性症状的最低剂量)的药物。但是，维持剂量通常不足以恢复患者的全部功能，只能减轻阳性症状，阴性症状仍表现得很强烈，使得个体很难正常生活。因此，一些精神分裂症患者频繁住院，出院后又持续遇到困难。

(2)非典型抗精神病药

幸运的是，非典型抗精神病药比神经阻滞剂能更有效地治疗精神分裂症，并且没有神经阻滞剂在神经方面的副作用。其中最常见的就是氯氮平，它能够和多巴胺D4受体结合，也对包括5-羟色胺在内的几种神经递质有影响。氯氮平帮助了很多对典型抗精神病药没有反应的患者，并且似乎能同时减轻很多患者的阳性和阴性症状。过去20年里还引入了许多其他非典型抗精神病药，如利培酮、奥氮平、齐拉西酮、喹硫平、阿立哌唑等。虽然它们比典型抗精神病药的副作用更小，但是它们主要减少的是运动障碍的副作用，体重增加、性功能失调、低血压、癫痫、癫痫、注意问题等副作用还是很明显。

4.经颅磁刺激(repetitive transcranial magnetic stimulation，rTMS)

随着科技的发展，经颅磁刺激作为一种非药物治疗手段，已经成为精神疾病的一种新的治疗工具。它是通过建立一个强磁场区域来改变大脑电活动的方法。其工作原理是将磁导线覆盖在患者头部特定脑区，磁场产生精准的电磁脉冲(每秒可达50次)可以暂时阻断相应脑区的正常通信，可显著缓解精神分裂者的幻听症状。后续研究发现，这种干预方式能够在一定程度上改善幻听，但其效果持续不足一个月。

(二)心理社会干预

在历史上，人们尝试过多种心理社会疗法用以治疗精神分裂症，这表明人们相信精神分裂症源于早期经历造成的适应不良。许多治疗师认为，那些能够领悟到其个人经历影响的个体，经过引导后可以安全地应对自己目前的状况。然而，事实证明，仅仅使用心理社会干预的方法不能完全治愈精神分裂症，但是它能巩固药物治疗的效果。因为药物无效、服药反复无常、复发等问题都表明，药物治疗具有个体差异和依赖性，因此配合使用药物和心理社会两种治疗方法能够最大程度发挥两种方法的价值。

目前比较普遍接受的心理社会干预方法包括：①行为治疗，包括就业、社会技能训练等；②心理教育、支持性（个别或团体）治疗；③家庭治疗，包括家庭教育或社区家庭干预等。有研究者甚至提出，不管是否存在可辨认的家庭问题存在，让精神分裂症患者减少与其家人接触都能有效缓解患者症状，特别在降低疾病复发方面，认为应该对所有患者家庭开展心理教育计划；④动力或心理分析心理治疗较少应用，疗效亦不能确定；⑤认知行为治疗，对精神分裂症的研究有增加趋势，但尚处于初期应用阶段。

常用的干预方法有：

1.社会行为训练

精神分裂症患者最被动的缺陷是由于长期住院或脱离社会生活，其社会交往功能差，就业竞争能力下降，尤其是慢性患者，而抗精神病药物对这些行为的改变收效甚微。除了传统的对慢性精神分裂症的代币制管理、反复的生活行为训练外，越来越多的社会行为训练研究集中在社交技巧训练、职业康复训练、自信社区治疗计划等方面。研究表明，精神分裂症患者学习新的社会行为，有助于减少复发，提高其社会功能和生活质量。

我们大多数人认为，会日常生活中的这些技能是理所当然的。但是，对于精神分裂症患者而言并非如此，他们需要努力训练才能习得这些技能。研究结果发现，社会技能训练对于学习特殊的社交行为是有效的方法，它包括基本的社会技能训练、社交问题解决、认知补救等三种模式。新近发展的自信社区治疗计划对提高就业竞争力、降低再住院率及复发的预防均有一定疗效。

但也有研究者认为社会技能训练只能增进患者的社交技巧，职业康复计划只能提高竞争性就业机会，而对复发的预防均无明显效果；自信社区治疗计划也不能对社交或职业方面的康复发挥作用。尽管如此，社交能力的提高，竞争性就业机会的获得对于患者来讲，仍是非常有价值的。

2.家庭治疗

许多精神分裂症患者出院后会回家与家人住在一起。我们前面提到过，家庭成员间外露情绪的高表达，包括敌对、挑剔、过度保护等，都和复发有关。基于这些发现，治疗者开创了许多家庭治疗方法。而且，家庭治疗也是文献研究最多的一种治疗方法。其中对精神分裂症较有针对性的治疗技术主要有以下几种：

（1）心理教育学家庭治疗

大量研究显示，按照精神分裂症复发预防和再住院率来评估，采取行为和心理教育技术的家庭治疗优于传统的门诊照料或个别治疗，接受家庭治疗的复发率接近24%，而接受常规处理的复发率为64%。心理教育的基本点是解释各种可能的病因和可能采取的各种治疗方法，以及为更有效地处理人与人之间的问题提供建议。

具体包括以下两方面的内容：①传授有关精神疾病的性质、发展过程和治疗等方面的基本知识；②帮助家庭成员认识目前存在的问题及如何解决这些问题。

(2)危机取向家庭干预

这是戈尔茨坦(Goldstein)根据危机干预理论而设计的方法,主要是为解决精神疾病急性期的问题,包括患者和家属定期与治疗者会面,治疗者帮助家庭成员有效地识别当前存在的或将来可能发生的紧张因素或有潜在破坏倾向的事件,并提供可行的应付手段。

治疗分四个步骤:①询问患者发病前后可能存在的紧张事件,并将这些事件与患者的发病情况联系起来;②在其中找出2—3个对患者影响最明显的事件;③提出避免或应付这几种紧张事件的策略,并付诸实践;④提高他们对潜在紧张事件的预见能力。

家庭危机干预的主要目的:一是解决当前存在于家庭中的矛盾冲突,二是减少其他社会性紧张因素。但是,单纯的危机干预研究较少,已有的研究结果显示,危机干预模式结合其他家庭服务是对严重精神障碍进行治疗的可接受的方式。

(3)行为模式的家庭治疗

法隆和塔里赫等人应用行为或问题解决的方法,更注重于训练整个家庭成员解决内部问题和成员之间相互交往的技能。

他们提出对精神分裂症患者的有效治疗包括:①关于精神分裂症的教育内容;②相互交流训练,如角色扮演练习、模仿、强化;③问题解决训练,指导家庭成员练习结构性解决问题的方法。

(4)降低情感表达的治疗

莱夫和沃恩(Leff & Vaughn)是情感表达(express emotion,EE)理论的主要倡导者。当前很多针对精神病患者的家庭干预都把EE作为必要的入组条件之一,而且将家庭EE水平的降低作为家庭干预的另一治疗目标。前面的内容已经提及,高EE的家庭表现有较高的职责、敌意或过度情感介入等特征,且患者有较高的复发率。

莱夫提出的降低情感表达的治疗包括:①短期的关于精神病的病因、症状、病程以及管理这类疾病的教育;②包括高、低情绪表达的患者家属在内的小组治疗,降低高EE表达的患者家属对患者的职责性评价、敌意和过分介入等,从低EE表达的家属中学习经验;③包括患者及家属在内的个别家庭治疗过程,在治疗者的帮助下学会在家庭中实际处理各种问题。但是,复发与情感表达水平降低之间是否有明确相关,尚未见报道,因为高水平的情感表达有可能会是复发本身的结果。

(5)心理动力模式的家庭治疗

有研究者指出,对重性精神障碍患者也可采用心理动力模式的家庭治疗。琼斯(Jones)认为,这种治疗模式的主要原理是家庭生活的扰乱是由家庭成员之间的心理投射过程造成的,所有成员都无意识地参与了这个过程。因此,此交互作用过程是治疗的中心点。但是,仅有的研究结论尚不支持心理动力治疗技术对精神分裂症患者的应用。

皮切尔(Pitschel-Walz G,2013)等对25个精神分裂症家庭干预研究作了元分析,结果显示,家庭干预能有效降低家庭应激,降低疾病复发率等,而且不同类型的家庭干预有类似结果;提供家属和患者以心理支持的治疗方法都明显优于只有药物处理的治疗;将家庭干预与其他多种治疗结合使用的情况作比较,结果发现,结合治疗并不一定比集中于患者和家属的治疗方法产生更好的效果。这些结果表明,心理教育干预对精神分裂症治疗是基本的、必要的。此外,布斯蒂洛(Bustillo,1996)对精神分裂症的心理社会治疗研究作了总结,认为相对简单、长期的心理教育家庭治疗可用以应对大多数精神分裂症。

3.认知或认知行为治疗

精神疾病存在不同程度的认知功能损害，精神分裂症患者最主要的认知功能损害表现在记忆、注意和执行功能。这些认知功能的损害不仅影响患者的社交和职业能力，也与精神症状的发生、发展有较密切的关系，如患者对自身疾病的认识肯定与认知功能受损有关；研究也发现，幻听可能与人的默读机制失调有关等。因此，近年来有不少研究者将认知或认知行为取向的心理治疗应用于精神分裂症中。

最初，治疗者主要将认知行为方法用于患者的症状处理，如治疗幻觉、妄想等精神症状，尤其是针对那些用传统抗精神病药物效果不佳的精神病患者，也有用于慢性精神病患者的思维障碍等。近年来，研究者常常针对精神病患者的脑功能障碍如注意、记忆等方面进行认知训练，或者将其用于急性发作期的精神病患者中。

认知行为治疗的目的在于：让精神分裂症患者了解疾病的性质，改善内省力，主动接受治疗，发展与医生及家属的合作；找出影响病情稳定性的因素，如应激和物质滥用；通过降低应激、焦虑或抑郁，降低生理唤醒，改善症状；讨论不同类别的妄想，挑战并检验支持妄想的证据等。

布斯蒂洛等回顾了1996年以来采用认知行为方法治疗那些对药物无效的精神病性症状的效应，结果发现，认知行为结合常规治疗比单纯的常规治疗在整体症状的减轻以及降低复发率上有效果。但是，也有研究指出，认知行为治疗并不比支持治疗效果更好，而且需要接受专门训练的治疗者来实施，所以其效果尚难定论。

4.精神分裂症心理治疗的特点

尽管已有很多关于精神分裂心理治疗方法的研究，但众所周知，目前尚无一种使精神分裂症获得痊愈的治疗方法，这既是此种精神障碍的治疗现状，也是人们竭力从不同角度发展各种治疗方法的原因所在。减轻症状、增强社会心理适应功能、降低复发率是对精神分裂症进行心理治疗的主要目标，但这种单一的治疗模式并不一定能实现这些目标。

当前对精神分裂症患者进行心理治疗，通常具有以下一些特点：

(1)患者均服用一定剂量的抗精神病药物；

(2)由于绝大多数精神分裂症患者缺乏自制力，较少或没有自主性，在对这些患者进行心理治疗时大多采用较主动、直接的治疗方法；

(3)对精神分裂症患者实施心理治疗绝大多数是在疾病的恢复期或间歇期或疾病的慢性阶段。虽然有研究分析了心理治疗对急性精神障碍的效果，但这方面的探索非常少；

(4)一种新的治疗观念强调个人化治疗。

总之，治疗者面对如此多的心理治疗方法，应根据患者的自主功能以及患者的接受程度选择合适的治疗方法。

(三)中药治疗

精神分裂症为西医命名,在中医则属于癫病、狂病范畴,多由喜、怒、忧、思、悲、恐、惊所伤而致。癫、狂二病在发病机理、病症上各有不同。癫病多源于痰气郁结,多见表情淡漠或喃喃自语,出言无序,或时悲时喜,哭笑无常,不知秽洁,饮食少思,舌苔白腻。狂病则源于痰火上扰,多见面红目赤,突发狂乱,骂詈叫号或毁物打人,舌赤红绛,舌苔黄腻,脉弦大,滑数。癫、狂二病都不同程度地具有烦躁易怒,多疑善惊,心神不宁,口干舌燥,身热便结等气郁痰火症候。癫痫痰郁化热还可出现狂病,狂病郁火渐得宣泄,痰气滞留又能转成癫病,故临床上通常将两者合称为癫狂病。此病迁延失治,经久不愈,还可以导致正气受损,气血运行受阻,从而出现郁血瘀等虚实并见的症候。

中医药治疗精神分裂症有其优势,主要体现在气郁、痰火这一共同病理,强调个性化治疗,以柴胡、黄芩、半夏、龙骨、牡蛎等组成基础配方,再根据患者的不同症候,临症加减。例如,痰浊郁积者用顺气导痰汤理气化痰;阳明热盛者加白虎汤清泄胃火;肠燥便秘者增加或减少承气汤泄热通便;肝郁烦躁,抑郁不乐者,加栀子、莲子心、合欢皮清心解郁;肝火偏盛者宜用龙胆泄肝肠清泻肝火;气虚加补中气汤或举元煎升举中气;阳虚者加桂附八味丸或九味丸、二仙汤益火之源以消阴翳;瘀血停滞,加血腑逐瘀汤或癫狂梦醒汤活血化痰。

应用上述方法辩证治疗精神分裂症,不仅能较好的消除意识中断、思维破裂、烦躁抑郁等症状,提高患者生活质量,而且对于较为棘手的阴性症状,如精神萎靡、反应迟钝、生活懒散等也有较好的疗效。

(四)康复治疗

精神分裂症的康复治疗分为基于医院的康复治疗和基于社区防治的康复治疗。

1.基于医院的康复治疗

由于精神分裂症患者多接受封闭式管理模式的住院治疗,在住院期间缺乏与社会接触的机会,在这种情况下,尤其是一些长期住院的患者,会产生衰退的倾向,如情感淡漠、兴趣丧失、丧失个人人格特点和个人习惯、一般生活标准的退化等,人们把这种情况称之为住院综合征。

避免住院综合征的主要措施有:①调整环境条件,倡导开放式病房管理模式,改善病房的生活治疗环境;②进行医院内的康复训练和治疗,包括生活行为、学习行为和工作行为的训练,以及实施音乐、绘画、书法治疗和烹饪治疗等;③使用适当的新型抗精神病药,对患者的认知能力损害极小,可以促进精神康复。

2.基于社区防治的康复治疗

社区康复的主要目标是为社区的精神病患者提供过渡性生活空间及相应的精神卫生与康复服务,尽可能地安排他们接受适应社会生活的各项训练,从而尽可能促进其社会功能康复,早日重返社会。在我国,通过在基层社区创办工疗站的形式,形成了市、区(县)、街道(乡镇)三级精神病防治工作模式,被称为上海模式。这一模式对于精神病人的康复是有积极作用的。

生活中的心理学

电抽搐治疗

20世纪30年代后期，电抽搐治疗(electroconvulsive therapy，简称ECT)方法也被用来治疗精神分裂症。在抗精神病药物问世之前，电抽搐治疗是精神科常用的治疗方法之一，这是继精神外科手术后争议最大的治疗方法。但是它对大多数患者的作用不明显。自20世纪50年代，抗精神病药广泛用于临床后，这种治疗方法退居于精神科治疗的次要位置而作为一种辅助治疗，仍保留至今。

电抽搐治疗要让电流通过患者大脑引起大脑发作。患者首先被麻醉并注射令肌肉松弛的药物，这样患者在发作时并无知觉，肌肉也不会在发作期间剧烈抽搐。在患者头部贴上金属电极，让70—130伏的电流通过一侧大脑，持续约1秒钟。患者通常会发生持续1分钟的痉挛。整个治疗包括6—12个疗程。

精神分裂症患者在以下几种情况下，采用电抽搐治疗能获得良好效果。

第一，精神分裂症紧张型的缄默、违拗及木僵状态，或紧张性兴奋躁动等症状，均系电抽搐治疗的绝对适应症。这些症状如用药物治疗需要较长时间，而采用电抽搐治疗，一般36次即可使症状缓解；

第二，精神分裂症青春型的不协调精神运动性兴奋采用电抽搐治疗，对控制兴奋症状的效果很好；

第三，精神分裂症偏执型的系统、顽固性妄想，经药物治疗效果不好时，可试用电抽搐治疗。

此外，国外曾有报道，慢性精神分裂症的孤独、懒散、退缩等症状，各种药物治疗均无明显效果时，电抽搐治疗可能会使症状明显改善。

复习巩固

1.精神分裂症的生物学病因有哪些?

2.精神分裂症如何进行药物治疗?

3.对于精神分裂症，危机取向家庭干预的治疗步骤是什么?

本章要点小结

1.精神分裂症属于精神病的范畴，是所有精神疾病中最常见和最严重的一类。它是一组具有感知、思维、情感、行为等多方面障碍的综合征，包括思维无逻辑，知觉和注意错误，情绪表达存在困难或不恰当，行动和行为错乱等，通常无意识障碍和智力缺损。多起病于青壮年，常缓慢起病，病程迁延。

2.精神分裂症患者常常会出现多方面的症状，包括：幻觉、妄想、思维和言语紊乱、行为异常或紧张性行为等阳性症状，意志减弱、社会退缩、快感缺失、情感淡漠、言语贫乏等阴性症状，以及认知缺陷。

3.CCMD-3将精神分裂症分为偏执型、青春型、紧张型、单纯型、未定型、其他型或待分类的分裂症六大类。偏执型以“疑”为主要表现；青春型以“乱”为主要表现；紧张型以“呆”为主要表现；单纯型以“懒”为主要表现；未定型是偏执型、青春型或紧张型的混合形式；以及其他不符合上述各亚型的精神分裂症。

4.精神分裂症似乎具有一个有规律的病程。传统上该病程分为三个阶段:前驱期、活动期、残留期。

5.精神分裂症的病因包括:遗传、神经生物、脑结构和功能异常、产前和围产期等生物学因素,以及生活压力、高危儿童、家庭等心理社会因素。

6.精神分裂症的治疗方法包括:生物学干预(药物治疗、电抽搐治疗、经颅磁刺激)、心理社会干预(社会行为训练、家庭治疗、认知行为治疗)、中药治疗、康复治疗等。

关键术语表

精神分裂症	Schizophrenia
阳性症状	Positive symptoms
阴性症状	Negative symptoms
认知缺陷	Cognitive deficit
电抽搐治疗	ECT
精神分裂症的药物治疗	Drug treatment of schizophrenia

本章复习题

一、选择题

1.关于"精神分裂症",下列说法中不正确的是(　　)。

A.是一组器质性障碍症候群

B.患病期的患者基本丧失自知力

C.患者的情绪、情感以及行为极其脱离现实

D.自己的内部世界与外部客观世界分离

2.以下不属于传统上精神分裂症的病程三个阶段的是(　　)。

A.前驱期　　B.过渡期　　C.活动期　　D.残留期

3.(　　)治疗分四个步骤:询问患者发病前后可能存在的紧张事件,并将这些事件与患者的发病情况联系起来;在其中找出2—3个对患者影响最明显的事件;提出避免或应付这几种紧张事件的策略,并付诸实践;提高他们对潜在紧张事件的预见能力。

A.心理教育学家庭治疗　　B.危机取向家庭干预

C.行为模式的家庭治疗　　D.心理动力模式的家庭治疗

4.精神分裂症的阳性症状包括(　　)。

A.社会退缩　　B.妄想快感缺失和情感淡漠

C.思维和言语紊乱　　D.言语贫乏

5.精神分裂症的阴性症状包括(　　)。

A.妄想　　B.意志减弱　　C.幻觉　　D.行为异常

6.精神分裂症偏执型的特点不包括(　　)。
A.可以用一个“疑”字来形容此种类型的主要表现
B.是精神分裂症最常见的一个分型
C.可以用一个“乱”字来形容此种类型的主要表现
D.患者较少出现显著的人格改变和衰退
7.精神分裂症单纯型的特点包括(　　)。
A.可以用一个“呆”字来形容此种类型的主要表现
B.是精神分裂症最常见的一个分型
C.以明显的精神运动紊乱为主要表现
D.疾病初期多表现为“神经衰弱”的症状
8.精神分裂症患者的生物学病因包括(　　)。
A.肾上腺皮质分泌异常　　B.杏仁核异常
C.前额叶皮质缺陷　　D.下丘脑异常
9.以下关于精神分裂症心理社会病因正确的是(　　)。
A.环境中的压力可以完全解释精神分裂症
B.早期家庭教养环境的不稳定能够预测精神分裂症的产生
C.家庭关系在精神分裂症的发展过程中作用不明显
D.情绪表达可以完全预测慢性精神分裂症的复发
10.以下属于精神分裂症生物学干预方法的是(　　)。
A.氯米帕明　　B.EE治疗
C.ERP治疗　　D.非典型抗精神病药

二、案例分析题

奇怪的女大学生

某女,21岁,某高校大三学生。父母在北京打工,家中有一弟弟读高中,家庭经济状况一般。

大一进校时,她热爱生活,性格活泼开朗,爱好广泛;思维敏捷,学习成绩全专业中上等;身体健康。当时她身高1.56米,体重55公斤左右,自己觉得有点儿胖,便开始减肥。采用节食并大量运动的方法,减肥效果明显。但是之后,她一如既往地少吃多运动,并拒绝一切油腻的东西和甜食。到现在,大三下学期,她的体重已经不到80斤。因为营养不良,她整个人面黄肌瘦,手指指端发黄,皮包骨头,人都瘦得不成形了;生理也完全不正常,月经时有时无;贫血更严重,且需要服药治疗。

同学们反映,她与原先判若两人。因过度减肥,导致身体状况不好,成绩大幅度下滑;对一切好像失去兴趣;生活也变得毫无目标,没有一点儿激情;此外,睡眠也出现问题,常晚上十二点到一点左右睡,早上不到六点就醒了。渐渐地,情况变得更加严重。

她整天在校园里闲逛;讲话、做事不注意场合,经常惹别人厌;反应迟钝,表情呆板,说话常文不对题,以至于大家不愿意与她交流。最让寝室同学心烦的是,她喜欢每天捡一些东西回来,如瓶瓶罐罐、报刊、无用的小玩意儿等,都是别人扔掉的废弃物。

更让人受不了的是,她还要吃别人吃剩的东西,如扔在地上没喝完的盒装牛奶。

有时候,寝室同学在和她聊天的时候试着问她,有没有觉得自己什么地方不太正常。她说自己很好。

请问:(1)该同学是否有精神分裂症?

(2)具体的症状表现有哪些?

第五章

心境障碍与自杀

心境是人对事物是否满足自身需要的一种体验，具有弥散性和长期性。由于心境代表了一种较持久的和稳定的情绪，因此，用它来描述病程可以长达数年的抑郁发作和躁狂发作现象较传统的情感障碍这一名称更为确切。

对于心境障碍(mood disorder)，单从字面理解，它是指人的心情出了问题；作为一个变态心理学领域的专业术语，它的意义与字面理解有较大差异，指非适应性的情感或心境模式，临床表现所包括的范围，从常常伴有过多的言行和极度的欣快(只要被“干涉”，就表现出激怒)为标志的躁狂表现，到常常伴有忧伤、迟钝的行为和一种绝望意识为标志的严重的抑郁感。严重的心境障碍可以导致患者完全失能——不能进行学习、生活和社会交往，进而引发一系列的心理和生理症状，最终让患者感觉到，哪怕实施暴力性的自杀也比活下去要好得多。为了缓解和减少上述由心境障碍所引发的一系列问题，我们必须尽可能透彻地认识和理解它。

本章的主要内容是：

1. 心境障碍的概述；
2. 心境障碍的分型及其特征；
3. 心境障碍的病因与治疗；
4. 自杀及其干预。

第一节 心境障碍的概述

一、心境障碍的发展历史

(一)早期的研究

心境障碍自医学史的开端时期就被医生认识和研究了。早在公元前2600年,古埃及文献中就出现了抑郁症这一术语。在公元前4世纪,抑郁和躁狂曾被希波克拉底描述过。他的抑郁症概念包括躁狂和抑郁的心境,但当时这两种心境被视为同义。公元前100年左右,索拉纳斯(Soranas)指出,躁狂和抑郁是两种不同的疾病。

(二)基本认识

1.躁狂与抑郁的划分

随着临床认识的进一步加深,早期关于"躁狂和抑郁是不同的疾病"这一看法逐渐被否定。公元1世纪,古希腊的内科医生泰乌斯(Aretaeus)观察到,躁狂和抑郁症状有时会出现在同一个人身上,进而推测它们可能属于同一种疾病。到了公元6世纪,特拉利亚拉斯(Trallianus)提出,躁狂是抑郁发展到狂乱的状态,是抑郁的严重阶段,反映了二者之间的连续同一性。

还有其他学者也对心境障碍这一概念的发展做出了贡献。弗莱明(Flemming,1799—1880)在其《精神病理学和治疗》一书中对原发性心境障碍与伴有智力缺损的原发性精神病作了区分。

但是,躁狂和抑郁之间的关系并不是简单的连续性的阶段关系,格里辛格(Griesinger,1845)指出,躁狂和抑郁之间可以相互转化。法莱特(Farlet,1851)提出"循环性精神病",第一次明确指出躁狂和抑郁的连续循环是一种疾病实体。卡邦(Kahlbaum,1882)首先提出躁狂与抑郁是同一疾病的两个阶段。

2.克雷佩林二分法

1896年,克雷佩林参考纽曼(Neumann)的纵向病程分类法,在其第6版的精神病学教科书中,依照病程是否存在进行性恶化,将内源性精神病一分为二,即躁狂抑郁症和早发性痴呆,这就是著名的克雷佩林二分法。直到今天,克雷佩林二分法在精神病分类学中仍然有着最权威的影响。

克雷佩林明确地把躁狂和抑郁划分为一个疾病分类单元,认为躁狂与抑郁是同一病理的两个对立方面,正如寒战和发热同为肺炎的症状一样。他将这个疾病单元命名为躁狂抑郁性精神病,并作为情感性精神障碍的同义词被沿用至今。

3.目前观点

目前,关于心境障碍的概念,大多数学者都认为,心境障碍(mood disorder)也称情感性精神障碍,是指由各种原因引起的以显著而持久的情感或心境改变为主要特征的一组疾病。在DSM-5中,心境障碍包括抑郁障碍和双相障碍(全称为双相及相关障碍),临床上主要表现为情绪高涨或低落,伴有相应的认知和行为改变,可有幻觉、妄想等精神病性症状。多数患者有反复发作倾向,每次发作多可缓解，部分可有残留症状或转为慢性。CCMD和ICD关于该疾病的观点与之基本类似。

二、流行病学

(一)抑郁障碍的流行病学

1.全球患病率

据世界卫生组织统计，全球约有3.5亿抑郁障碍患者，平均每20人就有1人曾患或目前患有抑郁障碍。重性抑郁障碍是流行率最高的精神障碍之一。美国一项大规模流行病学研究显示，有16.2%的人在他们人生中的某个时刻符合重性抑郁障碍的诊断标准。心境恶劣比重性抑郁障碍少见得多，大约2.5%的人在一生中曾符合心境恶劣的诊断标准。

抑郁症的流行率在不同文化之间存在差异。国际精神疾病流行病学联盟采用世界卫生组织复合式国际诊断访谈对来自美国、欧洲及亚洲共计10个国家的37000名受试者进行调查发现，大多数国家抑郁障碍的终生患病率在8%—12%之间，而美国为16.9%，日本仅为3%左右。另一项跨文化的结构化访谈研究发现，重性抑郁障碍的流行率在1.5%(中国台湾地区)到19%(黎巴嫩)之间变化。移民到美国的少数民族比那些在美国本土出生的少数民族患抑郁症的概率更低。

2.我国患病率

2003年，北京安定医院马辛等以国际疾病分类第10版(ICD-10)精神与行为障碍分类中抑郁障碍的诊断标准为依据，调查了抑郁障碍在北京市15岁以上的人群中的流行情况，结果显示，抑郁障碍患者的年患病率为4.12%，终生患病率为6.87%，其中男性终生患病率为5.01%，女性终生患病率为8.46%。费立鹏等在2009年对中国4省市进行的流行病学调查资料显示，抑郁障碍的患病率为2.06%，恶劣心境为2.03%。2013年的元分析资料显示，国内抑郁症的现患率为1.6%，年患病率为2.3%，终身患病率为3.3%。北京大学第六医院黄悦勤等历时三年(2012—2014年)得到的流行病学调查结果显示，心境障碍年患病率是4.06%；抑郁障碍的年患病率为3.59%，终生患病率为6.8%。

目前，我国缺乏系统的关于心境障碍患病率的研究，仅有少数研究(如上)帮助我们了解当前的患病情况。总体来说，随着我国经济社会的高速发展，生活和工作的节奏显著的加快，公众的心理压力普遍的增加，患心境障碍的风险也在增加。

3.患病的年龄和性别差异

(1)患病的年龄差异

抑郁障碍的患病率在20世纪中后期开始平稳上升；与此同时，发病年龄在逐渐下降。一项美国的研究结果显示，在60—69岁的人群中，不到5%的人报告他们在20岁的时候经历过一次重性抑郁障碍发作；而在18—29岁的人群中，有近10%的人报告他们曾经历过一段时间的心境障碍。目前，发病的平均年龄在20岁左右。

(2)患病的性别差异

女性出现轻度和重度抑郁症状可能性约是男性的两倍。2002年的一项元分析显示，重症抑郁终生患病率约15%，其中女性可高达25%。在许多国家、大多数族群以及各年龄段的成人中都发现了抑郁的性别差异。此外，苏宝兰(2014)等人的研究发现，男女患者在发病年龄、临床症状等方面均有显著差异。就发病年龄而言，该研究显示，女性患者平均比男性早6岁，20岁以前女性发病率明显高于男性；就临床表现而言，女性与男性不尽相同，男性患者迟滞、疑病、自知力缺乏和阻滞等症状突出，而女性患者以激越、全身症状、躯体焦虑和睡眠障碍等为主。

4.病程发展

对一部分人来说，抑郁似乎是个长期存在、反复发生的问题。一项全美研究发现，抑郁症患者在上一年里平均有16个星期体验到明显的抑郁症状。患者经历一次抑郁发作并恢复后，复发的风险依然很大。多达75%的人在首次抑郁发作之后会复发。有多次抑郁发作史的患者甚至更可能在长时间内处于抑郁状态。令人欣喜的是，一旦患者接受抑郁障碍的治疗，他们的恢复会比不接受治疗快得多，并且复发风险也会降低。

(二)双相障碍的流行病学

1.全球患病率

西方发达国家20世纪70—80年代的流行病学调查显示，双相障碍的终生患病率为3.0%—3.4%，90年代上升为5.5%—7.8%。最新数据显示，在11个国家的61392名患者中，双相Ⅰ型障碍(过去被称为躁狂-抑郁症)的患病率仅为6‰。双相障碍的发病率在美国要高于其他国家。在美国，大于1%的人表现出双相Ⅰ型障碍。然而，双相Ⅱ型障碍(至少出现一次重性抑郁发作以及至少一次轻躁狂发作)的流行率在0.4%—2%之间。

2.我国患病率

目前，我国对双相障碍的流行病学问题还缺乏系统的调查。从现有资料来看，我国不同地区双相障碍流行病学调查得到的患病率相差悬殊。1982年，大陆/内地12个地区精神疾病流行病学调查显示，双相障碍患病率仅为0.042%；台湾(1982—1987)为0.7%—1.6%，香港(1993)男性为1.5%，女性为1.6%。

3.患病的性别差异

大多数双相障碍患者在青少年后期或成年早期发病，大约在25岁之前。但是，该障碍在儿童和青少年中的发病比例正在提高。

双相障碍在男性和女性中的发病率相当，男女性别比例为1∶1.2。这一趋势在各种文化和各种族人群中是一致的。

三、心境障碍的临床表现

心境障碍基本表现为抑郁发作和躁狂发作两种典型的临床状态。因此,抑郁发作和躁狂发作的症状学诊断也就构成了心境障碍分类学诊断的主要依据。了解这两种情感的极度异常状态的特点并能够加以识别,对于疾病的诊断具有重要意义。

(一)抑郁发作

过去常常将抑郁发作的表现概括为"三低",即情绪低落、思维迟缓和意志消沉。这三种症状虽然是典型的重性抑郁障碍的症状,但并不一定出现在所有的抑郁障碍患者身上,甚至并非出现于多数抑郁发作中,因此,仅仅用"三低"表现来指代抑郁发作的临床表现并不十分全面。

抑郁发作的表现可分为核心症状、心理症状群与躯体症状群三个方面。

1.核心症状

抑郁的核心症状包括心境或情绪低落、兴趣缺乏以及乐趣丧失,这些都是抑郁的关键症状。诊断抑郁状态时至少应包括此三种症状中的一个。

(1)情绪低落

患者体验到情绪低,悲伤。情绪的基调是低沉、灰暗的。患者常常诉说自己心情不好,高兴不起来。抑郁障碍患者常常可以将自己在抑郁状态下所体验的悲观、悲伤情绪与丧亲所致的悲哀相区别,这就是在抑郁障碍诊断中常提到的"抑郁的特殊性质",它是区别"内源性"抑郁和"反应性"抑郁的症状之一。

在抑郁发作的基础上患者会感到绝望、无助和无用。

绝望即对前途感到失望,认为自己无出路。此症状与自杀观念密切相关,在临床上应注意鉴别;无助是与绝望密切相关的症状,是指对自己的现状缺乏改变的信心和决心。常见的无助是感到自己的现状,如疾病状态无法好转,对治疗失去信心;无用即认为自己的生活毫无价值,充满了失败,一无是处;认为自己对别人带来的只有麻烦,不会对任何人有用;认为别人也不会在乎自己。

(2)兴趣缺乏

兴趣缺乏是指患者对各种以前喜爱的活动缺乏兴趣,如文娱、体育活动、业余爱好等。典型患者对任何事物(无论好坏)都缺乏兴趣,离群索居,不愿见人。

(3)乐趣丧失

乐趣丧失是指患者无法从生活中体验到乐趣,或快感丧失。

以上三主征是相互联系的,可以在一个患者身上同时出现,互为因果。但也有不少患者只突出表现其中一种或者两种症状。有的患者不认为自己情绪不好,但却对周围事物不感兴趣;有些抑郁障碍患者有时可以在百无聊赖的情况下参加一些活动,主要是由自己单独参与的活动,如看书、看电影、看电视、从事体育活动等,因此表面看来患者的兴趣仍存在,但进一步询问可以发现患者无法在这些活动中获得乐趣,从事这些活动的主要目的是消磨时间,或希望能从悲观失望中摆脱出来。

2.心理症状群

抑郁发作包含许多心理学症状，可分为心理伴随症状（焦虑、自罪自责、精神病性症状、认知症状以及自杀观念和行为、自知力等）和精神运动性症状（精神运动性迟滞与精神运动性激越等）。

（1）焦虑

焦虑与抑郁常常伴发，而且经常成为抑郁障碍的主要症状之一。主观的焦虑症状可以伴发一些躯体症状，如胸闷、心跳加快、尿频、出汗等。躯体症状可能掩盖主观的焦虑体验而成为临床主诉。

拓展阅读

焦虑与抑郁

“几乎所有抑郁患者都会焦虑，但并不是所有焦虑患者都抑郁”。那么，如何区分抑郁患者的焦虑和非抑郁患者的焦虑呢？或者，如何通过焦虑症状诊断该患者是抑郁患者还是非抑郁患者呢？

由上述内容我们可以看出，焦虑并非抑郁症的核心症状。抑郁患者的认知内容总是比焦虑患者更消极；相比于焦虑患者，抑郁患者兴趣缺乏，无快感，甚至会产生自杀的想法。辛巴格等（1994）总结了焦虑的特有症状、抑郁的特有症状以及两种情绪共有的症状，见表5-1。

表5-1　焦虑的特有症状、抑郁的特有症状以及两者都有的症状

症状	表现
纯焦虑症状	焦虑、紧张、易怒、发抖、过度担心、噩梦
纯抑郁症状	无助、抑郁情绪、兴趣缺乏、无快乐、自杀的想法、性欲降低
混合抑郁症状和焦虑症状	最坏的预期、担心、注意力差、易怒、过于警醒、不舒服的睡眠、哭泣、内疚、疲劳、记忆力差、中度/重度失眠、无价值感、绝望

（2）自罪自责

患者对自己既往的一些轻微过失或错误痛加责备，认为自己的一些作为让别人感到失望；认为自己患病给家庭、社会带来巨大的负担。症状严重时，患者会将自己的过失无限制地放大，甚至达到妄想的程度。

（3）精神病性症状

精神病性症状主要是妄想或幻觉。如果妄想或幻觉的内容与抑郁状态和谐一致，则称为心境和谐的妄想，如罪恶妄想、无价值妄想、躯体疾病或灾难妄想、嘲弄性或谴责性的幻觉等；如果内容与抑郁状态不和谐，则称为心境不和谐的妄想，如被害或自我援引妄想，没有情感色彩的幻听等。需要注意的是，这些妄想一般不具有精神分裂症妄想的特征，如原发性、荒谬性等。

(4)认知症状

抑郁障碍伴发的认知症状主要是注意力和记忆力的下降。这类症状具有可逆性,随治疗的开展而逐渐缓解。此外,认知扭曲也是重要特征之一,如对各种事物均做出悲观的解释,将周围的一切看作是灰色的。

(5)自杀观念和行为

半数左右的抑郁障碍患者会出现自杀观念。轻者常常会想到与死亡有关的内容,或感到活着没有意思;重者会有生不如死的感觉,希望毫无痛苦地死去,之后则会主动寻找自杀的方法,并反复寻求自杀。世界卫生组织的最新数据显示,一般人群的自杀率为10.7人/10万人,而抑郁障碍患者的自杀率显著高于普通人群,约五分之一的抑郁障碍患者会以自杀的方式结束生命。2012年,加拿大学者的研究结果显示,约6.6%的抑郁障碍患者在过去一年内报告有自杀行为,尤其是在未及时诊断和治疗的抑郁障碍患者,或共患其他疾病(如焦虑障碍)和遭遇不良生活事件的患者身上,自杀危险性非常高。

偶尔患者会出现所谓的"扩大性自杀",患者可在杀死数人后自杀,导致极度严重的社会后果。因此,它绝非一种可治可不治的良性疾病,积极治疗干预是十分必要的。

(6)精神运动性迟滞或激越

精神运动性迟滞或激越多见于"内源性抑郁障碍"患者。精神运动性迟滞的患者在心理上表现为思维发动的迟缓和思维进程的缓慢,患者将之表述为"脑子像生了锈的机器"。同时会伴有注意力和记忆力的下降。在行为上表现为运动迟缓,工作效率下降。严重者可达到亚木僵甚至木僵的程度。

精神运动性激越的患者则刚好相反,脑子里反复思考一些没有目的的事情,思维内容无条理,大脑持续处于紧张状态。但是患者无法集中注意力来思考一个中心议题,因此思维效率降低,无法进行创造性思考。在行为上则表现为烦躁不安,紧张激越,有时不能控制自己的动作,但又不知道自己因何烦恼。

(7)自知力

相当一部分抑郁障碍患者自知力完整,会主动求治;存在明显自杀倾向的抑郁障碍患者自知力可能有所扭曲,甚至缺乏对自己当前状态的情绪认知,或完全失去求治愿望;伴有精神病性症状的抑郁障碍患者自知力不完整,甚至完全丧失自知力。此外,双相障碍(或称为躁狂抑郁障碍)抑郁发作的患者自知力保持完整的程度不如单相抑郁障碍患者。

3.躯体症状群

抑郁发作的特异性躯体症状包括睡眠紊乱、食欲紊乱、性功能减退以及精力丧失,非特异性躯体症状表现为疼痛、周身不适、自主神经功能紊乱等。

(1)睡眠紊乱

睡眠紊乱是抑郁状态最常伴随的症状之一,也是不少患者的主诉,表现为早段失眠、中段失眠、末段失眠、睡眠感缺失等。其中以早段失眠最为多见,而以末段失眠(早醒)最具有特征性。与这些典型表现不同的是,在不典型抑郁障碍的患者身上可能会出现贪睡的情况。

(2)食欲紊乱

食欲紊乱主要表现为食欲下降或体重减轻。抑郁障碍患者食欲减退的发生率约为70%。轻者表现为食不甘味,但进食量不一定出现明显减少,此时患者的体重在一段时间内可能不会有明显改变;重者则完全丧失进食的欲望,体重明显下降,甚至导致营养不良。不典型抑郁障碍患者则可见有食欲亢进和体重增加。

(3)性功能减退

性功能减退即是性欲的减退乃至完全丧失。有些患者勉强维持性行为,但无法从中体验到乐趣。

(4)精力丧失

精力丧失表现为无精打采,疲乏无力,懒惰,不愿见人。有时与精神运动性迟滞相伴随。

(5)晨重夜轻

晨重夜轻即情绪在晨间加重——患者清晨一睁眼,就在为新的一天担忧,不能自拔,在下午和晚间则有所减轻。此症状是"内源性抑郁障碍"的典型表现之一。部分心因性抑郁障碍患者的症状则可能在下午或晚间加重,与之恰恰相反。

(6)非特异性躯体症状

抑郁障碍患者有时以此类症状作为主诉,因而长期在综合医院门诊游荡。与疑病症不同的是,这类患者只是诉说这类症状,希望得到相应的治疗,但并未因此而产生牢固的疑病联想,认为自己得了不治之症。当然,抑郁障碍伴发疑病症并不少见。这类非特异性症状包括头痛或全身疼痛、周身不适、胃肠道功能紊乱、心慌气短乃至胸前区痛,尿频、尿急等,在综合医院常被诊断为各种自主神经功能紊乱。

(二)躁狂发作

一般而言,躁狂发作表现出所谓的"三高"症状,即情感高涨、思维奔逸和意志行为增强。

1.情感高涨

情感高涨是躁狂状态的主要原发症状。患者表现为轻松、愉快、热情、乐观、兴高采烈、无忧无虑。这种情感是愉快的并具有相当的感染力。症状轻者可能不被视为异常,但了解他(或她)的人则可以看出这种表现的异常性。有时患者的症状也可能以易激惹为主,尤其当有人指责他的狂妄自大或不切实际的想法时,患者会表现出无法接受任何反对意见,会因细小琐事而大发雷霆,严重者可出现破坏或攻击行为。躁狂症的患者常常在患病早期表现为愉快而在后期则转换为易激惹。

2.思维奔逸

思维奔逸是指思维联想的速度加快。患者言语增多,高谈阔论,滔滔不绝,感到说话的速度远远跟不上思想的速度。有时可出现音韵联想,随境转移。

在心境高涨的基础上,躁狂症患者可能表现出自我感觉良好、言辞夸大、说话漫无边际,认为自己才华出众、出身名门、权位显赫、腰缠万贯、神通广大等,并可达到妄想的程度。有时可在夸大基础上产生被害体验或妄想，但其内容一般并不荒谬，持续时间也较短暂。幻觉较少见。

3.意志行为增强

意志行为增强即协调性精神运动性兴奋。其内心体验与行为、情绪反应及外在环境均较为统一。与抑郁障碍患者的精神运动性迟滞恰恰相反，躁狂症患者活动增多、喜交往、爱凑热闹；与人一见如故，好开玩笑或搞恶作剧，好管闲事，整日忙碌。但做事虎头虎尾，一事无成。尽管患者感觉自己什么都能干成，脑子灵光至极，但由于不能专心于某一事物，因而成事不足甚至败事有余。办事缺乏深思熟虑，有时到处惹事。

4.伴随症状

躁狂发作患者常伴有睡眠需要减少，终日奔波而不知疲倦。患者性欲亢进，偶尔出现兴之所至的性行为，在不适当的场合出现与人过分亲热、拥抱、接吻而不顾别人的感受。由于活动过度，食量不足，可能会导致虚脱、衰竭，尤其是老年或体弱患者。在自知力上，轻躁狂患者可能保持一定自知力，而重躁狂患者一般自知力缺乏。

此外，日常生活中可能还会遇到几种不常见的躁狂发作形式，包括：

典型的躁狂发作以情感高涨、愉快感为主要症状，是与抑郁障碍恰恰相反并具有所谓“三高”症的临床状态。而在某些躁狂状态的变型中，情绪已变得不愉快，以易激惹为主。

谵妄性躁狂是躁狂状态的一种极端形式。患者在躁狂发作一段时间后，由于过度耗竭而导致意识障碍。

混合性发作是在躁狂发作的同时伴有抑郁障碍症状。躁狂和抑郁两类症状可以同时出现，如抑郁心境伴以连续数日至数周的活动过度和言语急迫，躁狂心境伴有激越、活动降低等；也可以在一段时期内交替出现。如果在目前的疾病发作中，两类症状在大部分时间里都很突出，则应归为混合性发作。

生活中的心理学

一位女士的自述

当我情绪上来时，我会冲着身边能喘气的任何生物发火：指责丈夫袜子没穿好、衣服款式不对、头发没有打理整齐；指责儿子把牙膏弄到袖子上、牛奶洒了一地、红领巾又戴歪了，裤子的前门拉链没有拉上；就连盘踞在床前睡懒觉的猫咪也没幸免，追得它四处逃窜……整个房间充斥着我高八度的声音，气氛异常紧张，连猫咪也大气不敢出。这样的气氛，要么等我出了门，要么等他们出了门，才得以缓解。于是，丈夫、儿子每天争先恐后地“逃离”这个家。

这位女士可能就经历了典型的躁狂发作。

复习巩固

1.抑郁发作的症状有哪些?

2.躁狂发作的症状有哪些?

第二节　心境障碍的分型及其特征

关于心境障碍的分类,早期使用过一些不同的名称,如"抑郁性障碍"、"情感障碍"甚至"抑郁性神经症"。DSM-3标准出台以后,因为这些心理障碍都以心境的异常为特征,所以都被归入心境障碍这一大类中。

心境的异常主要表现为:从极端的悲伤和分离到极端的欣喜和易激惹。DSM-5将心境障碍分为两类:抑郁障碍和双相及相关障碍(简称双相障碍)。前者指单次或反复的抑郁发作;后者则指单次或反复的躁狂抑郁发作。单次或反复的躁狂发作也属于双相障碍,但是,这种情况非常少见。

一、抑郁障碍

抑郁障碍是指由多种原因引起的以显著和持久的抑郁症状群为主要临床特征的一类心境障碍,主要表现为抑郁发作。由前述内容可知,抑郁发作的核心症状是与处境不相称的情感低落、兴趣丧失以及快感缺失。在此基础上,患者常常伴有焦虑或激越,甚至出现幻觉、妄想等精神病性症状。近年来,抑郁障碍的患病率逐年增高,其造成的疾病负担在所有精神疾病负担中的比重最大。预计到2020年将成为仅次于心血管疾病的第二大疾病负担源。此外,抑郁障碍患者的高自杀率已成为重要的公共卫生问题。

DSM-5根据抑郁发作的频繁程度、严重程度以及症状存在的时间,将抑郁障碍分为重性抑郁障碍和持续性抑郁障碍(也称为心境恶劣)。

(一)重性抑郁障碍

1.定义

最常见和最严重的抑郁是重性抑郁障碍,也就是人们常说的"抑郁症",它是指一种极其抑郁的心境状态——重性抑郁障碍患者通常描述自己的心境是抑郁、悲伤、无望、泄气或"心情低落",持续至少两周,包括认知方面的症状(如无价值感、自杀想法)以及躯体功能的失调(如睡眠模式的改变,食欲和体重显著变化或精力明显丧失),以至于即使是进行最简单的活动,做出最轻微的动作,都要花费身体的全部努力。发作期间的典型表现还包括对事物丧失兴趣以及无法从生活(如与家人和朋友的人际互动、工作和学习方面的成就)中获得任何快乐。此外,在发作之前或发作期间没有躁狂和轻躁狂的发作。

2.临床特征

重性抑郁障碍是一种发作性障碍，因为症状会在一段时间内出现，然后消失。尽管症状会随着时间逐渐消失，但是未经治疗的发作会延长到5个月或更长。对于一小部分人，抑郁会变为慢性——个体不能完全恢复到原有的功能水平。有些患者能够恢复到不再符合重性抑郁障碍的诊断标准，但会多年经受亚临床抑郁的困扰。

重性抑郁障碍患者的病情多会复发，即已有症状消失后，个体可能会经受另一次发作。如果患者经历过两次或两次以上的重性抑郁发作，而且两次发作至少间隔两个月，在间隔期内患者未出现抑郁症状，那么可以诊断为反复发作的重性抑郁障碍。大约三分之二患有重性抑郁障碍的患者至少会经受一次抑郁复发。平均发作大约4次。患者每经历一次新的发作，其以后再发作的风险便会提高16%。

需要注意的是，在儿童和青少年身上，心境可能体现为易激惹或不稳定心境，而不是悲伤或沮丧心境，因此需要与受挫时的易激惹模式区分开。为了判断患者此时的状态是否为重性抑郁发作，必须与症状发作前的状态进行比较，看症状是不是新出现的或与之前存在明显变化。重性抑郁障碍患者的症状必须在几乎每一天的大部分时间里持续存在，并且至少连续2周。而且，发作必须伴随着临床上显著的痛苦，或者社交、职业及其他重要功能领域的损害。一些轻度发作的个体，功能上或许表现正常，但明显需要更多的努力去完成。另外，在患有常见躯体疾病（如癌症、中风、心肌梗死、糖尿病等）的患者身上，对重性抑郁障碍症状的评估尤其困难，因为它们的一些体征和症状与重性抑郁发作几乎相同。

（二）持续性抑郁障碍

1.持续性抑郁障碍

持续性抑郁障碍，也称为心境恶劣，是一种持续的抑郁心境，发生于一天中的大部分时间，且至少持续2年时间，其中症状发作的间隔期（即无症状时间）一次最长不超过两个月。长期性是心境恶劣和持续性抑郁障碍的最显著的区别；而且，相比于重性抑郁障碍，心境恶劣的患者有更高的共病风险，尤其是焦虑和物质滥用障碍，并且倾向于产生更严重的功能不良；同时，对治疗的反应欠佳。

2.双重抑郁症

另外，还有22%的持久性抑郁患者原本症状较少，后来逐渐经历重性抑郁障碍。这种同时遭受重性抑郁和心境恶劣折磨的情形，叫作双重抑郁症。典型的情况是，心境恶劣先出现，而且很可能在较年幼的时期就已出现；然后会出现一次或多次重性抑郁发作，发作结束后又回复到原先潜在的抑郁模式。界定这种特别的类型十分重要，因为它可能意味着更加严重的心理病理问题和更加麻烦的病程。例如，凯勒（Keller，1983）等经过2年的追踪研究发现，61%的双重抑郁症患者没有从潜在的抑郁模式中恢复过来；而且他们还发现，双重抑郁症患者恢复过后，有相当大的概率会出现复发。

(三)抑郁障碍的其他分型

除了上述内容之外,抑郁障碍还有几种特殊类型,如季节性抑郁障碍、伴围产期起病的抑郁、更年期抑郁障碍、经前期烦躁障碍等。

1.季节性抑郁障碍

季节性抑郁障碍也称冬季抑郁障碍,顾名思义即其发作存在季节性,其特征是周期性地在秋冬季节抑郁发作,到第二年初春结束。

此类发作应至少出现两年,且其间没有出现任何非季节性的重性抑郁发作。也即是,该障碍的诊断要求患者的心境变化不是由社会心理事件造成的。

该病多见于女性,多起病于青少年期,发作时表现出食欲变好、体重增加,同时患者感到疲劳、焦虑和易激惹。

虽然我们当中许多人都会随季节经历心境变化,但是只有约5%的美国人符合季节性情感障碍的诊断标准;世界范围内约为1%—5%。

2.伴围产期起病的抑郁

伴围产期起病的抑郁是一种在孕期或产后4周内经历重性抑郁发作的精神疾病。50%的产后重性抑郁发作实际上开始于分娩前,因此DSM-5把它们统称为围产期发作。

在产后的头几周内,多达30%的产妇会经历产后抑郁——情绪多变(不稳定和迅速转换的心境)、频繁哭泣、易激惹和疲倦。对大多数产妇来说,这些症状通常不需要治疗,可在两周内自行恢复。更罕见的是,部分产妇会发生产后躁狂,从而被诊断为伴围产期起病的双相障碍。

产后抑郁障碍在产妇中的发病率约为1/10,再次妊娠则有20%—30%的复发率。最可怕的是,许多母亲产后患病可能会亲手杀死自己的孩子。

生活中的心理学

男性"产后抑郁症"

有些新爸爸不能及时调整角色,被颠覆的生活规律弄得无所适从。在这部分新爸爸的眼里,孩子的降临没有给家庭带来乐趣,反而增添许多烦恼,他们会感觉精神压抑,出现焦虑、易怒、绝望等症状。男人"产后抑郁症"(此"产后"指孩子出生后)不仅影响自己的身心健康,还会给宝宝的成长带来负面影响。因此,在关注产妇心理健康时,不要忽视男人的"产后抑郁症"。

对患上"产后抑郁症"的新爸爸,应首先找出病症原因,然后对症下药。

引发男性患"产后抑郁症"的原因包括:

1.生活压力

当新爸爸在享受初为人父的喜悦的同时,不得不去面对新生命带来的生活压力。经过妻子的十月怀胎,家里的节余已经被消耗得差不多了,孩子诞生后使用的物品,如衣服、奶粉、纸尿布等又是一笔必需而庞大的开销。妻子还处在产后的休养阶段，不能让这些烦恼影响她的产后恢复，因此他们得独自承受。

2.情感忽视

孩子出生后，家庭的重心转移至围绕孩子和母亲，新爸爸们常常会有被忽视的感觉。

3.害怕伤害孩子

看着孩子那柔弱的身体，新爸爸们总是害怕自己粗鲁的动作会伤害到他。很多新爸爸因此不敢接近孩子，久而久之便失去照顾孩子的兴趣。

3.更年期抑郁障碍

更年期抑郁障碍是一种在更年期发生的精神疾病，以女性多见，男性约在55—65岁发病，女性约45—55岁。

主要表现为：以情感抑郁、焦虑和紧张为主，可有疑病、自罪、妒忌等妄想，但无智力障碍，多伴有失眠、躯体不适等自主神经功能紊乱等症状，并伴有内分泌功能尤其是性腺功能衰退。大多数研究认为更年期抑郁障碍是外源性的。

4.经前期烦躁障碍

经前期烦躁障碍是部分女性在经前期出现的烦躁不安的症状。她们的症状通常混合了抑郁、焦虑和应激、易激惹和愤怒。这些症状可能在月经开始前一周的心境波动中出现，一旦月经开始就有所改善，月经一周后变得轻微或不存在。这些女性也经常报告一些生理症状，如乳房疼痛或肿胀，感觉“膨胀”或体重增加，关节或肌肉疼痛。

令人欣喜的是，大多数女性的经前症状是轻度的，只有2%的女性符合经前期烦躁障碍的诊断标准。

二、双相障碍

双相障碍是指临床上既有躁狂或轻躁狂发作，又有抑郁发作的一类心境障碍。双相障碍的临床特点是反复（至少两次）出现心境和活动水平的明显改变，有时表现为心境高涨、精力充沛和活动增加，有时表现为心境低落、精力减退和活动减少。也即是，躁狂和抑郁交替出现或反复循环；二者也可以混合方式存在。双相障碍一般呈发作性病程，每次发作往往持续一段时间，并对患者的日常生活和社会功能等产生不良影响。

双相障碍不易康复，易于复发，约90%的患者一生中会出现多次或循环发作。双相障碍每次发作的持续时间存在很大的个体差异。一些人在进入抑郁期之前会在几个星期或几个月里都处于躁狂状态。更少见的是，患者会在几天之内，甚至在同一天内，从躁狂转为抑郁又转回躁狂。一生中发作的次数也存在极大的个体差异，但是相对普遍的情况是：在患病前10年间，发作更频繁，间隔时间更短，症状更严重；后20年间，精力似乎被耗尽，发作会减缓下来，躁狂发作和抑郁发作都会出现，但一般没有规律。

DSM-5区分了三种双相障碍：双相Ⅰ型障碍、双相Ⅱ型障碍、环性心境障碍。躁狂发作是此类障碍的定义性特征，不同双相障碍的区别在于躁狂发作的严重程度和持续时间。

（一）双相Ⅰ型障碍

1.诊断标准

双相Ⅰ型障碍的诊断标准是，在一生中的某段时间至少经历过一次躁狂发作，它经常伴有较严重的抑郁发作。有50%—60%的患者，在躁狂发作前后紧接着有抑郁发作。躁狂发作的特征是在持续至少1周的一段时间内，在几乎每一天的大部分时间里，表现出异常并持续的情绪高涨、自夸，或易激惹的情绪，以及持续的活动增多或精力旺盛。情绪的高涨可以描述成欣快、振奋，并伴有盲目的热情和乐观，在别人看来是富有感染力的。虽然患者的情感可能主要表现为高涨，但也可能很快变得易激惹，特别是当他们的要求得不到满足时。

2.病程

值得注意的是，被诊断为双相Ⅰ型障碍的人目前并不一定正在经历躁狂发作。实际上，即使某人仅仅是在多年前经历了持续一周左右的躁狂发作，他仍然符合双相Ⅰ型障碍的诊断。双相Ⅰ型障碍复发的次数甚至多于重度抑郁。一半以上的双相Ⅰ型障碍患者一生中会出现4次以上的躁狂发作。

（二）双相Ⅱ型障碍

双相Ⅱ型障碍是一种表现较为温和的双相障碍。个体必须出现至少一次重性抑郁发作以及至少一次轻躁狂发作，才能达到双相Ⅱ型障碍的诊断标准。

轻躁狂症状与躁狂症状相似，只是在症状的严重程度和社会功能损害水平上未达到躁狂的程度（如患者的职业能力很少受影响）。轻躁狂虽然也有情感高涨和过分自信，但通常没有精神病性症状、思维奔逸或明显的精神运动性激越。轻躁狂患者也因此不承认自己有病，尽量将自己的症状描述得很轻并拒绝接受治疗。双相Ⅰ型障碍和双相Ⅱ型障碍的诊断标准见表5-2。

表5-2　双相Ⅰ型障碍和双相Ⅱ型障碍的诊断标准

诊断标准	双相Ⅰ型	双相Ⅱ型
重性抑郁发作	可能出现，但不是诊断的必要条件	诊断的必要条件
达到躁狂全部诊断标准的躁狂发作	诊断的必要条件	诊断要求可不出现
轻躁狂发作	可能出现在重度躁狂发作或重性抑郁发作之间，但并非诊断的必要条件	诊断的必要条件

双相Ⅰ型障碍和双相Ⅱ型障碍的区别在于是否存在重性抑郁发作、达到躁狂全部诊断标准的躁狂发作以及轻躁狂发作

（三）环性心境障碍

1.诊断标准

环性心境障碍是一种程度较轻但更加持久的双相障碍，主要特征是持续性心境不稳定。心境高涨与低落反复交替出现（一年内出现4次或更多的躁狂与抑郁的循环），但程度都较轻，未达到全面躁狂或抑郁发作的标准。在情绪低落期，患者可能表现出忧郁，感到无能，人际退缩，每晚能睡10个小时；在情绪高涨期，患者可能会表现得非常躁动，过度自信，在社交上表现得十分大胆，几乎不需要睡眠。

2.病程

这种心境波动通常与生活事件无明显关系，而与患者的人格特征密切相关。心境不稳定一般开始于成年早期，呈慢性病程，一次可持续数年，有时甚至占据个体一生中的大部分时间。DSM-5的诊断标准要求，在至少2年（儿童和青少年至少1年）的时间内有多次轻躁狂症状，但不符合躁狂发作的诊断标准，且有多次抑郁发作，但不符合重性抑郁发作的诊断标准。而且，在上述2年（儿童和青少年为1年）的时间内，轻躁狂期和抑郁期至少有一半的时间，且个体无症状的时间每次从未超过2个月以上。抑郁障碍与双相障碍之间的差异比较见表5-3。

表5-3　抑郁障碍与双相障碍之间的差异比较

差异项	抑郁障碍	双相障碍
发作形式	不存在躁狂或轻躁狂发作	存在躁狂或轻躁狂发作
普遍程度	约占总人口的17%	约占总人口的1%—2%
起病年龄	较晚	较早
人格特征	低自尊、依赖、强迫观念	多动、ADHD（注意缺陷多动障碍）
抑郁表现	不易出现全面的迟缓	更易出现全面的迟缓
发展进程	发作期和间歇期均较长	发作期和间歇期均较短
疾病预后	损害较小，结果较好	损害较大，结果较差
遗传因素	遗传成分较弱	遗传成分较强

三、其他心境障碍的分型

青少年的双相障碍研究是一个饶有兴趣又充满争议的领域。直到10年前，研究者还认为，对于处在青少年晚期或成年早期之前的个体，不能明确地做出双相障碍的诊断。之后，研究者和临床医生逐渐对识别儿童和青少年的双相障碍的早期信号产生兴趣，使得研究者可以探索该障碍在年轻人中的病因和病程，以便施加干预。

尽管有些儿童表现出的双相障碍是躁狂发作和抑郁发作的交替，并间隔着心境正常期；但另一些儿童则表现出慢性症状和心境的快速转换。后者多半极易激惹，经常大发脾气或狂怒。这些儿童日后罹患焦虑障碍或单相抑郁障碍的风险也较高，但不太可能罹患典型的双相障碍。此外，我们很难在青少年身上将伴躁狂的激越和冒险行为与注意缺陷多动障碍的症状，或者与对立违抗障碍的症状（包括慢性易激惹和拒绝遵守规则）区分开来。关于这些激越、易激惹的儿童是否具有双相障碍、注意缺陷多动障碍或对立违抗障碍，存在很大争议，这些障碍似乎都不完全符合他们的症状。

DSM-5将这些大发脾气的儿童与那些具有更加典型的双相障碍的儿童区分开来，加入了一个针对6岁以上儿童的新诊断，称为破坏性心境失调障碍。要符合该诊断，儿童必须表现出严重的脾气爆发，其强度和持续时间与情境极不相称，与发育水平也不一致。在脾气爆发时，这些儿童可能对他人恶语相向，进而变为对他人的身体暴力。在爆发的间歇期，他们的心境是持续性的明显易激惹和发怒。儿童必须每周有三次脾气爆发，至少维持12个月，并且至少出现在两种场景中（如家和学校）。

复习巩固

1. 重性抑郁障碍和持续性抑郁障碍（心境恶劣）两种抑郁障碍的症状有何差异？

2. 双相I型和Ⅱ型障碍的症状有何差异？

第三节 心境障碍的病因与治疗

对疾病的治疗，医生们强调对症下药；目前新的医学观点则更进一步强调“治未病”而非“治已病”。无论如何，对心境障碍的病因理解，决定了治疗的方法和效果。

一、心境障碍的病因

为了了解心境障碍的病因，我们关注了以下几个方面的研究。

（一）生物学观点

1. 遗传因素

遗传研究结果显示，遗传是心境障碍产生的极其重要的一个因素。家族研究、双生子研究、寄养子研究都发现，某些人具有一种通过遗传而获得抑郁障碍的素质。

（1）家族史研究

双相障碍的家族史对于双相障碍是最强和最一致的风险因素。在双相障碍患者的成年人亲属中，其患病风险平均10倍于普通人群。具体而言，双相Ⅰ型障碍患者的亲属患双相Ⅰ型障碍的可能性是对照组的8—18倍，患重性抑郁障碍者是对照组的2—10倍；相对于患有双相Ⅰ型障碍或重性抑郁障碍的患者，在患有双相Ⅱ型障碍患者的亲属中，患双相Ⅱ型障碍的风险最高，而且可能存在影响双相障碍起病年龄的遗传因素。

研究还发现，精神分裂症和双相障碍可能具有相同的遗传起源，反映在精神分裂症和双相障碍共同的家庭聚集性上。相似地，重性抑郁障碍患者的一级亲属患重性抑郁障碍者是对照组的2—3倍，患双相Ⅰ型障碍的可能性是对照组的1.5—2.5倍。

此外，家族研究还发现，患某种心境障碍的可能性随亲缘关系的远近不同而不同。例如，二级亲属（如舅父）可能比一级亲属（如兄弟）患病的可能性较小。在一半双相Ⅰ型障碍患者身上，其父母双亲中至少有一方患心境障碍，且常常是重性抑郁障碍。这一事实显示，双相Ⅰ型障碍的遗传性很明显。如果父母一方患双相Ⅰ型障碍，其子女患心境障碍的概率约为25%；如果父母双方均患双相Ⅰ型障碍，其子女患心境障碍的概率就上升为大约50%—75%。

（2）双生子研究

通过双生子研究发现，同卵双生子双相Ⅰ型障碍的同病率约为33%—90%。相比之下，异卵双生子双相Ⅰ型障碍的同病率仅仅只有5%—25%。此外，同卵双生子患抑郁障碍的同病率也比异卵双生子更高；生命早期开始的抑郁障碍比成年后才开始的抑郁障碍有更强的遗传基础。

（3）寄养子女研究

寄养子女研究资料也支持心境障碍有遗传学基础这一观点。约2/3寄养研究发现，重性抑郁障碍具有较明显的遗传倾向。对双相Ⅰ型障碍所进行的寄养研究同样也显示这种倾向。患有心境障碍的双亲的子女，即使他们是在不患病的寄养家庭中被抚养长大，其患心境障碍的危险仍然较高。此外，被寄养的患心境障碍孩子的双亲，其心境障碍的患病率近似于非寄养的患心境障碍孩子的双亲的患病率；而寄养家庭双亲心境障碍的患病率与一般人群的基础患病率相近。

2. 大脑结构和功能异常

对心境障碍患者的脑成像研究提供了大量的资料，但是关于这类患者的脑功能异常的结论迄今尚未定论。

总体而言，使用CT和MRI技术所进行的结构性脑成像研究发现，抑郁障碍至少存在四个脑区的持续异常——前额叶皮层、前扣带回、海马和杏仁核。前额叶皮层的主要功能包括注意、短时记忆、计划和新问题解决。很多研究结果显示，重性抑郁障碍患者的前额叶，尤其是左侧前额叶，新陈代谢活动水平降低，且灰质体积减小。左侧前额叶皮层更多地与动机及目标导向有关，这一区域的不活跃与抑郁表现出的动机缺乏有关。前扣带回在应激反应、情绪表达、社交行为等方面有重要作用。研究发现，抑郁障碍患者的前扣带回的活动水平不同于控制组。这个区域活动水平的改变可能与注意、对适当反应的计划及应对方面的问题以及抑郁障碍患者的快感缺乏有关。海马对记忆以及与恐惧相关的学习十分重要。神经成像研究显示，抑郁障碍患者的海马体积较小，新陈代谢活动水平低。抗抑郁药物治疗或电休克治疗会使得大鼠海马中新细胞生长，以提高新陈代谢活动水平。此外，抑郁障碍患者海马的 T_1 放松时间与对照组被试相比也有异常。杏仁核参与情绪加工，它能帮助人们将注意力指向具有明显情绪性和对个体有重大意义的刺激。研究发现，抑郁障碍患者的杏仁核增大且活动水平增加，这种过度活动可能使人们更多关注负性的信息，并反复思考消极记忆和环境中的负性方面。此外，双相Ⅰ型障碍患者，主要是男性患者脑室有显著的扩大；而重性抑郁障碍患者的脑室扩大远没有双相Ⅰ型障碍患者普遍，但带有精神病性特征的重性抑郁障碍患者，右脑室也有扩大的倾向，且重性抑郁障碍患者的尾状核与额叶体积较对照组被试少。

与抑郁障碍一样，双相障碍也存在前额叶皮层和杏仁核的结构和功能异常，但它与海马的体积或功能改变并无一致的关系。纹状体参与对环境的奖赏线索的加工。双相障碍患者的纹状体异常活跃，说明此类患者可能对环境中的奖赏线索过于敏感。从前额叶皮层通过纹状体到达杏仁核的神经通路，与适应奖赏相依变化的可能性（例如，知道何时应该为了获得奖赏而放弃一个策略，并选择另一个策略）有关。一些研究者认为，双相障碍患者的此神经通路功能异常，导致他们对奖赏的反应不再灵活——躁狂状态下，他们会僵化地、过度地追求奖赏；抑郁状态下，则对奖赏极度不敏感。此外，研究还发现，患有双相障碍，特别是双相Ⅰ型障碍的青少年患者存在脑白质的异常，尤其是前额叶皮层。这种异常能够导致前额叶区难以与其他脑区（如杏仁核）进行交流，并对其施加控制，从而产生双相障碍的情绪紊乱和极端行为。

另一种脑成像技术——磁共振色谱（MRS）已应用于多种精神障碍的研究。对双相Ⅰ型障碍的MRS研究发展出一种假说，即认为此类障碍的病理生理学可能涉及某种膜磷脂代谢异常。MRS对双相Ⅰ型障碍的另一种应用是使用放射性锂MRS去研究患者脑和血浆中锂的浓度。结果发现，在治疗1周后，脑中锂的浓度大约是血浆中的40%。这项研究的动因是发现经锂盐处理的动物在MRS检查中锂可以改变膜中的磷脂代谢，从而影响情绪。

（二）社会文化因素

社会文化理论家主张，抑郁障碍是受社会结构的重大影响而形成的。他们认为，抑郁障碍与文化、性别、种族及社会支持等因素有密切关系。

1.生活事件和环境刺激

一项长期的临床观察研究发现，刺激性生活事件常存在于心境障碍首次发作而不是后续性发作之前。压力与精神创伤是导致精神障碍发作的原因之一。研究发现，与成年后抑郁发作密切相关的生活事件是11岁前丧失双亲，与抑郁发作最有关联的压力事件是丧偶。此外，佩克尔（Paykel）发现，人们在经历一些可能危及生命的生活事件后的6个月内，抑郁障碍发病危险系数会增加6倍。

为什么压力与精神创伤是导致精神障碍发作的原因呢？有理论对此做出了解释：首次发生的压力性生活事件会引起脑生物学的长时间改变，这些改变可导致各种神经递质和神经元内部信息传递系统功能状态的变化，甚至包括神经元的缺失和突触点大量减少。这些变化的最终结果是，使患者处于心境障碍后续发作的高度危险之中，即使在没有外部压力事件的情况下，也是如此。

2.婚姻与家庭生活

一些研究者探索了婚姻背景与家庭关系在抑郁障碍发病中的影响。戈特利布和哈曼（Gotlib和Hamman，2012）所考察的证据表明，在所有体验到婚姻不幸的夫妻中，有1/3—1/2的夫妻（至少有一个伴侣）具有临床上的抑郁障碍。婚姻的不幸与抑郁障碍可能是共生的，因为抑郁障碍患者的行为会对其配偶产生消极影响。由于抑郁障碍患者非常关注自己，以至于他们往往对配偶的需要不敏感或者缺乏积极反应。

2018年，比奇和琼斯(Beach & Jones)修改了海曼关于抑郁的压力—生成模式，它有助于解释婚姻的不和谐与抑郁障碍之间的双向关系(即婚姻压力可能导致抑郁障碍，而抑郁障碍也可能导致婚姻压力)。如同我们已经注意到的那样，抑郁障碍患者体验到的大量压力在某种程度上是由他们自己的行为引起的，但这种压力转而会加剧抑郁障碍症状。例如，在一项对新婚夫妻所做的纵向研究中，戴维勒等人发现，有中度抑郁的妻子倾向于期待从丈夫那里得到更少的支持，同时也具有给丈夫提供更多消极支持的倾向，这种倾向转而形成了婚姻压力，而不断增加的婚姻压力又导致抑郁障碍症状的增加。此外，婚姻的不幸会影响抑郁障碍症状已经减轻的配偶的预后。也即是，一个抑郁障碍症状已经缓解的患者，如果他有一个不幸的婚姻，很可能旧病复发。

一个有趣的现象是，婚姻中的冲突对男性和女性的影响似乎是不一样的。抑郁使男性退出或者干脆中断婚姻关系；而女性更可能患抑郁障碍。基于这些事实，比奇、琼斯和弗兰克(Beach、Jones & Franklin，2009)建议，治疗心境障碍的同时应尽可能弥合患者婚姻关系，以此提高治疗的成功率并预防复发。

患有双相障碍的个体较不容易成婚，即使他们能够结婚，也较容易离婚；但是那些能够保持婚姻关系的双相障碍患者在某种程度上预后较好，这或许是因为配偶在督促他们坚持治疗和服药方面起到了积极作用。

此外，家庭成员中抑郁障碍的影响也会波及婴儿、儿童及青少年。父母一方或双方的抑郁障碍，会将其子女置于许多问题的高风险之中，特别是抑郁障碍的高风险。对于青春期的女孩而言，它也增加了处理问题的风险。当然对此持怀疑态度的人可能会认为，这些研究未能证明抑郁障碍不是通过遗传而传递的。

但是，至少有一项研究得出结论，遗传影响与儿童抑郁障碍有牵连的证据比遗传影响与成人抑郁障碍有牵连的证据更多。许多研究以大量文献证明，母亲及其子女之间消极的相互作用模式具有损害性影响。例如，患有抑郁障碍的母亲对与其子女之间的协调一致缺乏敏感，并且很少体会到其子女的感受；而且其年幼的孩子们也通过观察学习习得消极认知、抑郁行为及抑郁情感。因此，尽管为遗传所决定的易感性不容忽视，但是心理及社会的影响可能发挥了某种更重要的决定作用。

3.社会支持与社交技能的缺乏

早期的一些研究发现，在体验到某种严重的应激性时，缺少同他人亲密与信任关系的妇女比那些拥有这种关系的妇女更有可能产生抑郁。此后，更多的研究对这一观点予以支持，即那些缺乏社会支持的人更容易罹患抑郁障碍，而那些抑郁障碍患者则往往有着更小的支持性社会网络。这些有限的社会网络似乎存在于抑郁障碍发作之前，尽管在抑郁障碍患者的症状缓解的时候，他们可能具有更多的社会接触，但是他们的社会网络比那些从未出现过抑郁的人仍然更为有限。

此外，社会支持对于防止抑郁发作以及促进患者从抑郁发作中恢复也起着重要的作用。例如，一些研究试图探索社会支持对双相障碍患者从躁狂发作到抑郁发作中恢复的作用，得到了一个令人吃惊的结果:朋友和家庭等社会支持网络有助于加速患者从抑郁发作中恢复,但是对从躁狂发作中恢复却没有这种作用。这一发现凸显出躁狂发作的独特性。再者,抑郁障碍患者也缺乏社交技能,例如,他们讲话更为缓慢、更为平淡、更为缺少目光接触;比起那些没有患抑郁障碍的人,在解决人际关系问题方面显得更无能。

4.文化

社会文化理论家认为,一方面,抑郁障碍是普遍存在于全世界的一种心理障碍,各国、各民族和各种文化中的人都处于患上抑郁障碍的风险之中;另一方面,抑郁障碍的确切表征又往往因文化差异而有所不同。例如,在非西方国家,抑郁障碍患者更可能产生躯体症状的特征,如迅速消瘦、失眠等。但是,当这些国家受西方文化影响,出现逐渐西方化的倾向时,其抑郁障碍则表现出与西方国家相同的情况,即表现出更多心理症状的特征,如自责与罪恶感等。

5.性别、种族

研究表明,女性患抑郁障碍的比率高于男性。有社会文化理论认为,社会对女性的角色期待以及女性社会上的地位,使得她们较容易患抑郁障碍。同样,尽管研究发现美国白人、非洲裔美国人及拉丁美洲裔美国人在抑郁障碍患病的比率上差异较小,但是,生活在特殊社会生活环境中的种族的患病率存在显著差异。例如,在一项针对美国印第安村民的研究中发现,其女性抑郁障碍的终生患病风险为37%,男性为19%,总体为28%,高于一般美国人口。许多社会文化理论家将这种情况解释为,生活在印第安人保留地的人面临严重的社会和经济压力。

双相障碍的女性比男性更可能有抑郁障碍症状,他们患酒精使用障碍的终生风险比男性更高,可能性也比普通人群中的女性大得多。女性比男性更倾向于报告轻躁狂伴混合抑郁特征和快速循环的过程。分娩可能是轻躁狂的特定激发因素,产后轻躁狂可能预示着抑郁的起病,它出现在大约一半经历产后“心境高涨”的女性中。准确诊断双相Ⅱ型障碍有助于选择适当的抑郁治疗,这可以降低自杀和杀婴的风险。

二、心境障碍的治疗

(一)心境障碍的治疗原则

目前的治疗手段还无法根治心境障碍,但治疗能减轻或缓解病症,并减少伴发疾病的患病率及病死率。因此,心境障碍的治疗目标是降低发病的频率、严重性及心理社会性不良后果,并增强发作间歇期的心理社会功能。具体内容如下:

(1)应加强对心境障碍的心理社会影响的了解和调整,识别其促发或延续因素,提倡早期发现、早期治疗。必须全面了解患者的需要、内在心理冲突、心理防御机制、应对方式及能力等,并了解生物、心理、社会等各方面的影响因素。

(2)确定药物及其他治疗,并制定全面的综合性治疗计划,既要考虑目前的临床状态问题,也要考虑疾病发展情况、治疗方法及效果等问题,并根据病情不断调整综合性的治疗和护理。

(3)对于经过诊断的个体,应用恰当的药物、心理治疗、心理社会康复。需要指出,心理治疗和社会干预应贯穿整个治疗过程，目的在于减少应激性生活事件的负面影响，使患者消除不必要的顾虑和恐惧、悲观情绪，主动配合治疗。

（4）在整个药物治疗过程中，要始终注意贯彻治疗的“个别化”原则。治疗应努力取得患者及其家属的配合，增强执行治疗计划的依从性。

（5）应建立和维持一种治疗性的协作关系，精神科医生除直接治疗患者外，还常作为合作伙伴或指导者，以团队工作方式与其他人员共同根据患者的需要，提供包括精神科、全科医疗、康复及社会的系列性服务，以最大限度地改善社会功能和提高生活质量。

（6）以适合患者的方式提供健康教育，并应贯穿整个治疗过程。

（二）心境障碍的治疗方法

目前，我们已经部分掌握了心境障碍的神经生理学机制。对于神经化学物质间复杂的相互作用的了解，使心境障碍的本质变得清晰起来。正如我们已经知道的，药物治疗的作用就是改变神经递质以及其他有关的神经化学物质的水平。其他的生物学治疗方法，如电痉挛疗法，也可以显著地改变大脑的化学环境。此外，有力的心理治疗也可以改变大脑的化学环境。现在很多方法都可以治疗心境障碍。然而，每年只有大约一半的双相障碍患者和大约60%的抑郁障碍患者会寻求治疗。最终确实去寻求治疗的患者，往往也是在症状开始多年后才去就医的。

1.心境障碍的生物治疗

抑郁障碍和双相障碍的大多数生物治疗均为药物治疗。除药物治疗外，一些患有心境障碍的个体还接受电痉挛疗法。治疗心境障碍的三种新方法——重复经颅刺激（rTMS）、迷走神经刺激和深部脑刺激——给很多人带来了希望。患有季节性情感障碍的个体则可以从一种简单的疗法——光疗法中受益。

（1）抑郁的药物治疗

目前用来治疗抑郁障碍的药物主要有四种：选择性5-羟色胺再摄取抑制剂、混合再摄取抑制剂（如选择性5-羟色胺-去甲肾上腺素再摄取抑制剂、去甲肾上腺素-多巴胺再摄取抑制剂）、三环类抗抑郁药以及单胺氧化酶抑制剂。不同抗抑郁药的有效性差异不显著。

通过药物治疗，近50%的患者会取得部分效果，另50%的患者的功能会恢复到接近正常水平。如果不考虑中途脱落的患者，只计算那些完成了全部治疗的患者的数据，那么取得一定治疗效果的患者的比例至少可以提高到60%—70%。需要注意的是，对于轻度至中度抑郁的患者而言，抗抑郁药并不比安慰剂更有效果。抗抑郁药仅在严重抑郁患者身上具有明显的优势。

选择首先使用哪种药物，多半取决于医生的经验和对患者承受副作用能力的考虑。通常需要几个星期才能知道药物对个体是否有作用。大多数人在发现对自己起作用的药物之前都会尝试一种以上的药物。

目前，抗抑郁药被用于减轻抑郁的急性症状。为了防止复发，个体在症状消退后通常继续服用抗抑郁药至少6个月。若在症状消退后的最初6—9个月内没有继续服用抗抑郁药，会使重性抑郁障碍复发的风险翻倍。双相障碍患者服用抗抑郁药来防止抑郁复发。

选择性5-羟色胺再摄取抑制剂(SSRIs)被广泛应用于治疗抑郁症状。SSRI类药物的疗效并不比其他抗抑郁药更好,但是它们具有较少让人难以忍受的副作用。此外,如果服药过量,它们比其他老式抗抑郁药(如三环类抗抑郁药以及单胺氧化酶抑制剂)要安全得多。而且,它们对于抑郁同时出现的焦虑、进食障碍和冲动等诸多症状也有积极效果。不过,SSRI类药物确实存在副作用,5%—10%的患者因为这些副作用而中断服药。最常见的副作用是肠胃症状(如恶心和腹泻)、震颤、神经质、失眠、日间嗜睡、性欲降低和难以达到性高潮等。初次服用SSRI类药物时会感到"神经过敏"或"皮肤上有搔抓感"。一些双相障碍患者服用SSRI类药物时会产生躁狂症状。其他患者可能还会产生高度兴奋,导致自杀念头以及自杀行为的增加。这种风险在儿童和青少年当中最大。然而,一些研究发现,SSRI类药物会导致青少年的自杀意向在最初几个星期内增强,而当他们平安服药超过一个月,这种由抑郁引发的自杀倾向反而会被阻断。

混合再摄取抑制剂,如选择性5-羟色胺-去甲肾上腺素再摄取抑制剂、去甲肾上腺素-多巴胺再摄取抑制剂,会影响5-羟色胺、去甲肾上腺素以及多巴胺的水平。选择性5-羟色胺-去甲肾上腺素再摄取抑制剂在防止抑郁复发方面比选择性5-羟色胺再摄取抑制剂略胜一筹,但是其副作用范围比SSRI类药物更大。去甲肾上腺素-多巴胺再摄取抑制剂对于治疗有精神运动性迟滞、快感缺乏、嗜睡、认知迟缓、注意缺陷和渴求症状的患者尤其有用,且能减少SSRI类药物带来的性功能失调的副作用,因此有时会和SSRI类药物一起使用。

尽管三环类抗抑郁药是最早表现出持续缓解抑郁症状的药物之一,但是现在三环类药物的使用频率低于其他药物。这在很大程度上是由于它们有诸多副作用,导致血压下降和心脏病患者的心律失常。此外,三环类药物剂量过大会危及生命,而平均每日处方量的三至四倍即为过量。因而,临床医生在开具这类药物的处方时很谨慎,对于可能存在自杀倾向的抑郁者尤其如此。

与三环类抗抑郁药同样有效的另一种早期抗抑郁药是单胺氧化酶抑制剂,它的副作用更广泛,除了有三环类抗抑郁药一样的副作用,还会导致肝脏损伤、体重增加、血压严重降低以及与一些药物产生相互作用等,因此现在已经很少被用来治疗抑郁。

(2)心境稳定剂

双相障碍患者可能会服用抗抑郁药物来缓解其抑郁症状,但是他们也通常服用心境稳定剂(锂盐或抗惊厥药物)来缓解或防止躁狂症状。锂盐对抑郁者的抑郁症状也有积极效果。此外,医生也给很多病人开具了非典型抗精神药以控制心境波动。

锂盐可能是通过改善异常的细胞内过程来缓解心境障碍。当然,大部分双相障碍患者在没有躁狂或抑郁症状时也会服用锂盐,因为这样能有效防止复发。此外,锂盐还能有效降低自杀风险。虽然锂盐是许多双相障碍患者的救星,但是它也存在一些问题。锂盐的有效剂量和中毒剂量之间的距离很小,因此使用的时候必须小心掌握剂量,以避免中毒和甲状腺功能降低,后者会加重缺乏活力的抑郁症状。此外,体重增加也是常见的副作用。许多患者还会出现腹痛、恶心、呕吐、腹泻、发抖、抽搐和肾功能障碍等症状;孕期头三个月摄入锂盐还会导致婴儿出生缺陷。此外,多达55%的患者会在三年内对锂盐产生抗药性。

约33%的患者对锂盐没有反应,因此这类患者可以选择其他抗躁狂药物,如抗惊厥药(卡马西平、丙戊酸)和非典型抗精神病药。目前,在治疗双相障碍上,抗惊厥药丙戊酸已经取代锂盐成为了最常用的心境稳定剂，因为它的副作用较小。但是这类药物有一个显著的缺点，即不能有效地防止自杀。研究发现，服用丙戊酸的患者自杀率比服用锂盐的患者高2.7倍。因此，对于双相障碍的治疗，锂盐仍是首选的药物，只是经常与其他心境稳定剂结合使用。

令人遗憾的是，即使那些对锂盐反应较好的患者持续服用锂盐，最终还是会有70%的患者会复发。尽管如此，对于反复发作的躁狂发作患者，我们还是推荐维持使用锂盐或相关药物来预防复发，因为停药后复发的风险更大。

现在临床上也经常应用其他方法，如心理治疗来提高患者的配合程度，降低复发率。

(3)电抽搐疗法

如果患者对药物治疗反应不好(或病情极度严重)，医生可考虑一种更强力的治疗方法——电抽搐疗法，对于这一方法的具体介绍见精神分裂症的治疗方法。目前，虽然电抽搐疗法在消除抑郁症状方面极为有效，但是接受该治疗的患者复发率超过85%，因此，与抗抑郁药物或心理治疗相结合进行后续治疗是十分必要的。对于有精神病性症状和紧迫自杀风险的住院抑郁患者，应该立即进行电抽搐治疗。

(4)脑部刺激的新方法

近年来，研究者一直在寻找不使用电流来对脑部进行刺激的新方法。在随机临床测验中，研究者发现，对于其他治疗方法无反应的抑郁障碍或双相障碍患者，重复经颅磁刺激(repetitive transcranial magnetic stimulation；rTMS)、迷走神经刺激、深部脑刺激等方法能很好地改善抑郁症状。

经颅磁刺激(rTMS)的具体内容见上一章精神分裂症的治疗方法。使用该方法治疗抑郁障碍患者时，研究者以左侧前额叶皮层为目标，因为抑郁障碍患者的该脑区新陈代谢活动水平异常低；此外，使用该方法不需麻醉，副作用也仅限于头疼。然而，近期研究发现，针对严重或难治的精神病性抑郁障碍患者，ECT显然比TMS更有效。或许相对于ECT，TMS更适合与抗抑郁药物结合使用，相关研究也证实了该结论(Brunoni等，2013)。

另一种具有前景的治疗重度抑郁的新方法是迷走神经刺激(vagus nerve stimulation; VNS)。迷走神经是自主神经系统的一部分，负责将头、颈、胸、腹处的信息传递到多个脑区，包括下丘脑和杏仁核这两个与抑郁相关的区域。在实施迷走神经刺激时，将一个类似心脏起搏器的小型电子装置植入患者左胸壁的皮肤组织下，这个装置可以刺激迷走神经产生波动，从而影响脑干和边缘系统中的神经递质。

目前最新也是研究最少的方法是深部脑刺激，仅在几个严重的抑郁障碍患者身上尝试应用。该方法通过外科手术将电极植入特定脑区，如边缘系统(情绪脑)；此外，电极与置入皮肤下的脉冲发生器相连，并对这些脑区进行刺激。深部脑刺激只要很少的次数就能缓解难以治疗的抑郁症状，但是其效用仍需等待时间检验。

(5)光疗法

具有季节性情感障碍(SAD)的患者在日照时间最短的冬季里会变得抑郁，在日照时间较长的夏季里心境会好转。SAD患者对光的敏感性不足，因此可以在冬季时，让SAD患者每天暴露在明亮光照下数小时，以缓解患者的部分症状，这种方法被称为光疗法。研究发现，在完成一次光疗法的SAD患者中，57%的患者症状得以缓解；对其同时进行光疗法和认知治疗，79%的患者症状得以缓解;而在没有接受干预的控制组中,症状缓解的比例只有23%。

2.心境障碍的心理治疗

(1)行为治疗

行为治疗的重点是通过帮助抑郁患者改变其与环境和他人互动的方式来增加积极强化物,减少个体在生活中的厌恶体验。行为治疗的疗程较短,一般只持续12周左右。

行为治疗的第一阶段包括对特定环境与抑郁患者症状之间的关系进行功能分析。抑郁患者何时感觉最差?什么情境令他感觉更好?这种分析能帮助治疗师确定治疗中需要聚焦的行为和互动模式,也能帮助患者理解症状与其日常活动或人际交往之间的密切联系。

一旦明确了导致患者抑郁症状的环境,治疗师就可以帮助患者改变环境中导致抑郁的因素,如隔离;此外,治疗师也会向患者传授改变负性环境,尤其是不良社交方式的技巧;再者,他们也会帮助患者学习在不愉快情境中控制情绪的新方法。这些方法的最终目的都是提高患者对环境的适应能力。

(2)认知行为治疗

认知行为治疗主要有两个治疗目标:第一,旨在改变抑郁患者的消极无望的思维方式; 第二,旨在帮助抑郁患者解决生活中的具体问题,并培养更有效的技巧。和行为治疗一样,认知行为治疗疗程短,一般在6—12周左右。治疗师和患者通常会首先确定他们的治疗目标,这些目标聚焦于与抑郁相关的具体问题,如婚姻问题或工作不如意。

(3)人际关系治疗

我们已经了解到,人际关系的重大挫折是一类非常重要的应激源,可以触发心境障碍。而且,那些严重缺乏社会交往的人更容易罹患并持续其心境障碍。人际关系疗法注重解决现有人际关系方面的问题,并帮助个体学会建立新的重要人际关系。它不涉及防卫机制和内心冲突等内在心理结构问题,但会处理犹豫不决、歪曲的思维和社会功能损害对人际关系方面的不良影响。与认知行为疗法类似,人际关系疗法高度结构化,而且一般不会超过15—20次面谈,通常也都是一周一次。

(4)家庭治疗

家庭治疗的目的在于帮助患者减少负性情绪和妥善应对各种事件(尤其是婚姻、恋爱、家庭等事件)引发的负性情绪,降低疾病的复发概率。治疗时既要考虑患者在家庭的心理健康中的角色,也要考虑家庭对病情、症状发生的作用。例如某些患者的配偶承认,如果知道自己的爱人会得精神疾病,就不会结婚和要孩子,这时家庭治疗是非常必要的。

总之,在心境障碍的各种治疗方法中,它们对大部分心境障碍患者的治疗效果都差不多。而且,有研究发现,药物治疗和心理治疗结合使用(85%的患者症状得以缓解)比单独使用(50%的患者症状得以缓解)更能有效地治疗具有持续性抑郁障碍患者。

美国国立精神卫生研究院(NIMH)的合作研究表明,药物治疗和心理治疗合用是治疗抑郁发作的有效方法之一。此外,抑郁复发的比例很高,甚至在治疗症状完全消失的患者身上也是如此。因此,抑郁患者,特别是有抑郁复发史的患者,即使在症状消失后也应该维持一定程度的治疗。通常维持的主要是药物治疗,许多患者在抑郁首次发作几年后仍坚持服用抗抑郁药。对行为治疗、人际治疗及认知行为治疗的研究显示,维持每月与治疗师会面一次的治疗,也能极大地减少复发率。药物治疗可以缓解心境障碍患者的症状,而心理治疗能够帮助心境障碍患者理解和接受服用药物的需要,并帮助他们正确应对该障碍对其生活的影响。

复习巩固

1.治疗抑郁障碍主要采用哪几类抗抑郁药?

2.心境障碍的心理治疗方法有哪些?

第四节　自杀及其干预

随着科学的发达和医学的进步,人类寿命大大延长,一般疾病造成的人类死亡率逐渐下降;但也由于科学技术的飞速发展和社会形态的急剧变化,给人们造成了巨大的精神压力,严重影响着人们的身心健康。

自杀已经成为当今世界一个很大的社会问题,也是近年来全世界心理卫生领域重要课题之一。对于一般人而言,生命是宝贵的,"好死不赖活着",他们很难理解,为什么那么多人会选择自己结束自己的生命?

研究表明,自杀者多数都有心理冲突或心理异常问题,约有一半的自杀者有情绪抑郁症候群或处于严重抑郁状态,精神分裂症和病态人格也和自杀意念密切有关。

因此,自杀也就成为变态心理学所关心并进行探讨的重要课题之一。

一、自杀概述

(一)自杀的含义

自杀是有意识地夺去自己的生命。美国疾病预防控制中心(CDC)将自杀定义为"因受伤、中毒或窒息死亡,并有证据(直接或间接)表明该受伤是由自己造成的,而且死者有意图杀死自己"。

自杀有很多形式,包括:成功自杀,以死亡作为结束;自杀企图,也称为自杀未遂,指尝试造成自己死亡但没有导致这一结果的行为。实际的自杀未遂比成功自杀要常见得多,一些研究估计,自杀未遂的数量是成功自杀的20倍;自杀意念指向想要杀掉自己的想法,它比尝试和真正完成自杀更常见,很多具有心理障碍的个体都会考虑自杀,但从未尝试过自杀。在全球范围内,大约9%的人报告自己产生过至少一次自杀意念,2.5%的人至少尝试过一次自杀行为。

（二）自杀率

1.自杀统计

想象一下，从全世界随机选出1000个人。在这些人中，每年会有4个人自杀，有7个人计划自杀，有20个人会认真考虑自杀。

据WHO估计(2012)，全球每年有100万以上的人自杀身亡，或者说每40秒就有1个人自杀；中国每年自杀人数在25万人以上。

国际上通常将每年每10万人自杀人数作为自杀率的统计标准，若少于10人，自杀率较低；10—20人之间，自杀率中等；20人以上，自杀率较高。卫生部数据显示，中国每年总的自杀率为23/10万，自杀死亡人数为28.7万人(费立鹏，2004)。对比国际标准，我国已成为继日本、韩国等之后的又一高自杀率的亚洲国家。

2.青少年自杀统计

此外，近年来自杀率大幅提高，尤其是青少年自杀现象大量出现。研究表明，自杀是全球青少年的第三位死亡原因(Eaton等，2008)，仅次于意外伤害(如车祸)和他杀。而且，自杀是我国继心脑血管病、恶性肿瘤、呼吸系统疾病、意外死亡之后的第五大死因，是我国15—34岁人群的首位死亡原因(Phillips，Li，Zhang，2002)。

由以上数据可知，自杀已成为现代社会一个重要的公共卫生问题，近年来越来越受到国内外政府和研究者的重视。

（三）自杀研究现状

1.种族和跨文化差异

在美国，不同的族裔或种族之间自杀率存在极大的差异。欧裔美国人的自杀率高于几乎所有其他群体，每10万人中就有12人左右自杀。紧随其后的是美国印第安人，每10万人中有11人左右自杀。美国印第安人中的自杀与贫穷、受教育程度低、无望、歧视、物质滥用及容易获得枪支有关。非裔美国男性中的自杀率在近几十年来大幅上升。

自杀率存在跨文化差异，欧洲大部分地区、俄罗斯和中国的自杀率都较高，而拉丁美洲和南美洲的自杀率较低。澳大利亚、美国、加拿大和英国的自杀率介于这两极之间。这种差异部分是因为文化和宗教原因。宗教信仰禁止自杀，信教的人企图自杀可能性较小。

2.儿童和青少年自杀

由前述内容可知，青少年的自杀现象逐渐增多；自杀是全球青少年的第三位死亡原因。在美国，每10万人中，因自杀死亡的人数已经从原来的1.29(10—14岁年龄组)增长至现在的12.35(10—14岁年龄组)。具体而言，每年有17%的青少年认真地考虑过自杀，15%做出了企图自杀的计划，超过8%企图自杀，大约2%因自杀未遂造成了严重伤害需要就医。

在中国，调查研究表明，18.39%的中学生有过自杀意念，其中女孩的自杀意念显著高于男孩(张敏，王礼桂，邢艳菲，2007)；8.2%的初中生有过自杀计划(熊光练，2007)；4%的中学生实施了自杀行为但自杀未遂(孙莹,陶芳标,高茗,2006)。王卫红(2013)的研究发现,2011年,在15758名参与调查的高中生中,有278名学生曾有过喝药、割腕等自伤或自杀行为,自杀自伤行为发生率为1.76%。在曾自伤自杀的学生中,有40.3%的学生曾有过1次自伤自杀经历,21.9%的学生有2次,14.7%的学生曾自伤自杀3次,自伤自杀4次及以上的学生占23%。有118人曾经因心理问题看过医生,占所有自杀自伤人数的42.4%。92人自伤之后曾被医务人员抢救。青少年自杀率上升,部分是因为包括抑郁、焦虑障碍、药物滥用等与自杀有关的心理障碍的发病率在青少年期逐渐上升。

在自杀的方式上,王卫红(2013)的研究发现,青少年自杀的主要方式是“用工具”(50.7%),其次是“服毒药”(9.4%)、“跳楼”(7.6%)。此外,自杀的前三位原因分别是家庭纠纷(36%)、情绪低落(18.7%)、工作学习问题(8.6%);自杀的主要目的是解脱痛苦(37.8%)、对现实抗争(8.3%)。

女孩更可能企图自杀,但是男孩更可能自杀成功。青少年期男孩自杀成功的可能性是女孩的数倍。同性恋和双性恋的青少年自杀未遂的比例比异性恋的青少年高2—6倍。拉美裔女孩产生自杀想法和自杀计划并企图自杀的比例远远高于拉美裔男孩和其他种族的青少年群体。研究者指出,拉美裔女孩的高自杀率与她们和父母之间的冲突有关,女孩高度适应美国价值观,但她们的父母还持有传统的文化价值观,并拒绝接受女孩的独立要求。

3.老年人自杀

研究发现,相比于年轻组,老年人的自杀率也存在急剧的增长。虽然过去几十年里,65岁以上老年人的自杀率降低了50%,但是老年人尤其是老年男性仍然存在较高的自杀风险。自杀风险最大的是85岁以上的欧裔美国男性。在企图自杀时,老年人自杀成功的可能性大大高于年轻人。似乎大多数试图自杀的老年人都抱了必死的决心。

某些老年人自杀是因为无法承受配偶或其他亲人的离世。失去亲人后的第一年里自杀率最高,但是之后数年内依然会保持一个较高的自杀水平。其他老年人选择自杀是希望摆脱疾病带来的痛苦和折磨。摆脱疾病和残疾可能对自杀的男性来说是特别强烈的动机,他们不愿意成为其他人的负担。另外,还有研究发现,44%的老年人称自己无法忍受被安置在养老院,宁愿结束生命。当然,有抑郁或其他心理疾病史的老年人自杀的可能性更高。

4.性别差异

尽管企图自杀的女性人数比男性高两到三倍,但是自杀成功的男性人数则比女性高四倍;这一性别差异在所有年龄段都存在。这个事实似乎和两性的自杀方式有一定关系。男性通常选择非常暴力的方式,如开枪和上吊(一半以上的男性会开枪自杀),女性则选择相对温和的方式,如过量服药等。男性试图自杀时,大多比女性有更确定的死亡意愿。在年龄特征上,男性大多在老年阶段实施自杀,而女性大多在中年阶段实施自杀。

二、自杀的临床表现

自杀并非突发,一般而言,自杀者在自杀前处于想死同时渴望被救助的矛盾心态,从其行为与态度变化中可以看出蛛丝马迹,大约2/3的人都有可以观察到的征兆。

(一)言语上的征兆

在自杀前,一半的个体都会将自己的消极意念无意识地透露给他人,临床工作者以及周围的人都必须注意他们有意无意的言行,例如,“好想死了”,“还是死了算了”等,不过现在似乎流行这样一种错误的想法,以为“真正想死的人是不会说出他们的真实想法的”,这其实是一种误区。

(二)情绪上的征兆

在情绪方面,有自杀意图的人通常会表现出这样的思想,“将来对我来说已经没有一点儿值得期待的了”,“即使活下去也是遭受痛苦和折磨,活下去也没有什么意思的”,“我的人生黑暗一片,活着只是给家人增加烦恼”。这些思想蕴含着强烈的绝望感。

心境障碍患者在倾诉“痛苦得要命,简直无法形容”等感受的时候,也有可能采取自杀行为。然而,在平常的生活中,如果个体表现出痛苦不堪的时候,即使没有向医生或亲友倾诉,只是默默地忍受,这也是相当危险的。当医生或亲友发现他们表现出焦虑、坐立不安等情况加剧的时候,就应该意识到其自杀危险性,及时采取相应的预防措施。

还有一种情况,个体会把所有的责任都归咎在自己身上,过度地自责。例如,“这都是我的错,我真是该死”,“因为我的问题连累到家人,真的是过意不去”,“犯下这样的错误,真的是罪孽深重,只能一死来获得宽恕和解脱”。对于陷入过度自责的人来说,很容易会将自杀的念头付诸行动。

最后,出现自杀意念的人通常感到自己孤立无援,失去了所有支持。当个体家属中有人去世,或者他们与家人关系恶化时,找不到可以倾诉的对象,让自己发泄出心中的苦恼,也可能增加自杀的危险。

(三)行为上的征兆

(1)突然变得异常沉静。个体一旦产生自杀的想法,就可能疏远他人,不再愿意过多地向别人倾诉自己的痛苦。所以,一定要对那些突然变得沉默寡言、行为孤僻、对周围所发生的一切事情都毫不关心的个体保持高度的警惕。但是,他们的这些行为很容易让周围的人产生这样的错觉,“真正想自杀的人是不会轻易向别人透露自己的想法的”。其实,这也只是一部分个体的情况,不能一概而言。这种人一般自尊心极强,常常背着沉重的心理负担,因此很可能在实在忍受不了的时候发生自杀行为。

(2)莫名其妙地表达感谢,并开始整理身边的事物。有的个体在决定自杀后,常常会莫名其妙地向周围的人表达自己的感激之情,而这通常让人觉得摸不着头脑。例如,他们在不合时宜的情况下表达“非常感谢你一直以来对我的照顾”,“谢谢你一直关心我支持我”;或者是开始整理自己身边的东西,处理信件、照片;把具有纪念意义的东西送给别人;等等。这些都可能是在为了离开这个世界做准备和善后工作。

(3)为了自杀而做的储存药物等准备行为。如果个体正在服用抗精神疾病的药物,家属应该注意他们的服药情况,看他们是不是偷偷地把某些药品藏起来。

(4)他们常常爬到高楼楼顶或者一些容易发生危险的地方。

(5)出现不合理的交通事故。这些事故只要人们稍微注意就完全能够避免,但这一行为可能隐含了个体的自杀动机,希望事故发生。

(6)其他情况。例如,个体突然出现记忆模糊、神志不清的情况(在事情发生之后却不知道自己到底做了什么),这可能是非常危险的信号。此外,还存在许多自杀发生的高危时期,例如,疲惫不堪时,受不了病痛的折磨,希望尽快康复起来的愿望变得十分强烈的时候,都很容易促使他们采取自杀这种极端的方式来结束自己的痛苦。

三、自杀的影响因素

我国研究发现,负性生活事件、低社会支持和不良人格特征等是大学生自杀的重要危险因素(杨雪龙,2010)。人格是大学生自杀意念的基础性因素,负性生活事件和低社会支持对自杀意念作用虽小却起到"扳机"作用(柯江林,2008)。这些结果反映了自杀的动机是由各种内外因素促发的。然而,人们一般所看到的都是外因,即诱发因素,而真正决定自杀的,往往是内因。任何的外因都要在内因下发生作用。以下将对引起自杀的两种因素进行说明。

(一)外因

引起自杀的外因一般是引起感情危机和情绪障碍的重大生活事件,使人产生强烈的应激性反应,比如说失恋、背叛、父母责骂、朋友的不理解、恋人配偶亲人的意外死亡等等。但有些人更多的是冲动、想不开、一意孤行。

(二)内因

引起自杀的内因有很多,概括下来主要有以下几点:

1.精神疾病

一些抑郁障碍、精神分裂症患者及酒精成瘾者是自杀的高危人群,如所预期的那样,先前有过心理疾患的病人有较高的自杀率。

2.长期的疲劳和压力过大所引发的异常焦虑和抑郁

长期的压力会造成脑功能的变化,导致心境障碍。当外加压力超过个人所能承受的极限,尤其当患者神经系统或精神活动处于崩溃状态时(神经症性抑郁、精神病性抑郁),若得不到及时有效的治疗和帮助,有可能导致自杀的发生。

3.人生目标的丧失

持续的挫折会让人受到事物不和谐方面的影响,一些经不起挫折的人从而对人生目标失去信心或对生活产生过多的灰色评价,这种评价还容易引起恶性循环。缓慢的不良情绪和不良认知的累积,让人感觉到自己生活在痛苦和苦难之中,变成一种潜在的危险因素,最终可能导致悲剧发生。

4.缺乏安全感和归属感

每个人都生活在一定的社会支持之中,对于一个人来说,一旦失去了对他来说非常重要的社会支持,就可能削弱其生存能力、信心和意志,这时自杀率会明显提高。

5.环境参照

有人认为自杀往往发生在自认为境遇不同于别人的人的身上。如果一个人与周围人群处境差别较大,他所体验到的羞辱、忧伤和绝望的情绪也就会特别强烈,甚至难以忍受,因而容易出现自杀现象。相反,如果大家境遇雷同,即使是处在十分艰难的情况下,人们往往也能忍受下来。

6.人格因素

当遇到一个主观上或客观上无法克服的冲突或挫折时,不同人格的人会做出不同的应激行为,有些人坚强挺过去了,而有些人选择自杀。这显然是一个耐受力的问题。不同的个体差别很大,那些心理承受力过低、心灵脆弱、人格及情绪处理不成熟、适应环境能力及解决问题能力过弱的人,在面对挫折和困难时更容易选择自杀。

王卫红(2013)的研究发现,将冲动性的三个因子(计划冲动性、认知冲动性、行为冲动性)及其总分与自杀意念得分进行相关分析,结果发现各个因子以及总分均与其显著正相关。也就是说,冲动性人格特质得分越高,自杀意念越强。

7.特定动机

在一些特定的政治和文化环境下,有的人用自杀作为一种献身的、进攻性的和追求某种心理满足的手段。有的人为了所追求的理想和正义的事业而献身,以死来唤起当权者或民众的觉醒,如屈原眼见救国无望,投江身亡。

四、自杀的预防和干预

自杀受多种因素影响。一旦压力超过了人们的当前应对能力时,自杀便是最糟糕的结果。

大多数自杀者会有一些“前兆”,如果我们注意观察,方法得当,自杀是可以有效预防和干预的。

(一)自杀行动的底线

对一个人来说,决定一个人是否采取自杀行动的“底线”,常常落在下面这两个问题上:(1)它会管用吗?“我的痛苦会得以解决吗?”(2)这样做对不对?“自杀是不是会伤害到其他人,或是打破我潜在的道德规则?”

对那些企图自杀的人来说,这两个问题形成了最后一道防线。

1.问题解决

一个企图自杀的人常常会沉思自杀是否能够解决某些具体的现实问题,因为自杀通常是作为个体尝试寻找的解决方式,而不是作为一个“逃避”的途径。

“绝望”是与自杀关联密切的长期危险因素。绝望摧毁了“未来”——一个在承诺或是改变的可能基础上构建起来的希望框架。如果一个人预言没有改变的可能,未来与现在不存在任何明显本质的不同,那么未来的概念就消失了。没有了希望,也就没有了未来。而如果没有了未来的概念,那么也就不会有希望。

一旦未来消失,人们也就很难再产生支撑我们继续生活下去的那些感受,像精力充沛,充满激情、干劲和动机。如果真的没有改变的可能,为什么还要苦苦维持生活?这是一个合理的观点,而不是悲观主义者的论调。

人们之所以自杀,是因为他们看不到解决自身痛苦的希望存在。原因是:他们体验到的巨大情绪痛苦被知觉为无法逃避的、无穷无尽的和不可容忍的,任何人都会产生引发自杀的绝望感。

对于这个问题的处理,一是从认知的角度,让他们认识到有些痛苦是每个人都可能经历,而且是必定存在的;其次,重塑价值体系,认识到生命对于个体的意义。

2.道德合理化

常见的对自杀的道德合理化观念包括:(1)我为自己感到羞耻,或是无法完成自己的使命,而唯一能做的光荣的事情就是结束自己的生命(如三岛由纪夫);(2)没有了我,人们将会生活得更好,所有因我而起的问题也将得以解决;(3)在道德上,生命的尊严远比苟延残喘地活着重要得多;(4)我的疾病会让整个家庭陷入破产,没有了我这个包袱,他们会活得更好;(5)如果我不杀死自己,很可能会对别人造成身体上的伤害(如酒后驾车,或是因为处于躁狂或是精神分裂状态攻击别人);(6)神灵(或上帝)需要我奉献出自己的生命(常见于精神病性状态);(7)我根本不配继续活下去(常见于那些因为他人死亡而存在幸存内疚的人身上,如:车祸余生者;具有冲动性行为诸如因为强烈情绪而犯罪的个体;拥有引发羞耻的行为,例如性骚扰儿童,以及精神病性地自我诋毁的个体)。

对于自杀干预工作者而言,需要打破这种道德合理化的想法,让这些有自杀欲望的人认识到这样想法的片面性,并引导他们对自己和周围世界负责,重拾恰当的道德规则。

(二)自杀干预工作

在自杀的预防和干预上,我们可以做以下几方面的工作:

1.生死观干预

研究表明,生死观对于个体自杀行为有重要影响(袁峰,2010;Robert A,2004),因此树立正确的生死观对于降低自杀率有很大帮助。同时,自杀者生死观的消极影响可以持续若干年(陈建梅,2005),对自杀者未来的价值观也会有所影响。因此对自杀未遂者进行及时干预,树立恰当的生死观,不失为预防自杀行为发生的重要手段。但是如何有效地进行生死观干预,研究界尚无更多说明。

2.青少年心理健康教育

青少年心理健康是青少年健康成长的重要组成部分,加强青少年心理健康教育,可以为预防自杀打下良好的基础。教育部《关于加强中小学心理健康教育的若干意见》中,强调学生的心理健康教育是素质教育的重要组成部分。《中共中央国务院关于进一步加强和改进未成年人思想道德建设的若干意见》中也强调了学校应加强关注未成年人心理健康。2013年5月实施的《中华人民共和国精神卫生法》中也强调,学校应关注学生心理健康状况,当发生可能影响学生心理健康的事件,学校应当及时组织专业人员对学生进行心理援助。

随着社会的发展和社会竞争的加剧,学习压力巨大,年轻一代的心理冲突和行为问题越来越突出。高中生是一个特殊的群体,高中阶段是学生身心矛盾较多、情绪较不稳定的时期,个体应对能力发展不足,应对方式有限,当碰到各种复杂问题时,极有可能选择极端的方式(如自杀)来处理,导致令人痛心的结果(王华,2004)。因此,构建自杀未遂高中生的危机干预体系,既使国家方针得到更好地贯彻,也顺应了教育改革的潮流,是当代和谐社会对我们提出的要求。

3.直面自杀问题

国家疾控中心与北京回龙观医院调查结果显示,我国每年约有25万人死于自杀,200万人自杀未遂(2011)。但受中国传统文化的影响,人们会刻意回避某种现象,自杀就是其中之一,所以关于自杀的相关研究起步晚(邓勤勤,2006)。自杀事件的发生对社会会产生不容置疑的消极影响,尤其是当这种事情发生在成长中的青少年中时,更是如此。

但是,因为各种原因,自杀目前还属于比较避讳的问题,结果失去了一些重要的挽救机会。为了减少自杀率,我们应正视自杀问题,更多关注自杀或危机干预。

拓展阅读

关于自杀的误区

1.那些口口声声扬言要自杀的人其实不会自杀,只有沉默的人更容易自杀。这种理解是不正确的。当有人扬言要自杀时,我们必须认真对待。

2.那些自杀未遂的人并非想结束自己的生命,他们仅仅为了博取人们的同情。这种理解是错误的。研究表明,约有40%自杀身亡的人在死亡前都有过自杀未遂或扬言自杀,自杀未遂的次数越多,自杀死亡的可能性也就越大。

3.自杀是羞于启齿的事,患者及家属也有意隐瞒自杀的历史,因此不应同具有自杀意图的人谈论自杀。这样做的后果是,有自杀观念的个体会将这些想法植入脑海或者使自杀的想法更为强烈。因而临床工作中应鼓励患者说出自杀的想法,这有助于帮助他们克服这些想法。

值得注意的是,多数因抑郁而自杀的人在事前多会发出一些求救的讯息,若周围亲友多加注意,很可能就可以防止悲剧发生。

4.如果一个抑郁的人或是想自杀的人感觉好些了,那通常意味着问题已成过去了。这种理解是错误的。如果一个抑郁的人或想自杀的人突然变得快乐一些,不要以为危险已经过去了。一个下了决心要选择死亡的人会因为他已经做出这个决定感觉“好一些”或是感到一种解脱。同时,一个严重抑郁的人有可能欠缺精力来将他们的自杀想法变为实际行动,但是一旦他们恢复精力,他们很可能会完成他们的想法。

5.不同年龄阶段看，年经人更容易自杀。这种理解是错误的。从不同年龄阶段看，世界各国的统计数据都表明，老年人是自杀率最高的人群。只是年轻人自杀的冲击性更强，因此给了人们这种认识上的误区。

6.自杀会遗传。这种理解是错误的。自杀并没有家族遗传性，但大多数研究表明，身边亲近人的自杀是诸多因素中与当事人自杀联系最密切的因素。

复习巩固

1.自杀的影响因素有哪些？

2.自杀有什么症状表现？

本章要点小结

1.心境障碍也称情感性精神障碍，是指由各种原因引起的以显著而持久的情感或心境改变为主要特征的一组疾病。

2.抑郁发作的核心症状包括情绪低落、兴趣缺乏、乐趣丧失。抑郁发作的心理症候群包括：心理学伴随症状（焦虑、自罪自责、精神病性症状、认知症状以及自杀观念和行为等）和精神运动性症状（精神运动性迟滞与精神运动性激越等）。抑郁发作的特异性躯体症状包括睡眠紊乱、食欲紊乱、性功能减退以及精力丧失，非特异性躯体症状表现为疼痛、周身不适、自主神经功能紊乱等。

3.躁狂发作的“三高”症状：情感高涨、思维奔逸和意志行为增强。

4.抑郁障碍是指由多种原因引起的以显著和持久的抑郁症候群为主要临床特征的一类心境障碍，主要表现为抑郁发作。DSM-5根据抑郁发作的频繁程度、严重程度以及症状存在的时间，将抑郁障碍分为重性抑郁障碍和持续性抑郁障碍（也称为心境恶劣）。

5.双相障碍是指临床上既有躁狂或轻躁狂发作，又有抑郁发作的一类心境障碍。DSM-5区分了三种双相障碍：双相Ⅰ型障碍、双相Ⅱ型障碍、环性心境障碍。

6.心境障碍的病因主要有生物学因素（遗传、大脑结构和功能异常等）和社会文化因素（生活事件和环境刺激、婚姻与家庭生活、社会支持与社交技能的缺乏、文化、性别和种族等）。

7.心境障碍的生物治疗方法主要包括抑郁的药物治疗、心境稳定剂、电抽搐疗法、脑部刺激的新方法、光疗法等。心境障碍的心理治疗方法主要包括行为治疗、认知行为治疗、人际关系治疗、家庭治疗等。

8.自杀的预测是很困难的，有下列情况者应予以高度关注：

①诊断为抑郁障碍；

②直接或间接暗示过自杀意念；

③行为突然反常；

④反复自杀未遂与自伤行为；

⑤有准备自杀的表现，如购置可用于自杀的药品、农药、查看僻静地点等。

关键术语表

心境障碍	Mood disorder
躁狂发作	Manic episode
重性抑郁障碍	Major depressive disorder
双相障碍	Bipolar disorder
认知行为疗法	Cognitive Behavioral Therapy
自杀	Suicide

本章复习题

一、选择题

1.下列抑郁发作典型症状不包括(　　)。

A.抑郁心境　B.思维迟缓　C.思维内容障碍　D.音联意联

2.下列关于躁狂发作的描述,不正确的是(　　)。

A.具有感染力　B.情绪反应不稳定

C.注意力增强、持久　D.病前可有乏力、失眠等症状

3.心境的特性有括(　　)。

A.弥漫性　B.短期性　C.爆发性　D.迟缓

4.以下哪种心理治疗方法不适用于治疗抑郁症(　　)。

A.支持疗法　B.行为治疗　C.婚姻及家庭治疗　D.厌恶疗法

5.下列有关重性抑郁障碍的描述不正确的是(　　)。

A.指一种极其抑郁的心境状态

B.在发作之前或发作期间有躁狂和轻躁狂的发作

C.反复发作

D.持续至少两周

6.下列关于心境恶劣的描述正确的是(　　)。

A.相比于重性抑郁障碍,心境恶劣的患者有更低的共病风险

B.对治疗的反应很好

C.症状发作的间隔期(即无症状时间)一次超过两个月

D.一种持续的抑郁心境,发生于一天中的大部分时间

7.下列哪一项不符合双相障碍(　　)。

A.躁狂与抑郁可交替发作

B.首发可为躁狂综合征

C.发病多与遗传因素有关

D.多表现为慢性迁延的病程

8.下列关于双相障碍的描述错误的是(　　)。
A.环性心境障碍是一种程度较轻但更加持久的双相障碍,心境高涨与低落反复交替出现
B.双相Ⅱ型障碍患者必须出现至少一次重性抑郁发作或至少一次轻躁狂发作
C.双相Ⅰ型障碍患者在一生中的某段时间经历过一次躁狂发作,不一定有重性抑郁发作
D.双相障碍易于复发,约90%的患者一生中会出现多次或循环发作
9.以下哪一条是错误的(　　)。
A.自杀意念指有寻死的愿望,但没有采取任何实际行动
B.自杀未遂指有意毁灭自我的行动,但并未导致死亡
C.自杀死亡指采取有意毁灭自己的行为
D.自杀意念、自杀未遂、自杀死亡三者之间可以完全划分开来
10.下列关于心境障碍病因的描述错误的是(　　)。
A.相对于双相Ⅱ型障碍或重性抑郁障碍,双相Ⅰ型障碍更易受遗传因素影响
B.抑郁障碍至少存在四个脑区的持续异常——前额叶皮层、前扣带回、海马和杏仁核
C.压力与精神创伤是导致精神障碍发作的原因之一
D.女性患抑郁障碍的比率高于男性

二、案例分析题

想“消失”的女生

某女,15岁,高一学生,微胖。目前上课属于三天打鱼两天晒网,间或去一下,反正听不懂,老师也不管。最近已经有近一个月没去学校了。

自述小时候特别活泼,后来不知何故就感觉不好了。从小学开始,就有自伤行为。当时是自己用手使劲捶自己脑袋,经常这样干;到了初中,因为和妈妈吵架,又用刀割自己的左手手臂;现在还是会自伤,用指甲掐手臂或用小叉子戳,还曾经藏了把水果刀在枕头下。目前想找个地方跳楼自杀,就是学校的教学楼,7、8层,上课都要经过,自己专门去考察过,风景很好,可以俯瞰全城。

自己心情不好,隔几天就特别不好;偶尔好的时候,就像太阳在云的后面,虽然有太阳,但被云遮住。自己只想活18岁,不想过了,想放弃生活。自己想从这个世界上消失,还想带上另一些人,最好很多人。前两天看了新闻,跳楼并砸死两个人的事件,想从小区中跳下去,引起同样的一种轰动。内心深处对人特别恨,想开起大卡车往人群中冲,绑起炸弹炸人,并无特定对象。自己也准备自杀,同时让别人(陌生人)给自己殉葬。这个事情想了很久,初中开始想,初三开始准备,只是想从这个世界消失。但具体到去做时,又感觉痛苦,有点儿怕。

请问:该生有哪些症状表现?可能会被诊断为哪种精神疾病?

第六章

神经症

神经症(Neuroses)即神经官能症,也称精神神经症,是一组精神障碍的总称,表现为恐怖症、焦虑症、强迫症、躯体形式障碍、神经衰弱等。罹患神经症的个体深感痛苦且妨碍心理功能或社会功能,但没有任何可证实的器质性病理基础,个体的自知力完整或基本完整,病程大多持续迁延或呈发作性。

焦虑、恐惧等,是现实生活中常见的情绪,我们每个人或多或少都会感受到它们。但是,那些深受神经症困扰的人与我们一般人不同的是,他们的情绪似乎超出了应有的限度,并且严重影响了正常的生活。因此,我们就不能以一种普通的视角看待这些情绪了。

了解和掌握神经症的相关知识,有助于我们明确神经症患者的焦虑、恐惧、疲惫等情绪的特殊之处,并掌握初步的应对之策。

本章主要内容:

1. 神经症的概述;
2. 焦虑症;
3. 恐怖症;
4. 强迫症;
5. 躯体形式障碍;
6. 神经衰弱。

第一节　神经症的概述

一 、概念的由来

(一)神经症的发展历史

1.术语来源

“神经症”这个术语是苏格兰医生威廉姆·卡伦(William Cullen)于18世纪提出的,他关于神经症的定义是,“没有发热和没有局部病变的感觉和运动的疾病”,是“神经系统的一般性疾病”。在卡伦的观点中,神经症既包括有病理形态学病变的神经疾病,也包括没有病理形态学病变的疾病。与卡伦相反,德国学者斯塔尔(G. E. Stahl)认为,有些精神疾病没有任何躯体(包括神经系统在内)病变作为基础,它们是纯粹精神上的或心灵的疾病。

因此,在医学史上,卡伦被称作器质性学派,而斯塔尔则被称为功能性学派。

卡伦的功绩在于提出了“神经症”的概念,至于神经系统器质性疾病与功能性疾病的区分,则要追溯到19世纪的医学。在19世纪,临床神经病学有了很大的发展。神经系统各式各样的器质性疾病陆续从神经症里分了出去,卡伦的神经症范围日益缩小。神经症的概念随之发生了改变:从神经系统的疾病变成了神经系统的功能性疾病。

2.三种神经症

随着精神病学的发展,神经症又增添了不少新的病态形式。1861年,莫雷尔(Morel)首先使用了强迫症一词;1871年,韦斯特法尔(C. Westphal)创造了场所恐怖症一词,标志着各种恐怖症命名的开端;1894年,弗洛伊德(S. Frued)将焦虑症视为一种神经症。

一直到现在,焦虑症、恐怖症和强迫症这3种病症仍是公认的神经症。

(二)分类体系

随着人们对于精神疾病的了解,在神经症这个概念中又增加了一些新的内容,对神经症开始有了具体的分类。

1.美国的分类体系

1939年美国精神病学会用“精神神经症”取代“神经症”,并将这一大类疾病区分为以下7种亚型:癔症(焦虑性癔症、转换性癔症)、精神衰弱或强迫状态、疑病症、焦虑状态、神经衰弱、反应性抑郁症(单纯属于境遇反应)、混合性精神神经症。

1968年美国的精神障碍诊断和统计手册第二版(DSM-2),恢复使用神经症的名称,有焦虑神经症、癔症神经症、恐怖神经症、强迫神经症、抑郁神经症、神经衰弱神经症、人格解体神经症、疑病神经症、其他神经症及未特定神经症共10种类型。

1980年美国精神医学会出版的美国的精神障碍诊断和统计手册第三版(DSM-3)抛弃了神经症这个名称,把原属神经症的一些类型,分解成焦虑障碍、躯体形式障碍和分离障碍3类。焦虑障碍包括了惊恐障碍、广泛性焦虑障碍、恐怖障碍、强迫障碍和创伤后应激障碍，躯体形式障碍则分为躯体化障碍、未分化躯体形式障碍、疑病症、躯体变形障碍、疼痛障碍。把神经症性抑郁改称恶劣心境，归于心境障碍一大类。1994年美国的精神障碍诊断和统计手册第四版(DSM-4)和2013年的美国的精神障碍诊断和统计手册第五版(DSM-5)，有关神经症的类别，沿用了之前的处理方式。

2. 国际疾病分类

1968年的国际疾病分类第8版(ICD-8)和1977年国际疾病分类第9版(ICD-9)关于神经症的分类，与美国当时的分类基本相同。

1992年WHO出版了《国际疾病分类(ICD-10)精神与行为障碍：临床描述与诊断要点》，将神经症改称神经症性障碍，下列恐怖性焦虑障碍、其他焦虑障碍(包括惊恐障碍，广泛性焦虑障碍、强迫障碍)、分离(转换)障碍、其他神经症性障碍；而将对严重应激的反应和适应障碍，以及躯体形式障碍与神经症性障碍并列。

3. 我国的分类

我国对神经症的分类，在解放前无相应分类。20世纪50年代按照苏联教科书的分类划分为：神经衰弱、癔症、精神衰弱和强迫神经症4种类型。

20世纪60年代我国的精神病学教材按欧美的分类补充了恐怖神经症、焦虑神经症、疑病神经症、抑郁神经症等类型。

1989年中国精神疾病诊断和分类方案第二版(CCMD-2)一中，神经症的分类主要参照(ICD-9)，直到2001年中国精神疾病诊断和分类方案第三版(CCMD-3)出版，神经症的分类基本上沿用，但抑郁性神经症已移到情感性精神障碍内。

以CCMD-3关于神经症性障碍的分类为标准，与ICD-10.DSM-V进行对比，整理如表6-1。

表6-1 CCMD-3、ICD-10、DSM-V关于神经症性障碍的分类

CCMD-3	ICD-10	DSM-V
神经症	神经症性障碍	焦虑障碍
恐怖性神经症	恐怖性焦虑障碍	恐怖障碍
焦虑性神经症	其他焦虑障碍	惊恐障碍
广泛性焦虑障碍、惊恐障碍		广泛性焦虑障碍 物质/药物所致焦虑障碍
强迫性神经症	强迫障碍	强迫及相关障碍
癔症性神经症	分离(转换)障碍	分离障碍
分离型、转换型		躯体症状及相关障碍
神经衰弱 其他神经症	神经衰弱 其他神经症性障碍	
	人格解体—现实解体综合征	

二、神经症的特征

(一)概念

1.症状标准

本书中神经症定义主要沿用CCMD-3中的标准,这是一组主要表现为焦虑、抑郁、恐惧,强迫、疑病症状,或神经衰弱症状的精神障碍。

神经症的产生有一定人格基础,起病常受心理社会(环境)因素影响。症状没有可证实的器质性病变作基础,并与个体的现实处境不相称,但个体对存在的症状感到痛苦和无能为力,自知力完整或基本完整,病程多迁延。各种神经症性症状或其组合可见于感染、中毒、内脏、内分泌或代谢和脑器质性疾病,称神经症样综合征。

2.病程

符合症状标准至少已3个月,惊恐障碍另外有规定。

3.排除标准

排除器质性精神障碍、精神活性物质与非成瘾物质所致精神障碍、各种精神病性障碍,如精神分裂症、偏执性精神病及心境障碍等。

(二)特征

按上述定义,神经症具有以下六个特征:

1.意识到的心理冲突

神经症个体能够觉察到自己处于一种无法自拔的自相矛盾的心理状态,其典型体验是:个体感到不能控制他自认为应该加以控制的心理活动,如焦虑、持续的紧张心情、恐惧、缠人的烦恼、易激惹、自认毫无意义的胡思乱想、强迫观念等等。

多数神经症性障碍的患者在疾病的发作期均保持较好的自知力,他们的现实检验能力通常不受损害,他们不仅能识别他们的精神状态是否正常,也能判断自身体验中哪些属于病态。

2.妨碍个体的心理功能或社会功能

一般来说,心理冲突是生活中不可避免的问题,健康人并非没有心理冲突和痛苦,但心理冲突和痛苦往往和情境相符,并且从另一个角度看,这份心理冲突和痛苦是个人成长的动力。神经症性的心理冲突却不然,它严重妨碍了个体的心理功能或社会功能。一言以蔽之,神经症性心理冲突是破坏性的,而健康的心理冲突是建设性的。

3.持久的精神痛苦

神经症是一种让个体感到痛苦的精神障碍。由于患者对神经症性障碍的体验常常十分痛苦,症状常常与现实处境不相称,患者常能深切地体验到这一点并加重其痛苦,故常有强烈的求治欲望。个体往往主动就医或求助于心理咨询师。喜欢诉苦是神经症个体普遍而突出的表现之一,有人也将其称为诉苦病。而找不到明确的病因的诊疗历程可能加重患者的痛苦体验,并对患者的社会功能产生一定影响，他们的工作、学习效率和适应能力均有不同程度的减退。疾病的加重和病程的慢性化也可能使少数患者丧失自知力。同时，这种痛苦往往具有持久性。

4.无明显或持续的精神病性症状

神经症性障碍主要表现为焦虑、抑郁、恐惧、强迫、疑病等症状，这些症状可以单独存在，但大多是混合存在，尤其是焦虑症状。罕见明显或持续的精神病性症状，如幻觉、妄想、思维连贯性和逻辑障碍，也罕见行为紊乱、怪异行为。

5.没有任何器质性病变作为基础

各种神经症性障碍的症状均可见于感染、中毒、物质依赖、代谢或内分泌障碍及脑器质性疾病等多种器质性疾病中，在疾病的早期和恢复期最为常见，故诊断神经症性障碍须排除器质性疾病。异常的精神活动必须以异常的物质活动为基础，此处的“症状没有明确器质性病变”是指就目前的科学技术水平还未能发现肯定的、相应的病理生理学和组织形态学变化。

这条阴性标准至少在目前的诊断实践中是必要的，因为单纯着眼于心理冲突，我们还不能有把握地将神经症与其他疾病造成的类似神经症的症状区别开来，如严重躯体疾病所致的焦虑。

6.病因中包含了社会心理因素及个体的易感性人格

社会心理应激因素与神经症性障碍的发病有关。许多研究表明，神经症性障碍患者在病前较他人遭受更多的应激性生活事件，主要以人际关系、婚姻与性关系、经济、家庭、工作等方面的问题多见；同时，他们往往具有易感性人格特点，特别是完美主义倾向。

因此，上述特点就决定了在遭遇相同应激事件的群体中，神经症性障碍的患者更易于对生活感到不满，对生活事件更易感，或者是其个性特征更易于损害人际交往过程，从而导致生活中产生更多的冲突与应激。另外，不同的个性特征可能与所患的神经症亚型有关。

生活中的心理学

她怎么啦——不出门的女大学生

女性，汉族，22岁，大学三年级学生。自幼身体健康状况欠佳，虽未患过严重的疾病，但体质弱，容易生病，也不爱运动。家中经济条件较为优越。由于是独女，很受父母宠爱，同时管教也很严厉，养成了做事情追求完美的习惯。性格比较内向，不善言谈，喜欢安静，很少与同伴玩耍。从小学到中学，学习成绩一直名列前茅。

最近3年，自己的手分别被猫和饲养的金花鼠抓伤，脚也被狗咬破过，虽然事后都及时对伤口进行了处理，也分别注射了狂犬疫苗。但网上查资料发现，即使注射了疫苗，还是不能完全避免得狂犬病，而且可能有20年的潜伏期。

于是很担心自己会得病，虽然知道可能性不大，还是控制不住自己的担心。为了不让潜伏的疾病发作，生活中特别注意个人卫生。自己用的东西一定会反复清洗，自己的床铺及用品，如果别人稍有触及，便会立即更换或者扔掉不用，导致最后无法适应寝室集体生活，只好回家。

近两个月来，因为担心自己得狂犬病，天天待在家中，无法去学校学习。了解到狂犬病的一个症状是恐水，在家里便会比较注意妈妈洗菜洗衣服时用水的声音，看自己听到是否会害怕。如果某天妈妈没有做这些事，自己会去把水龙头打开，听到水声不害怕，这下才心安。

现在患者整天待在家不敢外出，担心自己发病。害怕出门受感染发病；或者出门犯病，在别人面前出丑；或者没有得到及时的治疗，可能会丧命。一直处于焦虑状态，对自己的未来也感到很暗淡。

大家可以从她的表现上来看看，存在哪些神经症的特征？

三、神经症的流行病学与病因

（一）流行病学

神经症作为一种轻型精神障碍，世界卫生组织（WHO）根据各国的调查资料推算：人口中约有5%—8%患有神经症或人格障碍，是重性精神病的5倍，西方国家的患病率为100‰—200‰，我国为13‰—22‰。

1.国内的流行率

全国12个地区（1982年）神经症流行病学调查发现患病率为22.21‰，初发年龄多为20—29岁，40—44岁患病率最高，一般女性多于男性。

1982年华西医科大学在四川某县医院门诊的调查表明：神经症总患病率为1.5%，神经衰弱为0.84%，抑郁性神经症为0.30%，癔病为0.13%，神经症在各类精神疾病中患病率最高。

我国1990年调查：神经症总患病率为1.5%，其中神经衰弱占第一位。

我国17岁以下未成年人约3.4亿人，保守地估计，有各类学习、情绪、行为障碍者3000万人，其中大学生中16.0%至25.4%的有心理障碍，以焦虑不安、神经衰弱、强迫症状等为主，因心理问题不能正常学习和生活而休学或退学的学生人数逐年上升，其中因为精神疾病休学的人数占因病休学人数的37.9%，因精神疾病退学的人数已经占到因病退学的总人数的64.4%。

在校本科大学生年龄一般在17—25岁之间，这一年龄段也是神经症的高发年龄段。对大学生神经症进行调查发现，大学生神经症的患病率为20‰左右，患病水平高于一般人群，且女生高于男生，基本无年级差异，在各亚型中以神经衰弱患病率最高。

2.国外的流行率

国外报告神经症总患病率为5%左右。哈格内尔（Hagnell，1966）报告在瑞典居民中神经症的终生患病率为13%。在综合医院、诊所和通科医生就医的患者中，约30%—40%可诊断为神经症，或为原发，或为其他疾病伴发。

舍夫赫勒（Shepherel，1966）在伦敦42个诊所调查，神经症的就诊率为每千居民89人，其中女性的就诊率（117‰）高于男性（56‰）1倍。丹麦患病率为18‰—27‰，德国为12‰—26‰。神经症患病率性别差异明显，男女比例为1:7.9，揭示女性的心理素质和应激反应较男性更易于患神经症，性别可列为神经症的高危因素之一。

（二）神经症病因的心理学解释

焦虑是一切神经症背后的根源，所以心理学理论在解释神经症的病因上，着重探讨对于焦虑的理解。

1.认知观点——对危险的评估

认知过程在神经症的发展中发挥着重要作用。对于认知理论家来说，这种作用是核心的。认知理论家认为，神经症个体的基本问题是，他们高估了危险并且固执地依赖于失败的方式来处理他们的恐惧。决定人们焦虑程度的不只是一个情境中客观危险的水平，还有他们自己对危险的评估。研究者假设，每一种神经症都有其独特的认知内容：一些神经症主要集中在对外在的威胁（如蛇或社交拒绝）的高估，而另一些则主要集中在对内在威胁（如害怕自己“发狂”或心脏出现问题）的高估。但是，临床结果发现，所有神经症可能在某种程度上都涉及到这两种威胁。

毫无疑问，对潜在危险所产生的恐惧的知觉有时候是具有适应性的。例如，当一个人在交通拥挤时穿过一个十字路口时，对危险的警觉有利于维持自身的生命安全。事实上，以往研究也表明，对威胁刺激的认知偏向具有进化的效应——草丛中的蛇比手枪更容易迅速地引起我们的注意，因为前者是和早期人类生存有关的威胁刺激，躲开该类刺激有利于人类生命的绵延，而后者仅在近代才出现，和人类进化历史无关。这种对危险信号的警觉，在漫长的人类进化历史中被保存了下来，长存在我们的潜意识中。

那些在认知上容易焦虑的个体表现出比普通人更为强烈的选择性偏向，他们会记住威胁性词汇或图像（如关于汽车事故的词汇或图形），而不是中性的或正面的东西。甚至当他们不感到焦虑的时候也是如此。这种“严重的不适应型”使他们高估了危险的程度。

此外，儿童期的事件（包括有障碍的依恋关系）似乎导致个体在认知上容易出现焦虑症及其他心理问题。近期的研究认为，不安全—回避型成年依恋与认知上容易焦虑有关，与焦虑程度、幸福感、身体健康也有关。

2.行为主义观点——习得焦虑

行为主义学家强调焦虑反应及其背景的可观察条件。神经症行为主义疗法关注的焦点是，当面对引起恐惧的刺激时，帮助个体克服焦虑。

我们如何习得焦虑？一个关于神经症的传统行为主义理论是，神经症是通过回避学习（Avoidance Learning）而产生，它包括两个阶段：

阶段1：一个中性刺激与一个令人厌恶的刺激（无条件刺激，UCS）反复配对；通过经典性条件反射，中性刺激变成了条件刺激（CS），成为了焦虑源。

阶段2：人会回避条件性刺激，而且因为回避带来了焦虑的缓解（即负强化），回避反应通过操作性条件作用成为了习惯。

例如，想象一个男人定期喝醉并殴打他幼小的女儿。父亲喝醉（CS）这个行为很快就会在孩子的心里和被殴打带来的疼痛（UCS）成对联系在一起，哪怕在父亲还没喝醉时，她就会出现焦虑（经典条件作用）。最终，这种焦虑会被泛化到父亲这个人身上，无论喝醉或没喝醉，他本身都会成为CS。因此，女儿会躲避父亲，而且由于每次她这样做焦虑就会得到减缓，从而又反过来强化了躲避反应(操作性条件作用的负强化)。有时,这种焦虑会进一步泛化,如躲避所有男人。她每采取一次躲避反应,躲避就会再一次产生对焦虑减缓的负强化。最终,这样的过程会给她成年之后带来严重的社交问题。

因此,在许多行为主义学家看来,我们在本章中所讨论的这些障碍是躲避—强化反应的变化形式。在特定对象恐怖症中,一个本质上没有伤害的物体通过经典性条件作用变得令人讨厌(如小时候被猫的爪子抓了一下),然后通过负强化就习得了躲避。在强迫症中,患者发现一些行为(如洗手)能够减轻他或她的焦虑,于是这一行为就成为了一种躲避形式,并通过负强化再一次得到加强。场所恐怖症常常以躲避在公共场合出现惊恐发作而得到强化,这是阶段2的产物;场所恐怖症开始于惊恐发作——经典性条件作用阶段,随着躲避的范围越来越大,场所恐怖症就被固化了。

该两阶段的回避学习理论已经得到了大量研究的支持,但是,它至少存在四个问题。

(1)尽管一些焦虑个体的确报告有创伤条件作用经历,但是另一些个体并没有报告有这样的经历。例如,许多恐怖症个体并不记得曾经遇到过他们所害怕的东西;

(2)传统的习得理论难以解释为什么只有一些似乎挑选出来的、非随机性的刺激会成为典型的恐惧对象。与动物、高空和封闭空间相比,枪、刀和电源插座等物品本应更多与创伤条件作用经历相关,但是却很少会成为恐惧对象;然而,前者则常常是恐惧对象。为什么会出现这种情况呢?塞里格曼(Seligman)认为,通过自然选择,人类可能“准备好”害怕那些一直威胁我们祖先进化的特定刺激——蛇会有这种威胁,而电源插座就不会。

(3)研究证据表明,恐惧有多种形成途径。尽管直接创伤条件作用这种经典条件作用是最常见的途径,但是人们可以简单地通过观察来习得恐惧。因此,一个人可以简单通过观察某个人如何怕狗而习得了怕狗;通过阅读杂志、听故事、甚至是做噩梦也可以获得恐惧。例如,父母如果害怕蜘蛛,那么当看到有蜘蛛的电影时,其孩子就比父母不害怕蜘蛛的孩子更容易表现出恐惧,甚至猴子也会通过观察其他猴子对不熟悉物体的恐惧反应而习得担忧。

(4)回避学习理论的第四个、也是非常严重的问题是,它把注意力完全集中在具体刺激和可观察的反应上,而没有关注焦虑的观点或想法。许多研究表明,回避学习理论是不充分,一个刺激要引起焦虑并不一定非得直接得到体验。像上面指出的那样,人们可以有不同的途径来获取焦虑反应,可以通过观看其他人对一个既定刺激的痛苦反应;甚至不需要观察就会感到害怕。例如,在一个高犯罪率的社区,不需要看到某个人在那个社区被抢劫,只需要听说这个社区很危险,就会使得个体感到害怕了。

3.心理动力学观点——潜意识过程和内部冲突

心理动力学认为,神经症产生于潜意识过程和内部冲突,且一个人焦虑的原因常常可以追溯到儿童期早期。

弗洛伊德认为,焦虑不是产生自外部的危险,而是来自于努力满足本我但又不违背现实和超我的要求这一过程中失败的威胁。这种推动力和反推动力在正常生活中一直都存在,而且常常运行得很好,以至于本我冲动导致的焦虑从来不会被意识层面体验到。但是,在一些个案中,焦虑是如此强烈,以至于会在意识层面被体验到,最终使人变得虚弱;或者,通过采用极为强硬的防御机制使之只处于意识和潜意识之间的位置。根据心理动力学理论,正是这些情境构成了神经质行为。

在弥散性(弗洛伊德称为"自由飘浮")焦虑的个案中,患者并没有精心准备好的防御方法,表现为广泛性焦虑症。导致这种焦虑的原因是内在冲突被压抑了,但是焦虑逃逸了出去。在惊恐障碍中,内在冲突(即本我冲动)越来越靠近意识边缘,因而导致了焦虑的紧急形成。在恐怖症中,自我用替代的方式来防御焦虑。例如,一个存在阉割焦虑的男孩可能会以害怕动物(如马或狗)的方式来取代焦虑——或者来掩盖焦虑(如汉斯的个案)。

心理动力学家可能会根据症状的特性,用许多方式来解释强迫症。例如,一个男人总有强迫性恐惧,觉得自己会在妻子睡觉的时候把她杀了,心理动力理论对此的解释为,潜意识中侵犯性的冲动进入了意识领域;此外,清洗习惯或对细菌的强迫观念可以解释为对童年尤其是肛门期愿望——想把东西弄脏、想玩排泄物、想把一切弄得脏乱——进行反抗的一种反应形式。

近期对神经症的一种心理动力学解释来自于鲍尔比(Bowlby)的依恋理论。鲍尔比认为,亲子关系的失调会使孩子出现"焦虑性依恋"的状态,其特征是过度依赖和缺乏安全感。这个理论指出,这种孩子长大以后容易患神经症,尤其是惊恐障碍和场所恐怖症。对惊恐障碍个体的追溯研究的确显示,这些人童年时比正常儿童更可能有分离焦虑、失去父母或通常来说父母关爱不够,而且这种可能性异乎寻常的高。

(三)神经症的其他病因

神经症的病因是多源性的,目前比较一致的看法是,外在的精神应激因素与内在的素质因素是神经症发生的必不可少的原因,两者缺一不可。

1.心理应激因素

长期以来,神经症被认为是一类主要与社会心理应激因素有关的精神障碍。许多研究表明,神经症个体较他人遭受更多的生活事件,主要以人际关系、婚姻与性关系、经济、家庭、工作等方面的问题多见。一方面可能是遭受精神事件多的个体易患神经症;而另一方面则可能是神经症个体的个性特点更易于对生活感到"不满",对生活事件更易感,或者是其个性特征易于损害人际交往过程,而导致生活中产生更多的冲突与应激。

一般而言,引起神经症的应激事件有以下四个特点:

(1)应激事件反复持续

应激事件的强度往往不十分强烈,而且往往是多个事件反复发生,持续时间长。也即是说,虽然灾难性的强烈应激事件也可引起神经症,但更多的是那些使人牵肠挂肚的日常琐事。这点有别于反应性精神障碍的特点。淡淡的哀愁最后演变为"小草压垮了骆驼"。

(2)应激事件往往对神经症个体具有某种独特的意义

这些事件在健康人看来也许微不足道,但对于某些神经症个体来说可能是特别敏感的。也即是说,更重要的不是事件本身的正负性和强弱,而在于是否造成个体的内心冲突。就对个体的影响而言，对事情的看法往往比事情本身更重要。

(3)个体面对困境不能采取行动

个体对应激事件引起的心理困境或冲突往往有一定的认识，也知道应该怎样去适应以消除这些事件对心理的影响，但往往不能将理念化解为行动，将自己从困境和矛盾的冲突中解脱出来，以至于应激持续存在，最终超过个体的应对能力或社会支持所能提供的保护水平而导致发病。可以用“思想的巨人，行动的侏儒”来描述这种状态。

(4)神经症个体的精神应激事件不仅来源于外界，更多地源于内在的心理欲求

由于神经症个体往往是理性的、道德的、传统的，常常忽略和压抑自己的需求以适应环境，但又总是对他人和自己的作为不满，总是生活在遗憾和内心冲突之中。因此，他们的许多痛苦实质上来源于其个性，即所谓“天下本无事，庸人自扰之”。

2. 生物学因素

(1)遗传因素

遗传学研究发现，神经症具有家族遗传倾向。

惊恐障碍是从遗传学角度研究得最多的一种神经症，似乎也是最有可能存在遗传学基础的一种神经症。惊恐障碍似乎在家庭中传播，而且双生子研究表明，基因增加了患这种障碍的倾向。在一项对女性双生子的研究中，肯德勒(Kendler)及其同事发现，基因几乎可以解释患惊恐障碍和场所恐怖症倾向差异中的40%。但是，它们所涉及的特定基因是什么及其位置仍然无从知晓。

对于其他焦虑症来说，遗传学证据尽管要相对弱一些，但仍然很显著。近期一项双生子研究显示，基因可以解释患广泛性焦虑障碍倾向的15%—20%。一项对成年强迫性个体的家族研究发现，他们直系亲属患强迫症的比率大约是20%，而控制组中仅为10%。研究者还发现，遗传风险因素在恐怖症及相关的非理性恐惧中发挥着一定的作用。

此外，在不同性别个体身上，遗传因素所起的作用相似。只有一项例外，即在女性中，遗传因素对场所恐怖症的影响似乎比对动物恐怖症的影响更大，而在男性中则相反。

(2)神经科学观点——生物化学和医学

除遗传因素之外，神经递质在神经症中的作用也引起了广泛的关注。

对于神经症的生物化学基础研究显示，神经症个体有大量神经递质系统的变异，这些系统包括γ-氨基丁酸(GABA)/苯二氮卓类系统、去甲肾上腺素(NE)共感神经系统和5-羟色胺(5-HT)系统。

①γ-氨基丁酸/苯二氮卓类系统

多年来的研究表明，在许多情况下，焦虑可以通过药物来得到减缓，如安定(Valim)，它们同属于一组化学物质，称作为苯二氮卓类。但是直到1977年，它们实际上如何影响大脑的化学成分还仍然是个谜。

1977年，研究者发现，苯二氮卓类依附于大脑神经元的特定受体。这一发现使人联想到，大脑中可能有一种自然的化学物质，它与苯二氮卓类相似，导致了特定形式的焦虑。由此我们可以推论，这种化学物质的变异水平(过高或过低)可能说明了一些焦虑症。

②去甲肾上腺素系统

呼吸、血压和心律的控制都涉及去甲肾上腺素系统。它释放神经递质去甲肾上腺素，会导致惊恐障碍、剧烈惊恐反应和各种焦虑症。有研究显示，大脑中去甲肾上腺素长期过度活跃会导致广泛性焦虑症个体对其的敏感性降低。此外，研究者还发现，去甲肾上腺素与惊恐障碍及抑郁有关。考虑到惊恐障碍和抑郁之间的联系，提高去甲肾上腺素和5-羟色胺传递的抗抑郁药剂对二者都有作用。

③5-羟色胺系统

5-羟色胺这种神经递质特别分布在与焦虑相关的大脑区域。根据伊卡肯(Ikakin，1998)的观点，5-羟色胺控制了大量不同的神经元通路，这些5-羟色胺通路与不同形式的焦虑有着不同的联系。他认为，一条通路与预期焦虑有关——对威胁进行回避的行为还没有出现——它是广泛性焦虑症的核心；另一条独立的5-羟色胺通路与直接的、令人讨厌的刺激(如疼痛或窒息)所引发的惊恐反应有关。

此外，有研究者认为，5-羟色胺机能失调导致的惊恐涉及5-羟色胺变异。但是，到底是由于变异水平过高还是过低，目前这还不清楚。研究者也相信，5-羟色胺变异与好几种神经症有关，包括强迫症和社交恐怖症。

3.素质因素

大多数研究者倾向于认为，与精神应激事件相比，神经症个体的个性特征或个体易感素质对于神经症的病因学意义可能更重要。

(1)易感性

上述遗传学研究也认为，亲代遗传的影响主要表现为“神经质”或“神经过敏”的倾向或易感性，而不是特定的综合征。这种易感性可能是过度反应的自主神经系统或对威胁的注意偏向所引起的，或者可能是被称为行为抑制的倾向，即在儿童期，面对不熟悉情境时倾向于退缩。

然而，不管遗传易感性是什么，必须记住的一点是，易感性只是在不适当的条件下(如条件反射、创伤)容易出现焦虑的一种倾向性。例如，挪威的双生子研究已经表明，同卵双生子之间患惊恐障碍的一致性比率是30%。这个比率是高的，但是这仍然意味着，有三分之二以上的同卵双生子(完全具有相同基因条件的人)并不一致。这些数字与我们的素质框架或易感性—压力框架所期望的是一致的。

(2)个性特征

一般认为，个体的个性特征首先决定着患神经症的难易程度。例如，巴甫洛夫认为，神经类型为弱型或强而不均衡型者易患神经症；艾森克等认为，个性古板、严肃、多愁善感、焦虑、悲观、保守、敏感、孤僻等情绪不稳定、内向型的人易患神经症。

其次，不同的个性特征决定着患某种特定的神经症亚型的倾向。例如，巴甫洛夫认为，在神经类型弱型者中，艺术型(第一信号系统较第二信号系统占优势)者易患癔症；思维型(第二信号系统较第一信号系统占优势)者易患强迫症；而中间型(两信号系统比较均衡)者易患神经衰弱。

复习巩固

1.什么是神经症？它有哪些特点？

2.神经症发病原因是什么？

3.神经症发病的心理学解释有哪些？

第二节 焦虑症

一、焦虑症

(一)定义

焦虑症(Anxiety Neurosis)是一种以焦虑情绪为主的神经症，指个体焦虑情绪的严重程度和持续时间明显超过了正常发育年龄应有的范围。

不同于通常由压力导致的一过性的害怕或焦虑，焦虑障碍更为持久。焦虑障碍的个体往往高估他们害怕或回避的情境，有关的害怕或焦虑过度或与实际不符。

这种焦虑情绪至少持续6个月。

(二)分类

焦虑症主要分为惊恐障碍(Panic Disorder，PD)和广泛性焦虑(Generalized Anxiety Disorder，GAD)两种类型。

焦虑症的焦虑症状是原发的，凡继发于高血压、冠心病、甲状腺功能亢进等躯体疾病的焦虑就诊断为焦虑综合征。其他精神病理状态如幻觉、妄想、强迫症、疑病症、抑郁症、恐惧症等伴发的焦虑，一般先进行其他疾病的诊断，不应诊断为焦虑症。

二、惊恐障碍

(一)定义

惊恐障碍表现为反复的、非预期的惊恐发作为主要原发症状的神经症。

这种惊恐发作不限于特定的刺激或情境。

惊恐发作定义为散在的、发作性的强烈恐惧或忧虑，伴随急性自主神经症状(如心悸或心率增快、出汗、震颤、气促、胸痛、头晕或眩晕、寒冷、潮热、濒死感)。此外，惊恐障碍患者对惊恐发作的复发有显著担心，或伴随一些意图回避复发的行为，导致个人、家庭、社交、学业、职业或其他重要领域功能的显著损害。

症状不是另一种健康情况(如癫痫、心脏病等)的临床表现，也不是某种作用于中枢神经系统的药物或物质所致。

惊恐发作作为一种继发性症状可见于多种不同的精神障碍，如恐怖症、抑郁症等，并应与某些躯体疾病区别，如癫痫、心脏病发作、内分泌失调等。

（二）流行病学

全球惊恐障碍的年患病率在2%—3%之间。具体而言，在美国，有1.7%的成人患有惊恐障碍；德国和意大利的比例较高，分别为2.6%和2.9%；亚洲、非洲、拉丁美洲国家的患病率要低一些，大约在0.1%—0.8%之间。其终身患病率为1%—4%。在惊恐障碍的患者中，女性是男性的2—3倍。惊恐障碍往往在青春期起病，成年期达到顶峰，老年期有所下降。平均发病年龄大约在20—24岁；有些个体在14岁以前就会有惊恐发作的体验，甚至发展成惊恐障碍，但是这种情况比较少见。

（三）临床表现

1.发作频率及背景

惊恐障碍的核心症状是惊恐发作。不同个体或同一个体在不同的时期里惊恐发作的频率有很大的区别，有的一天几次，有的几周或几个月才有一次。惊恐发作的发生，有的与某些特定的情景或事件有关，如空旷的场所、驾驶车辆时、体力劳累、性活动或者中度情感创伤后发生；有的可自发产生，没有明显诱因，如在放松的状态或睡眠中也可发生。

医生有必要弄清与患者的发作有关的习惯或特殊情境。

2.发作进程

惊恐发作常突然产生，10分钟内症状就达到高峰。其最主要的精神症状是极度的恐惧，濒死感、末日感，且患者不知道自己恐惧的来由，同时伴有许多急性发作的躯体症状，这包括心动过速、心悸、呼吸困难、胸闷、多汗、颤抖、恶心等，约20%的个体发作时有晕厥表现。由于发作时过度换气，有可能引起呼吸性碱中毒，从而出现其他与之相关的症状，如头晕、眩晕、刺痛等。发作通常持续20—30分钟，极少有超过1小时者。

在发作时进行精神检查可发现，患者往往说话唠叨、言语困难或记忆力受损，有时还会有现实解体或人格解体症状。

伴随惊恐发作时的躯体症状，患者还会出现多种令其苦恼的想法，如“我快要发疯了”、“我将晕厥”、“我要犯心脏病了”和“我快要死去了”等，这些灾难性的想法是惊恐障碍核心症状，可以帮助我们与其他焦虑障碍区分开来。

患者往往试图离开自己所处的环境以寻求帮助，医院的急诊室里常可见到此类患者；另一些人则会为自己失去自控能力而感到害羞或难堪，默默地忍受它，而不愿把问题展示给他人或获取专业人员的帮助。

发作后，患者会感到全身虚弱，筋疲力尽，似乎刚从一个创伤事件中死里逃生；同时会认为身体出现了问题，如“把心悸以及心前区疼痛认为是心绞痛发作”，“把头晕看作脑子患了病”。

在两次发作间隙，患者往往因害怕下一次发作而有期待性焦虑。

生活中的心理学

"晕场"——惊恐发作案例

赵敏，女，19岁，大二学生，描述自己一次在考场上的发作。

我过去从没有过这种感觉。正当我坐在教室里，看着手中的试卷时，突然觉得我的心脏无缘无故地开始狂跳，就像要爆炸似的。我的呼吸加快但却无法吸入空气。就好像我坐的这个角落把我密闭起来，要窒息似的。就在此时此地，我觉得我要死了。我一直发抖，冒冷汗。我想我是得心脏病了。我突然萌生出一种莫名的冲动就是想逃离，赶快出考场，逃之夭夭。

我颇为勉强地将试卷拨到一旁，只是趴在桌子上等着这种感觉过去。我告诉自己要是会死就死掉吧。我不知道监考老师有没有看出我的异状，我不想让别人知道我不舒服，我坐在那里很久，也说不出怎么回事，这种感觉就过去了，我只是在想，刚才我究竟怎么了。就像是恐慌突然向我袭来，又突然离去。我的呼吸渐渐变慢，心脏也不再捶打胸部了。

可下次考试会怎样呢？我实在不敢去想。

上述案例是典型的"惊恐发作(Panic Attack)"。有时候，个体会突然感到强烈的恐惧、紧张，或者预感到会有不好的事情发生，但发作前并没有特定的诱发事件，发作之后逐渐消退，有时甚至出现更严重的、经常性的发作（图6-1）。这些人实际上是患上了惊恐障碍(Panic Disorder)。

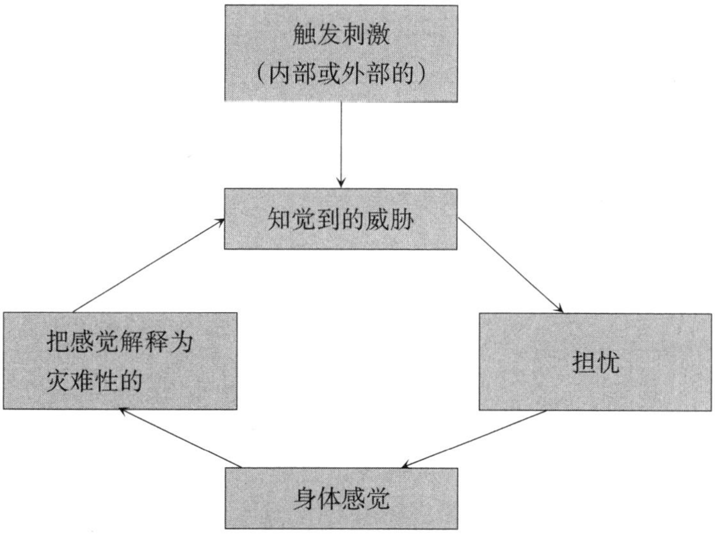

图6-1 惊恐障碍的认知模型

（根据这个模型，对生理感觉的错误理解加剧了这种感觉并且导致了惊恐发作。）

3.分类及诊断

(1)分类

DSM-5将惊恐障碍分为伴有场所恐怖症和不伴有场所恐怖症的惊恐障碍。场所恐怖症个体害怕去那些公开的场所以及人群聚集的地方,那些无法逃跑、无法得到帮助的地方都可能成为他们惊恐发作的场所。个体害怕另一次惊恐发作会发生在他去这类公共场所的时候,并由此发展成为场所恐怖症。

惊恐发作有两种形式:预料之外的(“没有线索”)惊恐发作和情境出发的(“有线索”)惊恐发作。有线索的惊恐发作可能是由社会情境或特定事物所引起的。在几次惊恐发作之后,个体会持续担忧下一次发作及其导致的后果(例如,发疯或死亡);预料之外的惊恐发作是更常见的一种形式。

(2)诊断

如果在一个月内至少出现3次惊恐发作,或在首次发作后担忧再次发作的焦虑持续1个月,个体就满足了规定的诊断标准。

在国外的一项调查中,显示大约有20%的学生和5%的老年人都报告,在最近一周内有过一次类似的经验。然后,如果惊恐发作经常出现,个体就有可能患上惊恐障碍。

(四)病因及治疗

1.病因

惊恐障碍的发生是生物因素和心理因素相互作用的结果。

(1)生物学因素

遗传因素有一定影响,患者的一级亲属中有约10%受累,而非惊恐障碍的一级亲属发病率约为2%(Hettema等,2001);同卵双生子和异卵双生子也有很高的同病率,很多研究显示,惊恐障碍的患者易感性至少部分与遗传有关。

另外,还有神经递质学说、乳酸盐假说和神经解剖学等。研究发现,惊恐发作与患者生物学方面的因素密切相关。

(2)认知因素

认知理论家指出,容易惊恐发作的人往往有以下特点:①十分关注自己的躯体感觉;②错误地从负面解释这些躯体感觉;③陷入滚雪球式的灾难化思维方式,夸大症状及其后果。在惊恐发作的间歇期,个体对任何躯体感觉都保持高度警惕。他担心自己的身体状况,尤其害怕会有更多的惊恐发作。持续的唤起状态使其更容易出现惊恐发作,见下述图6-1的说明。

认为躯体会导致有害结果的信念被称为焦虑敏感性。高焦虑敏感性的人更可能患有惊恐障碍,或惊恐发作更为频繁。此外,容易产生惊恐发作的人似乎具有更强的内感受知觉,表现为对预示惊恐发作的躯体线索的高度觉知。再者,对症状可控性的信念也会影响惊恐发作,研究发现,在可控性信念低的人群中,80%可能会经历惊恐发作。

(3)整合模型

惊恐障碍的整合模型(图6-2)认为,生物学因素和心理因素共同导致了惊恐障碍和场所恐怖症。很多惊恐障碍患者似乎具有容易产生过度敏感的“战或逃”反应的生物学易感性,轻微的刺激就能让这些人心率加快、呼吸急促和手心出汗。

然而,除非陷入对自身生理症状的灾难化思维方式,否则他们一般不会产生频繁的惊恐发作。这样的认知会将最初轻微的生理症状提升到导致惊恐发作的强度,也会使他们对再次发作的迹象过度警觉,从而持续处于轻度到中度的焦虑中。而焦虑又增加了他们再次惊恐的可能性,如此循环往复。

在此基础上,一些人开始将惊恐症状与特定情境联系在一起。只要回到这个情境,他们就会再次经历惊恐发作。回避这些情境能缓解他们的症状。因此,回避行为得到强化。这个过程被称为条件化回避反应。

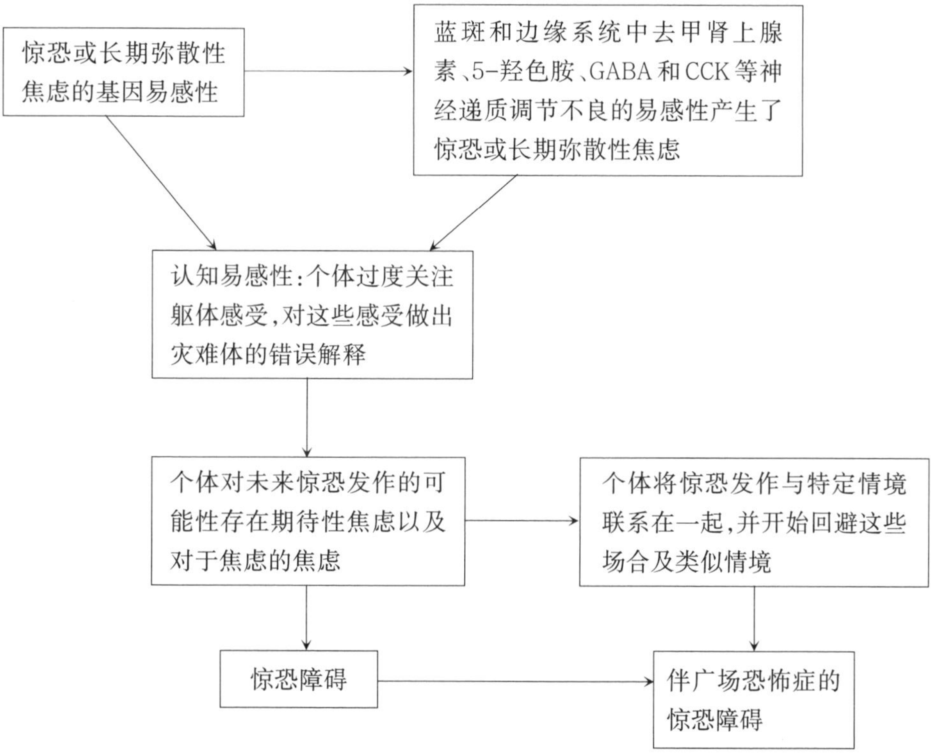

图6-2　惊恐障碍的整合模型

2.治疗

(1)药物治疗

惊恐障碍最常见的生物学治疗方法是影响5-羟色胺和去甲肾上腺素系统的药物,包括选择性5-羟色胺再摄取抑制剂(SSRIs,如帕罗西汀、百忧解、左洛复)、5-羟色胺-去甲肾上腺素再摄取抑制剂(SNRIs,如文拉法辛)以及三环类抗抑郁药。

(2)心理治疗

心理治疗也能治疗这种障碍,并能防止复发。在20世纪90年代,心理学中的认知学派治疗师进行了一系列新的实验,并创造了新的理论。

在惊恐控制疗法(Panic Control Treatment,PCT)中,治疗师试图通过让个体练习提高心率或旋转椅子使个体头昏,在办公室制造"袖珍型"惊恐发作。个体会在进行一系列"暴露惊恐感觉练习"的同时接受认知治疗。此外,治疗师还要让个体学习放松与呼吸再训练技术,从而帮助他们应对焦虑的增加,减少过度的唤起。经过大约12周的治疗,80%以上的个体不再受障碍的困扰。

对接受PCT治疗的个体的追踪调查表明,他们在2年后仍能保持良好状况。尽管这些治疗是非常有效的,但他们还相对不成熟。并且,这种方法需要接受过高级训练的治疗师方可实施。

美国心理学会建议将药物治疗和认知治疗两种方法结合使用,并认为两种治疗方法都很有效,且效果差不多。有学者也为此提出了三条主要建议:

①不论是对药物还是认知—行为治疗,大部分个体都有积极的反应;

②两种方法在短期内都相当有效;

③认知—行为治疗比药物治疗的效果更加稳定和持久。

拓展阅读

惊恐发作的应对

惊恐发作中的人总是觉得自己的心跳失控,无法应对。他们最典型的感觉是要尽可能快地逃离当下的情境。但是如果无法逃走,他们将任其发展,直到惊恐消失。如果你出现惊恐发作或是紧张焦虑反应,你该怎么做?这里提供了一些应对策略。

1.不要让呼吸失控,呼吸尽量慢而深;

2.试着将头伸进一个袋子中呼吸。通过重建氧气和二氧化碳之间的平衡,袋子中的二氧化碳将帮助你平静下来;

3.告诉自己平静下来,对自己说放松;告诉你自己,你不会死;告诉自己不论惊恐多么痛苦,它也很快就会过去;

4.发作时,请人帮助你一起度过。给你熟悉且信任的人打电话,谈论每个细节,直到恢复控制感;

5.不要把自己关在家里以避免再次发作;

6.如果你不确定胸痛和紧绷感等感觉是否来自生理因素,就去寻求紧急的治疗救助。即使你觉得你的发作仅仅是因为焦虑,进行一下体检总比自我诊断安全;

7.你没必要忍受再次惊恐发作,也没必要害怕失控。如果你的发作是持续的,或是令人恐惧的,就寻求专业帮助。当有疑惑时,去找专业人员。

三、广泛性焦虑

你的家中或周围有那种自寻烦恼的人吗？有那种完美主义者吗？

每个人所担心的事情总是在一定范围内的。正如我们所说的，担心可能会给我们带来好处，它能够帮助我们对未来作计划，如为考试做准备。尽管这种担心的过程本身并不愉快，但如果没有这个过程，任何事情可能都不会顺利。但是，你是否不加区别地对任何事情都担心呢？进一步说，你所担心的事情是否有意义呢？即使你知道担心除了增加你以及你周围人的痛苦之外，不会有任何益处，但你为什么就是无法停止呢？

以上这些情况构成了广泛性焦虑障碍。这是一种病理性的担心，与我们日常生活中的担心是有区别的。虽然，很多人都会对某些事情感到担忧，但人们大都能放下这个问题，去完成另一个任务，而不会持续地、没完没了地担心。

广泛性焦虑障碍的个体为生活中的每件小事都感到担忧，这是广泛性焦虑障碍区别于其他焦虑障碍的特征。

相对于突然而又急性的惊恐障碍而言，广泛性焦虑障碍是慢性的，并且可能持续几个月，在此期间，焦虑的成分或多或少地持续出现。

（一）定义

广泛性焦虑障碍，是指一种以缺乏明确对象和具体内容的提心吊胆及紧张不安为主的焦虑症状，同时伴有附加症状，如肌紧张、运动性坐立不安、交感神经过度活跃、主观体验的精神紧张、难以维持注意力集中、情绪易激惹或睡眠紊乱。

个体因难以忍受又无法解脱而感到痛苦。这些症状导致明显的临床痛苦或社会功能损害。症状不是另一种健康情况的临床表现，也不是某种作用于中枢神经系统的药物或物质所致。

症状持续时间至少为6个月，个体在其中大部分时间都感到过度焦虑。

（二）流行病学

广泛性焦虑障碍是最常见的焦虑障碍，终生患病率在5.8%—9%之间，在普通人群中的年患病率为1.9%—5.1%，明显高于惊恐障碍的患病率。来自发达国家的个体比非发达国家的个体罹患广泛性焦虑障碍的可能性更大。45—55岁老年组患广泛性焦虑障碍的比例最高，而15—24岁青年组患病比例最低。研究发现，老年群体中广泛性焦虑障碍的患病率为10%。此外，女性患者约是男性的两倍。

此外，研究还发现，广泛性焦虑障碍在穷人和只受过初级教育的人身上更加普遍。生活贫困的人，由于居住地不安全，可能会对暴力、工作或健康产生出慢性的焦虑。同时，该障碍在充满战争的城市或政治动乱的国家中的患病率更高。

（三）临床表现

患有广泛性焦虑障碍的个体很难控制自己的焦虑和担忧，临床表现有以下三个方面：

1.认知上

个体预料到某种可怕的事情将会出现,但却又不知道具体是什么。

有广泛性焦虑障碍的成年人经常担心常规的生活情况,例如,可能的工作责任、健康状况和财务账目、家庭成员的健康,担心不幸的事儿会发生在自己或家人身上。

有广泛性焦虑障碍的儿童倾向于过分担心他们的能力或表现水准。在此病程中,担心的焦点会在不同主题间迁移。儿童和青少年更多地担忧学业和体育成绩,而老年人更多地担忧家庭幸福和他们自己的身体健康。个体担忧内容与其年龄相符,年轻人比老年人经历的症状更为严重。

2.情感上

主要表现过分的焦虑和担心(焦虑期待)。

个体感到很无助,易紧张,易怒,他们很难控制担心的情绪,难以令担心的想法不打搅注意力,无法专注于手头上的任务。

3.生理上

他们神经过敏,易惊醒,难以入睡,经常处于崩溃的边缘。患有这种障碍的个体容易疲劳,难于集中精力,会体验到慢性的肌肉紧张。脑电图显示了额叶β波的活动增强,尤其是在左半球。这说明,个体具有强烈的担忧情绪,常坐立不安,感到激动或紧张。

我们对广泛性焦虑障碍的了解远远少于其他任何一种障碍。事实上,我们对是否存在这种障碍仍然存在争论。这是因为,一方面我们很难将它从惊恐障碍和强迫症中区分出来,另一方面,很难将它同正常的担心和焦躁进行区分。

(四)病因及治疗

1.病因

(1)生物学因素

遗传研究显示,虽然本病有较低的遗传率,但此症的某些方面具有遗传特性。患者的一级亲属中大约15%患有广泛性焦虑障碍,远高于普通人群4%的患病率(Comer,2002)。在一项对1033名女性双生子的研究中,同卵双生子的同病率要明显高于异卵双生子的同病率。

(2)心理社会因素

心理分析学派认为,自我与本能冲动之间的矛盾冲突是广泛性焦虑障碍的根源。本我中性或攻击的欲望,力求在自我中表现出来,从而导致了一种漂浮不定的焦虑或无名焦虑。心理分析理论特别强调童年期的心理体验被压抑在潜意识中,成年后一旦因特殊境遇或压力的激发,便成为意识层面的焦虑。

人本主义的观点认为广泛性焦虑障碍的个体在小时候没有得到父母无条件的积极关注,会使他们学会抛弃他们自己的真实情感和愿望,而只是接受父母赞许的那一部分自我,形成了价值条件化,到了成年,还在继续价值条件化的过程,这会使个体只是把那些最有可能被生活中重要人物赞许、爱和支持的内容纳入自我概念。当外在的信息与自我概念不一致时,个体就会产生焦虑。为了对付焦虑,个体就使用扭曲或否定等防御机制阻止这个信息进入意识层。扭曲和否定可以在短期内有效地降低焦虑。但每一次使用防御机制，都会使个体离真实生活越来越远。当自我概念与现实差距非常大的时候，防御机制就不能发挥作用，其结果导致极端的焦虑。

行为理论认为，广泛性焦虑障碍的形成与恐怖症类似，也是经过条件反射而形成的，只是条件刺激的范围更加广泛而已。然而，纯粹的行为观点难以全面解释广泛性焦虑障碍的演化过程。因为目前人们认为广泛性焦虑障碍的本质是对各种可能发生不测事件的一种担忧，而不是行为主义观点所认为的对已存在的内外刺激的忧虑。

随着认知心理学的发展，焦虑的认知模式逐渐受到了重视，这一模式主要有以下三个观点。

第一，广泛性焦虑障碍患者易于对应激事件感到不可控或不可预测，而这种思维倾向的形成与患者在过去生活中经历了若干不可控的重要事件有关。

第二，如果人们对危险作出过度评价，焦虑反应与客观情境不相称，则将形成病理性的焦虑反应。人们之所以产生对"危险"的过度评价，有其深层的原因，主要在于早年经验形成的功能失调性假设或图式（underlying dysfunctional assumptions ，or schemas），使人们倾向于以功能失调的方式过度消极地评价内外信息，形成以"不好"为主题的负性自动化想法，如"别人会嘲笑我""我是一个笨蛋""我没有机会获得好工作"等，从而激活"焦虑程序"。

第三，研究发现，广泛性焦虑障碍患者在加工含有危险的外界信息的过程中，倾向于把注意力自动化地投向环境中具有危险含义的信息，并且要比正常人更容易对模糊信息以一种负性的、带有危险的方式作出评价。这一认知模式必然加重患者当时的情绪反应。若患者已经处于焦虑状态，那么他的焦虑就会更加严重。

（3）成长因素

很多广泛性焦虑障碍个体都报告说，他们的障碍产生于童年时期对生活压力的应激反应。不仅如此，大多数研究中也发现，广泛性焦虑障碍和早年逐渐积累的压力因素有关。这一点和神经症中其他障碍比起来，显得尤为突出。

2.治疗

对广泛性焦虑障碍的重要的治疗形式是精神科药物和认知—行为治疗。

（1）精神科药物

一些精神科药物可以使广泛性焦虑障碍的症状得到缓解，但需要牢记的是，精神科药物虽然可以缓解焦虑症状，但却并不能治愈焦虑。当药物中断，症状则会出现。

（2）认知—行为治疗

研究结果表明，认知—行为疗法对治疗广泛性焦虑障碍有确实的疗效。认知—行为治疗是用组合技术治疗广泛性焦虑障碍，包括一些放松技能训练，学习用平静的、适宜的想法代替纷杂烦乱的想法，并学习去灾难化技术（避免去想最坏的结果的思维趋势），取得了很好的疗效。

复习巩固

1.惊恐障碍的定义是什么？

2.广泛性焦虑障碍的临床表现是什么？

第三节　恐怖症

一、恐怖症的定义与分类

恐怖症(Phobia)作为一种心理异常,它与一般的害怕或恐怖是有明显区别的。面对危险的情境,如火灾、地震、建筑物突然倒塌等,个体感到害怕并产生逃避反应是正常的、有利的;但对正常人而言,一些对象根本不可能引起恐惧,或者恐惧的程度很轻,完全可以自我控制。如面对一个手拿木制玩具枪的男孩,一只小花猫,动物园里的大型动物等;而恐怖症个体的恐惧则显得不切实际,极度夸张。简而言之,恐惧症个体是对不该恐惧的事物过分恐惧。

(一)定义

恐怖症是个体对某些特定事物、特定情景或要从事的特定活动产生强烈、持久的恐惧,并主动采取回避的方式来解除这种焦虑不安的神经症。

恐怖症具体定义是:一种过分和不合理地惧怕外界客体或处境为主的神经症;个体明知没必要,但仍不能防止恐惧发作;恐惧发作时往往伴有显著的焦虑和自主神经症状;个体极力回避令其感到害怕的客体或处境,或者带着畏惧去忍受。

恐怖症是不正常的,这点毫无疑问。患恐怖症的个体表现如下:个体感到痛苦;个体的行为被极大地限制了;个体对危险的感觉同危险的真实性不成比例;个体让周围人感到不舒服,他们的行为被认为是不被社会所接受的;症状不受个体的控制,个体希望能摆脱恐惧。

(二)分类

虽然恐怖症的症状在所有个体身上都是一样的,但惧怕的对象却可以千差万别,据此恐怖症分为场所恐怖症、社交恐怖症和特定的恐怖症。

二、场所恐怖症

(一)词源

场所恐怖症(Agoraphobia)一词来源于希腊单词“agora”,意思是“对聚会场所的恐惧”,也就是一种身处开放的、热闹的地方时所感到的恐惧。

(二)流行病学

场所恐怖症的患病率为1.4%—1.7%。它可能起病于儿童期,但是在青少年晚期和成年早期(20岁左右)起病达到顶峰,大部分患者首次起病在35岁之前;第二次发病高峰在40岁以后。在场所恐怖症的患者中,女性的发病率是男性的两倍。

场所恐怖症常常和其他焦虑障碍共病,尤其会与特定恐怖症、惊恐障碍和社交恐怖症共病。

大约50%的场所恐怖症患者在发病前有惊恐发作的历史。当个体的场所恐怖症较为严重时，个体会表现出明显的意志消沉和抑郁症状，还会酒精成瘾或药物滥用。此时，场所恐怖症常常与重性抑郁障碍和物质滥用共病。

（三）临床表现

1.定义

场所恐怖症指个体会对一些地方或场景感到恐惧，在这些地方，当惊恐障碍症状出现或完全的惊恐发作时，个体感到逃离非常困难，同时也无法获得帮助。

这种害怕、焦虑或回避通常至少持续6个月。

2.恐惧情况

患场所恐怖症的个体会对以下情况感到显著的恐惧或焦虑，包括乘坐公共交通工具（汽车、火车、轮船或飞机），处于开放的空间（如喧闹的集市，繁华的街道，穿过大桥或停车场），处于密闭的空间（如商店、剧场和电影院），排队或处于拥挤的人群中，甚至不愿独自离开家（表6-2）。他们将自己的生活构建在避免暴露在可怕情景的范围内。

表6-2　场所恐怖症个体回避的地方

购物中心	电影院
汽车	超市
公交车	商场
火车	人群
地铁	飞机
隧道	升降机
餐馆	电梯

场所恐怖症个体回避的情境包括他们难以寻求援助的地方，以及紧急情况下（如惊恐发作）会让他们感到尴尬的地方。

3.具体表现

场所恐怖症几乎总是促发害怕或焦虑，可伴有或不伴有惊恐障碍。伴有场所恐怖症的惊恐障碍个体生活在对再次惊恐发作的恐惧之中，尽量避免去那些曾经惊恐发作过或可能惊恐发作的场所。因为惊恐发作可能出其不意地袭来，一些人就会因害怕待在公共场所或不能受助的地方，因为想到一旦出现惊恐样症状或其他失去功能的窘迫症状（如突然出现疾病）时害怕难以得到及时恰当的帮助，而尽量限制自己的活动。其他一些人也只会在同伴陪同下冒险外出。还有一些人尽管有强烈的焦虑，也会尽量外出而逐步适应。

没有惊恐障碍病史的场所恐怖症个体有轻度的惊恐障碍症状，如眩晕，这使他们避免到自己感觉不安全或不易逃生的地方冒险。他们过于担心以至于逐渐为了得到支持而依赖别人。有证据表明，没有惊恐障碍病史的场所恐怖症个体与同时患有惊恐障碍和场所恐怖症的个体相比，社会功能更为匮乏。

4.后果

场所恐怖症是恐怖症中最有可能逐渐丧失社会功能的一种。害怕、焦虑或回避必须超出场所恐怖情景造成的实际危险的正常影响，也与社会文化环境不成比例，一些案例中个体可以数月甚至数年足不出户。

三、社交恐怖症

（一）定义

社交恐怖症（Social Phobia）又称为社交焦虑障碍，指对暴露在生人面前或有可能被众人注视的一种或多种社交或职业场合感到显著或强烈的害怕或焦虑，在这种情境下个体可能被他人品评。这种害怕、焦虑或回避持续至少6个月。

不同于场所恐怖症和特殊恐怖症，社交恐怖症个体不是惧怕某些具体的事物或场所，他们惧怕的是被评判或在其他人面前出丑。

（二）流行病学

社交恐怖症的患病率大约为3%—13%，终身患病率为13.3%。在美国，社交恐怖症被看作一种较为普遍的精神障碍，患病率大约为7%—12%。

在患社交恐怖症的人群中，女性较男性更为常见。平均发病年龄为11—16岁，极少数个体在20岁以后发病。平均患病12年后进行首次治疗，高达80%的患者从未接受治疗。那些受教育不足、单身、社会经济地位较低的个体，发病的可能性会更高。研究发现，70%的患者受教育程度较低，22%的患者不能工作。此外，有社交恐怖症的患者总是回避一些社交情境，因此大部分人都是单身。

一些社交恐怖症个体通过物质滥用来缓解焦虑，而最终导致物质依赖，特别是酒精依赖。此外，该病还常常与重性抑郁障碍、广泛性焦虑、双相障碍共病；大约一半的患者具有回避型人格障碍。有证据表明，具有过度行为抑制的个体有更大的危险发展成为恐怖症。

（三）临床表现

1.与害羞的区别

许多人在当众发言或加入其他人的谈话时都会感到有些紧张。一项经典的“害羞”研究发现，40%的人认为自己“害羞”，而90%的人承认自己曾经害羞。

但是，社交恐怖症个体感到的不是有些害羞。当置身于社交场合，他们会发抖、出汗、头脑混乱、眩晕、心跳加快，最终惊恐发作。他们认定其他人会注意到他们紧张的反应，并认为他们笨嘴拙舌、性格软弱、愚蠢或“古怪”。由于担心别人对自己的看法，患社交恐怖症的个体会避免当众发言和与人交谈,还有可能避免在公共场所进食,因为担心自己发出令人不快的声音,或把食物掉在地上,而让自己尴尬。由于担心其他人看到自己发抖的手,他们可能会避免当众书写,包括签名。男性社交恐怖症个体为避免难堪,往往不会去公共卫生间小便。

2.主要表现

社交恐怖症主要表现为以下三种情况,一种是个体只害怕当众发言,另一种是一些个体对许多社交环境存在中等恐惧,还有一种是个体对很多社交环境都感到强烈的恐惧,从当众发言到只是和其他人交谈,这些人是综合社交恐怖症个体。

人的一生中有两个阶段容易产生社交恐怖症——学龄前早期和青春期,很多人在这两个阶段都会变得害羞,而且很在意他人对自己的评价。一些人报告过去的难堪经历使他们产生了社交恐怖症,还有一些人一生都会对某些社交环境感到极不自在。

一旦社交恐怖症产生,如果不加以治疗,就会长期困扰个体,导致社交、职业或其他重要功能方面的损害。就医也是一种社交行为,故大多数社交恐怖症个体都不会主动求医。

(四)社交恐怖症的病因及后果

1.社交恐怖症的病因

影响社交恐怖症的因素很多,包括心理、生理、家庭、社会和自我性格特征等。

(1)心理原因

社交恐惧症患者害怕被人拒绝,或者自尊心比较强,从而影响他们在社交场合的行为。

有证据表明,具有过度行为抑制的个体有更大的危险发展成为社交恐怖症。美国临床心理学家巴洛(Barlow)对社交恐怖症是这样解释的:第一,个体有焦虑的生物易感性及社会抑制的生物倾向性;第二,在压力的情境下,个体可能会在社会情境中出现未预期的惊恐发作,而后会对相同或相似的社会情境中再次发作而感到焦虑;第三,个体可能经历了源于真实恐惧的社会创伤,并对相同或相似社会情境感到焦虑(条件化作用)。

(2)生理原因

在生物学方面,研究较多的是去甲肾上腺素系统。有研究发现,社交恐怖症患者脑脊液中去甲肾上腺素水平高于惊恐障碍患者及正常对照组。但目前尚无肯定的结论。

(3)家庭原因

从小性格受到压抑,父母没有教会他们社交技能,家庭搬迁过于频繁都可能加大患社交恐惧症的概率。

(4)社会原因

社交恐怖还可能缘于与人交往受到的挫折比较多,自身所处的社会环境恶劣。

(5)自我性格特征

自身害怕与人交往,担心和人交往时被看出自己的缺点,从而导致回避社会,不愿意与人交往,过分完美主义者受到打击后过分反省。

2.社交恐怖症的后果

(1)发病年龄

社交恐怖症大多起病于青少年期(13—19岁),在社交、教育与职业的发展阶段受到影响。由于害怕和回避社交,学习的机会与社会技能锻炼的机会明显减少,工作、学业能力与社交生活能力下降。社交恐怖症患者女性多于男性,未婚独身、教育程度低、社会阶层低及失业者居多。

(2)终生患病率

美国、德国等研究发现社交恐怖症的终生患病率超过10%。美国全国共病率研究发现社交恐怖症的终生患病率为13.3%,是继重性抑郁(17.4%)和酒精依赖(14.1%)之后的第三种常见精神障碍。社交恐怖症的女性患者明显多于男性(约2.5:1),但就诊比例却是男性高于女性,当男性患有社交恐怖症时所产生的焦虑症状通常比女性更加严重,这样促使其寻医就诊。

(3)预后及就诊情况

社交恐怖症是一种慢性疾病,自发缓解的可能性很小,仅有不到1/4的患者随年龄增长而缓解。高教育水平、起病年龄大和不合并其他精神疾病的社交恐怖症患者的缓解可能性大一些。

西方社会有社交恐怖症的个体中只有一半左右的个体曾经寻求治疗,而且他们通常在经历这些症状15—20年之后才这样做。无法就业是持续存在社交恐怖症的显著预示。国内目前尚无相应的统计数据。

四、特定恐怖症

(一)定义

特定恐怖症(Specific Phobia)是指对特定的事物或情境的不合理的恐惧,产生显著的害怕或焦虑。特定物体所引起恐惧的程度与真实风险不符,而且显著影响患者的生活。这种害怕、焦虑或回避通常至少持续6个月。

在DSM-4标准出台之前,这种类型被称为"简单(Simple)"恐怖症,以区别于更加复杂的场所恐怖症(Agoraphobia)。

(二)流行病学

大多数人都曾经历过对特定事物的恐惧。研究者(Agras,Sylvester和Oliveau,1969)对最常见的恐惧事物进行了分类,结果呈现在下表中。从表中内容可以看出,对蛇和高处感到恐惧的人数最多。此外,除了几个少数例外,在其余常见事物的恐惧中,女性的比例远高于男性。强烈的恐惧和恐怖症的患病率见6-3。

表6-3　强烈的恐惧和恐怖症的患病率

强烈恐怖的事物	每1000人口中的患病数	性别分布	性别标准误差(SE)
蛇	253	男性:118	男性:34
		女性:376	女性:48

续表

强烈恐怖的事物	每1000人口中的患病数	性别分布	性别标准误差(SE)
高处	120	男性:109	男性:34
		女性:128	女性:48
飞行	109	男性:70	男性:34
		女性:144	女性:48
封闭场所	50	男性:32	男性:34
		女性:63	女性:48
疾病	33	男性:31	男性:34
		女性:35	女性:48
死亡	33	男性:46	男性:34
		女性:21	女性:48
外伤	23	男性:24	男性:34
		女性:22	女性:48
暴风雨	31	男性:9	男性:34
		女性:48	女性:48
牙医	24	男性:22	男性:34
		女性:26	女性:48
独自旅行	16	男性:0	男性:34
		女性:31	女性:48
独自一人	10	男性:5	男性:34
		女性:13	女性:48

总的来说,人口中大约有12.5%的人的恐惧程度很严重,足以诊断为“恐怖症”。恐怖症在一年中的整体患病率为8.7%,在青少年群体中则为15.8%。因此,特定恐怖症是美国以及全世界范围内最常见的心理障碍。特定对象恐怖症的性别比例大约是4:1,女性占绝大多数。

该恐怖症一般在童年或成年早期就出现。如果不加以治疗,可以持续数十年。

(三)临床表现

特定恐怖症病人在接触特殊的恐怖对象和场所时感到焦虑或害怕,甚至出现惊恐发作,可伴有某些植物性神经症状,如心跳加快、出汗、头晕等。病人通常有回避恐怖情景的习惯,导致功能残缺的程度取决于患者回避恐怖情景的难易程度。

例如,狗在生活中比较常见,对狗恐怖者的社会功能影响就较大;而对一位患有蛇恐怖症的城市居民来说，其所受的影响就很小，只要避免去动物园就可以了。许多恐怖症从儿童时期就开始了。患恐怖症的成年人明白自己的恐惧是非理性的；但是孩子可能不懂这些，他们只是感到害怕。

特定对象恐怖症更符合人们通常对恐惧的认识。大多数特殊恐怖症属于以下四种类型之一：动物型、自然环境型、情境型和血液—注射—外伤型。

1.动物恐怖症

对动物或昆虫的恐惧被称为动物恐怖症。例如，害怕狗、猫、蛇和蜘蛛等。比较普遍的动物型恐怖症是对蛇的恐惧，还有蝎子、蜘蛛等其他动物或昆虫。动物恐怖症的发病年龄在7岁前后。

事实上，这类恐惧在生活中很常见，但是如果对个体功能产生了严重干扰，就会成为恐怖症。也即是说，人们见到自己害怕的动物可能会大惊失色，迅速逃开，但是大多数人并不能据此就被诊断为患有恐怖症，因为这些人并没有一直生活在对遇到蛇或蜘蛛的恐惧中，或在生活中极力避开这些事物。

2.自然环境恐怖症

对风暴、高地、水等自然事物的恐惧被称为自然环境恐怖症。和对动物的恐惧一样，对自然现象存在轻微或中等的恐惧也是很普遍的现象。这些恐惧大多不会给人们的日常生活带来不便或担忧，因此这种恐惧不应被视为恐怖症。只有当人们在生活中极力避免令他们恐惧的情况，或面对这些情况时出现强烈的焦虑发作，才能被诊断为恐怖症。

3.情境恐怖症

对公共交通、隧道、桥梁、电梯、飞行和驾驶等的恐惧被称为情境恐怖症。幽闭恐怖症是一种常见的情境恐怖症。情境恐怖症个体认为，如果处在令自己恐惧的场所就可能导致惊恐发作。的确，当他们被迫进入这些场所时，往往会产生惊恐发作。和场所恐怖症不同的是，情境恐怖症个体只有处在令他们感到恐惧的特定场所时才会惊恐发作。2—7岁的儿童经常患情境恐怖症，25岁左右也是情境恐怖症的高发年龄。

4.血液—注射—外伤恐怖症

这类恐怖症个体害怕看到鲜血或伤口，害怕打针或其他任何侵入性医疗过程。当因为疾病必须经由这样的治疗过程时，他们各种反应都非常强烈，以至影响治疗的进程。

（四）特定恐怖症的病因及后果

1.特定恐怖症的病因

特定恐怖症有时产生于创伤性事件之后（例如被动物攻击或受困于电梯间），观察到他人经历创伤事件之后（如看到某人溺毙），一次意外的惊恐发作使得所处情境日后成为被恐惧的情境之后（如坐公交或地铁时意外的惊恐发作），或受到信息传播之后（如关于新冠肺炎疫情的广泛媒体报道）。

许多特定恐怖症的个体无法回忆起他们恐怖症起病的特定原因。特定恐怖症通常在儿童早期就发展起来，绝大部分个体在10岁以前开始。起病的中位年龄为7—11岁，平均年龄约为10岁。

情境性的特定恐怖症通常比自然环境、动物或血液—注射—外伤型的特定恐怖症发病年龄更晚。儿童和青少年期的特定恐怖症可能在同期加重或减轻，然而，那些持续到成人期的特定恐怖症绝大多数都不会缓解。

虽然特定恐怖症的患病率在老年人中较低，但它依然是人们晚年较为普遍经历的障碍。老年人的特定恐怖症与生活质量的降低有关，也可作为重度神经认知障碍的风险因素。

尽管大多数特定恐怖症始发于儿童期和青少年期，但特定恐怖症可能发生在任何年龄，通常作为一个创伤性经历的后果出现。例如，不管在任何年龄，窒息的恐怖症总是发生在几乎窒息的事件之后。

2.特定恐怖症的后果

在心理社交功能受损和生活质量下降方面，有特定恐怖症的个体表现出与有其他神经症的个体和有酒精及物质滥用障碍的个体相似的模式，包括了职业和人际关系的功能受损。

特定恐怖症导致的痛苦或受挫倾向于随着所害怕的物体或情境的数量增加而加重(有特定恐怖症的个体，平均害怕3种物体或情景，约75%的个体，害怕超过1种物体或情境)。因此，比起只害怕一种物体或情境的个体，害怕多种物体或情境的个体可能在他的职业和社会角色中造成更多的受损和更低的生活质量。即使存在躯体疾病，血液—注射—外伤型恐怖症的个体也经常拒绝治疗。此外，害怕呕吐和窒息可能导致食物摄入量的显著减少。各种恐怖症的典型发病年龄见表6-4。

表6-4　各种恐怖症的典型发病年龄

恐怖症类别	案例数	平均发病年龄	恐怖症类别	案例数	平均发病年龄
动物恐怖症	50	7	社交恐怖症	80	16
血液恐怖症	40	9	幽闭恐怖症	40	20
注射恐怖症	59	8	场所恐怖症	100	28
牙科恐怖症	60	12			

五、恐怖症的病因及治疗

(一)恐怖症的病因

1.创伤事件

长久以来，研究者一直认为，恐怖症大多始于一个不寻常的创伤事件，特别是特定对象恐怖症。例如，你被狗咬过，你才可能发展出狗的恐怖症。但是，现有研究结论发现情况并不总是这样。

在通过直接经验发展出恐怖症的过程中，真实的危险或痛苦导致了警觉反应(真实警觉)。除此之外，还有另外三种发展恐怖症的方式：在特定情境下体验到一种虚假警觉反应（惊恐发作）；观察到他人经历过严重恐惧（替代经验）；或是在恰当的时候被告知有危险。特别是后两种替代性地（间接地）学习恐惧的方式。看到别人的创伤经历，或被反复警告有一个潜在的危险，足以使人发展出恐怖症。这种发展恐怖症的模式叫作信息传输。

可怕的经历本身并不产生恐怖症，真正的恐怖症要求个体的焦虑超过极端创伤事件发生的可能性，或虚假警觉导致个体回避可怕事情可能发生的情境。

2. 生物因素

1992年，肯德伦（Kendlen等，1992）等人以2163对双生子为研究对象，进行了大规模的关于恐怖症的遗传流行病学调查，发现在同性别双胞胎中，同病率大约24%；在不同性别中，同病率约为11%。费耶（Fyer等，1990）的研究也发现，大约31%的恐怖症患者一级亲属也患有恐怖症；相比之下，控制组一级亲属罹患恐怖症的比例为11%。更有趣的是，似乎每种恐怖症的亚型都是“家族性”的，在亲属中更可能发现同类型的恐怖症。古曼（Gorman等，2001）认为，一个人脑部结构异常或神经传导物质不平衡，可能是受到家族性遗传因素的影响，导致个人对刺激过度敏感，并进而引起恐慌。

3. 社会文化因素

恐怖症在青少年和成人初期较为常见，在老年人身上则较少出现。此外，恐怖症也常出现在女性身上，这可能是因为强烈的恐惧传统上与文化对女性角色的期待较为相容。再者，飞行恐怖症必然是社会进入商业空中旅行后才会出现，这也体现了文化因素对恐怖症发展的影响。有时，恐惧反应也同时是强迫性的。例如，对污染的持续性和强迫性的恐惧支配了患者的行为和意识。在这种情况下，患者的症状也可被诊断为强迫症。

4. 转移和继发性获益

在一些案例中，恐怖症是一种相当明显的转移，个人以较“可接受”的对象或情境来取代较难承认的情境。如一位女研究生，因为害怕自己在有男友的情况下再发展与其他异性的关系，因而发展出对公共场所的恐惧。

许多时候，恐怖症也是患者获取某些权益的工具，称为继发性获益（secondary gains），如他人的注意、照顾和同情心，或者支配他人的行为。例如，一名女性对丈夫不顾家庭这一做法积累了长期的怨恨，于是转化为自己的开车恐怖症。这样其丈夫不得不去超市购物和接送孩子上下学等，进而导致她的恐怖症继续维持下去，虽然她自己并没有意识到这个问题。

（二）恐怖症的治疗

恐怖症一旦发生，将有可能持续一生。因此，对这种障碍的治疗是非常重要的。

1. 药物治疗

药物治疗对伴有惊恐发作的场所恐怖症和社交恐怖症个体较有效。在被迫面对自己恐惧的事物时，一些人会服用苯二氮类药物、选择性5-羟色胺再摄取抑制剂等来减轻焦虑。例如，他们会在乘飞机或发表演讲前服用药物。这些药物可以产生短暂的轻松感,但是恐怖症仍然存在。一旦停止药物,复发率非常高。

2.行为疗法

相比之下,行为技术可以在数小时内治愈大多数恐怖症。通过让个体接触其害怕的事物或场所,可以大大减少他们的恐慌行为和降低忧虑程度,从而消除他们对事物的恐惧。

恐怖症的行为疗法主要有三种:系统脱敏疗法、模仿疗法和暴露疗法。

(1)系统脱敏疗法

系统脱敏疗法是个体将他们害怕的场所或事物按照害怕程度从高到低列表,然后从最不害怕的项目开始,依次使用放松技术,以减轻自己面对这些场所或事物的紧张程度。

例如,狗恐怖症患者首先要克服的是"看到在杂志上的狗照片",治疗师会指导他运用放松技术,让冷静的反应取代焦虑。当患者能够看着狗的照片而不感到焦虑时,就可以进一步注视宠物店橱窗里的狗了,并再次运用放松技术来降低焦虑反应,直至代之以平静的心态来对待它。患者和治疗师逐步完成整张列表,直到患者可以抚摸一条大狗而不感到明显的焦虑为止。

(2)模仿疗法

在恐怖症的治疗中,模仿疗法常和系统脱敏疗法结合使用。治疗师首先演示(或模仿)个体最害怕的那些行为,然后让个体自己尝试去做。例如,治疗师站在有蛇的房间里,然后让个体也进入房间;治疗师触摸蛇,个体也跟着做;治疗师将蛇握在手里,个体也需要照做;最后,治疗师让个体试着像他那样将蛇缠绕在身上。

通过观察学习,个体开始将这些行为和治疗师冷静的、放松的反应联系起来,从而缓解个体在实施这些行为时的恐惧。

(3)冲击疗法

冲击疗法的原理是让个体密集地暴露于害怕的事物或环境中,直至恐惧消失。因此,接受冲击疗法的幽闭恐怖症患者可能要把自己锁在橱柜里数小时,害怕狗的患者可能要在狗窝里过夜。治疗师通常会引导患者做一些缓解恐惧的放松技术。

冲击疗法同系统脱敏、模仿同样有效,并且往往见效更快。然而,让患者同意接受这种疗法的难度也更大,因为它看起来很可怕。因此,在许多情况下,这种练习必须在监督下进行,试图独自练习的个体常常会因为进度太快而以逃离情境为结束,这样反而会导致病情更加严重。

此外,一些治疗师在治疗恐怖症个体时,还会运用认知技巧。将暴露疗法和认知疗法结合使用,个体的功能恢复要优于仅仅使用暴露疗法的人。

复习巩固

1.恐怖症有哪些类型?

2.社交恐怖症有哪些临床表现?

3.如何对恐怖症进行治疗?

第四节 强迫症

我们每个人偶尔会有一些想法浮现脑际,门是不是锁上了?灯是不是关掉了?钥匙是不是装进包里了?有时脑中也会反复出现某首歌曲旋律或某句广告词?也许我们会因为这些疑问而去检查几遍门锁和钥匙,但是过后,我们轻轻松松地离开了,这些念头和行为,不会再困扰我们。

也许,我们会在生活中开玩笑地称这些想法为"强迫",但是,这种程度的"强迫"不会给我们的生活造成任何困扰,对于真正的强迫症个体来说,"强迫"就不是这样了。

一、强迫症

(一)定义

强迫症(Obsessive-compulsive Disorder,OCD)是指个体存在强迫思维和/或强迫行为为主要症状的一种神经症。

强迫症患者表现为反复地、不合理地担忧,并不得不通过行为来处理或抵消所担忧的内容以求得安心。

(二)特点

强迫症有以下特点:

(1)症状反复、持续出现,个体完全能够觉察;有意识的自我强迫和反强迫并存,二者强烈冲突使个体感到焦虑和痛苦;

(2)症状具有"属我"性,即非外力所致,但又"非我所愿";虽极力抵抗,却无法控制;

(3)个体明知症状表现是不合理、不必要的,但难以摆脱,个体往往采取相应的对抗行动;

(4)病程迁延者以仪式动作为主而精神痛苦减轻,但社会功能严重受损;

(5)焦虑几乎存在于每一位个体,但程度有所不同;

(6)常有继发性抑郁,大约1/2的个体有抑郁症状。

我们常常可以用这3个成语来描述强迫症的特点:非已所愿,控制不能,痛苦不堪。

二、流行病学

(一)患病率

强迫症是一种较难医治的精神障碍,年患病率为1%—1.8%,终身患病率为0.8%—3.0%,精神科门诊患者患病率约为10%。美国全国同病率调查(NCS)结果表明,强迫症是仅次于抑郁症、酒精依赖和恐怖症的第四位常见精神疾病。

（二）患者个体差异

1.性别差异

强迫症患者多数是女性，但性别比例并没有其他障碍（如焦虑障碍）那么高，男女比例为1:1.2。有趣的是，在儿童期，男孩比女孩多；到了青春期中期，两性患病率接近相等；再后来，女性居多。

此外，研究还发现，从强迫思维上看，男性表现出更多的强迫性冲动，而女性则表现出更多的强迫性思维；从强迫行为上看，男性更像是“检查者”，而女性更像是“清洁者”。

2.年龄特征

强迫症在青年人中的患病率是老年人的两倍，一般认为强迫症的平均发病年龄在20岁左右，男性（19岁）稍早于女性（22岁）。约2/3的患者症状起病于25岁之前，不到15%起病于35岁之后。

（三）共病特征

强迫症与其他精神障碍具有较高的共病率，56%—83%的强迫症患者至少共患一种精神障碍，与下面精神障碍的共病率分别为：重性抑郁障碍，67%；社交恐怖症，25%；抽动秽语综合征，5%—7%；抽动症，20%—30%。儿童期起病的男性强迫症患者常常有抽动症。强迫症还与酒精使用障碍、广泛性焦虑、特定恐怖症、惊恐发作、进食障碍、人格障碍等有较高的共病率。强迫症患者常常患有强迫型人格障碍和回避型人格障碍。

较高的共病率使得误诊的概率也比较高。

三、临床表现

强迫症状可分为强迫观念（Obsessions）和强迫行为（Compulsions）。

（一）强迫观念

强迫观念是指持续反复的念头、影像或闯入意识的冲动。这些念头是不受欢迎的，且很难被消除或控制。具有强迫观念的人认为，这些想法是自己意识的产物，而并不是外界强加的。他们也意识到这种观念是不合理的、过分的、不适宜的，因此，他们总会试图用另一些想法或行动来压制或协调这些想法。

强迫观念具体有以下一些表现：

1.强迫怀疑（Obsessive Doubt）

个体对自己言行的正确性反复产生怀疑，明知毫无必要，但又不能摆脱。例如，出门时怀疑门窗是否关好了，虽然检查了一遍、二遍、三遍，还是不放心。怀疑的同时，常伴有焦虑不安，因而促使个体对自己的言行进行反复检查。

2.强迫性穷思竭虑（Obsessive Rumination）

在患者的意识中，一个接一个提出一些自知是毫无必要、毫无意义，同时也是不可能得出结论的问题，多是日常生活中一般事物或自然现象。如“人为何要长两只眼?”“椅子为什么有四条脚”等。

穷思竭虑会导致个体在相当长的时间里老是固定在某一件事情或某一个问题上，也可以“碰到什么思考什么”。这种个体诉苦“脑子老是不闲着”，其实痛苦并非来自思考本身，而是个体非想不可，又极力要控制自己别想它，老是自己跟自己作对，以致伴随着紧张和焦虑。

3. 强迫对立观念(Obsessive Contradictory Ideas)

患者脑中出现一个观念或看到一句话，便不由自主地联想起另一个观念或词句，且性质对立。例如，看见“和平”，马上就联想到“战争”；看到“赞成”，脑中立即出现“反对”。由于对立观念的出现违背个体的主观意愿，常使个体感到苦恼。

4. 强迫联想(Obsessive Association)

对于所见所闻的某一事物，个体总是立刻联想到接近、相似或相对立的事物。如看到影视剧中的人物被害，就不由自主地想到自己也有被害危险或自己将要行凶；听到“钞票”两字，立即会想到它经过一位患传染病的人之手，其中带有细菌，是什么细菌呢？传染后又会怎么样？越想越紧张，但又翻来覆去想个不停。

5. 强迫回忆(Obsessive Reminiscences)

对于往事、经历不能摆脱地反复回忆，明知缺乏实际意义，没有必要，但这种回忆还是不断萦回在脑海里。有时强迫回忆与强迫怀疑可同时出现。

6. 强迫恐惧(Obsessive Phobia)

强迫恐惧的个体没有出现对立思维，但怕出现对立思维。如拿起小刀害怕自己失控去刺伤别人；害怕发疯、害怕做与道德相违背之事等。

7. 强迫意向(Obsessive Intention)

在某些场合下，个体出现一种与当时情况相违背的念头，也就是被某种与当时意愿相反的意向所纠缠。个体明知这是与正常情况相违背的，但是，却控制不住这种意向的出现。例如，走到高处，有一种想往下跳的内心冲动；抱着自己心爱的孩子走到河边，出现想把孩子往河里扔的意向等。尽管当时这种内心冲动十分强烈，但一般不会付诸行动。

(二)强迫行为

强迫行为是对强迫观念的反应，是继发性的，包括固定仪式(如洗手、检查、抹擦)或心理活动(如数数)。个体感觉自己这样做是迫于对那些强迫观念做出回应。

强迫行为的目的是避免或减少焦虑、逃避恐惧的事件或情境，但这些行为显然过度了。

强迫行为可分为两类：一种是屈从性强迫行为，行为和观念在内容上是一致的。例如，强迫怀疑引起反复检查核对行为，污染的强迫观念导致反复洗涤等；另一种是对抗性强迫行为，个体企图用动作来对抗某种他认为不适当的观念。例如，为了对抗淫秽内容的强迫观念，个体反复背诵道德格言或政治口号；计数和默念无关词句，也是常用的对抗方法；各种仪式化动作都起着类似的作用。

常见的强迫行为如下：

1. 强迫检查(compulsive checking)

个体为减轻强迫怀疑引起的焦虑而采取的措施。一位年轻母亲有检查癖，她想到刀子可能会刺伤孩子，因此每天都要把家里的刀子数上好几遍，反复检查，唯恐少了一把或没有收藏好。心理需要驱使她这样做，以暂时缓解她的内心焦虑。

2. 强迫清洗(compulsive cleaning)

个体为消除对受到脏物、毒物或细菌污染的担心，常反复洗手、洗澡或洗衣服。有的个体不仅自己反复清洗，而且要求与他一道生活的人，如配偶、子女、父母等也必须按照他的要求彻底清洗。

3. 强迫询问(compulsive inquiring)

患者为了消除疑虑或穷思竭虑给自己带来的焦虑，常反复要求他人不厌其烦地给予解释或保证。有的个体可表现为在自己头脑里自问自答，反复进行，以增强自信。

4. 强迫性仪式或动作(obsessional rituals)

这是一些反复出现的动作，在他人看来是不合理的或荒谬可笑的，但可以减轻或防止强迫观念引起的紧张不安。初期行为是简单的，只是以某些动作来缓解焦虑和不安；随着病情的加重，原先的动作不足以缓解焦虑，就会增添背后的内容，逐渐形成复杂的、具有固定格式的行为组合，称为强迫仪式行为。

5. 强迫计数(compulsive counting)

不由自主地计数一些事物甚至走路时计数自己的脚步。计数本身并无现实意义，个体完成计数，只是为了解除某种担心或避免焦虑的出现。有的个体只是在自己头脑里计数，或重复某些词句，以解除焦虑，是一种精神性强迫行为。

四、强迫症的病因及治疗

(一)病因

1. 生物学因素

①遗传因素

强迫症患者的家谱遗传、双生子遗传、遗传分离分析和基因关联研究一致认为，强迫症同遗传关系密切，具有明显的家族聚集性。强迫症患者一级亲属具有较高的患病率，是普通人群的4倍；同卵双生子的同病率为65%—85%，而异卵双生子则为15%—45%。

②神经生物学基础

通过计算机断层扫描、发射型计算机断层成像术、磁共振等手段，进行了强迫症的大脑功能和结构研究，发现强迫症可能存在额叶眶区-基底节-丘脑结构的神经回路异常；也有临床上进行脑深部电刺激手术来治疗难治性强迫症的报道，疗效有明显改善。此外，生化机制方面的研究集中在5-羟色胺以及儿茶酚胺系统功能失调上，5-羟色胺异常假说支持强迫症患者5-羟色胺功能异常，但5-羟色胺功能改变的性质仍不清楚，仅用5-羟色胺活动增强或减弱还无法解释强迫症的复杂发病机制。另有研究发现，强迫症患者还在神经内分泌、氨基酸、免疫学、活性氧自由基等方面存在异常。

2.心理社会因素

(1)心理分析观点

心理分析学派认为，强迫行为来源于被压抑的攻击性冲动或性欲望。强迫症患者没有处理好性欲阶段的本能冲突，他们的性驱力要么退行至肛欲期，要么这时期无法顺利地发展。回顾患者的个人史，可以发现他们自幼年起就受到了过于严厉的管教，攻击冲动及性欲往往受到了压抑。根据这一理论，来自本我和自我之间的强烈冲突形成了一系列防御机制，从而最终产生强迫症状。与强迫症相关的防御机制主要有四种，分别是：分离、替代、反向形成和消退。

当个体分离机制作用时，将不愉快的刺激隔离时，就可能产生强迫观念；替代是指某些非常可怕的念头或冲动被另一些可以被人接受的念头或行动所代替；出现要杀死自己孩子的念头同时出现“我是一个好母亲”的念头，这是一种反向形成的作用；出现某些想象中“越轨”的想法时，试图以某些不可思议的强迫行为获得原谅，这是消退的机制。如出现亵渎的想法时，伴随过分的祈祷或洗涤的仪式。心理分析学家认为，由于患者的性驱力退行至肛欲期，故他们的症状内容常表现为对排泄系统特别关注或惧怕被污染。

(2)行为主义观点

行为主义用来解释恐惧和回避行为的获得及维持的二阶段理论通常也用来解释强迫症。该理论认为，在第一阶段，一个中性事物当它与能够引发焦虑或者躯体不适的刺激同时出现后，这个事物与恐惧就联系在一起。

通过条件反射，诸如想法和意象等一些中性事物就具备了让人不舒服的能力。在第二阶段，为了减轻痛苦，回避和逃避行为就产生了，而且如果回避和逃避能够成功降低焦虑，此行为就会得到强化，一直保持下来。

由于强迫观念往往具有闯入性质，很多引发强迫观念的情境难以真正回避。因此，患者采取更为积极主动的方式，比如仪式行为，来减轻焦虑。

(3)认知的观点

近年来，关于强迫症的认知观点也受到了重视，且常与行为主义的观点共同解释强迫症。认知观点认为，大多数人都会有重复性的、闯入性的、消极的念头，比如伤害他人、不能接受的性行为和被细菌污染等，通过忽略这些想法或者随着时间推移，这些念头自然消失，就不至于发展为强迫症。然而，某些人难以消除这些想法，他们就可能发展成强迫症。

拓展阅读

强迫性人格特征

强迫性人格特征是强迫症发病的基础，但不是绝对会发病。强迫性人格结构的特点是本我与超我明显的对立，本能意愿与良心同样都很强。儿童时期在教育方面过于严厉，过于条理性、干净、整洁、对有关性的行为过于生硬地禁止，对儿童的本能需要泛泛地加以限制，阻止，尤其是对俄狄浦斯情结的限制，都可促使强迫性反应方式的形成。

雷德利克(F.C.Redlich)和弗里德曼(D.Freedman)认为，所有强迫症个体都有强迫性格。往往表现固执、墨守成规、谨小慎微、追求完美，可能有对人对自己深感不满的情绪。此病无性别差异。

按人类学的观点，强迫、恐怖及疑病性焦虑都可看作是死亡恐惧性神经症，个体最初可以是害怕死亡，以后对死亡过程也感到恐惧，进一步发展可出现主题的变化：对疾病和死亡的强迫性焦虑，怕伤害或危害他人，对眩晕、突发心脏病及晕厥的恐怖性焦虑，或者只对某些确定的客体或状态感到恐怖。

按精神分析理论，儿童发育过程中恋母情结受到压抑，使libido固结在肛门期，并出现退行，退回到神奇的想象阶段：强迫行为具有神奇的力量，可防御所有的产生于没有表白的、被压抑的性冲动或攻击冲动的威胁与焦虑。

强迫性洗涤象征着清洗性的污浊、清除有过错感的攻击倾向。强迫行为，如洗手，被解释为继发性防御过程：通过具有替代功能的防护性处罚，也就是强迫性洗手，来对抗强迫观念(例如对抗“污秽”的矛盾性体验)。

弗洛伊德把强迫人格称为肛门性格，这包括三个特性：爱整洁、吝啬和顽固。实际上，爱整洁的人在性心理和性行为方面完全可以是开放的甚至是放肆的，吝啬者则完全可以是善于占便宜和揩油的，至于顽固和顽强，都意味着坚持不变。坚持坏的不变叫顽固，好的不变叫顽强。

(二)治疗

直到20世纪90年代，强迫症的预后一直都不乐观。但是现在，药物治疗和行为治疗都可被用来治疗强迫症。

1.药物治疗

药物治疗是强迫症最主要的治疗方法之一，包括SSRIs(如氟西汀、氟伏沙明、舍曲林、帕罗西汀、西酞普兰等)和三环类抗抑郁药物(如氯米帕明等)。其中，SSRIs是目前的一线治疗药物，氯米帕明因其不良反应限制了它的应用范围。

由于强迫症呈慢性病程，容易复发，因而其治疗原则是全病程治疗，包括急性期治疗、巩固期治疗和维持期治疗。

2.心理治疗

心理治疗方法有行为疗法、精神分析疗法、认知疗法、认知行为疗法、森田疗法和支持性心理治疗等。

行为治疗可以使症状得到一定程度的缓解，但不能完全治愈。行为治疗的三种基本技术的结合——反应预防、暴露和模仿——在强迫症的治疗中已得以应用。相关研究也表明，大部分个体得到了明显的改善，但维持效果一般。

行为治疗有如下原则：

(1)不管别人有多好，只跟自己比较；

(2)不要放弃，学习放下；

(3)不要替自己找逃避的借口；

(4)凡事要说到做到，只是想没有用。

暴露和反应阻止疗法是最常用于强迫症的心理治疗方法。暴露疗法使患者面对引起焦虑的物品和环境；反应阻止要求患者推迟、减少甚至放弃能减轻焦虑的行为，如缩短洗手时间，降低洗手频率，甚至放弃洗手。在实施治疗时，首先应对患者进行疾病教育，提高患者信心，使其依从治疗计划。此疗法应结合家庭治疗，因为对患者家庭成员的教育和支持鼓励十分重要，他们是监督患者完成家庭作业最重要的人选，而且家庭治疗有助于减少人际系统中对症状起维持作用的因素。

3.物理治疗

目前可供选择的物理治疗方法有：经颅磁刺激(TMS)、改良电休克治疗(mECT)、深部脑刺激(DBS)、迷走神经刺激(VNS)等，但疗效有待进一步确定。

此外，随着医疗技术的发展，研究者尝试用神经外科的方法来治疗心理障碍。精神外科学是一种非常激进的治疗强迫症的方法。叶尼凯(Jenikei，1991)报道了33个强迫症患者的临床记录，他们中大多数的症状都非常严重，药物治疗和心理治疗都没有效果。在经过非常特殊的对扣带回的损伤手术后，约有30%的个体有了实质性的改善。但是，一般人们认为，这种损伤性的方法是在没有其他方法可供选择情况下的最后一种方法。

五、强迫相关障碍

在ICD-11和DSM-5中，强迫相关障碍包括躯体变形障碍、囤积障碍、拔毛障碍、皮肤搔抓障碍、嗅觉牵连障碍等。它们和强迫症一样，具有相同的临床特征——持续的、闯入性的、非己所欲的强迫性观念、先占观念和反复的强迫行为，以及相似的病理生理基础和治疗手段。

(一)躯体变形障碍(Body dysmorphic disorder，BDD)

躯体变形障碍患者认为自己存在某种或多种外表缺陷(如长得很丑陋，不具吸引力，甚至存在某种畸形)，而这些缺陷实际上是不存在的。缺陷可能聚焦于身体的任何部位(如皮肤、毛发、面部五官、胸部、腿部、生殖器等)，还有些个体会担心自己的身体部位不对称。肌肉变形是躯体变形障碍的一种形式，几乎仅出现在男性身上，认为自己的身体矮小或肌肉不够发达。

与强迫症类似，关于躯体缺陷的想法常常是侵入性的、难以控制的，患者通常会采用照镜子、反复检查、向他人寻求确认、过度修饰、整容等方式来应对，且非常耗时(每天平均花费3—8小时)。

一般而言，躯体变形障碍患者的自知力不好，超过1/3的个体存在关系妄想，认为他人在嘲笑自己的缺陷，或是盯着自己的缺陷看。

这种障碍主要见于青少年或成年早期。

（二）囤积障碍（Hoarding disorder）

囤积障碍的患者不仅不能丢弃无用或用坏的东西，也包括过分地收集财物，喜欢购买、收藏、囤积一切有价值的甚至无价值的东西，如垃圾、不穿的衣服、旧报纸、废旧物品、流浪的小动物。一些患者可能花费大量的时间采购折扣物品，或整天在马路上寻找废物，自视为宝。由于物品放置杂乱无章，导致居所混乱不堪，因而影响了其家庭生活，如无法在厨房做饭，无法在床上睡觉等。也可能会影响邻里关系。火灾、腐烂变质事物、灰尘、细菌等，都是一些可能出现的健康风险，会将患者自己置于危险之中。

患者收集这些物品，是因为他们相信将来需要这些物品，或物品在将来会有价值等歪曲信念所驱使。他们还会强烈地依恋这些物品而难以丢弃。丢弃物品时，患者会感到巨大痛苦和悲痛。他们倾向于将所收集的物品赋予人格特征，感到“物品就是我的”。当然，患者并不能意识到其行为的问题。

（三）拔毛障碍（Trichotillomania disorder）

拔毛障碍的患者表现为反复地用手、铁夹或镊子等物件，将自己的毛发强行拔除。拔毛部位可涉及身体任何长毛发的区域，以头皮最多见，眉毛、睫毛、腋毛或阴毛等亦可受累。同一患者的拔毛部位比较固定，但不同患者拔毛部位各异。有些患者的拔毛区域可随时间而改变。患者拔毛前通常有不断增长的紧张感，事后会有轻松感或满足感。

由于反复拔毛，头皮常有大片脱发，形如斑秃，边界多不整齐，脱发处常有残存毛发及断发。拔毛可对毛发的生长或质量产生持久损害。患者常对他们的失控行为感到羞愧，因而回避社交或其他公共场所，或以戴帽子、假发、画眉毛或为头发做造型等方式来掩盖那些没有毛发的区域。

（四）皮肤搔抓障碍（Skin scratching disorder）

皮肤搔抓障碍的患者表现为反复地、强迫性地搔抓皮肤，试图克制而难以自控。最常见的搔抓部位是脸，手、手指、手臂、腿和躯干等亦为可见。许多患者每天至少花费1个小时以上搔抓皮肤，甚至玩弄、吞咽抠剥下来的皮肤。有些患者表现为撕嘴唇黏膜或抠、咬指甲。

一系列的皮肤疾病可能是搔抓的诱因，如粉刺、老茧或痂痕等。患者在搔抓皮肤或结痂时，可出现满足感、放松感、快感，或减轻了皮肤的不规则感、身体不适感，可伴有焦虑、厌恶等情绪。搔抓行为可陷于这些情绪，也可在尝试抵抗搔抓冲动时发生。

（五）嗅觉牵连障碍（Olfactory involvement disorder）

嗅觉牵连障碍的患者持续地认为身体存在臭味或其他令人不快的气味，而这些气味在他人看来微不足道或难以被察觉。一些患者会因其自我感知的体臭或口臭，在社交场合中出现明显的焦虑,担心被他人拒绝,因此会出现以下行为:反复检查,以确认气味的存在或来源;试图通过香水或除臭剂来掩盖气味;试图通过洗澡、刷牙、更换衣物、回避进食某些事物来预防气味;试图回避能增加刺激性体味痛苦的社交场合或诱发因素。许多患者有时对自己的想法和行为的不合理性缺乏自知力,甚至达到妄想程度。

复习巩固

1.强迫症的定义是什么?
2.强迫症的临床表现怎样?
3.如何对强迫症进行治疗?

第五节　躯体形式障碍

正如名字所示,躯体形式障碍(Somatoform Disorder)的基本特征就是,心理冲突以躯体的或者身体的症状出现。一些个体抱怨说身体上感到不舒适,如胃痛、呼吸困难等等;另外一些个体没有任何身体症状或者症状轻微,却疑心自己患上了严重的疾病。

所有个案中都没有生理学证据可以用来解释这些症状,但有证据(或者说至少有很强的猜测)表明这些症状与心理因素有关。尽管做了一连串让人眼花缭乱的高科技医学检测,但现实中人们的许多症状,如疲惫、头疼,都无法从生理学意义上得到解释。

大部分情况下,在医生排除了重大疾病的可能后,病人就放心了;但还有一些病人依然被神秘的症状所困扰,一次又一次地去看医生,担心自己可能得了什么医生没有发现的恶疾。

患者的躯体症状多用医学无法解释的症状及躯体化来定义,无特异性诊断,并没有得到有效治疗是非常普遍的现象。躯体形式障碍不是疾病名称也不是诊断,而是一组具有躯体症状却没有医学证据的患者的认知和行为特征的总称,是一种医学现象。

2011年一项针对620名德国初诊患者的研究发现,医学上无法解释的症状占了所有已报告症状的三分之二。这项研究发表在《心身医学(*Psychosomatics*)》杂志上。其他研究估计,美国10%至20%的初诊病人都有医学上无法解释的症状,而且这些症状在某种程度上损害了病人的健康。约5%至7%的人有着更为严重的精神疾病——躯体化障碍,这些病人的症状(既有医学上可解释的,也有不可解释的)持续超过半年,并伴随着严重的焦虑。

一、躯体形式障碍

(一)定义

躯体形式障碍是一种以持久地担心或相信各种躯体症状的优势观念为特征的神经症。个体因这些症状反复就医,各种医学检查阴性和医生的解释,均不能打消其疑惑。即使有时存在某种躯体障碍也不能解释所诉症状的性质、程度，或其痛苦与优势观念。经常伴有焦虑或抑郁情绪。尽管症状的发生和持续与不愉快的生活事件、困难或冲突密切相关，但个体常否认心理因素的存在。

躯体形式障碍包括躯体化障碍、疑病症、躯体形式自主神经紊乱、持续性躯体形式疼痛障碍、其他或待分类躯体形式障碍。

本障碍男女都有，为慢性波动性病程，符合症状标准至少三个月。排除其他神经症性障碍（如焦虑症、惊恐障碍、强迫症）、抑郁症、精神分裂症、偏执性精神病。

（二）病因

1.自身原因

一般认为，躯体形式障碍的产生是个体自身的素质和人格基础与心理社会因素相互作用的结果。具有内向、自省力强、敏感、多疑、依赖性强等神经质素质的个体，往往更多地把注意力集中于自己的躯体不适及相关事件上，导致感觉阈限降低，增加了对躯体感觉的敏感性，易产生各种躯体形式障碍。

2.心理社会因素

在心理社会因素方面，潜意识的因病获益，通过躯体症状或主诉表达情感，负性生活事件的冲突，社会文化因素，如文化程度等都可能是躯体形式障碍产生的原因。

二、躯体化障碍

（一）定义

躯体化障碍（Somatization Disorder，SD）是一种以多种多样、经常变化的躯体症状为主的神经症。症状可涉及身体的任何系统或器官，最常见的胃肠道不适（如疼痛、打嗝、返酸、呕吐、恶心等），异常的皮肤感觉（如瘙痒、烧灼感、刺痛、麻木感、酸痛等），皮肤斑点，性及月经方面的主诉也很常见，常存在明显的抑郁和焦虑。为慢性波动性病程，常伴有社会、人际及家庭行为方面长期存在的严重障碍。女性远多于男性，多在成年早期发病。

符合症状标准和严重标准至少已2年才可以诊断。

（二）流行病学

社区调查结果发现，躯体化障碍患病率少于1%，女性患病率是男性的2倍。美国ECA研究发现，躯体化障碍患病率为0.1%—0.4%。在初级保健机构的比例为1%—2%；在住院患者中，躯体化障碍的比例高达5%。另外，流行病学调查发现，反复或持续性疼痛存在于约1/3的普通人群中。

（三）临床表现

在日常生活中，轻微的躯体化程度十分常见，能够达到躯体化障碍诊断标准的极少。

躯体化障碍的特征主要表现在以下几个方面：

(1)所述症状复杂多样、反复出现、时常变化，可涉及身体的任何系统和任一部位，往往有所夸大，但未能找到明确的器质性依据来解释上述症状。

(2)为了查出症状的原因，患者会不惜代价反复就医检查，常依据对医学知识的一知半解，将其痛苦归咎为躯体疾病，且频繁更换医院和专家，尝试各种方法治疗，服用过多药物。但是患者对躯体症状的变化及各种药物调整引起的不适感觉往往比较敏感，过分关注，顾虑重重，对治疗依从性较差。重要的是，患者常常拒绝接受精神障碍的诊断和治疗。长期非正规诊疗，导致治疗效果不好，容易出现医患之间的不信任，影响医患关系。

(3)患者很难接受精神障碍的疾病标签，常在非精神科反复就诊。但是，由于非精神科医生对于心理相关问题识别率较低，不同科室使用不同诊断名称，繁杂混乱。例如，对表现为肠胃不适的患者，诊断名称包括自主神经功能紊乱、功能性肠胃病、肠应激综合征以及肠胃神经症等。各种模棱两可的诊断或假阳性的实验室检查结果会增加患者的疾病感，强化反复求医行为，增加疾病负担。

(4)由于个性问题，患者在病前常常遇到较多相关心理事件，如人际关系问题。患者倾向于将这些事件放大，产生更大的应激。患病后，患者往往不被家人、同事、领导理解，应激加重，形成恶性循环，加重疾病感。

三、疑病症

(一)定义

疑病症(Hypochondriasis)是一种以担心或相信患严重躯体疾病的持久性优势观念为主的神经症，是最常见的一种躯体形式障碍。患者的关注对象或思维内容经常过分集中于自己的身体健康，并且对身体健康状况的估计之坏或疑虑之甚跟实际情况不相称。

(二)流行病学

目前，还没有设计得很好的关于疑病症的调查问卷。早期研究资料显示，疑病症的患病率在4%—25%之间。肯纳(Robert Kellner)率先采用疾病态度量表调查了多个非临床机构，涉及雇员、社区、医学生和法律系学生，结果发现，疾病恐惧症的患病率在2%—13%之间。近期调查估计，疑病症的社区患病率为1.1%—4.5%，另有10%的人有疑病恐惧和疑病信念。此外，在普通人群中，疑病症的终生患病率是1%—5%；在初级医疗机构的门诊病人中疑病症的终生患病率是2%—7%(APA，2000)。可见，疑病症在普通人群和临床医疗机构中都是一种常见心理障碍。不过，有学者认为这些患病率都被低估了。

国内对12地区流行病学调查结果发现，本病患者率为0.15%，占全部神经症0.7%。属最少见的一类神经症。国内外流行病学调查结果差别如此之大，可能是诊断标准及对本病的概念差异所致。

(三)临床表现

(1)疑病症患者对自身健康过分担心,反复纠缠于身体健康和疾病而无法摆脱。对健康的过分忧虑、对身体的过分关注和感觉过敏、疑病观念是其核心症状,亦是其临床表现的一个连续谱——最轻者只是对身体感觉的过分关注和觉察;轻微者担心会罹患某种疾病;严重者则惶恐不安,对疾病十分害怕;再严重者有关于患病的超价观念;极端者可以达到疑病妄想的程度。

(2)患者的疑病症状可涉及躯体的各个系统和器官,其中以胸、腹、头、颈等部位的症状最为常见。半数以上的患者存在头痛、胸痛、腹痛及腰背痛等疼痛症状。头晕、眩晕、夜间感到自己的脉搏波动、咽部异物感、恶心胀气等亦较常见。患者对身体的过分关注表现不一,有的经常注意自己的心跳、脉搏,有的则关注自己的大小便或饮食。

(3)对身体状态的过度警觉往往会导致焦虑、抑郁情绪。

(4)患者总是拒绝接受多位不同的医生关于其症状为阴性的忠告和保证,并频繁更换医生寻求保证。通过这种强迫性地检查和寻求保证,可以减轻其焦虑程度,并维持了其疑病症状。

(5)疾病可限制患者的活动,造成生活不便,妨碍工作、学习或社会交往,甚至其他更为严重的后果。

(四)治疗

对于疑病症的药物治疗,必须非常谨慎。如果个体有明显的焦虑或抑郁,可以使用抗焦虑药和抗抑郁药。除此之外,最好不要用药。药物的可能危害表现在以下三方面:

(1)强化个体的疑病心理;

(2)可能的副作用使病情复杂化;

(3)产生药物依赖。

因此,一般来说,对于疑病症应积极采取心理治疗措施。对疑病症个体进行心理治疗时,“责任”始终是访谈背后的关键性问题。在神经症性心理冲突中,逃避责任(把一切都推到患病身上)总是跟过度负责联系在一起的。个体的情绪总是纠缠在早已过去了的事情上,无助于他从压力和责任中解脱。实际上,只有面对现实,才能体验到生活的意义;只有在建设性的行动中才能用体验到的喜悦把苦恼冲洗掉;只有走向未来,才能甩掉历史的包袱。这种态度的转变也许是心理治疗工作的核心。

总之,要取得满意的效果,对疑病症进行心理治疗是一件很困难也很费时间的事情。但是只要个体并非处于精神病状态,没有显著的智力缺陷,且愿意接受心理治疗,从实践的角度看,所有疑病症都是可以被当作神经症处理的,而心理治疗总是可以给个体带来一些改善。

四、持续性躯体形式疼痛障碍

(一)定义

持续性躯体形式疼痛障碍(Persistent somatoform pain disorder)是一种不能用生理过程或躯体障碍予以合理解释的持续、严重的疼痛。情绪冲突或心理社会问题导致了疼痛的发生,经过医学检查未发现相应主诉的躯体病变。

病程迁延，常持续6个月以上，并使社会功能受损。诊断需排除抑郁症或精神分裂症病程中被假定为心因性疼痛的疼痛、躯体化障碍，以及检查证实的相关躯体疾病与疼痛。

（二）临床表现

此症很重要的一个特征是，病人主诉的无论是生理还是心理因素引起的疼痛都是真实的感受，而且，它损害了病人的健康。我们现在知道，不管疼痛的起因是生理性的还是心理性的，疼痛都有很强大的心理成分。在这种障碍中，至少在刚发作时，可能疼痛是有明显的生理原因的，但心理因素在随后的维持疼痛中起了主要作用。

许多人都在日常生活中经历过疼痛。比如说，在美国有10%—15%的成年人仅由于背部疼痛导致一定程度上的不能工作。但是在一些个案中，即使存在器质性障碍，疼痛似乎还是比医学原因所能解释的更为严重或持久，似乎心理因素也在其中发挥了作用。这种情况就被诊断为疼痛性障碍。疼痛性障碍个体倾向于报告出精神病症状，这就支持了心因性的解释。

五、躯体形式障碍的病因与治疗

躯体形式症状在人群中广泛存在，在一般人群中患病率达4.4%，随着临床医生对该病认识的逐步加深，躯体化障碍的诊断率逐渐升高，但由于患者多有“已患病”先入观念，对躯体化症状非常关注，对不适的敏感度高，对疗效的渴求强烈，故患者更换治疗方案，难免延误病情。

（一）病因

1.遗传因素

躯体形式障碍与遗传易感素质有关，在病人的一级亲属中患病率为71.7%。研究发现具有遗传易感性的孕妇暴露于有显著意义的应激时，就会增加其体内胎儿对这种应激反应的危险性，增强后代应激反应系统的敏感性。在此素质基础上病人对各类社会因素反应强烈，易产生各种非器质性的躯体症状。研究发现功能性的躯体症状与两个系统的基因变异有关，分别是5-羟色胺系统和下丘脑—垂体—肾上腺轴系统。

2.人格基础

很多研究表明躯体形式障碍发病有其一定的人格基础，此类患者具有较高的躯体先占观念和疑病观念，被动依赖、孤僻、冷淡、对人疏远、心理变态、偏执性、疑病、易激惹、自我为中心、自制力差、有反社会行为等。通过对躯体形式障碍患者进行明尼苏达多项人格测验（MMPI），发现疑病、抑郁、癔病、精神状态、偏执、精神分裂症及社会内向各因子评分均高于对照组，男性女子气分量表分明显高于女性。另外一些研究也发现躯体形式障碍患者普遍存在异常神经质的特性。

3.生理因素

大脑中的各种复杂神经网络连接构成了精神活动与行为的结构基础，如果大脑结构的完整性受到破坏,势必影响到精神活动,有学者研究发现躯体形式障碍的患者存在脑干、网状结构的注意和唤醒功能的改变。很多研究还发现躯体形式障碍患者存在自主神经功能的损害,出现感觉阈值下降、感觉敏感性增强,导致患者产生各种各样的感觉异常。研究发现严重的躯体化似乎和大脑尾状核降低的葡萄糖代谢率有关。研究者从心理神经免疫学的角度讨论了躯体形式障碍的发病机制,认为患者烦躁等症状可能和免疫系统与大脑之间的异常连接有关。

4.心理因素

(1)认知因素

很多研究发现敏感或扩大的知觉—认知方式是躯体形式障碍的发病机制,从认知和心境体验的神经网络理论来看,躯体化和情绪可能在中枢神经系统传导通路上存在交叉性功能障碍,如患者的情绪体验没有传达到大脑皮层并通过言语符号表达出来,而是经过自主神经形成所谓"器官言语"释放出来。研究发现患者的功能性躯体症状与注意缺陷及精神运动速度减慢有关,还发现言语表达能力差与此也有关。躯体形式障碍患者的认知特点可以总结为:选择性注意;躯体知觉放大;记忆偏向。此类患者的大脑认知资源减少,注意分配能力降低,可以表现为注意、记忆、思维、逻辑推理等认知功能全面受损,临床上出现工作记忆、学习功能、处理问题及推理功能损害,产生各种躯体症状的优势观念。

(2)述情障碍

由于各种原因不善于把内心的情感表达出来,即是述情障碍,有很多研究证明其与躯体形式障碍有关。研究者通过对非临床大样本人群进行多因素分析,得出述情障碍与躯体形式障碍之间存在着不依赖于其他因素的独立联系。此类患者不善于主动表达内心的情感,压抑过久,就会以全身各处的不适表现出来。尽管许多研究表明述情障碍与躯体形式障碍有一定的关系,但要证明二者之间关系的密切程度还有困难。

(3)潜意识获益

弗洛伊德精神分析观点认为那些不能解释的躯体症状可以在潜意识中为患者提供两种获益,一种是躯体症状作为对自身内部和/或外部环境恐惧的替代,并通过这种变相的发泄来缓解情绪上的冲突和矛盾,称为原发性获益;第二种是通过呈现患病角色,可以回避不愿承担的责任并取得关心和照顾,又称继发性获益。弗洛伊德还认为不能解释的躯体症状是压抑的本我欲望和原始的本能冲动不能释放的力必多的作用结果。

(4)防御方式

躯体形式障碍患者多采用不成熟防御机制和中间型防御机制,很多研究都表明躯体形式障碍患者的防御方式存在不成熟倾向。研究者通过对50例躯体形式障碍患者进行防御方式问卷测试,发现躯体形式障碍患者不成熟的心理防御方式:幻想、分裂、退缩、躯体化明显增高,提示患者在挫折反应中较常采用幻想方式来解决内心矛盾和冲突,或用孤独、退缩、回避人际关系来排斥别人,或以幼稚行为来应付挫折,或者将不被别人接受的攻击冲动和责难转向自己,出现各种各样的躯体不适或疾病状态来达到内心平衡。

5.社会因素

(1)生活事件

躯体形式障碍患者往往以生活事件作为诱发因素而起病。患者负性生活事件多,且以长期性应激为主,可能是其慢性迁延病程的原因。躯体形式障碍患者生活事件中的负性事件,如家庭问题、工作学习和社交问题比较多,而正性事件相对较少。此外,童年期创伤对躯体化障碍的形成也有重要意义,这些创伤经历包括突发的天灾人祸、父母关系不和、离异、再婚、暴力及性虐待、身体虐待等。研究者综合了新近的研究证据,认为早期的生活压力改变了体内的神经生物系统,一直影响到基因水平,通过这种机制,使童年期虐待关联到成年期疼痛障碍。

(2)社会支持

社会支持作为社会心理刺激的缓冲因素,对健康产生间接的保护作用,良好的社会支持能增强耐受、应对和摆脱紧张环境的能力,起到缓冲应激的作用。可能由于性格原因,很多躯体形式障碍患者得到的社会支持较少,而且社会支持利用度也较低,不能够很好地利用社会支持,遇到心理冲突和矛盾时,无法有效缓解,于是将情绪以躯体不适的形式表现出来。研究发现躯体形式障碍患者的生活质量明显下降,社会支持利用度及生活质量均显著低于正常人群。

(3)社会文化

我们情绪的表露受到所处的特定的社会文化的压抑,在20世纪以前的西方社会,或今天的不发达地区或发展地区的基层社会,负性情绪被看成无能、耻辱和丢面子。无形的社会歧视阻碍情绪的直接表露,而躯体不适的主诉则是一种“合法的”途径,在这种社会文化环境中,患者自然会掩饰、否认甚至不能感受到自己的情绪体验,而选择性地关注自己的躯体不适。早期研究认为躯体形式障碍多见于低教育水平的人群,后来研究又发现在高文化水平人群中此病也不少见,社会文化与躯体形式障碍之间的关系还有待于进一步研究。

6.家庭环境

躯体形式障碍患者的家庭亲密度、情感表达等均较正常人群差,他们不能从家庭成员之间得到足够的帮助和支持,也不能与其他家庭成员有效地沟通情感,比较压抑,常有失败感,对家庭内部的聚会活动较少产生兴趣。

(二)治疗

躯体形式障碍患者大多都深信自己的疾病是生理上的问题,所以他们首先会去一般医院寻求治疗。经过长时间的医学治疗没有明显成效后,才会转向寻求心理或精神科的治疗。

1.心理动力学治疗

心理动力学治疗常采用领悟疗法,帮助患者认识引起焦虑的内在冲突;也有利用催眠暗示对患者情绪上给予支持,并且通过催眠使他们的身体感受消失。

2.行为治疗

行为主义一般通过强化方式,鼓励健康的行为,对其患病行为不予强化,也能收到一定的疗效。

3.药物治疗

一些精神科医生，也会针对患者的情绪问题，使用相应药物缓解，从而改善症状。但一般药物治疗会与心理治疗配合，效果更为明显。

复习巩固

1.什么是躯体形式障碍？

2.躯体形式障碍可以分为哪些类型？

3.疑病症的临床表现是什么？

第六节　神经衰弱

“神经衰弱（Neurasthenia）”一词最早为美国精神科医生彼尔德（Beard）所使用，他曾定义说：神经衰弱是工业化导致的神经力量耗损和衰弱，多见于社会中上层的脑力劳动者。

近一个世纪以来，神经衰弱的概念经历了一系列由盛而衰的变迁，随着医生对神经衰弱认识的变化和各种特殊综合征和亚型的分类，在美国和西欧已不作此诊断，在我国神经衰弱的诊断也明显减少。

、定义

神经衰弱是指一种以脑和躯体功能衰弱为主的神经症，以精神易兴奋和精神易疲劳为特征，表现为紧张、烦恼、易激惹等情感症状，以及肌肉紧张性疼痛和睡眠障碍等生理功能紊乱症状。

二、临床表现

（一）与精神易兴奋相联系的精神易疲劳

1.精神易兴奋

精神易兴奋的主要表现是联想和回忆增多且杂乱。不论是工作学习，还是看电视、听广播或与人交谈，个体都可以产生许多杂乱的联想和回忆。单从症状特点来看，精神易兴奋的表现跟躁狂的特点很相似。但事实上，二者之间存在本质的区别，具体如下：

（1）精神易兴奋是一种主观体验，个体感到分心和控制不住，但不伴有言语运动增多，因此不同于轻躁狂的精神运动性兴奋。

（2）引起兴奋的事件并不一定是令人不快的，甚至可以是令人愉快的，例如，与久别重逢的亲友交谈。但是，由此所引起的兴奋却被个体体验为不快，尤其是兴奋持续较久而个体觉得无法控制的时候。临床病例最常见的情况是个体的思维活动伴有令其烦恼的内容，个体联想和回忆的内容几乎都是过去不愉快的经历，现在使人苦恼的事件和处境，将来可能发生的风险、失败和意外事故。由此我们可以看出，精神易兴奋者思维内容消极，在情绪上感到苦恼。

(3)精神兴奋者明知胡思乱想没有必要，却陷在里面无法自拔，极力想控制却又控制不住，导致了心理冲突。

此外，精神易兴奋往往表现出注意力不集中。主要表现在两个方面：一方面，个体容易因外在环境的偶然无关因素或变动而被动地转移注意；另一方面，个体的思维不能专注于某一个主题，联想和回忆不断把思维引入歧途，甚至远离当前思想的中心。对于后一种情况，个体往往把它描述为“脑子乱”。

2.精神易疲劳

有些神经衰弱个体在起病初期只有精神易兴奋的症状，精神易疲劳的症状不明显；但是大多数个体起病时就同时伴有精神易疲劳。

疲劳是每个人都有过的经验，它很少会使健康人感到强烈的不适。相反，疲劳后的休息常常是一种享受。例如，看书看累了，听听音乐，可以消除疲劳；工作学习累了，从事文娱体育活动时照样可以兴致勃勃；甚至看专业书籍看累了，换一本休闲读物接着看，便不感觉累了。然而，神经衰弱的疲劳具有弥散性。个体觉得做什么事情都很累，哪怕是休息、听音乐、吃美食等。

(二)情绪症状

神经衰弱个体几乎无一例外地都有情绪障碍。神经衰弱的情绪障碍本身是痛苦的，它们又使其他症状加重，导致个体更加难受。

神经衰弱的情绪症状主要有三种表现：烦恼、易激惹和心情紧张。这三种情绪是普通人都会有的。因此，从临床诊断的角度出发，作为神经衰弱的症状，情绪必须具备以下三个特点，以区别病态与非病态：

(1)个体感到痛苦，倾向于见人就诉苦，或求助求治；

(2)个体感到摆脱不了或控制不住；

(3)情绪的强烈程度和持续时间与生活事件、处境不相称，例如，一点儿小事就大为生气或心情很紧张，或者整天为一些鸡毛蒜皮的事而烦恼，长期如此。

一部分神经衰弱个体因心情紧张而无法松弛。一般情况下，人们都会认为神经衰弱源于工作学习过度紧张。然而，这是一种误解。每个健康的人都有张弛调节能力。在紧急情况下，在繁重艰巨的任务面前，我们自然会紧张起来，这是必要的。但紧急情况一过去或工作暂告段落，我们又可以使自己松弛下来。

所谓过度紧张，实际上是指客观情况允许甚至要求我们松弛的时候(如吃饭、休息和睡觉的时候)，个人仍然保持持续的紧张而不能放松。这种张弛调节能力的丧失，是神经衰弱的症状，是结果而不是原因。

（三）心理生理症状

心理生理症状实际上指的是生理功能障碍，指明这类症状跟个体的心理有密切的关系。常见的障碍包括：睡眠障碍，头部不适感，个别内脏功能的轻度或中度障碍。

1.睡眠障碍

睡眠障碍的主要形式是失眠。失眠是一种睡眠质量令人不满意的情况，往往持续相当长一段时期。诊断失眠时首先考虑的不是睡眠的实际时间少于所谓的正常睡眠，因为许多人（所谓短睡者）的睡眠很少却并不自认为是失眠者，他们之中相当一部分人精力充沛，也没有任何痛苦。

神经衰弱个体的失眠，与其说是夜间睡眠太少，倒不如说是睡眠和觉醒的节奏紊乱。个体白天发困或打瞌睡，夜间却兴奋不眠；开会、听报告或看书时很容易打盹，但此时真要上床“正式”睡觉，却一点儿睡意也没有。

2.头部不适感

神经衰弱者的头部不适感主要是紧张性头痛。头皮下和后颈部的肌肉紧张是这种头痛的主要根源，但血管性头痛也可能同时存在。

个体的典型主诉是持续的头痛和头昏，头顶有重压感，头上像箍了一个箍似的紧束感，后颈部发僵发硬，脑袋发胀等。有时，个体把多而杂乱的联想和回忆描述为脑子里难受，头脑发昏和不清楚，像轻度醉酒似的，把它们和头痛混为一谈。

总的来说，神经衰弱起病较慢，病期迁延。少数病例是急性起病，起病与重大生活事件相关，如高考落榜、失恋、亲人死亡等。如果病前人格相对健全，急性起病的病例预后良好，症状往往持续不太长便会逐渐恢复。一部分个体的病情轻重有明显的波动，令人烦恼和不如意的事情多的个体则病情较重，反之则病情较轻。还有少数个体在病程中两种不同的临床表现交替出现，一种状态以精神兴奋为主，另一种状态以精神疲劳为主，但都伴有不适感和不快体验。病程和结果主要取决于人格和生活处境这两个因素，恰当的治疗可以促进康复。

三、病因、治疗及预后

（一）病因

神经衰弱的产生原因主要有精神和素质两种因素。追溯个体的生活经历，往往会发现他们有较长时间的紧张状态，这种紧张往往是由长期的心理冲突和精神创伤引起，构成了导致精神衰弱的精神因素。从性格特点来看，多数神经衰弱的个体偏向于胆怯、自卑、敏感、依赖性强；也有的个体任性、好胜、难以自制。

相关文献研究显示，易发生神经衰弱的人员多数从事脑力劳动。造成神经衰弱的主要原因为各种因素减弱了大脑皮质内抑制的全过程。内抑制过程相对脆弱，当机体的高级神经活动处于异常紧张状况时就会使内抑制最先受损，出现神经衰弱的早期阶段，处于此阶段的患者，其自制能力下降，平常不会流露的情绪会失去控制，表现为激惹、焦躁等。患者神经兴奋又促使神经细胞消耗能量，最终造成高级神经活动失控，另外内抑制的减弱又会降低神经细胞的恢复能力，使神经细胞快速地衰竭，因此，患者常兴奋得快，衰竭得也快。

研究结果显示，神经衰弱患者对生活压力的耐受力低于健康正常人，且人际关系也较差，说明生活压力过大以及日常人际关系间紧张是导致神经衰弱的危险性因素，由此可知神经衰弱的确是由心理问题引起的。当面对过多的压力且超过自身排解极限时，大脑神经就会长期处在紧张的状态中，这又会使大脑皮质内抑制过程弱化，因此引发神经衰弱。

（二）治疗及预后

在所有不同类型的神经症中，神经衰弱的预后是最好的。大多数个体经过长短不等的病期后，病情会自然走向缓解。

1.药物治疗

药物对于神经衰弱只有对症治疗效应。目前使用得最多的是抗焦虑药。所有抗焦虑药都有改善神经衰弱个体的情绪、松弛肌肉和镇静催眠等作用。就情绪而言，药物对紧张和易激惹症状的治疗效果较好，而对烦恼症状的治疗效果较差。但是，抗焦虑剂只有短期使用才有较好的效果，长期服用不仅疗效不显著，还容易造成药物依赖，一旦停药就会产生戒断反应，个体会感到更加难受。

2.心理疗法

常用的心理疗法有认知疗法和森田疗法。

（1）认知疗法主要是提供生物学的解释，以及帮助个体正确看待人生中的各种困难与挫折，使其从认知上改变对神经衰弱的不正确看法。

（2）森田疗法则强调“顺其自然”和“为所当为”，即一方面要帮助个体认识精神活动的规律，接受自身的各种症状；另一方面要帮助个体学习分辨哪些事物是可以控制的，而哪些事物是不可以控制的。

复习巩固

1.神经衰弱的临床表现是什么？

2.神经衰弱的病因是什么？

拓展阅读

焦虑与恐惧

一、焦虑

焦虑是一种情绪反应,在我们生活中的大部分时间都伴随着焦虑(Anxiety)——考试的时候,面试的时候,工作任务截止的时候……但你是否曾认真想过焦虑的本质呢?焦虑是什么?哪些因素会引起焦虑?

1.定义

焦虑(anxiety)是一种消极的情绪状态,它主要表现为躯体紧张和对未来的担忧。

2.焦虑的表现

对于人类来说,它是一种主观上的不舒适感,也可以表现为一系列行为,还可以是以心率上升肌肉紧张为表现的生理心理反应。正因为焦虑在人类身上难以捉摸,所以很多实验都是用动物完成的。例如,研究者教实验鼠学会看到一个光信号就知道电击即将开始。当光信号出现时,实验鼠就会变得紧张、焦虑,甚至还会烦躁不安、颤抖或者蜷缩在角落里。这时,给予实验鼠一些抗焦虑药物,当在光信号出现时,焦虑确实得以缓解。但是,动物的焦虑体验和人类是一样的吗?看起来相似,但人类的焦虑涉及更复杂、更深层的变量,动物实验仅能粗略地揭示人类焦虑的本质。

3.功能

焦虑并不是件令人愉快的事情,可为什么当我们每次在做重要的事情时又会体验到焦虑呢?研究发现,焦虑对我们是有好处的,至少中等程度的刺激确实如此。

心理学家发现,人在轻度焦虑的情况下会把任务完成得更好,因为焦虑可以激发甚至提高我们在智力、体力活动上的绩效。如果没有焦虑,我们可能什么也做不成。如果一点儿都不焦虑的话,前两天的考试你就不会表现得那么好。正因为有焦虑,即将进行的面试,你才会准备得更好。

但是,如果过度焦虑,又会怎么样呢?当过度焦虑时,由于不能集中注意力,你可能会在考试中考砸,也可能面试失败。此时,任何美妙的东西都成了一种灾难,而控制不住的严重焦虑则是其中危害性最大的。

让情况变得更糟的原因在于,严重焦虑一般都不会消失——这就是说,即使我们"知道"担心是没有必要的,但是仍然会焦虑。

本章所谈到的大部分心理障碍都以不同形式的过度焦虑为特点,如图6-3。

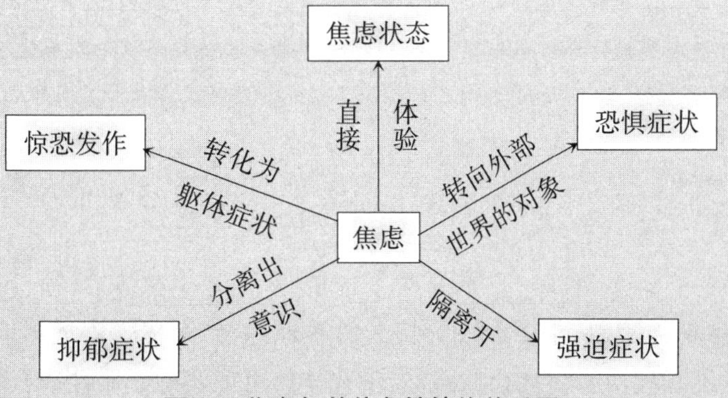

图6-3 焦虑与其他负性情绪关系图

二、恐惧

恐惧(Fear)是对危险的一种反应,并且会为我们带来好处。正常的恐惧和焦虑是同现实中的真正危险联系在一起的。恐惧会激发自主神经系统做出一系列反应,这些反应与主观恐惧感共同发挥着保护我们的作用,从而促使我们做出逃跑还是战斗的决定。

1.定义

恐惧,是一种对当前危险情景做出的即时的应激反应,具有很强的逃避倾向,并伴随着交感神经系统的活动增强。体验到恐惧的人可能会说:"这事我干不了,我得赶紧走。"

2.成分

恐惧由四个成分组成:

①认知成分,即对危险的识别;

②躯体成分,即身体在面临危险时的紧急反应;

③情感成分,即畏惧、恐怖和惊恐的感觉;

④行为成分,即逃跑、发抖或是参加战斗。

恐惧的程度在不同的人、不同的情境中具有很大的差异。危险情境有一个范围,就像恐惧反应有一个范围一样。如果恐惧反应符合情境的危险程度,我们就会接受它。但是,当恐惧反应跟真实的危险程度不相符时,我们就会说这是不正常的。简而言之,恐惧是正常的,恐怖症是异常的,它们处在同一个连续体上。它们的不同在于程度,而不在于类别。

三、焦虑和恐惧的异同

焦虑和恐惧一样也有四个成分,但具体到每个成分上又不完全相同。

(1)在认知成分上,两者却有着关键的差别。恐惧的认知成分是对清晰的、特定的危险的认识,而焦虑的认知成分则是对弥散的、不确定的危险的预期。如果说"有条狗在追我,我很害怕!",这种对生命有威胁的特定事物的感觉是恐惧;那么,焦虑的情况可能就会是"我感到将会有可怕的事情发生,但我不知道会是什么事"。也就是说,恐惧有着明确的指向对象,而焦虑却缺乏指向对象。

(2)焦虑的躯体成分和恐惧的躯体成分相同。

(3)焦虑的许多情感成分在恐惧的时候也会出现。但是,当一个人感到恐惧的时候,他会感到自己是被迫做出某种行为的(战斗或逃跑);而在焦虑时,他会感到不知如何是好。

(4)焦虑的行为成分同恐惧也是类似的,也包含逃跑还是战斗。尽管如此,在恐惧的时候,我们可以很快地做出反应,而焦虑时我们则警惕地搜寻线索,以帮助我们确认使我们总是处于准备状态的威胁性刺激到底是什么,从而最终决定是逃跑还是战斗。因此,恐惧是基于事实或者是对真实的危险的夸大,而焦虑则是基于一种无形的危险。

本章要点小结

1.神经症是一种精神障碍,主要表现为持久的心理冲突,个体觉察或体验到这种冲突并因此而深感痛苦,且妨碍了心理功能或社会功能,但没有任何可证实的器质性病理基础。

2.常见的神经症有焦虑症、恐怖症、强迫症、躯体形式障碍和神经衰弱。

3.广泛性焦虑障碍,是指一种以缺乏明确对象和具体内容的提心吊胆及紧张不安为主的焦虑症状,并有显著的植物神经症状、肌肉紧张及运动性不安。

4.惊恐障碍是一种以反复的惊恐发作为主要原发症状的神经症。这种发作并不局限于任何特定的情景,具有不可预测性。

5.恐怖症是个体对某些特定事物、特定情景或要从事的特定活动产生强烈、持久的恐惧,并主动采取回避的方式来解除这种焦虑不安的焦虑障碍,包括场所恐怖症、社交恐怖症和特定的恐怖症。

6.强迫症是指个体强迫自己反复完成某些特定的动作,或强迫自己思考某些特定的观念或想法为主要症状的一种焦虑障碍。强迫症状可分为强迫思维和强迫行为。

7.躯体形式障碍是一种以持久地担心或相信各种躯体症状的优势观念为特征的神经症,个体因这些症状反复就医,各种医学检查阴性和医生的解释,均不能打消其疑惑。

8.神经衰弱是指一种以脑和躯体功能衰弱为主的神经症,以精神易兴奋却又易疲劳为特征,表现为紧张、烦恼、易激惹等情感症状,及肌肉紧张性疼痛和睡眠障碍等生理功能紊乱症状。

关键术语表

神经症	Neuroses
惊恐障碍	Panic Disorder,PD
场所恐怖症	Place phobia
社交恐怖症	Social Phobia
疑病症	Hypochondria
神经衰弱	Neurasthenia
强迫症	Obessive-compulsive Disorder,OCD
躯体化障碍	Somatoform Disorder
广泛性焦虑障碍	Generalized Anxiety Disorder,GAD

本章复习题

一、选择题

1.下面哪位学者提出了神经症的概念(　　)。

A.莫雷尔　　　　B.韦斯特法尔

C.威廉姆·卡伦　　　　D.斯塔尔

2.恐惧是由以下(　　)几个成分组成的。

①认知成分;②躯体成分;③情感成分;④行为成分

A.①②③　　　　B.①③④

C.②③④　　　　D.①②③④

3.社交恐怖症的分类包括了(　　)。

①赤面恐怖症;②对视恐怖症;③异性恐怖症;④特殊社交恐怖症;

A.①②③　　B.①③④

C.②③④　　D.①②③④

4.特定对象恐怖症不包括(　　)。

A.动物型恐怖症　　B.社交恐怖症

C.情境型恐怖症　　D.血液—注射—外伤型恐怖症

5.下面哪个选项不是强迫思维的表现(　　)。

A.强迫怀疑　　B.强迫性穷思竭虑

C.强迫计数　　D.强迫回忆

6.常出现的强迫行为不包括(　　)。

A.强迫检查　　B.强迫清洗

C.强迫回忆　　D.强迫性仪式或动作

7.在CCMD-3中,躯体形式障碍不包括哪种形式(　　)。

A.躯体化障碍　　B.抑郁症

C.躯体形式自主神经紊乱　　D.持续性躯体形式疼痛障碍

8.神经衰弱的生理功能障碍不主要表现为(　　)。

A.睡眠障碍　　B.头部不适感

C.发热　　D.个别内脏功能的轻度或中度障碍

9.关于惊恐障碍的叙述,以下哪项不对(　　)。

A. 通常起病急骤,终止也迅速

B. 发作期间大多意识清晰

C. 诊断要求1月内至少有3次发作或首发后继发害怕再发的焦虑持续1个月

D. 每次一般历时5—20分钟,很少超过1小时

10.美国心理学家贝克(Beck)认为一些神经症患者有许多不适当的认知方式,下述哪项不正确(　　)。

A. 焦虑症——对自己、对世界、对前途的负性认识

B. 惊恐发作——灾难化地解释自己的躯体或心理体验

C. 强迫症——总是不放心、怀疑、唯恐不恰当,穷思竭虑

D. 疑病症——认为患了不治之症,到处求医

二、案例分析题

痛苦的曾某

曾某，28岁，是某公司一名普通员工，自从8年前5月起，还在读大学时，就出现强迫洗手的症状，曾因此从学校休学。

他自幼生活在一个家教严格的家庭，母亲是家庭主妇，内向、孤僻，不善言谈，也不太好与人交往；父亲是名教师，思想正统，对他要求很严。从小学一直到高中，学习努力，成绩优秀，经常获得老师表扬，自己也很为此骄傲。

进入大学之后发现大学和想象中的有差距，并且所在的班级甚至年级竞争都非常激烈，自己要付出更多的努力才可以跟上大家。从大二开始出现奇怪的状况，上课时会不断地想以前学过的公式，从初中一直想到高中，按顺序一个一个地想，若控制自己不去想，不久还会从头想起。因为走神，常听不清上课内容，导致课后还得问老师，或反复向同学求证，有时虽然知道自己已经听懂，但就是不放心，总要问几遍。

8年前(2003年)3月非典期间，听到学校广播宣传，为了防止病毒传播，要用流动水洗手，便出现反复清洗的现象。比如洗手洗脸要洗若干次才觉得干净，而且还边洗边数数字，并赋予每个数字不同的含义(如4和13都不好，必须洗到8或19次才比较吉利)。

知道这样的反复洗手没必要，但就是控制不住要洗，否则就觉得不干净，就会传染上病毒。心里很痛苦，但没有办法不这样做，父母、同学和朋友劝说均没有效果。

从那时起一直到现在，他洗手的情况一直没有太大改善，还出现了其他一些强迫观念或者行为，他为此感到痛苦不堪。

请问：(1)曾某可能存在哪种神经症？

(2)具体的症状表现有哪些？

第七章

癔症及应激相关障碍

癔症是指一种有癔症性人格基础的精神障碍,其发病常受心理社会因素影响,主要表现为解离症状和转换症状,与患者的现实处境不符。癔症的发病机制尚不完全清楚,较有影响的观点大致可归纳为两种。第一种观点认为癔症是一种原始的应激现象。所谓原始反应即人类在危机状态下所表现出的各种本能反应。第二种观点认为癔症是一种有目的的反应。临床实践发现癔症常常发端于困境之中或危难之时,而且癔症的发作往往能导致个体脱离这种环境或免除某些义务。

应激相关障碍指一组主要由心理、社会(环境)因素引起异常心理反应而导致的精神障碍。主要包括急性应激反应、创伤后应激障碍、适应障碍三大类。

在CCMD-3和ICD-10的分类体系中,癔症、应激相关障碍和神经症作为一个分类单元。神经症的相关内容在前述章节中已经有所介绍,本章着重阐明癔症与应激相关障碍。

本章主要内容:

1.癔症的表现、病因以及治疗;

2.应激相关障碍的表现、病因以及治疗。

第一节 癔症

在人类的各种精神疾病中，癔症的症状最为繁多。它可以表现出人体各系统和各部位的症状，其发作形式五花八门、千差万别；有时又与其他疾病互为混淆、真假难辨，故很容易误诊。如最常见的癔症性痉挛，发作时病人四肢抽搐、呼吸急迫、双目紧闭，与癫痫发作极为相似；癔症性假性痴呆病人貌似智能较低，会说错自己的年龄、姓名，把2×2的结果回答成3或5，然而仔细检查，会发现他们对复杂的计算或事件的回忆却能精确无误，病人的智能其实并无缺陷；癔症性瘫痪者可长年瘫倒不起，而检查时却无瘫痪体征。曾有一病人多年瘫痪于床，某日忽闻邻居疾呼"着火啦！"便迅速跳下床，拎起皮箱夺门而出，多年瘫痪即此而愈；癔症性失明及失聪者虽视、听觉丧失，行走时却能避开障碍物，睡眠中唤之能醒。

国外一位学者称"癔症是一个了不起的乔装能手，一位万能的模仿巧匠，是变色龙"。他所说的"乔装""模仿"均是喻意，并非真正装病，因装病者往往为达某一目的而"生病"，目的达到"病"即不治自愈；而癔症病人没有这种意识和动机，他们不能以自己的主观意志来左右病情，他们是真的"病"了。

一、概念

（一）癔症的定义

癔症（Hysteria），又名"歇斯底里"或"歇斯底里症"，有时又被称为分离（dissociation）障碍或转换（conversion）障碍，是因重大生活事件、内心冲突、强烈情绪体验、不良暗示等因素作用于易感个体引起的，以分离症状和转换症状为主的一种功能性精神障碍。

这些症状没有可证实的器质性病变基础，症状具有做作、夸大或富有情感色彩等特点，有时可由暗示诱发，也可由暗示而消失，有反复发作的倾向。

（二）癔症概念的发展与沿革

1.西方的历史

癔症，是精神病学诊断术语中古老的病名之一，早在古希腊时代希罗多德的著作中对癔症就已经有了记载。它在近一两个世纪的精神病发展中占有特殊的地位，迄今为止仍是最有分歧的概念之一。

（1）概念的由来

癔症来自于古希腊的医疗典籍，从字源上来看，Hyster这个字首，就是子宫的意思。当初的学者认为只有女性才会出现癔症，包括转化症与解离症的症状，他们认为癔症之所以会呈现如此多种多样的症状是由于子宫在体内游走，移开原本该在的位置所造成的。

（2）病因的认识

到了中世纪，宗教观点认为该病是魔鬼附体所致。"驱魔"（Exorcism）一词来源于希腊文中带介词的动词horkizo,意思是“我被某人诅咒”,去“诅咒精灵或魔鬼”,或者说是祈求更高的权威控制和命令魔鬼干与它意志相反的事。

在宗教思想的支配下,对于原因不明的精神疾病的发生,人们更愿意相信是神或者魔鬼的作用,那么解除疾病的办法也就是以崇拜和献祭的方式向遭到冒犯的神灵祈祷或者想方设法让魔鬼离开。

到了文艺复兴时期,人们开始重视对人身心方面的探讨,认为癔症是一种神经系统疾病的观点成为主流。

沙可发现,用催眠术既可促发癔症,也可以将它治愈;最早的癔症发作也被称为“沙可大发作”;1885年,他证实了某些外伤后瘫痪病例具有癔症的性质,用催眠暗示消除了症状,瘫痪病人一下子变得像正常人一样行动自如了。1889年,让内受沙可邀请到巴黎最大的精神病院——萨尔伯屈里精神病院工作,后接替沙可任该院心理实验室主任。1907年,他出版了《癔症的主要症候》一书,把癔症归因为心理失调,最佳疗法是催眠术。催眠术在用于记忆操作和消除顽固观念时特别有效。沙可认为,病人在催眠状态中能够再现痛苦的回忆,而不愉快的心理经验、隐蔽的冲突或情绪创伤常常导致心理及精神疾病。

巴宾斯基(Babinski)则认为,本病可以由不正确的检查方法和病史的询问引起,不一定由强烈情绪因素促发;弗洛伊德在1895年与布洛伊尔合著的《癔症的研究》一书中指出,像这些看起来非常严重的“病症”,“真正导致这样症状的不是那些微不足道的身体损伤,而是恐惧的影响——心理创伤……任何一种不愉快情感的经验,比如恐惧、焦虑、羞愧或者身体上的疼痛,都可引起这种心理创伤……”弗洛伊德依此便建构了他的理论,他宣称“患者幼年时期,一些跟情绪有关的重大冲突被意识压抑到潜意识中,才造成了癔症”,癔症的发作,归根结底是一种“转换”。巴甫洛夫则提出,第一信号系统活动较第二信号系统活动占优势的艺术型和弱型相结合的人,易患癔症。

随着社会的发展,医学模式从传统的生物医学模式转为生物—心理—社会模式,疾病不仅表现在躯体方面,也表现在心理和社会关系方面。癔症更是如此,它是由于明显的心理因素,如生活事件、内心冲突或强烈的情绪体验、暗示或自我暗示等作用于易感个体引起的一组病症。

有人曾说癔症是精神科的一个陷阱,原因是其症状表现复杂多样,有的患者甚至出现短暂的幻觉、妄想,其发作症状几乎可以模拟其他任何一种精神障碍,而很多精神障碍的早期也可能以癔症发作为表现形式。

癔症的临床表现形式多种多样,其共同特点是患者丧失了对过去的记忆、身份意识、即刻感觉以及身体运动控制四个方面的正常整合。正常情况下,一个人对于选择什么样的记忆和感觉加以注意在相当程度上都是有意识控制的,对于将要进行的运动也能控制;而在癔症患者身上,这种有意识的选择及控制的能力受到损害,受损的程度每天甚至每个小时都可以不同,并且评定所丧失的某些功能在多大程度上是处于自主控制之下通常非常困难。

2.我国古代的记载

关于癔症,我国古代医书《灵枢》、《难经》和《金匮要略》中也有类似记载。中医学里并没有癔症病名,与现代医学中癔症的描述相类似的病症描述,散见于“百合病”“奔豚”“脏躁”“厥”等相关的描述中。

(1)百合病

百合病是一种以精神恍惚、欲卧不能卧、欲行不能行和食欲时好时差等为临床表现的疾病。百合病首见于汉代张仲景《金匮要略·百合狐惑阴阳毒病证治第三》,“百合病者,百脉一宗,悉致其病也。”其临床症状为“意欲食,复不能食,常默默,欲卧不能卧,欲行不能行……如有神灵者,身形如和”。

在治疗上,张仲景以百合病之专药百合地黄汤为主方,随证治之。这些论述和治法方药,一直为后世论百合病者所宗。

到了清代,中医学对百合病的认识有了很大的发展,吴谦在《医宗金鉴·订正仲景全书·金匮要略注》中明确提出了情志因素是百合病的重要病因:“伤寒大病之后,余热未解,百脉未合……因而形神俱病,故有如是之现证也。”

所以,有理由认为,百合病一方面是躯体疾病导致的神经活动障碍,另一方面也包括神经活动的原发性障碍,即各种心理因素导致的机能性障碍。从百合病的症状上来看和我们现代医学描述的癔症中的分离性运动和感觉障碍的表现相似。

(2)郁症

早在春秋战国时期,古人就已经注意到人内心抑郁、气愤、悲伤等可导致一些疾病的发生。《内经》将由于五运失常、情志失调所引起的人体脏腑、经络、气血津液、饮食情志的阻塞结滞等一系列变化皆归于“郁”,同时把情志因素看作是导致郁病发生的重要原因,如“愁忧者,气闭塞而不行”。

金元医家朱丹溪在《内经》五行之郁的基础上从病机着眼创六郁论,《丹溪先生心法·卷三》提出气、血、痰、火、食、湿六郁,且说“郁者,结聚而不得发越……一有怫郁,诸病生焉”,“郁”是各种原因造成的郁闭滞塞,其中也包括了情志所致郁症。

明清时期则进一步阐释了外感内伤诸因素均可致郁,明代医家张景岳对郁症的认识比较全面。他在《景岳全书》中描述“情志之郁,则总由乎心,此因郁而病也”。他认为情志思虑、悲忧、愤怒会导致一些躯体症状的出现,此即所谓因郁而病。

明代徐春甫《古今医统大全·郁症门》载“郁为七情不舒,遂成郁结,既郁之久,变病多端。”

清代叶天士《临证指南医案·郁》载“七情之郁居多,如思伤脾,怒伤肝之类是也,其原总由于,心……”。张石顽在《张氏医通·郁》中指出“郁证多缘于志虑不伸,而气先受病。”可见清代更充分地认识到七情和社会因素在导致郁症的发生中有非常重要的影响。

以上对于郁症的描述,看出郁症是由一定的情志因素诱发,而且所引发的症状并不是一样的。癔症的发生需要有心理因素的刺激,才会出现一些躯体症状。而且癔症临床表现形式也是变化多端,这些记载和现代医学对癔症的描述不谋而合。

(3)奔豚气

奔豚气,是指病人自觉有气从少腹上冲胸咽的一种病证,主要是由情绪障碍所致的。奔豚气最早见于《黄帝内经》和《难经》。《灵枢》中说“肾脉急甚为骨癫疾”,“微急为沉厥奔豚。”《难经·五十六难》中说“肾之积,名曰奔豚,发于少腹,上至心下,若豚状。”《说文》释日“奔,走也。”《辞源》谓豚为小猪。古人用形象的比拟手法,将病者自觉有气上冲胸咽部的症状比作急窜奔走的小猪,揭示了病症的特征。

《奔豚气病脉证治第八》中记载，“奔豚病，从少腹起，上冲咽喉，发作欲死，复还止，皆从惊恐得之”，形象地描述了奔豚病的证候。

巢元方在《诸病源候论》中描述：“奔豚气者，肾之积气，起于惊恐忧思所生，若惊恐则伤神，心藏神也，忧思则伤志，肾藏志也，神志伤，动气积于肾而气下，上游走如豚之奔，故曰奔豚。”

描述了奔豚气是由惊恐和忧思而生，对其症状作了较为形象的描述。

张从正在《儒门事亲》中也强调“皆抑郁不伸……或因暴怒喜悲思恐之气”所致。

历代医家对于奔豚气的意见基本一致，均认为该病是由情志障碍所引起的。

(4)脏躁

脏躁是一种由情志内伤所致的病证。主要表现为精神忧郁，烦躁不安，悲忧善哭，喜怒无常，多见于女性。早在东汉时期，就有了“脏躁”的记载。张仲景首先提出“脏躁”病名，在《金匮要略·妇人杂病脉证并治》中描写其症状表现为“喜悲伤欲哭，象如神灵所作，数欠伸，甘麦大枣汤主之”，指出患脏躁症的患者，无故悲伤欲哭或哭笑无常，连续打哈欠伸懒腰，动作语言都不能控制，观察到本病的临床表现非常复杂，变化多端，似有“神灵附体”一般。

脏躁多发生于中年女性，在精神因素的刺激下呈间歇发作，不发作时如常人。

清代吴谦在《医宗金鉴》中这样解释脏躁的病机：“心静则神藏，若为七情所伤，则心不得静，而神躁扰不宁也。故善悲伤欲哭，是神不能主情也。”而尤怡在《金匮要略心典》中认为“血虚脏躁，则内火扰神不宁，悲伤欲哭，有如神灵，而实为虚病……。”

综上所述，脏躁是一种以情绪障碍为主要表现的疾病，类似于癔症的情感暴发。无独有偶，不少妇女由于其他妇科疾病而实施子宫切除术，虽然年龄未到更年期，但是也出现类似更年期的脏躁症，以甘麦大枣汤可取良效，这与希腊人所认为的“子宫移位”如出一辙。

(5)梅核气

梅核气，是因咽部感觉有如梅核梗塞的感觉而得名。其证候特点是自觉咽中梗阻、有异物感，咯之不出，吞之不下，但是对于饮食没有任何障碍。

《金匮要略·妇人杂病脉证并治》中关于梅核气的记载为“妇人咽中如有炙脔，半夏厚朴汤主之”，多因情志不畅而发。

北宋朱肱在《南阳活人书》中描述梅核气为“七情气郁，结成痰涎……塞咽喉。如梅核絮样，咯不出，咽不下。”《古今医鉴》中说“梅核气者，窒碍于咽喉之间，咯之不出，咽之不下，核之状者是也。”《医宗金鉴》也说，“咽中如有炙脔，谓咽中有痰涎，如同炙肉，咯之不出，咽之不下者，即今之梅核气也。”

脏躁和梅核气的共同点是女性发病率比较高，发病前均有明显的情志刺激，这些都属于癔症的典型表现。

3. 目前的观点

由于“癔症”一词含义大多不太确定，国外精神病学界从1980年以后逐渐废弃了这一病名，而称为分离障碍。由于癔症与所有其他神经症都大不相同，癔症个体常常没有自知力，又常生活于幻想之中，不能区分主观体验与外在现实，也常有不同于其他神经症的各种精神病性症状，如意识改变等，因此把癔症归入神经症会损害神经症概念的使用。DSM系统取消了原本列于神经症下面的“癔症”这一类疾病；ICD-10也取消了癔症这个诊断名称，但将躯体形式障碍和分离性障碍这两个癔症的子类障碍收归于神经症性、应激相关的及躯体形式障碍这个大类别下。

我国CCMD-3仍保留了这一病名，并把它从神经症中分离出来单列，逐渐向世界的疾病分类学接轨，使得神经症的概念与涵盖的内容更趋准确，同时也更充分体现癔症本身特点。

本书此处采用CCMD-3的分类，保留了神经症的名称，也保留了癔症这一概念。

二、癔症的临床特征

癔症的临床特征主要是一种以解离症状（部分或完全丧失对自我身份识别和对过去的记忆，CCMD-3称为癔症性精神症状）和转换症状（在遭遇无法解决的问题和冲突时产生的不快心情，以转化成躯体症状的方式出现，CCMD-3称为癔症性躯体症状）为主的精神障碍，这些症状没有可证实的器质性病变基础。解离症状在临床上主要表现为精神活动方面的异常，意为把引起心理痛苦的一些意识活动从整体的意识活动中分离出去；转换症状则以躯体的运动、感觉等功能障碍为主，常为心理的痛苦和焦虑转换为躯体症状的结果。

因此，按照临床表现可将癔症分为两大类：临床上将以解离症状为主的病患称为“癔症性精神障碍”，又称“分离性障碍（dissociative disorder）”；将以转换症状为主的称为“癔症性躯体障碍”，又称“转换性障碍（conversion disorder）”。

本障碍有癔症性人格基础且起病常受心理社会（环境）因素影响，除癔症性精神病或癔症性意识障碍有自知力障碍外，自知力基本完整，病程多反复迁延。

常见于青春期和更年期，女性较多。

（一）分离性障碍

分离性障碍包括了人格解体障碍、分离性遗忘、分离性漫游、分离性恍惚障碍以及分离性身份障碍。而CCMD-3中主要列出四大类分离性障碍，分别为癔症性遗忘、癔症性漫游、癔症性身份识别障碍、癔症性精神病。

1. 癔症性遗忘（dissociative amnesia）

（1）症状表现

癔症性遗忘也称心因性遗忘，它是由癔症引起的遗忘，指对曾经是或仍然是创伤性或应激性的事件有部分或完全遗忘。个体在精神因素的作用下，突然表现出对自己的姓名、亲人以及亲人的名字全部遗忘的症状，不认识自己的父母、亲戚和朋友，或不能回忆某一段时间的生活经历，否认既往的身份和生活。该症状持续时间可长可短。

分离性遗忘主要表现为不能回忆起重要的个人信息，通常具有创伤或应激性质，且与普通的健忘不一致；值得注意的是分离性遗忘症通常具有对特定事件的局部的或选择性遗忘；或对身份和生活史的普遍性遗忘。这些症状引起有临床意义的痛苦，或导致社交、职业或其他重要功能方面的损害;并且这一症状不能归因于某种物质(例如酒精或其他滥用的毒品、药物)的生理效应或神经系统或其他身体疾病(例如闭合性头部损伤/创伤性脑损伤后遗症、其他神经系统疾病)。

该障碍不能用分离性身份障碍、创伤后应激障碍、急性应激障碍、躯体症状障碍,或重复的或轻度的神经认知障碍来更好地解释。

(2)病因

癔症性遗忘不同于真正的遗忘症,癔症性遗忘是在没有任何明显的器质性原因的情况下出现的遗忘。

对于产生这种现象的原因,一种理论认为它可能是人们以分离手段来防御无法面对的痛苦记忆或紧张性刺激导致的。它们最常见于战争或性侵犯等创伤事件发生后,也可能是应激相关障碍的一种表现;另一种看法认为产生癔症性遗忘是由于有时人们在事件发生时处于高度兴奋状态,没有在事件发生期间编码和存储信息,而在事后又无法重新获取这些信息;第三种解释是这些事件的相关信息在事件发生时即被存储起来,但是因为这些信息可能伴随着高度唤醒的痛苦情绪,事后人们因为回避这些情绪,也就无法获取这些情绪相关的信息。当然,还可能存在一种新的问题,即有些犯罪嫌疑人可能为了逃避犯罪被制裁而谎称自己不记得实施过犯罪行为。在我国司法实践领域也出现"激情犯罪"这样的概念来描述这种现象。

尽管个体对于一些信息无法回忆,但记忆并未消失,而是存储于意识层面之下,当时难以被个体提取。通过暗示、催眠等方式,记忆仍有可能得到提取或恢复。

2.癔症性漫游

癔症性漫游又称神游症。癔症性漫游是指个体突然从家中或工作场所出走,到外地旅行。漫游活动有着十分明显的目的性,往往是从自己无法排遣的心理困境或自觉无力承受的生活压力中逃走,旅行地点可能是以往熟悉和有情感意义的地方。癔症性漫游个体的漫游时间和距离存在很大差异,有的人可能只是在附近逛逛如看场电影,后不久就恢复正常;有的人漫游较远甚至出国,而时间长达几个月或几年。

在漫游期间,个体意识范围缩小,但能够进行基本的生活自我照顾和与人社交。在别人眼里,此时的他们的言行和外表看起来十分正常,似乎看不出有任何明显的异常,且他们自我感觉也是正常的。癔症性漫游个体虽处于觉醒状态,但会伴有身份识别障碍和遗忘。个体会忘却过去自己所有或大部分过去的经历和身份,而以另一种新的身份出现。突然有一天,个体会自行"清醒",一般是在个体再次在心理上感到很安全时发生。当其恢复时,个体又无法回忆起自己漫游期间的经历。由于在漫游期间他们自我感觉正常,因此通常不会去寻求专业的帮助,只有在清醒后自我感觉无法回忆漫游期间的内容而去寻求帮助。

癔症性漫游多发生在白天,晨起后突然发作。癔症性漫游多发生在成年期,青春期前极少出现,但一旦出现此障碍,有可能会持续直至老年。

生活中的心理学

出走的大学生

男，大学生，23岁，神经衰弱病史。近日失恋，于某日凌晨出走。第三天，在距离学校300公里之外的火车站突然醒来。患者不知为何到此。回校后，对于出走的各种细节无法回忆。

在校一个多星期后，某日凌晨，又突然出走，情节与上次相同。回校一周后，收到某风景区拍摄的照片数张，照片上自己的形象，自然大方。但是，患者对于自己何时何地照的，怎么也记不起来。

因怀疑有病，送其到专科医院检查，检查中，该生自述，过去女友曾经提出过到该风景区旅游，失恋以后，由于留恋女友，头脑中曾经浮现过这种念头。

这个大学生的表现就可能被诊断为癔症性漫游。

3.癔症性身份识别障碍

癔症性身份识别障碍又名分离性身份障碍（Dissociative Identity Disorder，DID），或多重人格障碍（Multiple Personality Disorder，MPD）。

（1）症状表现

癔症性身份障碍是指同一个个体身上存在两种或两种以上的不同的身份，每一个身份都有自己的名字、记忆、偏好或人格状态，且这些不同身份或人格交替以某种方式控制着个体的行为。这种障碍还存在着某种缺乏回忆重要个人信息的能力，而这种现象又不能用通常的遗忘来加以解释。

（2）双重或多重人格

癔症性身份识别障碍又称为分离性身份障碍，主要表现为以存在两个或更多以截然不同的人格状态为特征的身份瓦解，这可能在某些文化中被描述为一种附体体验。身份的瓦解涉及明显的自我感和自我控制感的中断，伴随与情感、行为、意识、记忆、感知、认知和/或感觉运动功能相关的改变。这些体征和症状可以被他人观察到或由个体报告。在患者回忆日常事件、重要的个人信息和/或创伤事件时，存在反复的空隙，它们与普通的健忘不一致。并且这些症状会引起有临床意义的痛苦，或导致社交、职业或其他重要功能方面的损害。

该障碍并非一个广义的可接受的文化或宗教实践的一部分。值得注意的是对于儿童，这些症状不能更好地用假想玩伴或其他幻想的游戏来解释。

这些症状不能归因于某种物质的生理效应（例如在酒精中毒过程中的混乱行为）或其他躯体疾病。

（3）替身

分离性身份识别障碍的主要症状是存在多个身份完全不同的人格，称为“替身”（alters），这些替身有多种形式和功能。

儿童替身（child alters）——不随该个体的年龄增长而成长的儿童——可能是最常见的一种替

身;说明童年期创伤与该种障碍之间的密切联系。

迫害者人格(persecutor personality)也常见。这些替身通过自残行为使其他人格痛苦或惩罚其他人格。这可以解释为何这类个体常出现自残行为。

保护者(protector)或帮助者(helper)替身。这种人格的作用是为其他人格提供建议或完成真实人格没有能力完成的任务。

生活中的心理学

网络双重人格

随着网络的兴起,交流方式也发生了变化。有些人在网络中的表现与其在现实生活中的表现有很大的反差,甚至判若两人。他们可能存在网络双重人格。

在网络出现之前,人们一般采用语言和书面两种交流方式,这两种交流方式都具备确定性,即每个人都可以清楚地意识到交流的对象,能直接形成自己的情感倾向,通过交流给对方留下印象,并影响以后的交往。

也就是说,每个人必须对自己的言行负责,因此人们不得不按照自己的本来面目与他人交往,尽管有时同一个人在不同的场合有不同的表现,但这些差异要么是在原有基础上的推论或演化,要么可以使他人通过这些差异调整自己的判断,用一种新的眼光来审视这个人,总的说来,它们都没有改变"自己负责任"这一前提。

相反,网络的一大特点是匿名性,甚至连个人基本资料也无从知晓,可以避免面对面交流中出现的顾虑和尴尬,却也带来了责任感的缺失——每个人都可以不计后果地展示自己内心的隐私和黑暗,追求宣泄与解脱。久而久之,一些人在网络中"塑造"了一个虚拟的自己,这个虚拟的人物也许柔情万种,也许可怜之至,也许至刚至强,从而满足了这些人猎奇或实现"理想"的愿望,甚至有人纯粹为了填补内心的空虚而骗取他人感情、财物,体现了人性中极不道德的、肮脏的一面,这就使现实中真实的人与网络中虚拟的人无法重合,不能相互印证,从而导致双重人格。

网络双重人格不利于个体的健康发展,尤其是青少年,因为这种人格的裂变将直接导致某种心理偏差,如社交恐惧、否定和逃避现实等。

同时,它也为社会带来了一些不稳定因素,近年来媒体披露较多的网恋问题、网络信用危机问题等,都是受害人丧失了自我防御的意识而陷入虚拟的花言巧语中。可见,网络双重人格应引起我们的重视,并有效予以防范,使网络这一工具最大限度地发挥其积极的一面,从而造福于社会。

4.癔症性精神病

癔症性精神病的个体多在受到严重精神创伤之后突然发病,主要表现为明显的行为紊乱,哭笑无常,短暂的幻觉、妄想和思维障碍以及人格解体等,症状多变。该症多发生于表演型人格的女性,病程多短于三周,之后可突然恢复,但可再发,无后遗症。

癔症性精神病主要症状为:反复出现的以幻想性生活情节为内容的片断幻觉或妄想、意识蒙眬、表演性矫饰动作,或幼稚与混乱的行为,或木僵。

癔症性附体、癔症性木僵皆属于癔症性精神病。

5.人格解体

(1)定义

人格解体(depersonlization)的个体时常体验一种与本人精神过程或身体脱离的感受,好像自己是本人精神过程或身体的旁观者。它可以是各种精神障碍如精神分裂症、焦虑障碍、心境障碍、人格障碍和认知障碍的症状。轻度的人格解体而无功能障碍,常发生在不少年轻人身上,本身不足以诊断精神障碍。

如果没有较全面的精神障碍而出现人格解体症状,并且其严重程度和持续时间足以引起显著的苦恼,可以诊断为人格解体障碍。

(2)临床特征

患者存在持续的反复的人格解体或现实解体(derealization)的体验或两者兼有。

人格解体指个体对自己的思维、情感、感觉、躯体或行动的不真实的、分离的或作为旁观者的体验(例如感知的改变,时间感的扭曲,自我的不真实或缺失,情感和/或躯体的麻木),对周围环境的这种感觉又称"非真实感";

现实解体指个体对环境的不真实的或分离的体验(例如感觉个体或物体是不真实的,梦样的、模糊的、无生命的或视觉上扭曲的,人们在上面表现着规定的角色)。

在人格解体或现实解体的体验中,其现实检验仍然是完整的。

这些症状引起有临床意义的痛苦,或导致社交、职业或其他重要功能损害。该障碍不能归因于某种物质(例如滥用的毒品、药物)的生理效应或其他躯体疾病(例如惊厥发作)。人格解体的个体往往在幼年时遭受过精神上或肉体上的折磨,或受到过性虐待。该障碍不能用其他精神障碍来更好地解释,例如精神分裂症、惊恐障碍、重性抑郁障碍、急性应激障碍、创伤后应激障碍或其他分离障碍。

(二)转换性障碍

1.定义

以转换症状为主的癔症称为"癔症性躯体障碍",又称转换性障碍(conversion disorder)。转换性障碍主要表现为随意运动和感觉功能障碍,提示个体可能存在某种神经系统或躯体疾病,但体格检查、神经系统检查和实验室检查都不能发现其内脏器官和神经系统有相应的器质性损害。其症状和体征不符合神经系统解剖生理特征,而被认为是个体不能解决的内心冲突和愿望具有象征意义的转换。

2.临床表现及分类

转换障碍(功能性神经症状障碍)存在1个或多个躯体运动或感觉功能改变的症状;临床检查结果提供了其症状与公认的神经疾病或躯体疾病之间不一致的证据;其症状或缺陷不能用其他躯体疾病或精神障碍来更好地解释;其病症或缺陷引起有临床意义的痛苦,或导致社交、职业或其他重要功能方面的损害或需要医学评估。

许多临床工作者使用“功能性的”(指异常的中枢神经系统功能)或“精神性的”(指假定的病因学),描述转换障碍的症状。

转换性障碍可有以下几种常见类型:癔症性运动性障碍、癔症性抽搐发作和癔症性感觉障碍。

(1)癔症性运动性障碍

运动障碍可表现为动作的减少、增多或异常运动,有躯体运动不能障碍,如肢体瘫痪、站立不能,或步行不能等。

①肢体瘫痪。肢体瘫痪常有明显的躯体诱因,如外伤、术后、躯体疾病后等。病症的严重程度在不同个案身上不一。轻者可活动但无力,重者则完全不能活动。有个体卧床并无明显瘫痪,但不能站立和行走,称之为“癔症性立行不能症”。肢体瘫痪以单瘫、截瘫或偏瘫较多见,伴有肌张力增强或迟缓。肌张力增强常固定于某种姿势,被动活动时出现明显抵抗。慢性病例可有肢体痉挛或呈现废用性肌萎缩,检查不能发现神经系统损害,无病理发现,无膀胱和直肠括约肌功能障碍,电变性反应正常。

②肌体震颤、抽动、肌阵挛。肌体震颤和抽动表现为肢体颤动,或不规则抽动;肌阵挛则为一群有协调功能的肌肉的快速抽动,可表现为眨眼、摇头、面肌的抽动、肢体的抽搐或舞蹈样动作及咀嚼运动等,有时还表现为某一部位的肌肉挛缩或僵直状态。如个体的手部肌肉的挛缩、长期保持握拳样姿势,或颈部肌肉挛缩,致使头部向一侧歪斜,呈斜颈。肢体震颤、抽动和肌阵挛在个体意识放松和入睡时能停止和伸展,也不会有肌肉的营养障碍和肌肉萎缩,可与器质性病变相鉴别。

③起立不能、步行不能。个体双下肢活动正常,肌力良好,但不能站立,扶起则需人支撑,否则向一侧倾倒;也不能起步行走,或行走时双足并拢,呈雀跃状跳行,即所谓的“寸步难行”。

④缄默症、失音症。个体不用言语表达意见或回答问题,但可用书写或手势与人交谈,称缄默症。缄默症的个体完全无法说话,不回答别人的问题,经常保持沉默。缄默症较少见。想说话,但发不出声音,或只能用耳语或嘶哑的声音等微弱的声音交谈,则称“失音症”。失音是常见的转换反应,通常发生于受到强烈的情绪震撼之后。检查神经系统和发音器官,无器质性病变,但咳嗽时可发出与正常人相同的声音。而真正喉肌障碍的个体连咳嗽声都会受到影响。二者都属于失语症,都存在言语运动方面的抑制,区别就在于个体主观上愿不愿意用语言进行自我表达。无其他精神病症状存在,若合并有耳聋时称为癔症性聋哑症。

生活中的心理学

“生病”影响工作

某女,语文教师,40岁。

小时家庭教育严格,做事循规蹈矩。从小养成爱清洁的习惯,每天洗澡。如果碰到不干净的东西,或者认为有不清洁的情况,会反复多次洗手。在学校上下课时,都会用免洗消毒液清洗,并对学生不断灌输要养成爱清洁,讲卫生的习惯。

某次例行体检后，发现咽部出现异常，但排除是致命病变，更像一般教师可能出现的问题。但该老师认为这是每天用粉笔写黑板，大量吸入粉尘所致，遂要求自费更换黑板，粉笔由水笔代替。但仍觉得整个学校都有粉笔灰，让她咽部受损严重，要求学生戴口罩上课。但粉笔问题无法全校解决。

某天该老师突然“失声”，自感呼吸不畅，有异物感。去医院检查，排除器质性病变因素引发“失声”，但该老师仍坚持无法发声，且整个咽部不适是学校环境所致，回到家便没有任何问题。

面对工作和身体，觉得无法兼顾，感到痛苦焦虑。

该老师的这种表现就是典型的转换性障碍。

3.癔症性抽搐发作

突然和出乎意料的抽搐发作，类似于癫痫发作的某种形式，但并无意识丧失、咬舌、严重摔伤，或小便失禁。这是癔症发作最常见的形式之一。常于情绪激动或受到暗示时突然发生。呼吸时急时停，可有揪衣服、抓头发、捶胸、咬人或发出怪声等强烈情感激动的表现。继而缓慢倒地或卧病在床上，呼之不应，全身僵直，肢体一阵阵抖动，或在床上翻滚，或呈角弓反张姿势，两眼球上翻。有的表情痛苦，双眼噙泪，但无咬破舌头或大小便失禁症状。大多历时数十分钟，症状缓解。发作前有头痛、胸闷、心烦、委屈等症状；发作后往往哭泣或不语，会感觉全身酸痛，疲乏无力。

《儒林外史》中描述的范进中举后的表现与此类似。

4.癔症性感觉障碍

人的任何一种感觉都可能涉入感觉器官的转换反应之中。癔症性感觉障碍可表现为躯体感觉缺失、过敏或异常，或特殊感觉障碍如听觉、视觉。

(1)感觉缺失。表现为局部或全身皮肤缺乏感觉，或为半身痛觉消失，或呈手套、袜套样感觉缺失。其范围与神经分布不相一致。缺失的感觉可为痛觉、触觉、温觉、冷觉。有研究者做过实验，对于皮肤感觉缺失的个体，如把他双眼蒙上，然后用针刺其麻木部位，虽无感觉，但在刺完后立刻让个体说出心里想到的第一个数字，则与针刺的数目相同。麦独孤曾用暗示心理治疗一个双腿麻木的士兵。先告之以：“这毛病可以逐渐消退，像脱袜子一样。”以后每天早晨在士兵腿上画一条线，告之麻木已退至此界限，如此逐渐消退，数天后即恢复正常。

(2)感觉过敏。如恐光症，就是对光线特别敏感；皮肤痛觉过敏，身体某局部剧烈且持续性疼痛，或皮肤触觉过敏，轻微的抚摸可引起剧烈疼痛。

(3)感觉异常。常见感觉异常类型有“癔症球”“蚁行感”等。个体感到咽部有异物感或梗阻感，似乎一球状物由腹腔或胸腔向上升至咽喉处，堵塞不动或上下游走，使呼吸不畅、憋闷难忍，咽喉检查不能发现异常，此症状被称为“癔症球”，又叫“梅核气”。应注意将“癔症球”与茎突过长引起的茎突综合征相鉴别，后者可通过咽部触摸或X线照片加以证实。“蚁行感”顾名思义即类似蚂蚁在身体上爬行的感觉。此外有个案可能还存在其他的某种特异感觉，如针刺感。

(4)视觉障碍。可表现为失明、弱势、管窥、同心性视野缩小、单眼复视。常突然发生，也可经过治疗，突然恢复正常。癔症性失明病例，会突然看不见物体，但能保持对光的正常反应，且步行时可以绕过障碍物，视诱发电位正常。其中，“管窥”指转化性的视野呈心形缩小现象，此种个体像通过一条小管看世界一样，只能看到管中的物体，其他则不可见。

(5)听觉障碍。多表现为突然听力丧失，如声音来自背后可引起瞬目反应，即眨眼或闭眼反射动作，可在睡眠中被叫醒，测量听和听诱发电位检查正常，对暗示治疗有效。

(三)癔症的集体发作

癔症的发生有多种表现形式。癔症不仅仅在一个人身上发生，有时往往会在一群人身上发生。因此，癔症也是唯一会“传染”的精神疾病。它的传染，更多是通过心理暗示的作用。

1.概念

集体性癔症(mass hysteria)又称为流行性癔症(epidemic hysteria)，是由强烈情绪反应或心理暗示激发反应者原始应激反应，造成对情景的过度评估，并出现相应的身心反应，同时造成大脑皮质超限抑制，使皮层下功能增强，并且持续精神紧张又在大脑皮层出现兴奋灶，引出负诱导，出现精神、感觉及运动异常，多见于情感不稳定的儿童青少年，尤其是小学生。

在集体场合下，例如学校，一人患癔症后，周围人目睹发病情况，由于对疾病不理解，产生恐惧紧张心理，或者受到迷信或不科学解释的影响，更加重了精神负担。在此情况下，由于暗示和自我暗示的作用，一些人相继症状相同地癔症发作，其中某些人由于精神紧张、过度疲劳，睡眠不足或月经期间，更容易引起发作。群体发作的症状与第一个发病者基本相同。

2.集体癔症发作的诊断

集体性癔症的诊断应符合以下特征：

(1) 症状没有明确的器质性病变为基础。

(2) 症状是短暂的、良性的。

(3) 症状出现快，缓解迅速。

(4) 发生于相对被隔离的团体。

(5) 人群有严重的焦虑。

(6) 症状通过目击或耳闻进行传播。

(7) 在同龄人中流行，首发者常为稍年长或地位稍高的人。

(8) 女性占多数。

3.集体癔症发作的病因

目前大多数研究者认为集体性癔症发作与任何精神障碍和个性缺陷无关。集体性癔症的发生均是在特定情景下，由于集体接触某生疏物品或药物、食用某种食物、吸入某种气体、目睹或听说某种恐惧的情景而诱发。

集体性癔症好发于学校，女性多见，特别是经济文化落后地区发病率高。在引发原因上，研究者发现，在80起学校群体性癔症事件中，由预防接种引发的占51.25%(41/80)，服用药物所致占11.25%(9/80)，受“污染”的饮食或空气因素引发的占13.75%(11/80)，以单纯精神因素为诱因的占23.75%(19/80)。

20世纪初常见到的癔症痉挛大发作、情感爆发的发作，现在已不多见。一些特殊的癔症表现形式被认为只出现于某些特定的种族和社会文化背景。文化程度低，缺乏科学知识，比较容易接受迷信思想也较易从事迷信活动，并且缺乏分辨是非的能力的群体，是癔症集体发作的常见群体。在癔症集体发作之前，往往存在着对集体具有威胁性的情景。有一个最为敏感的个体癔症发作，然后，其他敏感者也发病，最后，不太敏感的个体受到“传染”也相继发病。

因此，集体性癔症没有特定的易患倾向，集体性癔症是一个在适当的情境下任何人都可能出现的行为反应。

4. 集体癔症发作的治疗

集体性癔症的症状是通过目击或耳闻传播的，而将患者隔离是治疗集体性癔症的方法之一。住院期间完善辅助检查，确定诊断。除了药物治疗外，还要结合心理治疗。

首先为隔离治疗，排除干扰，疏散病人，避免相互影响，造成症状迁延不愈。其次争取患者的信任，建立良好的医患关系，对患者进行正面疏导，消除恐慌及顾虑心理，帮助其应对不良情绪。再次，尽快对未患病的人群进行疾病的宣教，稳定情绪。

国外有研究者提出在治疗一些患者经历过毒性和其他污染物暴露后出现的难以解释的躯体症状时，其疗效取决于医患关系，医生必须有良好的沟通技巧，医患之间应相互信任，医务工作者必须随时准备帮助患者应对行为改变。更为重要的是，不管哪一种针对性的精神心理治疗方法，文化差异性都起着关键性作用。也就是说不同的时间、不同的地点人们的文化背景都存在差异。在应对每一起集体性癔症发作时，都应该考虑到其所处的文化背景，采取更有针对性的措施。

三、癔症的病因与治疗

（一）癔症的病因

癔症的发作常常由一些致病性的精神刺激因素引发，遗传因素是一个重要方面，而在具备某些人格特征的人身上也更容易出现该类病症，此外，身体状态等健康因素也容易导致癔症的并发。

1. 精神因素

一般能够诱发机体应激反应的一些生活事件很可能成为引起癔症发作的重要因素，生活事件往往通过引发个体精神紧张或恐惧而促使个体发病。

常见的一般性生活事件，如家庭纠纷、亲人离世、人际关系紧张、工作学习中的挫折等也是比较常见具有诱发性的一般性生活事件。社会生活中的精神创伤、压力、内心冲突、强烈愿望、暗示和自我暗示、无法承担的责任等也可能是引发癔症的重要原因。

2. 人格特点

一般认为典型的癔症病患典型个性特征是情感丰富、暗示性强、自我中心，善于模仿及富于幻想。但也有学者认为所谓的癔症个性并不是一个实际存在的东西，而是观察者主观虚构出来的，这种说法不无道理，因为癔症个性的大部分内容，如情绪易波动、爱吸引他人注意、较高依赖、易受暗示等都常见于一般人群，尤其是女性，与普通人没有多少实质差异。故癔症好发于女性。

人格特征并非发生癔症的必要条件，有些不属于这类人格的人在强烈的精神因素影响下，同样可以发生癔症反应。真正具备突出而典型的癔症性人格特征者只是少数，但癔症个体一般都具有不同程度的癔症人格的表现。

3.身体健康状况

躯体疾病有时会为癔症发病提供条件，主要是因为一些人对于健康知识的了解不足，而又对身体健康过分担忧，由身体不适引发紧张、焦虑从而使得器质性疾病与癔症同时存在，如癫痫个体常常伴有癔症发作。此外在某些神经系统出现器质性病变时，也可伴有癔症发作的出现。

4.性别

基本上发生癔症的大多数为女性，至于在男性方面，癔症的案例远远低于女性，相关的研究也比较少。比较有名的是，第一次世界大战后，某些士兵在战壕中长期作战，遭受到枪炮声的轰鸣之后产生的一些不良的症状，主要表现为食欲不振、自我否定以及对炮弹产生了极度的惊恐，同时对漫长的战争不知道何时结束的虚无感，因此产生了类似癔症的症状，在当时对这些士兵施以电击来治疗。在二战和美国发动的沙漠战争中，一些参战士兵也出现过类似的一些情况。

事实上，男性癔症除了案例比较少之外，也比较不容易被发现。其中一部分原因是牵扯到男性的自尊，因为一般男性都认为癔症是女性才会得的病，男性如果有这些行为，那就会被认为是娘娘腔，会成为人们取笑的对象，因此予以掩饰。

在癔症患者中，女性患者富于表演性，生活中情感色彩浓厚，好幻想又自我中心，暗示性和自我暗示性强；男性患者多心胸狭窄，好生闷气，胆怯懦弱、刻板、拘谨和固执任性。上述特征提示内向男性和外向女性易患癔症。

一般认为，过分内倾、社交狭窄的男性往往由于自身角色形象与社会期望不符，而时时体验到强烈的内心冲突外倾女性自制力差，易于冲动，从而容易同周围人发生冲突而体验到更多的“应激”。这可能是将癔症划分为素质性和反应性两大类的依据。

5.遗传因素

癔症的遗传学研究结果颇不一致。

家系研究发现男性一级亲属的患病率为2.4%，女性一级亲属的患病率为6.4%。但研究者(Slater，1961)对同卵双生子和异卵双生子的研究没有发现同患分离(转换)性障碍者。

癔症发病不一定存在遗传性，或者说遗传并不能让后代出现癔症症状，但与遗传因素的作用存在一定的相关性。

6.童年创伤

童年期的创伤性经历，如遭受精神虐待，躯体或性的摧残，是成年后发生转换性和分离性障碍的重要原因之一。还有一些儿童的躯体问题，其症状大多表现为模仿患病的亲人。但躯体化障碍的发病与精神因素关系多不明显。

据国内调查，儿童心因性疾病的住院率逐年上升，儿童行为偏离的发生率高达10%—20%，明显心理障碍性疾病占3%—5%。儿童发生转换性障碍无一定的固定形式；分离性障碍最常见的是晕厥，特征是缓慢倒地，常发生在没有危险的地方，也可表现为昏睡。

儿童发生癔症主要是由于小儿心理发育不成熟，心理承受能力差，容易受到家庭、社会、环境等不良因素的影响，而引起内心的矛盾，反映在其行为情绪的障碍上。有些家庭对孩子溺爱无度，过分照顾，满足孩子的一切要求，使他们养成过分依赖等不健康的心态。同时，家长又希望孩子能成才，造成对子女的期望值过高；而在学校，反复考试，按成绩排名次等导致学生的学习压力过大。此外，当受到惊恐、委屈、愤怒、父母离异等精神刺激或不良的家庭环境因素的影响时，也容易导致此病的发生。

（二）癔症的治疗

1.心理治疗

癔症患者最大特点是高度的暗示性，所以，心理治疗比较有效。

（1）解释性心理治疗

应该让患者及家属知道，癔症是一种功能性障碍，是完全可以治愈的。同时，引导患者认识病因与治疗间的关系，并给予其充分疏泄的机会，并给予适当安慰和鼓励；同时，协助患者用理智的态度处理面临的问题，用积极主动的姿态应对。

（2）暗示治疗

暗示治疗是对癔症比较有效的心理治疗方法。

（3）催眠疗法

催眠疗法与暗示疗法原理相同，主要是利用催眠时大脑生理功能的改变，通过语言，施以暗示，从而达到消除癔症症状的目的。

2.药物治疗

从病因而言，药物治疗并非首选。但一些癔症患者除了典型的发作外，常会伴随一些焦虑、抑郁、失眠等症状，使用相应的药物治疗，对癔症患者是有益的。

复习巩固

1.简述癔症的定义及诊断依据。

2.对相关癔症案例进行分析。

第二节　应激相关障碍

进入新世纪以来，世界范围内自然灾害、恐怖袭击等非常规突发事件频发且呈增多趋势，从美国“911”事件、印度洋海啸、SARS与禽流感病毒的蔓延，到我国汶川地震、日本海啸、天津“812”爆炸事件、英国伦敦恐怖袭击事件和湖北武汉的新冠病毒肺炎等，重大灾难性事件给世界各地人们带来的不仅是经济、物质上的损失，也给人们造成了精神健康的损害。

突发性事故是一种特殊类型的生活事件，据研究，在长大成人之前有超过1/4的人经历过创伤事件。面对重大突发事件，人们的第一心理反应是恐惧、焦虑和紧张，这就是应激状态。突发事件后，如果人们的精神状态得不到及时的调节和平衡，在以后的工作和生活中，将难以应付各种压力，表现出逃避、抑郁、浮躁等不良行为，有的还会产生严重的心理问题，即应激相关障碍。

应激相关障碍是指人在心理、生理上不能有效应对各种突如其来的、并给人的心理或生理带来重大影响的事件，例如战争、火灾、水灾、地震、传染病流行、重大交通事故、亲人罹难等灾难发生所导致的各种心理生理反应，主要包括急性应激反应、创伤后应激障碍、适应障碍三大类。

一、概述

应激（stress）常常被人们理解为压力，我们常说“我感到压力很大”或者“我快承受不了压力了”，这是应激的日常含义。但从科学角度，应激应该包括作用于我们机体的环境刺激，也包括受中介因素影响而产生的心理生理反应，它是多因素作用的过程，如果我们面对应激源时产生了强烈而持久的应激反应，不能调整和适应，就会出现精神障碍，严重时出现心身疾病。

（一）应激的概念

1.概念的由来

应激一词最早由生理学家坎农（Walter Cannon）提出，主要用于描述个体在面对恶劣环境时所表现出来的努力维持体内环境平衡状态的各种内在活动，后来很多研究者都采用了这一定义。塞里（Selye，1936）在大量研究中发现，当刺激作用于有机体时，会引发一系列类似的、非特异性的生理变化，他将其称为“一般适应综合征”（general adaptation syndrome，GAS），应激就是机体在受到各种内外环境因素刺激时所出现的非特异性全身反应。

虽然应激一词在开始时主要用于生理学领域，但很快人们就意识到应激反应不仅仅是生理反应过程，心理学特性同样参与其中。因此，自20世纪50年代后，应激开始在心理学领域得到广泛研究。但是，目前应激的概念还未在研究者间达成共识。

2.应激模型

纵观应激的研究历史，可概括为三种概念和模型（图7-1至图7-3）：

（1）应激的反应模型

应激是机体对各种可能伤害自己的刺激的一种反应，包括生理、心理和行为的反应，引起这种反应的刺激因素叫作“应激源”（stressor）。研究中把应激作为因变量或反应，其中以塞里的研究为代表，提出“一般适应综合征（GAS）”的概念以及应激反应的三阶段论。

A.警觉阶段

机体在受到伤害性刺激后，心理和生理方面都会出现一个短暂的“休克”期，随后个体开始从生理和心理两方面调动体内资源对应激进行处理，产生一系列生理反应，肾上腺活动增加、心率和呼吸加快、出汗、手足发凉以及相伴的紧张、高度敏感等。如果应激源此时消失，警觉和调动将迅速恢复;若持续存在,那么就会出现持续焦虑、紧张、躯体不适,工作、学习效率下降等不良征兆。

B.抵抗阶段

在此阶段,机体的生理反应继续存在,同时个体试图找到应对方法,消除不良心理反应,恢复心理内稳态,以防心理崩溃。此时,个体经常直接处于应激情境,心理防御机制的运用显著增加。但是长期的抵抗会耗尽机体的生理资源,并最终导致衰竭和崩溃。同时,在心理上因为应激的持续存在,个体对应激的处理策略开始僵化,如墨守先前使用的防御手段,不再对应激源及情境进行再次评价、调整应对方式等。这一切会妨碍机体进一步选择更合适的应对方式,从而导致心理抵抗效能下降。此时,个体可能出现一些心身障碍的症状及轻微的心理异常表现。

塞里指出,大多数情况下,应激只引起这两个阶段的变化,且绝大多数是可逆的,机体功能会在应激结束后逐步恢复正常。心理机能亦具有相同的特点。

C.衰竭阶段

如果应激源长期存在,抵抗阶段过长,机体就将进入衰竭阶段,使淋巴组织、肌肉及其他器官发生病理性改变,导致机体损伤、患病甚至死亡。同时,在心理上,防御机制变得夸大且不恰当,心理混乱,脱离现实,甚至出现幻觉、妄想,或突然崩溃而死亡。大多数情况下,进入衰竭是一个逐渐、长期的过程。

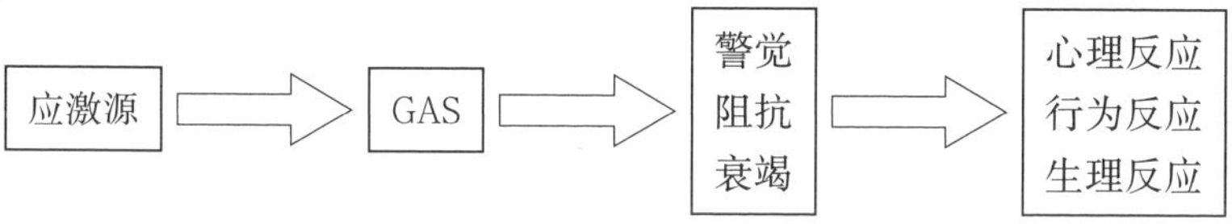

图7-1 应激的反应模型

应激的反应模型把人类看成是对不良环境作被动反应的生命体,忽视了社会和心理的调节作用。即使很多研究者把应激从生物反应扩展到心理行为反应(如用SCL-90、SDS等得分作为应激指标),他们也只是把这些反应作为一种结果来看待,所以这种理论模型并不能使人们看到应激过程的全貌。

(2)应激的刺激模型

随着应激在心理学界得到广泛关注,人们开始关注引起应激的事件特点。

应激是能够引起个体产生紧张反应的外部环境刺激,这种刺激不仅包括躯体性刺激,还包括心理、社会和文化的刺激。研究中往往把应激看作自变量,重点分析什么样的环境刺激可使人产生紧张反应,试图寻求刺激和紧张之间的因果关系,甚至数量关系。

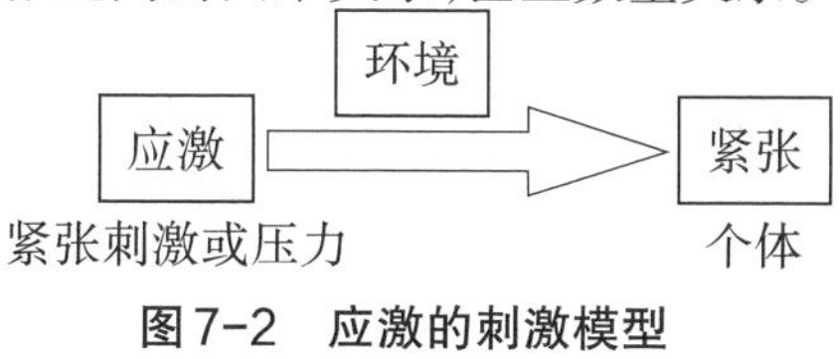

图7-2 应激的刺激模型

但此模型的重大缺陷是忽视了人类的主观能动性和心理行为的复杂性,它不可能确定对所有个体都产生紧张反应的刺激因素。

(3)应激的中介模型

随着研究的深入,研究者发现在刺激和反应之间存在一个认知评价的中间环节,应激是应激源和应激反应的中介变量。人们更重视遭遇者对应激事件的解释,拉扎勒斯(Lazarus)和霍克曼(Holkman)强调个体对应激的认知评价过程,认为思维、经验以及个体所体验到的事件的意义是决定应激反应的主要中介和直接动因;科因(Coyne)和唐尼(Downey)还发现应对方式、社会支持和人格特征等因素作为中介影响着应激反应。

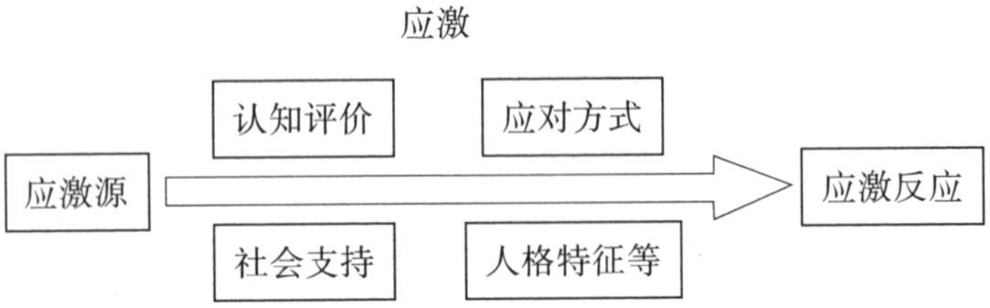

图7-3 应激的中介模型

应激的中介模型克服了前两种理论把人看成消极反应的有机体的缺点,人是一个具有能动性的高级生命体,能够通过有效的应对努力来解决自己面临的困境,从而消除或降低应激水平。

上述三种应激概念和模型研究侧重点有所不同,但都注意到心理因素在应激中的作用。

目前,研究者更多地倾向于将上述三种途径作为一种整体过程来认识,这使得应激的研究越来越受到重视。

(二)应激的积极意义

应激不总是具有消极的影响,也有积极意义。

1.帮助保持积极的身心状态

大脑皮质的兴奋需要适度的刺激,这有助于注意力的集中、思维活动、恰当地判断、果断地抉择等。心理活动是在一定的大脑觉醒状态下进行的,有目的有计划的行动需要身心维持一定的紧张度。因此,从机体适应的角度来看,适度应激有利于个体保持积极的身心状态。

2.神经系统发展成熟的必要条件

研究发现,丰富的早期环境能促进儿童大脑皮层的发育。生动的或社会性刺激比不生动的或玩具类的刺激对婴儿心理发展更为有益,缺乏应激的环境会阻碍儿童的身心发育。

3.提高身心健康水平

就像注射疫苗可增强机体的抗病能力一样,适度的应激有助于我们提高对周围自然、社会环境的适应能力,促进机体适应、保护、防病、抗病、调节、反馈等方面能力的保持与发展。

(三)应激相关障碍

1.定义

应激相关障碍(stress-related disorder)是一组应激性生活事件(如严重创伤、持续的困难处境等)引起,在社会文化因素及个性特征的中介作用下表现出来的心理障碍,严重的可出现精神病性障碍。

2.分类

常见临床类型有三种：

急性应激障碍(acute stress disorder,ASD)、创伤后应激障碍(post - traumatic stress disorder,PTSD)和适应障碍(adjustment disorder,AD)。

应激事件的性质是影响急性应激障碍和创伤后应激障碍的关键因素:大多数遭遇严重创伤事件(如车祸、亲人罹难等)的个体都会出现即时性的应激反应,例如不断重现创伤性事件,并表现出情感麻木等典型的创伤后症状等。

按照诊断学的标准,如果这些症状的持续时间在1个月内,则被归入急性应激障碍;如果持续时间超过1个月或延迟在1个月后发生,则被归入创伤后应激障碍。

换句话说,遭遇严重创伤事件时,大多数人都可能出现急性应激障碍,而其中部分人的创伤后反应会在人格因素的中介作用下持续存在,并进而演变成为创伤后应激障碍;当应激事件在大多数人眼中并非十分严重,但却引起个体明显、持续的负性情绪反应时,则表现为适应障碍。

人格是影响形成应激性障碍的重要因素。从急性应激障碍、创伤后应激障碍到适应障碍,应激性事件的作用逐渐递减,但人格因素的作用却逐渐递增。

因此,应激事件的性质是影响急性应激障碍和创伤后应激障碍的关键因素,而对于适应障碍,人格因素则常是主要的致病原因。

二、急性应激障碍

(一)急性应激障碍的概念

1.定义

急性应激障碍又称急性心因性反应,是指由于突然发生的强烈应激性生活事件所引起的一种异常的快速的精神反应。

近年来,随着突发灾难性事件,以及恐怖主义的自杀性爆炸等不断发生,急性应激障碍和创伤后应激障碍亦成为关注的重点。在灾难事件后,即刻发生的严重的心理障碍多为急性应激障碍。

2.发生原因

急性应激障碍在人群中的发生情况依赖于应激事件的严重程度、持续时间的长短,以及患者在应激中的暴露程度。对个体来说,应激性生活事件是难以承受的,或对生命具有严重威胁的,例如重大交通事故、火灾、战争、亲人突然去世等,这些强烈的或持久的精神刺激因素是导致应激性障碍发生的直接原因。当精神刺激因素达到一定的强度,超过个人的耐受阈值,即可造成强烈的情感冲击,使个人失去自控能力,产生一系列精神症状。另外,人格特点、教育程度以及生活态度和信念等因素都与急性应激障碍的发生相关。

3.后果

卡普兰(Kaplan)将应激的后果归纳为三期：

第一期为冲击期，当个体遭受应激性事件后，会处于一种“茫然”休克状态，表现出某种程度的定向力障碍和注意力分散，一般持续数分钟到消失；

第二期以明显的混乱、模棱两可及变化不定为特点，并伴有情绪障碍，如焦虑、抑郁或暴怒等表现；

第三期为长期的重建和再度平衡，其结果是可能出现两者之一，即一方面为功能的增强及水平的改善，另一方面为心理、躯体或人际关系的障碍，并可能趋向慢性化。

(二)急性应激障碍的临床表现

1.应激事件及其影响对象

(1)创伤性事件

发生异乎寻常的和严重的精神刺激的创伤性事件，也称应激事件。

(2)影响对象

受创伤性事件影响的对象包括：

A.当事人(直接经历创伤性事件的人)；

B.目击者(亲眼目睹发生在他人身上的创伤性事件)；

C.亲朋好友(个体亲密的家庭成员或亲密的朋友身上发生了创伤性事件)；

D.助人者(反复经历或极端接触于创伤性事件的令人作呕的细节中的人，例如收集人体遗骸的急救人员；反复接触虐待儿童细节的警察)。

2.临床表现

(1)认知

患者的注意力难以集中，感到思维与躯体分离、世界不真实或像做梦一样，难以回忆应激事件的经过；患者也可能反复回忆、想象或思考经历过的应激事件。

(2)情绪

患者伴有明显的焦虑、紧张、恐惧、抑郁，易激怒；有的人表现为自责，认为自己没有照顾好亲人等的悔恨与抑郁情绪；持续地不能体验到正性的情绪(例如不能体验到快乐、满足或爱的感觉)。

(3)行为

分离性反应(例如闪回)，个体的感觉或行动好像创伤性事件重复出现(这种反应可能连续地出现，最极端的表现是对目前的环境完全丧失意识)。

严重时呆若木鸡、僵硬不动，对外界刺激无相应反应。这种木僵状态一般历时短暂(几分钟至几小时)，随后或意识恢复正常，或进入意识朦胧状态，出现定向障碍，对周围事物不能清晰感知，自言自语，内容零乱，表情紧张、恐惧，同时出现杂乱而无意识的动作，或无目的地乱走。

在接触应激事件的提示物时，感到非常痛苦，因此，患者会尽量回避与应激事件有关的地点、任务或活动。

有时在很少或没有挑衅的情况下,突然表现为对人或物体的言语或身体攻击。

(4)生理

患者觉醒程度明显增高,难以入睡,或反复做内容和/或情感与创伤性事件相关的痛苦的梦;有的则出现头昏、头痛、周身不适等躯体症状。

以上种种表现不能归因于某种物质(例如药物或酒精)的生理效应或其他身体疾病(例如轻度的创伤性脑损伤),且不能更好地用"短暂精神病性障碍来解释"。它们会引起临床上明显的痛苦,或导致患者社交、职业或其他重要功能方面的损害。

3.持续时间及预后

急性应激障碍在强烈的应激源作用下立即发作,一般持续时间不长。如果应激源消除,患者的症状可在2—3天内(常可在几小时内)迅速缓解。如果应激源持续存在或具有不可逆转性,症状一般可在2—3天后开始减轻,通常在一周内可缓解,最长不超过1个月,预后良好。

(三)急性应激障碍的治疗

治疗急性应激障碍的主要目的就是尽早消除创伤个体的病态应激反应,减少其随后形成创伤后应激障碍的可能性。灾难发生后24—48小时之内是理想的干预时间,治疗干预的基本方法是心理干预为主、药物治疗为辅。

目前对急性应激障碍进行心理干预的主要方法有认知行为疗法、暴露疗法、催眠疗法、支持性辅导等。

(1)认知行为疗法一般由创伤教育、放松训练、想象暴露、现场暴露、认知重建5部分组成。许多研究表明,认知行为疗法对创伤早期的急性应激障碍有着很好的疗效。其中,放松训练是常用的心理行为训练技术。

(2)暴露疗法通常是处理创伤记忆的首选疗法。在安全可控的环境下进行重复暴露并观察恐惧强弱变化,可以增强个体积极的暗示和期望,也可使人们重新评价创伤事件及对创伤事件的反应,进而使他们做出适当的认知改变。

(3)社会支持对急性应激障碍的干预作用也不容忽视。有研究表明,创伤个体对获得的社会支持的总体满意度与急性应激障碍显著相关。

(4)药物主要是对症治疗,但在急性期也是常常采取的措施之一。适当的药物可以较快地缓解患者的抑郁、焦虑、恐惧、失眠等症状,便于心理治疗的开展和奏效。

三、创伤后应激障碍

创伤后应激障碍是由异乎寻常的威胁性或灾难性心理创伤导致出现并长期持续的精神障碍。与急性应激障碍起病急相比,本病的潜伏期较长,一般几日、几周到几个月,多不超过6个月;症状持续时间在1个月以上,有的可长达1年;病程波动,多数患者预后较好,少数患者有人格改变。

由于创伤后应激障碍是在严重精神创伤后经过一段潜伏期才发病的,因而也被我国学者称为"延迟性心因反应"(delay psychogenic reaction)。

(一)创伤后应激障碍的研究历史

1.关于创伤后应激障碍的早期记录

1980年DSM-3首次提出创伤后应激障碍这一名称,但实际上,它很早就已经被人们注意到了。1666年,英国作家塞缪尔·皮普斯(Samuel Pepys)目睹了伦敦的一场大火,这场火灾造成了相当巨大的人员伤亡和财产损失,并使城市一度陷入混乱。但不幸的是,皮普斯始终未能摆脱这一事件的影响。他在6个月后写道:“很奇怪,由于对火的巨大恐惧,我经常在夜里醒来。由于总想着那场大火,我凌晨2点就再也睡不着了。”

2.近代的相关研究

近代精神病学家对创伤后应激障碍的关注始于19世纪末。人们发现,灾难幸存者会出现一系列类似心理上的痛苦反应,但当时人们更重视身体伤害对这些症状的决定性作用。例如铁路事故的幸存者中发生创伤后应激障碍的患者多存在脊柱受损,所以脊柱受损曾一度被认为是创伤后应激障碍的各种症状的根源。

直到弗洛伊德在治疗中发现,创伤性事件对个体造成的躯体影响很快会过去,但心理影响却会长期存在,这种情况才得以改变。

3.从生理转向心理

第一次世界大战中对士兵的精神障碍研究,使得对创伤后应激障碍的关注开始从生理反应转向心理反应。第一次世界大战期间,英军中至少有7%—10%的军官和3%—4%的士兵出现“精神崩溃”,约20万士兵无法继续服役;共约8万军人因患“炮弹休克”症而住院治疗,其中1/4患者长期住精神病院诊治。在对这些士兵的治疗中,学者们认为,这些症状中的多数病因是心理的,因此应该采取谈话治疗的方式加以处理。

4.创伤性经历会导致长期心理后果

20世纪60年代以后,在对纳粹集中营幸存者和日本原子弹伤害幸存者的研究中,人们意识到,创伤性事件不仅会引发即时性反应,同时还会导致长期的心理后果。特里(Terr,1979)在儿童身上发现了创伤的反复回现。70年代后,在精神动力理论的基础上,威尔逊(J.P.Wilson,1988)进一步指出,在创伤发生后会出现类似于成瘾的高度唤醒状态。

(二)创伤后应激障碍的临床表现

创伤后应激障碍表现为在重大创伤性事件后出现一系列症状,这些症状的持续时间超过1个月,并且不是由于某种物质(例如,药物、酒精)的生理效应或其他躯体疾病所引起。可能受影响的对象与急性应激障碍的一致,但临床表现更为丰富。

具体临床表现如下:

1.“触景生情”——情境重现

患者以各种形式重新体验创伤性事件,有驱之不去的闯入性回忆,频频出现的痛苦梦境,也可能出现错觉、幻觉；患者仿佛又完全身临创伤性事件发生时的情境，重新表现出事件发生时所伴发的各种情感，或被生活中某些刺激（人、事、时、地、物）勾起回忆（影像、想法、知觉），甚至出现“闪回（Flashback）——回到当时”而身心痛苦，出现明显的生理反应，如心悸、出汗、面色苍白等。

恐怖事件的幸存者清楚地记得当时的每个细节，这些对袭击的记忆无视意愿闯入患者的脑海，并让患者重新体验到当时的情绪反应，而且，自事件之后长期情绪低落，不随事件的推移而缓解。事件发生的周年纪念日、相近的天气及各种场景因素都可能触发患者的心理和生理反应。

2.“退避三舍”——回避或麻痹

为了避免触景伤情、睹物思人，在创伤性事件后，患者对创伤相关的刺激存在持续的回避。回避或尽量回避能够唤起关于创伤性事件或与其高度有关的痛苦记忆、思想或感觉以及有关的外部提示（人、地点、对话、活动、物体、情景）。无法记住创伤性事件的某个重要方面（通常是由于分离性遗忘症，而不是诸如脑损伤、酒精、毒品等其他因素所致）也是回避的表现之一。

还表现不愿与人交往、对亲人变得冷淡；兴趣爱好范围变窄，但对与创伤经历无关的某些活动仍有兴趣；

回避的同时，还有被称为“心理麻木”或“情感麻痹”的表现。对创伤性事件的原因或结果持续性的认知歪曲，导致个体责备自己或他人。对自己、他人或世界持续性放大的负性信念和预期（例如，“我很坏”，“没有人可以信任”，“世界是绝对危险的”，“我的整个神经系统永久性地毁坏了”）始终存在。

患者变得退缩，似乎难以对任何事情发生兴趣，与外界疏远、隔离。尤其是创伤事件刚刚发生后，他们还会对自己和周围的情况无动于衷，以及存在非现实感。他们对未来心灰意冷，轻则抱听天由命的态度，重则万念俱灰，甚至自残、自杀。

3.“提心吊胆”——焦虑和过度警觉

患者处于持续性的负性情绪状态（例如，害怕、恐惧、愤怒、内疚、羞愧），持续地不能体验到正性情绪（例如，不能体验快乐、满足或爱的感觉）；患者还表现有持续性的焦虑和警觉水平增高，如入睡困难或睡眠不深、容易受惊、易激惹，不能专心做事等。他们总是警惕曾经的痛苦经历会再次出现，唤起痛苦回忆的声音或影像都会立即使他们产生恐慌并逃避。

这些情绪反应可能导致激惹的行为和愤怒的爆发（在很少或没有挑衅的情况下），典型表现为对人或物体的言语或身体攻击；还可能出现不计后果或自我毁灭的行为。

生活中的心理学

“受伤的”一家人

李女士带着两个孩子（老大是儿子10岁，老二是女儿6岁）到农村去走亲戚。他们一起穿过院子向屋里走去。突然大儿子听到房子旁边某个地方有咆哮声，在他能警告其他人之前，一只硕大的狗冲了出来，扑向

6岁大的妹妹，将她扑倒在地上，撕破了她的脸。大家都不知所措，随后儿子反应过来，冲向那条狗，狗逃走。房主跑到隔壁去寻求帮助，李女士马上压住女儿面部伤口以免继续流血。狗仍站在不远处对着受惊吓的一家人嚎叫。最后，狗被拴住，女儿被迅速送往医院。

这件事情发生一段时间后，哥哥表现出典型的幸存者内疚症状，他不断地说自己当时应该保护妹妹，并且出现了退行现象：尿床、做噩梦。而妹妹因为对医疗过程感到害怕，不得已只有绑住她才能进行局部麻醉和缝合，后来，她开始对所有狗都感到害怕，动物园也不敢去；同时也害怕所有与医院有关的场景，进而影响到一些日常的活动，如不再敢一个人睡觉，也害怕独自一个人的场景，但又不愿意与小朋友一起玩。妈妈除了情绪上内疚愤怒外，变得易怒。

从这个案例中可以看出，创伤性事件不仅会给那些"劫后余生"的幸存者造成影响，还会给旁观者产生影响。与灾难有关的每个人内心都承受着重大的心理压力，都需要危机干预为他们恢复内心的平静。

（三）创伤后应激障碍的病因

创伤后应激障碍是一种病因明确的心理障碍，但一个人是否会发展成创伤后应激障碍有着复杂和综合的原因，包括生理、心理和社会等多方面因素。

1.生理易感性

与其他障碍一样，我们自身就具有心理和生理上的易感性。易感性越强的人，越容易患创伤后应激障碍。一个家族有焦虑的特质则表明其在生理和心理上患创伤后应激障碍的可能性更大。特鲁(True)等人报道在相同的战争创伤中，同卵双生子比异卵双生子更容易患上创伤后应激障碍。由此可见，有某些遗传的因素起作用，如果某些这样的特质在你的亲戚身上出现，那么你就有更大的可能性患上这种障碍。

2.心理易感性

同样，创伤后应激障碍似乎也存在着某种一般性的心理易感性。福伊(Foy)等人发现，在非常强烈的创伤下，这种易感性的作用不大，然而在普通的创伤事件中，这种特质却起着决定性的作用。例如家庭的不稳定性使人容易逐渐产生一种世界不可控制的感觉，因此不稳定的家庭长大的孩子在受害后患上创伤后应激障碍的可能性增大就不足为奇了。

3.社会和文化的因素

社会和文化的因素在创伤后应激障碍的发展过程中起着非常重要的作用。许多研究的结果强有力地表明，如果你有一个强有力的支持系统，那么在遭受创伤后患上创伤后应激障碍的可能性会明显降低。许多研究表明，患有创伤后应激障碍的人群应对压力最常用的方法就是从家庭和朋友那里寻求支持。同时，积极的应对方式，如包含主动问题解决在内的积极应对策略，也具有保护作用，而生气或责备他人都会使得创伤后应激障碍的发病率升高。

4.神经生物系统

众所周知，创伤后应激障碍涉及许多神经生物系统。丹尼斯·恰尼(Denmis Charney)和他的合作者在动物身上做了实验，大部分老鼠都被暴露于强烈的不可控制的压力下如持续的敲击，他们发现应激或威胁性线索会激活来自大脑数个区域的输入信息，而这信息会激活肾上腺皮质激素释放因子系统。

在一些与战争有关的创伤后应激障碍患者和一些在童年期受到性虐待的成年患者身上找到了海马损伤的证据。海马是大脑的一个部分，对学习和记忆起着重要作用。因此，如果这里受损，那么个体将会在学习和记忆方面出现混乱。实际上，记忆功能，包括短时记忆以及回忆能力的损害，已经在创伤性应激障碍患者和海湾战争老兵中得到证实。

(四)创伤后应激障碍的治疗

从心理学角度来看，大部分临床医生认为，创伤后应激障碍的受害者必须面对原有的伤害以便发展一种有效的应对措施来克服障碍的困扰。在精神分析的治疗中，通过再体验情绪创伤来减轻痛苦叫作宣泄，当然，技巧在于对这种再次暴露的组织，使得它是治疗性的，而非创伤性的。与特定恐怖症的恐惧对象不同，创伤事件是很难再次重现的，而且也没有心理治疗师会去尝试。

因此，几十年来，人们以各种不同的名称使用想象暴露，在这种方法下产生的创伤内容和情绪被系统地再现，以治疗创伤后应激障碍。

系统脱敏法就是应用认知—行为疗法治疗创伤后应激障碍的一种手段。患者识别出使其产生焦虑的想法和情境，并按照产生焦虑的程度由高到低地排列，然后治疗师按照排列等级顺序运用放松技巧帮助患者消除恐惧。反复想象和讨论创伤事件可以使来访者适应他们的焦虑，透彻地了解它们，并将记忆和现实分离开来。研究发现强奸受害者、退伍老兵、交通事故幸存者以及难民在接受这种反复暴露疗法后，创伤后应激障碍症状显著缓解，并且这种方法也有助于防止复发。

一些药物治疗创伤后应激障碍的方法也在进行，初步的实验表明，有一些药物，如选择性5-羟色胺再摄取抑制剂(百忧解、帕罗西汀)对创伤后应激障碍的治疗也有效果，可能是因为它能降低在这种病中非常显著的对焦虑和惊恐发作的担心。

四、适应障碍

(一)适应障碍的临床表现

1.定义

适应障碍是指在明显的生活改变或环境变化的影响下，由于易感个性，适应能力不良，个体对应激源出现的短期的和轻度的烦恼状态和情绪失调，常有一定程度的行为变化等或适应不良行为，导致正常工作和人际关系受损，但并不出现精神病性症状。典型的生活事件包括居丧、离婚、转学、迁居，退休，经济危机等。

2.临床表现

适应障碍临床表现形式多种多样，主要以情绪障碍为主（如抑郁、焦虑、烦恼），同时有适应不良的行为（如不愿与人交往、退缩等），不能应对当前的生活以及无从计划未来，同时伴有生理功能障碍（睡眠差，食欲欠佳，头疼，心慌等），社会功能或工作受到损害。

患者可感到有惹人注目的适应不良行为或暴力冲动行为出现的倾向，有时会发生酒精或药物滥用。

患者临床表现也与年龄有某些联系：老年人可伴有躯体症状，成年人多表现为情绪症状，主要为焦虑、抑郁，表现为情绪不高，对生活丧失兴趣，自责，无助，伴睡眠、食欲欠佳，可有激越行为或是坐立难安，担心、害怕，有神经过敏、窒息等；青少年主要以品行障碍为主，表现为行为与其年龄不相符，如逃学、说谎、斗殴、酗酒等；儿童可表现为尿床、吮吸手指等等退行性行为以及无故躯体不适等模糊的躯体症状。

3.病程

通常在遭遇障碍后1个月起病，程度一般较轻，持续时间不长（不超过6个月），随应激事件的消除和应付能力的改善而恢复。

（二）鉴别诊断

1.适应障碍与急性应激障碍、创伤后应激障碍的鉴别

适应障碍与急性应激障碍、创伤后应激障碍都属于反应性精神疾病的范畴。

但这3种疾病又具有不同的特点，具体说明如表7-1。

表7-1　急性应激障碍、创伤后应激障碍和适应障碍的比较

项目	适应障碍	急性应激障碍	创伤后应激障碍
是否有灾难性生活事件	无	有	有
病程	1—6个月	短，通常不超过一周，常一个月内缓解	≥3个月，甚至终身

2.适应障碍与人格障碍的鉴别

在引发适应障碍的原因中，个体易感性人格也是重要因素。人格障碍的内容在后面章节要有所涉及，表7-2列出了适应障碍与人格障碍的比较。

表7-2　适应障碍与人格障碍比较

项目		适应障碍	人格障碍
共同点	症状	症状可表现为情绪、行为和生理功能障碍	
不同点	精神症状与精神刺激的关系	有（直接关系）	无
	病前有无人格障碍	无	有
	正常与异常之间有无界限	有	无
	病程	短	长（甚至终生）

3.旅途精神病

旅途精神病(traveling psychosis)是指发生在旅行途中的短暂精神病性障碍,以"一过性精神错乱"为常见临床相。

早在1965—1966年由Prokop和Nilsson提出,他们将在国外旅行引起的精神障碍称为旅行精神病,并作为单独的精神综合征。

越来越多的研究及文献报道证实,在旅途中突发的精神病性障碍与在旅行过程中的应激因素所诱发的癔症、精神分裂症、情感性障碍及其他精神疾病,在病因、发病机制、病程转归及预后等方面,都有明显的不同,所以,尽管存在一些争议,大多数学者还是同意将旅途精神病作为一个诊断名称,归入急性短暂性精神病类别之中。

(1)症状标准

在旅行途中(铁路、公路、水路,或航空旅行等),急性起病。病前有明显精神应激、过度疲劳、过分拥挤、慢性缺氧、睡眠缺乏、营养水分缺乏等综合因素作用。常可出现意识障碍,片段的妄想、幻觉,或行为紊乱。

(2)严重程度标准

社会功能严重受损,或给别人造成危险或不良后果。

(3)病程标准

病程短暂,停止旅行与充分休息后,数小时至一周内自行缓解。

(4)排除标准

排除癔症及旅途中发生的其他精神障碍,如精神分裂症、情感性精神障碍。

(三)适应障碍的病因

1.社会心理应激因素

发病前1个月内存在可辨认的一个或多个生活事件是诊断适应障碍的必备条件之一。生活环境的变化或社会地位的变迁是引起适应障碍的常见生活事件,应激源可以是单一的,如离婚或失去工作,也可以是多重的、多方位的,如离家上学、参军、移民异国等。

适应障碍的严重程度与应激源的强度、性质、时间、可逆性等均有关系,但更多与个体对应激源的主观体验有关。如丧父对一个10岁的小孩与一个40岁的成年人来说,主观感受是完全不同的,而主观感受的差异又与个体素质有关。

2.个体素质

个体内在的心理素质在适应障碍的发病中起着与生活事件同等重要的作用。

(1)性格方面的缺陷如敏感、多疑、胆怯、偏执等,往往妨碍了个体良好的社会适应,从而制造了更多的社会心理刺激,同时又难以有效地抵御这些刺激,易于产生不良情绪反应、出现适应不良行为。

(2)个体应对方式不良是产生适应障碍的重要原因。个体对应激的应对方式一般较恒定,不因应激源改变而变化。不良的应对方式与适应不良行为可反复重演,恶性循环而不能自拔。

(3)个体的生理状态对适应障碍的发生也有影响。如手术后、妊娠期或产后、发育不全等均有可能使大脑功能受到削弱,即使遇上寻常应激事件,也易于发生适应障碍。

3.社会支持

适应障碍的发生与个体不善于利用社会、家庭支持系统有很大的关系。良好的社会、家庭支持网络不仅可以减少个体生活中的应激来源,而且也有助于个体顺利地应付挫折与心理冲突,保持心身健康。

(四)适应障碍的治疗

适应障碍的治疗原则是:减轻或消除应激源、解除症状和重建适应方式。

1.心理治疗

心理治疗是适应障碍的主要治疗方法,可选用支持性心理治疗、认知治疗、行为疗法,也可采用集体心理治疗和家庭心理治疗等。

2.药物治疗

药物治疗主要用于病情较重患者或心理治疗的辅助配合。通常对症选用抗焦虑药和抗抑郁药。治疗时应注意保持在最小有效剂量,症状一旦缓解,尽快停药。

生活中的心理学

心理"病"

高二女生小李,因为最近几天无法去上学,父母陪伴前来咨询。

平时性格比较沉稳,做事认真负责,学习刻苦,成绩中上。一个月前,同年级(该校每个年级约20个班)一学生被查出患白血病,需要住院治疗。但该生家庭贫困,学校号召大家献爱心,捐款,因为她是班上的团支书,协助组织了班级同学的捐款,因此对该生的病情有所了解。

两个星期前,不知何故就觉得自己可能要得白血病。

因为听人说母亲怀孕期间吃了猪肉和羊肉就可能致病;又想到如果自己得了病,要花多少钱呀,父母亲怎么办呢?

每每念及此事,便感心慌气短,喘不过气来;同时感觉有时心乱跳,脸发红,吃不下饭也感觉不到饿;有时还会打抖,睡觉时想起此事都会打;睡不着,一天只睡1小时左右;想自己万一得了那个病,家人怎么办,甚至会痛哭流涕;明明知道不太可能得病,但又控制不住自己,反复去想万一自己得了病该怎么办,一天要想十余次,每次持续十来分钟。一想到那个事情,就情绪低落,无法安心听课。想多了就脑壳痛,感觉有压力;压抑,什么事情都不想做,兴趣提不起来。

"周围人都说我想得太多了,自己也觉得想多了,但就是会控制不住地想。以至于一周前实在无法坚持,只能休学在家。"

小李这种情况就可能被诊断为应激相关障碍。

复习巩固

1.癔症的病因是什么？

2.如何区分急性应激障碍和创伤后应激障碍？

3.创伤后应激障碍的病因都有哪些？

本章要点小结

1.癔症是因重大生活事件、内心冲突、强烈情绪体验、不良暗示等因素作用于易感个体引起的，以分离症状和转换症状为主的一种神经性精神障碍。

2.中医学里并没有癔症病名，与现代医学中癔症的描述相类似的病症描述，散见于“百合病”“奔豚”“脏躁”“厥”等相关的描述中。

3.癔症有癔症性人格基础和起病常受心理社会（环境）因素影响，除癔症性精神病或癔症性意识障碍有自知力障碍外，自知力基本完整，病程多反复迁延。

4.癔症性遗忘不同于真正的遗忘症，癔症性遗忘是在没有任何明显的器质性原因的情况下出现的遗忘。

5.癔症的发作常常由一些致病性的精神刺激因素引发，遗传因素也是一个重要方面，而在具备某些人格特征的人身上也更容易出现该类病症，此外，身体状态等健康因素也容易导致癔症的并发。

6.应激相关障碍是一组由应激性生活事件（如严重创伤、持续的困难处境等）引起，在社会文化因素及个性特征的中介作用下表现出来的心理障碍，严重的可达精神性障碍。常见临床类型有三种：急性应激障碍（ASD）、创伤后应激障碍（PTSD）和适应障碍。

关键术语表

癔症	Hysteria
分离性障碍	Dissociative disorder
转换性障碍	Conversion disorder
人格解体	Depersonalization
应激相关障碍	Stress-related disorder
急性应激障碍	Acutestress disorder，ASD
创伤后应激障碍	Post-traumatic stress disorder，PTSD
适应障碍	Adaptation disorder，AD

本章复习题

一、选择题

1.癔症的心理治疗应着重在（　　）。

A.症状本身　　B.心理因素　　C.家庭支持　　D.医生的暗示

2.关于癔症,以下哪种说法是错误的(　　)。

A.多见于女性

B.首发年龄20—30岁

C.临床主要表现为分离症状和转换性症状

D.癔症的预后较差

3.14岁女性,中学生,外出旅游,夜间出室外解便时突感恐惧紧张,跑步回室途中,不慎跌倒,双手着地。站立起来时,发现双目失明。最可能的诊断是(　　)。

A.恐怖性神经症

B.焦虑性神经症

C.疑病性神经症

D.癔症

4.应激相关障碍不包括:(　　)。

A.急性应激障碍

B.慢性应激障碍

C.创伤后应激障碍

D.适应障碍

5.有些原本学习很好的学生在升入高中之后,会出现学习成绩下降、心情烦躁、无所事事,甚至出现想退学的想法,这种现象通常属于(　　)。

A.适应障碍

B.急性应激障碍

C.心境障碍

D.情绪障碍

6.创伤后应激障碍又称(　　)。

A.延迟性心因反应

B.急性心因反应

C.反应性精神病

D.灾难综合征

7.震后获救幸存的母亲,常反复想起在自己身边遇难的女儿,做相关的噩梦;她尽力回避任何与地震、女儿有关的东西;对生活丧失希望和信心,这是(　　)。

A.适应应激障碍

B.癔症性躯体障碍

C.创伤后应激障碍

D.急性应激障碍

8.高飞是一次车祸中的幸存者。在车祸后的几个月内,他在睡梦中总是再度回到车祸时的场景,而且很容易惊醒,这种情况可能是PTSD哪组症状的表现?(　　)。

A.病程

B.再体验
C.回避
D.麻木

二、案例分析题

“女演员”

某女,29岁,工人。主诉阵发性暴怒,捶胸撕衣,咬人毁物,号哭呻吟,狂奔乱跑,每次症状持续一至数小时后缓解,反复发作已经9年。平时患者热心助人,每逢周围人家有红白喜事就去里外张罗,俨然东道主一般。喜欢说三道四、惹人讨厌、人际关系紧张。她生孩子时竟无好友探视,万分委屈;产褥期零时工作被解除,闻讯后双眼凝视,片刻后开始抽泣,然后骤停,掀开被子,扔下婴儿,从床上一跃而起,狂呼乱叫,冲出门外。家人劝阻时,患者一反弱不禁风的常态,怒发冲冠、拳脚并用、碰撞撕咬。被关进房间后,捶胸撕衣,哭天喊地,以头撞墙。随后又伏床痛哭,昏昏入睡。其后多次发生此类症状,均因鸡毛蒜皮的小事而引发,尤其在众人围观时,患者怒不可遏,顿足叉腰,唾沫四溅。患者素来性格急躁,好说好动,爱唱爱跳,检查时患者眉飞色舞,绘声绘色,未发现明显精神障碍。

请问:该女子有哪些症状?可能诊断为什么精神疾病?

第八章

人格障碍

人心不同,各如其面。人格是一个人的心理特征的统一,这些特征决定着这个人的外部行为,并使其与他人的行为有稳定的区别。江山易改,本性难移。每个人的人格特征的形成是一个漫长的过程,受诸多因素的影响。而一旦形成,轻易不会改变,表现出一个人稳固的、一贯性的行为的思维特征。如我们经常这样描述身边的人:“张×性格比较外向,喜欢跟人交往;李×有些敏感,容易为一些小事担惊受怕;王×总是多疑,凡事都要刨根问底……”,以上这些人的表现,在多数时间和地点都会出现,体现了他们人格的特点。

人格障碍是指异于常人的人格特征,个体的偏差行为不符合社会规范,与周围人不融洽,也与周围环境格格不入,并且轻易无法改变,引起了自身或者他人的巨大痛苦。我们更经常用“怪人”来称呼他们。

在本章,我们将主要介绍人格障碍的基本表现、主要类型、形成原因及可能的矫治方案。

本章主要内容:

1.人格障碍的概念;

2.人格障碍的类型;

3.人格障碍的病因及矫治。

第一节　概述

人格障碍(personality disorders)也称为病态人格(psychopathic personality),又称精神病态(psychopathy),是一种人格在发展和结构上的明显偏离正常,使个体形成了牢固和持久的认知、情感和行为模式——这种人格模式顽固难以改变,表现为社会适应不良或反社会,并导致个体社会功能明显损害,主观上痛苦或让周围人感到痛苦。

人格障碍,主要表现为情感和意志行为的障碍,其思维和智力活动并无异常。

一、概念的由来

(一)人格

人格的词源是拉丁文"persona",意指戏剧演员所戴的面具。这就暗示了一个人有两面——公开可见的一面,以及隐藏其后不为人知的一面。对人格的定义是从内外两个方面来下的——两者彼此不同,但都扮演着重要的角色,外在的人格是一个人被他人知觉和描述的方式;内在的人格用来解释为什么一个人被他人知觉为这样。

人格心理学中的最大争议就在于对这些内在因素的理解上。从观察者的角度对人格的评鉴和从扮演者的角度对人格的评鉴,存在着一致性和不一致性,"自我"在其中起到重要的作用。人格是一个人的心理特征的统一,这些特征决定着这个人的外部行为,并使其与他人的行为有稳定的区别。

(二)人格障碍发展史

人格障碍与心理学一样,有一个长久的过去,却只有一个短暂的历史。有关它的描述自古有之,而直到20世纪50年代才有了正式的定义与分类,并且开始引起了临床心理学家和精神科医生的极大关注。

皮内(Piner,1806)最先报告了一法国农民在一次愤怒发作时将一妇女投入井中,当时的诊断学难以将此人加以归类,因此他命名为"不伴谵妄的躁狂症"(manie sans delire)。

帕里查德(Prichard,1835)提出"悖德狂"(moral insanity)概念,认为这类人"是一种精神扰乱的类型,他们的智能很少或完全不受到损害。这种失调主要表现在情感、个性或习惯方面,他们心灵中的道德观念和正义原则是高度歪曲和败坏的;自我控制能力丧失或产生严重障碍"。

这是人格障碍一词的最初来源,这些描述与我们目前诊断中的反社会人格障碍更接近。后来,随着实践的深入,有越来越多符合人格障碍描述的对象纳入研究和命名范畴,人格障碍这种疾病也成为精神疾病中一个重要类别。

二、人格障碍的临床表现

人格障碍在临床上主要有以下三方面的表现:

(一)异常心理行为模式

心理行为模式异常是人格障碍最显著的临床表现。CCMD-3和DSM-5中都认为,人格障碍患者的人格特征明显偏离正常,导致其形成了一种一贯的反映个人生活风格和人际关系的异常心理行为模式;这种模式显著偏离了文化背景预期和大众期望的内心体验和行为的持久模式。具体可以表现在认知(即对自我、他人和事件的感知和解释方式)、情感(即情绪反应的范围、强度、不稳定性和适宜性)、人际关系功能和冲动控制四个方面上的异常模式。

(二)社会功能受损

社会功能受损是人格障碍的异常行为模式产生的后果,也是人格障碍最显著的临床表现之一。因为该类患者持久的缺乏弹性和泛化的心理行为模式,会影响到涉及到个人和社交场合的诸多方面。

需要注意的是,这种持久的心理行为模式引起有临床意义的痛苦,或导致社交、职业或其他重要功能方面的损害,造成对社会环境的适应不良;大多数患者为此感到痛苦,并已具有临床意义。

(三)青少年期发生

一般而言,人格障碍患者不存在智能障碍,异常心理行为模式发生可以追溯到青少年期或成年早期,在长时间内稳定不变且难以矫正,只有少数患者在成年后可有一定程度的改善。

在临床诊断中,需要注意区别的是:人格特征的异常偏离并非躯体疾病或精神障碍的表现或后果,也不能归因于某种物质(例如滥用的毒品、药物)的生理效应。如果人格的这种偏离是由躯体疾病(如脑病、脑外伤、慢性酒精中毒等)所致,或继发于各种精神障碍,应将其称为人格改变,而不属于人格障碍的范畴。

三、人格障碍的流行病学

使用不同的工具,针对不同的群体,所测得的人格障碍的发生率是有差异的。

人格障碍在总体人群中的患病率约为6%—15%(Samuels,2011),其中:城市人口的总患病率通常比农村人口高;男性和女性的总患病率相当,且均随年龄增加而减少;在有精神症状的患者中,人格障碍的总患病率较高;在那些就诊于全科医学的患者中,人格障碍的患病率为8%;而在那些精神病高发的群体中,人格障碍的患病率接近30%;在精神科门诊和住院患者或有自杀行为史的群体中,人格障碍的总患病率高达50%;在总体人群中,A、B、C三簇(DSM-5分类)的患病率分别为5.7%、1.5%、6.0%左右。

(一)国外研究

在美国,人格障碍在整个人群中的比例为0.5%—2.5%。其中的10%—30%为住院病人;还有2%—10%为门诊病人(美国精神病协会,2000)。总体人格障碍的比例较高,是因为个体常常被诊断患有不止一种人格障碍。这使他们看起来相对常见,并且年轻群体、学生、失业者和家庭从业者的诊断率明显偏高。在生理周期性睡眠障碍个体中的人格障碍具有相当高的流行性。

早期准确的诊断和治疗会改善个体的适应能力,并且有可能阻止人格障碍的进一步恶化。

对于单独的人格障碍类型,国外也有研究。在美国,就不同类型而言,分裂样、自恋型和回避型人格障碍相对稀少,在整个人群中的发病率不到1%;偏执型、分裂型、表演型、依赖型和强迫型人格障碍在整个人群中的发现比例为1%—4%。在一个法国高中生群体中,边缘性人格障碍男性的发生率为10%,而女性为18%。在14岁时,都达到高峰。这种人格障碍相对比较常见。

(二)国内研究

国内研究者翟书涛、杨德森(1988)总结人格障碍患病率在0.1%—13.5%;我国12个地区流行病学调查结果(1986)显示,人格障碍的总患病率为0.13%,7个地区精神疾病流行病学调查(1998)显示,其时点患病率和终生患病率为0.1%,1993年部分地区的精神障碍流行病学调查显示人格障碍的患病率平均为0.1%。刘秀芬(2000)等人的研究发现,大学生群体中的人格障碍诊断率约为2.5%。

在我国精神科临床工作中,人格障碍的正式确诊很少,大规模测查主要发生在高校中,人格障碍阳性检出率为5.92%—6.4%。2008年,采用PDQ-4+对全国21个城市26所高校的4811名大学生的调查显示,12种人格障碍类型的阳性检出率在1.2%—27.6%之间,最高为表演型(27.6%),其次为强迫型(19.2%)、边缘型(17.7%)和自恋型(14.5%),最低为分裂样型(1.2%)(黄希庭和凌辉,2008)。黄上上(2010)调查了693名大学生,表演型的阳性率为26%,边缘型为18.6%。

(三)性别差异

现有的人格障碍性别差异研究表明,不同类型的人格障碍在性别上存在显著的差异。

女性在边缘型、依赖型以及回避型人格障碍的得分显著高于男性;而男性反社会型、分裂型、自恋型以及强迫型人格障碍上的得分显著高于女性;患有表演性和依赖性人格障碍的男性和女性数量可能是相等的,但在人格障碍的总分上并无显著的差异(美国精神病协会,2000)。

出现这些差异的原因,涉及到生物遗传、社会环境、先天的、后天的等多种因素。当代性别差异的研究表明,遗传上的性别差异相对较小,主要是社会化过程拉大了两性差异,还有可能源于人格障碍诊断上的性别偏倚问题。如一个病例描述了一个个体,表现为无责任感和带有目空一切的行为特征,如果他是男性,通常被诊断为患有反社会人格障碍;而另一个病例描述的是一个个体行为,其特征为极度情绪化与吸引别人的注意,这个病例如果是女性,通常被诊断为表演型人格障碍。

表演型人格障碍的许多特征,比如过于戏剧化、虚荣、善引诱以及对外表的过度关注,都是西方"刻板的女性"特征,给她们贴上精神有病的标签反映了社会对女性的固有偏见。有学者指出,为了尊重性别,更为了有助于临床诊断,我们应该尽力对人格障碍做出更加准确的诊断。

复习巩固

1. 什么是人格障碍?

2. 人格障碍的临床表现怎样?

第二节　人格障碍的类型

根据描述上的相似性，DSM-5将人格障碍分为A、B、C3组10种类型。

A组人格障碍是以比较连贯的非冲突行为为特征，表现为古怪、怪异的特征，包括偏执型(Paranoid)、分裂样(Schizoid)和分裂型(Schizotypal)，具有这些人格特性的人无论是适应别人还是反对别人都倾向于以种种自认为比较有效的方式活动。

B组人格障碍是以戏剧化、情绪化和不稳定的行为为特征，包括边缘型(Borderline)、自恋型(Narcissistic)、表演型(Histrionic)和反社会型(Antisocial)，具有这些人格特性的人或者对人际关系有矛盾心理或者实际上脱离了外部支持。

C组人格障碍过度关注社会规范，表现为高度的担心和焦虑，包括回避型(Avoidant)、依赖型(Dependent)和强迫型(Obsessive-Compulsive)，有处理人际关系上的严重困难在此组人格障碍中很常见，具有这些人格特征的人其独特的行为模式常常与焦虑情绪为伴。

下面将分别进行描述。

一、A组人格障碍

(一)偏执型人格障碍

1.临床表现

偏执型人格障碍患者对他人普遍不信任和猜疑，以至于把他人的动机解释为恶意的。

(1)没有足够依据地猜疑别人要伤害、剥削或欺骗自己。

(2)无正当理由地怀疑朋友或同事的忠诚。

(3)不愿意信任或接近他人，因为他们担心与他人分享的信息会被恶意地用来对付自己，因此他们可能拒绝回答个人问题。

(4)倾向于把善意的谈论或行为解读成陷落的贬低或者威胁的意思。

(5)持久的心怀怨恨，不愿意原谅他们认为经受到的侮辱、伤害或轻视，且迅速做出愤怒的反应或做出反击。

(6)感到自己的人格或名誉被攻击，而事实上在他人看来并不明显。

(7)尽管没有证据，对伴侣或性配偶都会反复猜疑，无端怀疑他们的忠诚。

患有该障碍的个体，核心问题是对他人不带任何理由地极度不信任与猜疑。轻微的怠慢都会激起他们严重的敌意，并且这种敌意会持续很长时间，或者他们会进而采取攻击性的反应。

该人格障碍的患者还可能有病态的嫉妒。他们高度敏感，通常倾向于从环境中寻找细枝末节来证明自己受到不公正的待遇，喜欢刨根究底，容易从别人无害的行为中找到隐藏的动机和特殊的意义。

他们通常难以相处，他们好斗和多疑的本性可能引起别人的敌意回应，可这会被用以确认他们初始的预期。

生活中的心理学

偏执的M

某省大学生M,男,出身贫寒,成绩优异,曾获得全国奥林匹克物理竞赛二等奖,被预评为“省三好学生”。

一次在寝室打牌时因同学说他作弊而发生口角,众人把他种种“劣迹”数落了一番,特别是有人言“你还说你小时候虐待小动物,你还是不是人?”,M觉得同学是为了羞辱他才这样说的,这刺激了M的自尊心。

于是,M在第二天经过精心计划,在大家都上学的时候把同学约到宿舍,用石工锤先后将4名大学同学在宿舍砸死。

M曾供述:“我跟受害者2关系很好,可他还却诋毁我的人品。我们那么多年住在一起,我真心的朋友也不多,把他当作真正的朋友,而他只把我当作奚落的对象,更想不到他们这样说我的为人。我很绝望,我在大学一个朋友也没有……我把他当朋友,他这么说我。对于他们这样的人,从我入学开始就把我当作他们的出气筒,笑柄,我就恨他们,而且凭什么那样的人渣还能受到别人的喜欢,我很生气。所以事到如今,我仍然不后悔自己的所作所为,他们不配活着。”

M可能被诊断为偏执型人格障碍。

2.发展与病程

该人格障碍最先可能在青少年期就变得明显,表现为孤僻、同伴关系差、社交焦虑、成绩不良、奇特的想法和幻想。这些孩子可能显得古怪或奇特,从而招致取笑。

在美国的临床样本中,偏执型人格障碍的患病率为2.3%,男性的诊断比率高于女性;国内尚无相应研究结论。

从社会心理学的角度探索,研究发现患者的父母过多强调人性的阴暗面,教育子女要小心警惕,不可轻信他人,使他们难以与他人建立亲密、信任的关系,难以在合作、团结的氛围中生存。

此人格障碍也与生活情境有关。患有这种障碍的人有如下对他人的基本假设:“人都是有恶意的、爱骗人的”“一有机会他们就会攻击你”“只有保持警惕,你才会没事”。这是一种适应不良的看待世界的方式,而且这种方式扩大到这些个体生活的方方面面。研究表明,弱势群体的发病率比强势群体高,也从侧面证明了这个假设。

3.治疗

偏执型人格障碍患者对任何人都不信任,所以他们不太可能去寻求心理辅导;而且他们在发展心理咨询所必需的信任关系上存在困难,所以他们通常因为生活中的一个危机——如可能的伤害事件——或者其他问题,焦虑或抑郁,寻求帮助而非他们的人格障碍。

目前还没有确切的证据表明任何一种形式的治疗可以显著地改善偏执型人格障碍患者的生活状况。

(二)分裂样人格障碍

1.临床表现

分裂样人格障碍基本特征是社交关系的脱离和人际交往中情感表达受限。

(1)缺乏建立包括家人关系在内的亲密关系的愿望,也不能从中得到乐趣。

(2)几乎总是选择单独活动。

(3)对于他人的经历几乎没有兴趣。

(4)几乎无法从任何活动中得到乐趣。

(5)除了一级亲属外,缺少亲密朋友或知己。

(6)对他人的赞扬或批评表现冷漠。

(7)表现为情感的冷酷与疏离。

(8)不排除与精神分裂症或另一种障碍联合发生。

相比群体行为,他们更偏好进行独处或常常表现出社会隔离,几乎总是选择独自活动。通常会被称为“独行侠”。

患者表现出缺少对亲密关系需求的欲望,对发展亲近关系的机会无动于衷,而且并不以作为家庭成员或其他社会团体的一部分而获得满足。

此外,他们也更偏好机械或抽象的任务,很少对于他人产生交互的行为感兴趣。

他们对社交线索难以产生恰当的情绪、面部表情和行为反应,因此通常表现出情感受限,显得冷漠或我行我素。他们可能难以表达愤怒,哪怕面对直接的挑衅,这可能给他人造成缺乏情感反应的印象。

2.发展与病程

此人格障碍很有可能在儿童或青少年期间就会表现出孤僻、不良的同伴关系以及学业不佳等,而这些表现会让这些孩子在青少年时期更加不合群,并遭受奚落。研究者指出:“他们在周围的世界里把自己看作是观望者而非参与者。”

分裂样人格障碍在临床中并不常见,男性略多于女性,并可能带来更多损害。他们表现出的社会隔绝现象同孤独症的某些方面类似,但他们在语言方面没有严重困难。

在分裂样人格障碍个体的亲属中,他们的患病率可能较高。

3.治疗

考虑到治疗动机和疗效,分裂样人格障碍的治疗前景并不好。除非是遇到什么危机,例如极度的抑郁或者失业,极少有这种障碍的患者要求治疗。由于分裂样人格障碍患者的社交技巧从未建立,或因为缺乏运用而退化,他们需要经常接受社交技巧的训练。还有许多心理健康从业人员认为不能为这样的个体提供治疗,或者认为这样的个体无法治愈。

(三)分裂型人格障碍

1.临床表现

分裂型人格障碍是对亲密关系感到强烈的不舒服,而且认知或感知扭曲以及行为古怪的心理行为模式。

(1)个体常有牵连观念(不包括关系妄想),对于偶然事件或外部事件错误地解释为对自己具有特殊而不同寻常的意义。

(2)影响行为并与亚文化标准不相容的古怪信念或奇幻思想(如迷信,相信千里眼、心灵感应或"第六感";儿童或青少年可表现为怪异的幻想或先占观念)。

(3)不寻常的知觉体验,包括躯体错觉。

(4)古怪的思维或语言(例如模糊的、赘述的、过分渲染的或刻板的)。

(5)猜疑与偏执观念。

(6)不恰当或受限制的情感。

(7)古怪的、反常的或特别的行为或外表。

(8)除了一级亲属外,缺乏亲密朋友或知己。

(9)过度社交恐惧,并不随着熟悉程度而减弱,且与偏执性恐惧有关,而不是对自己的负性判断。

(10)不排除与精神分裂症或另一种障碍联合发生。

由于与他人相处的方式、想法或做法、甚至穿着等方面与众不同,这些被诊断为分裂型人格障碍的患者通常被认为是"古怪的"或"奇异的"。

社交和人际关系缺陷的普遍模式是基本特征,表现为对亲密关系感到强烈的不舒服和建立亲密关系的能力减弱,而且患有该类型人格障碍的患者常常有一些古怪的观念,例如,患者认为自己能透视,有心灵感应,此外,患者还会报告一些不可思议的感知经验,如错觉,有灵魂出窍的感觉,同时表现出古怪的、反常的或特别的行为或外表。

可能迷信或对其亚文化常模外的异常现象有先占观念,另外他们会出现觉得自己具有特异功能等不合理的想法。他们通常会体会到人际关系有问题,也体验到与他人互动的不舒服。

害怕社交场合及与他人互动也是一个特征,而社交的焦虑往往与怀疑他人的动机有关。

临床医生还应该注意到不同的文化信仰或习惯可能会导致分裂型人格障碍的误诊。如一些进行特定宗教仪式——如念念有词、施行巫术、心灵感应——的人,可能会使他们看起来极度的不同寻常,由此导致误诊。

2.发展与病程

该人格障碍的病程相对稳定,首发于儿童或青少年时期。在临床人群中,分裂型人格障碍的患病率并不高。分裂型人格障碍也被看作是一种精神分裂症遗传型的一种表现型。

从生物遗传学方面探索,分裂型人格障碍在基因上与精神分裂症有关。那些自身没有精神分裂症,但是有精神分裂症亲属的人更多地会发生分裂型人格障碍。有可能分裂型人格障碍的一个亚群与精神分裂症患者是有联系的。

此外，生长发育的环境也有很大的影响，例如，妇女在怀孕期间得流行性感冒，其孩子出现分裂型人格障碍的概率会更高。

3.治疗

30%到50%寻求临床帮助的分裂型人格障碍患者也符合重性抑郁障碍的诊断标准。药物治疗似乎有一定的效果，一些精神疾病的药物使患者在使用后症状有所改善，尤其在牵连观念、古怪的交际方式和社会隔绝方面。然而，由于诸如嗜睡的药物副作用，许多人无法继续参与治疗。

随着时间的推移，许多患者的症状常常不会改善，并有一些证据显示一些个体将继续发展出更为严重的精神分裂症的特点。

二、B组人格障碍

（一）反社会型人格障碍

1.临床表现

反社会型人格障碍是一种行为不符合社会规范，以对他人冷酷无情、过分情绪化为特点的心理行为模式。

（1）一种普遍的对他人权益忽视、侵犯的行为模式，通常在15岁左右首次出现。

（2）无法遵守社会准则，有重复触犯法律的行为证据。

（3）出现欺诈行为，包括说谎、使用化名或坑骗他人以取得个人利益或快乐。

（4）表面迷人和有良好的智力。

（5）没有悔过或自责的心理，对危害对象缺少必要的情感反应。

（6）在工作和履行经济义务上不可靠，不负责任。

（7）行为具有冲动性，同时比较易激惹、攻击。

该人格障碍最基本特征是漠视和侵犯他人权利，该模式也被称为心理病态、社会病态或逆社会型人格障碍，核心特征是欺诈和操纵。

此类人格障碍个体不尊重社会常规的合法行为，他们可能反复做出可遭拘捕的行为，例如，财产破坏、骚扰他人、盗窃或从事非法职业。他们漠视他人的权利、愿望或感受，为了获得个人的利益或愉悦感，他们常常会欺诈和操纵他人，而且可能具有膨胀和夸大的自我评估。

同样的，此类个体常表现为缺乏伦理或责任感。经济上的不负责任体现在不支付债务、不抚养孩子或不规律性地对依赖对象表示支持，而对自己表现出的伤害行为缺乏懊悔之心或显得满不在乎；对于犯罪行为，他们往往不能从中吸取教训，而且他们的伤害行为的理由通常十分的肤浅和表面。

另外，他们的情绪活动呈爆发性，在实施犯罪行为时，行为呈较大的冲动性，甚至可能缺乏计划性。

生活中的心理学

连环杀手

从1988年到2002年,14年间,高承勇入室杀害、性侵了11名女性,最小的被害者年仅8岁。案件在首案之后28年方才告破。

除了第一起案件凶手是因财起意,冲动性犯罪,其余案件都是有预谋的谋杀。高承勇的犯罪手段极其凶残和变态,每次案件的发生,都被贴上了"必须灭口"的标签。

被捕后,面对警方的审讯,高承勇有问必答,出奇地平静。交代罪行时,他几乎记得11起命案的全部细节,时间、地点。

在审问里他坦白:"不杀人,我心里不舒服。"

审问高承勇的警察说:"我们见的人多了,你想象不到他那种冷静,人过分冷静,其实已经是一种机械性的麻木,纯粹属于杀人取乐。"

细思极恐的是,高承勇被捕后,他身边的家人,甚至妻儿,都不敢把他和冷酷变态的连环杀人犯联系在一起。人们都说:"他长得老实巴交,又寡言少语,怎么可能杀人?"

律师在高承勇的笔录上看见:他说"杀完人后,很解恨,很痛快"。当律师追问他碎尸行为是否是为了隐藏或抛尸,高承勇反问说道:"你为什么要想得那么复杂呢?""他从未敞开心扉,把所有阴暗的心理和情绪都压在深处,甚至不曾有过情绪失控的时候。"

从诊断上,高某可能就有反社会人格障碍。

2.发展与病程

反社会人格障碍具有慢性病程,通常在青少年时期就会表现出品行障碍问题,包括逃学、偷窃同学到敲诈、攻击、抢劫或其他犯罪行为,但随着个体年龄的增加,尤其在40岁之后,可能变得不太明显或得到缓解。

反社会人格具有一定的遗传性。双生子研究发现,把环境因素降至最小化,重罪犯后代被收养后的犯罪率仍然高于普通人的后代,有此障碍的女性个体的血缘亲属的风险倾向高于有此障碍的男性个体的血缘亲属,尽管如此,犯罪实际的发展还需要环境因素。

此类人格障碍还受到神经生物学的影响。反社会人格障碍的个体大脑皮层唤醒呈现异常的低水平,导致个体会以冒险、变态的社会行为提高唤醒度。在体验恐惧情绪时,反社会人格个体拥有更高的阈值,他们很难将特定的信号或暗示与迫近的惩罚或危险联系起来。这种无畏性导致了其他的主要特征。

此外,反社会型人格障碍有性别差异,男性终生患病率高于女性。

3.治疗

在对此类人格障碍个体进行诊断时,需要鉴别高危儿童和控制成人患者。

因为他们很少意识到自己需要治疗,而且特别爱操纵别人,甚至是咨询师,所以大多数临床医生对于患有反社会人格障碍的成年人的治疗结果非常悲观。

儿童期反社会行为的常见治疗策略是对家长的训练，但因为家庭治疗很容易受到影响，因此会常处于治疗失败和过早放弃治疗的危险中，因而儿童的治疗预后也很糟糕。

实际干预中预防措施强于治疗干预。一些预防策略，如父母育儿教育和提供社会、经济支持等方式，是较好的解决策略。

（二）边缘型人格障碍

1.临床表现

边缘型人格障碍基本特征是人际关系、自我形象和情感的不稳定以及显著冲动的心理行为模式。

(1)发狂地努力逃避真实或是想象的遗弃。

(2)不稳定的、紧张的人际关系模式，交替变动于处于极度理想化与极度贬低之间。

(3)持久的、不稳定的自我意向或自我感觉。

(4)危害自己的冲动行为(例如：性、物质滥用、疯狂驾驶)。

(5)反复出现的自残行为、姿态、威胁或自杀行为。

(6)发作强烈的苦闷，易激惹或焦虑，常持续几个小时。

(7)长期的空虚感。

(8)不适当的，强烈的愤怒，或者难以控制的愤怒。

此类人格障碍个体常常感觉空虚，并有死于自杀的极大可能性。

“不稳定表现”的“稳定不变”的模式是边缘型人格障碍的基本特点之一。这种不稳定性表现在：情绪不稳定，行为模式混乱、难以预测，自我意象不稳定。他们缺乏安全感，希望与他人建立亲密关系，但又缺乏保持这种亲密关系的能力，因此经常见到他们与人争吵、婚姻关系破裂、职业不稳定、不断移居等情形。

他们表现为缺乏一种自我同一性的安全感和信任，情绪控制困难，人际关系紧张，有冲动性和自毁行为。

他们对“自我”的认同感模糊，常常表现为自我的不确定性及无目的性，即我们通常所说的“找不到自己的位置”。患者还体验到空虚感和缺乏自信，情绪表现极不稳定，会有间断性不协调的情感发作，易激惹，突然发怒，甚至出现冲动性自伤行为(如用刀切割自己)，同时还会表现出若无其事、不感到疼痛。

2.发展与病程

边缘型人格障碍的病程有相当大的变异性。最常见的模式为成年早期的慢性不稳定、伴有发作性的严重情感失控和冲动失控。

童年期的创伤经历、人格特质或气质以及生活的压力事件的共同作用下，会导致患边缘型人格障碍，该障碍在青年时期有较高的自杀和损害风险，但随年龄增长而降低。

在影响因素上，生物学认为大多数边缘型人格障碍患者有情感障碍的家庭史。心理学的精神分析学派提出一种假说：幼年母子关系的失败会导致心理发展不良。有临床资料显示，许多患者在幼年的时候，其母亲较少照顾且又过于控制，这两个因素共同促成了边缘型人格障碍的形成。

个体的认知特点也会影响边缘型人格障碍的形成，此类患者被认为是经常突然从一种图式形态转向另一种图式形态，他们在记忆上存在对负性信息的偏倚。

3.治疗

对边缘型人格障碍的治疗效果缺乏研究。

常见的治疗方法包括药物治疗和心理治疗。前者包括三环类抗抑郁剂和锂盐，但由于药物依赖和药物带来的自杀企图的副作用，临床医生不愿意对其展开治疗。心理治疗具有一定的有效性，通常采用行为治疗和认知治疗的方法改善患者的行为和认知模式。

（三）自恋型人格障碍

1.临床表现

自恋型人格障碍是一种自我夸大的、需要他人赞扬且缺乏共情的心理行为模式。

（1）妄自尊大的夸大观念（如：夸大才能）。

（2）对无限的成功、权力、指挥、美丽或理想爱情的幻想的先占观念。

（3）不合理信念：认为自己是“特殊的”，只能被其他特殊或地位高的人理解，并只能与他们交往，对权力的态度倾向于满足期待。

（4）要求过度赞美。

（5）利用他人达到目标。

（6）共情能力较低。

（7）经常嫉妒别人或认为别人在嫉妒自己。

（8）举止傲慢。

即便在自己能力一般的情况下，他们也会不合理地高估自己的能力、夸大自己的成就，表现出自负和狂妄。同时，他们还会幻想无限的成功，相信自己具有独特性和特权，并期望别人认识到他们的不同。

在人际交往中，他们的自尊总是很脆弱，他们可能对自己的“优秀”念念不忘，因此期望得到人们不断的关注和钦佩。因为这类个体有明显的权力感，他们会需要别人“听命于他们”，此外，加上他们对他人的不敏感，会导致他们在人际关系中不停地需要别人为他们付出。

此类患者通常难以认识到他人的需求、主观体验和感受。他们可能会认为别人对他们的幸福抱有全然的关注，因此对他人诉说自己关切的事情，却对他人的问题感到不耐烦，认为别人的困难是脆弱的表现。此外他们还有高傲的特征，会嫉妒别人的成就和贡献，认为别人配不上应有的特权。

古希腊神话中的那喀索斯（Narcissus）爱上自己水中的影子，投水而亡，化成了水仙花，也成为这种人格障碍最有名的代表。

2.发展与病程

青少年中多见自恋特质，但未来不一定会发展为自恋型人格障碍，该障碍个体可能特别难适应衰老过程中必然出现的身体上和职业上的局限。

自恋型人格障碍很大程度上是源于早期的家庭教养环境，由在儿童发展的早期时，父母在共情"映射"方面的重大失败导致。因此此类个体在儿童期没有习得如何共情他人的情感体验，在自我中心和自我夸大的状态下长大，尔后开始无休止、无结果地寻找那些能够适应他们这种自我的人。另一方面，大范围的社会变革，比如即时享乐主义的流行、个人主义、竞争意识等社会文化会导致自恋型人格障碍的形成。

3.治疗

此类人格障碍干预治疗的效果很难预期。在治疗中，通常针对他们的自我夸大，对评价的过敏和缺乏对他人的共情进行工作。认知治疗指向于利用可以真正获取的日常快乐的经历来取代他们的幻想。

（四）表演型人格障碍

1.临床表现

表演型人格障碍又称为癔症型人格障碍，是一种过分情绪化和追求他人注意的心理行为模式。

（1）如果不是大家关注的中心会感觉到不舒服。

（2）交往中不恰当的性诱惑或挑逗行为。

（3）情绪迅速变化及肤浅的情绪表达。

（4）利用外表来吸引他人注意。

（5）愿意讲话给人留下深刻印象但内容却很简单。

（6）易受他人和环境的影响。

（7）对人际关系的感知比现实更亲密。

有此人格障碍的个体在自己不能成为人们关注中心的场合会感到不舒服，他们通常采用夸张而戏剧性的行为来吸引人们的注意力，让新认识的朋友觉得他们很有吸引力。但个体的外在行为往往带有不恰当的性诱惑或挑逗的意味，此类行为普遍发生在社交、职业和专业关系中。

他们的谈话方式过度抽象，戏剧性地表达自己的见解，但内容通常过于模糊，缺少细节和事实的支持。他们表现出自我吹捧以及夸张的情感表达，甚至会让朋友和熟人感到尴尬，而且情感变化非常迅速。

他们过度关心自己外表给他人留下的印象，会花大量的时间、精力和金钱在衣物和打扮上。他们会过度追求他人对他们外表的"赞美"，很可能因为他们形象受到批评而过度懊恼。

此外，他们易受环境及他人的影响，他们可能过度相信别人，特别是他们认为强大和权威的人。他们也会把关系比实际看得更亲密，可能对只见过几次面的个体采用十分亲昵的称呼。

在一些"网红"、"心机婊"和癔症患者身上，常能看到表演型人格障碍的影子。

2. 发展与病程

该人格障碍的发生不晚于成年早期，表现在各种各样的情境中。一些研究认为，男性和女性在该障碍上的患病率是相似的。

表演型人格障碍有生物学基础。兴奋好动、强烈的情绪性和植物神经易兴奋均表明下丘脑前后部(limbic and posterior hypothalamic nucleius)的低兴奋阈。网状上行激活系统的低阈值可能与其起到相互影响的作用。

社会因素也会产生影响。首先，在孩子(婴儿期和童年)的时期，表演型父母表现出极端的情绪性行为和难以预测的反应，会塑造该人格障碍；其次，儿童会以父母的表演性行为为榜样，同时通过父母的不当的强化，儿童会对自我价值产生不当定义；最后，表演型人格障碍患者童年时期在同胞竞争中发展了习得操作性行为。操作性行为始于儿童期，但也有可能发生于青年期及以后年龄。

3. 治疗

对此类人格障碍的治疗方法很多，但效果却未得到验证。因为表演型人格患者倾向于使用吸引、诱惑、性和抱怨的方式来操纵他人，这些交往模式会对个体的长期发展带来危害，因此在临床治疗中，人际关系问题常被作为核心问题来处理。

三、C组人格障碍

(一)回避型人格障碍

1. 临床表现

回避型人格障碍又称为焦虑型人格障碍，是一种社交抑制、自我感觉能力不足和对负性评价极其敏感的心理行为模式。

(1)因害怕被拒绝而避免参与有其他人参加的职业活动。

(2)除非确信被接纳和喜欢，否则不与他人交往。

(3)在社会情境中具有被批评或被排斥的先占观念。

(4)由于感到能力不足，在新的人际情境中表现抑制。

(5)将自己看作是社交无能的、不吸引人的或是卑劣的。

(6)由于害怕可能导致尴尬，极力不愿冒个人风险或参加新的活动。

回避型人格障碍的患者的最大特点就是回避人际交往与人际关系，且是因为自身有强烈的、无法克服的社交焦虑以及对拒绝的恐惧才背离社会的。除非他们十分确定自己能被别人接纳和欢迎，否则他们不会轻易与人交往。他们的自尊往往比较低。在具体社交场合中被批评或被拒绝的先占观念，导致他们对一些社交行为的反应阈限会特别低，对一些微妙的、提示讽刺或嘲笑的线索做出强烈反应，所以他们在社交场合往往十分敏感且极度被动。尽管他们十分渴望社交，但常常会拒绝一切社交场合。

在同陌生人交往的场合，个体会因为对自己社交能力和个人能力的怀疑，而认为自己在社交中低人一等，因此他们不愿意冒险参加社交活动，而会为回避社交场合而寻找各种各样的理由。

此外，回避社交的原因还包括个体夸大了一般情况下的潜在危险，对于安全性和确定性有过高的要求，进而导致其生活习惯的限制。

具有此种人格障碍的患者，也易患社交恐怖症。

2.发展与病程

通常始于幼年时期，伴随着害羞、隔离和对陌生人和新环境的害怕。

发展出回避型人格障碍的个体可能天生就有一种别扭的气质或人格特点，早期父母的排斥，导致他们低自尊和社会疏远，在青少年及成年早期，在与新的人的社交关系变得尤其重要的时候，变得愈发害羞或回避。

3.治疗

相较于其他人格障碍，此类人格障碍的治疗效果和预后都较好。行为干预技术的治疗方法主要针对焦虑和社交技能问题，实践证明治疗可以适度改善个体害怕负面评价、社交回避和痛苦等的问题。

（二）依赖型人格障碍

1.临床表现

依赖型人格障碍是一种于过度需要他人照顾，具有相当的顺从和依附行为的心理行为模式，源自于没有他人的帮助，无法独立生活的自我感知。

(1)在没有从他人处得到大量的建议和保证之前，对日常事务不能作出决策。

(2)依赖于他人来承担自己生活主要方面的责任。

(3)因为缺少自信和害怕失去支持，过度容忍，为讨好他人甘愿做低下的或自己不愿意做的事。

(4)由于缺乏自信难以独立提出计划或做某些事情，过长时间地获取他人的照顾和支持。

(5)一个人的时候感到不舒服、无助。

(6)当一段亲密关系结束时，急切地寻求建立另一段关系作为关心与支持的来源。

(7)不合理地专注于害怕被抛弃或无人照顾。

依赖和顺从行为旨在带来照顾，原因在于没有他人的帮助无法独立生活的自我感知。

依赖型人格障碍患者对于自立及承担责任非常焦虑，需要大量的陪伴，往往认为自己很不自信，认为自己愚蠢和无助，在工作环境中的社会支持资源不够，当需要做出抉择时往往焦虑不安、优柔寡断。

为了获得能够依赖的他人，此类个体难以对他人表示不同的意见。因为他们感觉独立生活非常困难，因此不会做出可能会使他们失去依赖对象帮助的冒险行为，同样因为害怕与之疏远，个体无法合适地表达愤怒。为了获得帮助和支持，他们会过度努力，甚至做出一些令自己不愉快的事情。

因为对自己缺乏自信，他们很难独立开始做事情，而需要他人的帮助。

亲密关系对于此类个体而言非常重要，没有亲密关系就无法生活的想法促使他们快速、不加选择地依附于另一个人，并且他们一直会有被抛弃的担心。

2.发展与病程

依赖型人格障碍的表现与青少年阶段在发展上的不成熟很难截然区分，因此在对此类人格障碍进行诊断时需要特别注意，因为依赖行为对个体发育和发展而言，可能是相适应的。

童年期抚养者的早逝、忽视或排斥被认为是诱因之一，因为儿童发展过程中与父母的"依恋"联结对个体的人格发展意义重大，如果这种"依恋"在早期被打断，个体就会为他们将失去亲人而一直感到焦虑。

3.治疗

对此类人格障碍的治疗主要是使个体更加独立、对自己负责，当患者个体在有能力自己做决定并逐步自信时，治疗才会取得进展。但由于个体的过度依赖的倾向，也会导致治疗目标被否定。

（三）强迫型人格障碍

1.临床表现

强迫型人格障碍是一种不惜牺牲灵活、开放和效率而专注于循规蹈矩，专注于秩序完美以及控制的心理行为模式。

（1）关注细节、规则、清单、秩序、组织性或日程，以致错过了活动的主要方面。

（2）妨碍任务完成的完美主义。

（3）过度投入工作与效率中，以致顾不上业余的活动和交友。

（4）在道德、伦理或价值观问题上过度认真、谨慎、死板。

（5）即使没有任何精神上的价值也不愿意丢弃那些破旧、无用的东西。

（6）不愿意任务委派别人或与他人一起工作，除非他们精确地遵从他或她处理事情的方式。

（7）处于对未来大灾难的恐惧，对自己和他人采取吝啬的消费方式。

（8）固执、僵化。

此类人格障碍的基本特征是一种沉湎于有秩序、完美以及人际关系上的控制，而不惜牺牲灵活性、开放性和效率的普遍模式。

该人格障碍患者过度崇尚次序、完美主义以及控制感。他们过分地谨小慎微、严格要求、处处要求完美及内心有不安全感，在别人的眼中，他们往往一本正经、严肃、过于谨慎和守礼。

在现实生活中，此类人格障碍患者很多方面与强迫症患者表现类似，比较难以区分。但强迫症患者会为他们的症状感到痛苦，并力求摆脱；但前者一般无相应情绪反应。

2.发展与病程

此人格障碍是最普遍的人格障碍之一，其患病率在2.1%在7.9%之间，在系统的研究中，男性的诊断率约为女性的两倍。

研究显示,导致强迫型人格障碍的危险因素有遗传、生物因素与早年的教养经历,而童年时期的创伤,包括儿童时期遭受的躯体及情感上的忽视和虐待或性创伤等是异常人格障碍发展的危险因素。因此童年创伤经历可能通过情感虐待、情感忽视、躯体虐待、躯体忽视(如:父母严格的如厕训练、躯体严格控制和训练等行为)影响着儿童的人格发展,最后形成了强迫型人格障碍。

3.治疗

缺乏弹性(轻易不会改变)是此类个体人格的重要特征,因此矫治困难。

因为此类个体对细节、秩序的执着源自对个人表现的恐惧,所以在对此类患者进行治疗时,治疗师通常会帮助患者放松恐惧的心理,或使用注意力转移技术来改变强迫性思维的方向。

四、人格障碍的共病现象

几乎所有精神疾病致病因素中,人格都是不可忽视的重要方面。在具体的诊断中,人格障碍的共病现象引起了人们极大的关注。它可能既是致病原因,也可能是疾病的结果,对此尚无定论。

(一)人格障碍共病的表现

人格障碍的共病是指人格障碍与其他精神疾病共存于同一患者或同一人共患几种不同类型的人格障碍。人格障碍与诸多精神障碍有显著的共病,是这些精神障碍的底层变量,而人格障碍的功能性受损也与这些共病症状密切相关。

大约33%的精神分裂症患者同时具有A、B、C三簇人格障碍的特征,其中A簇人格障碍与童年丧亲有关,B簇人格障碍与其自杀行为、降低的认知表现以及童年的创伤经历显著相关,C簇人格障碍与其情感迟钝症状显著相关。另外,像表演型人格障碍与癔症、回避型人格障碍与社交恐怖症、强迫型人格障碍与强迫症之间,关系也十分密切。

研究表明(Livesley,1998),假如个体满足某种人格障碍诊断,那就有80%的可能满足另一种人格障碍诊断。研究发现,96%的边缘型人格障碍病人至少与一种人格障碍共病,与表演型共病率为46%,与反社会型为26%,与分裂型为24%,仅4%未发生共病(Widiger,Frances,Harris,1991)。

(二)人格障碍共病的原因

人格障碍共病现象的原因可能有两种,一种是常发生共病现象的人格障碍之间可能存在某种共同的致病因素,另一种是我们的诊断系统没能准确分辨出不同人格障碍类型,或者人格障碍分类不够清晰。

由于人格障碍共病率较高,因此在实际诊断中应引起我们高度的重视。

复习巩固

1.人格障碍的类型?

2.人格障碍的共病的概念?

第三节 人格障碍的病因及治疗

一、人格障碍的病因

人格障碍形成的原因是多方面的，目前认为主要与先天遗传因素和后天环境教育有关，尤其是后天的环境、社会文化和心理是形成人格障碍的关键因素。

有关人格障碍形成原因的解释，主要有以下几种：

（一）生物学因素

1.遗传因素

人格障碍的生物学研究主要集中在对遗传效力的研究上。西方的大量双生子研究普遍证明了，人格障碍的遗传度在0.6以上。我国学者采用现况调查和病例对照的研究方法计算了总体人格障碍的遗传度均大于0.7，证明了遗传因素在总体人格障碍的发生过程中起主要作用。心理学家越来越认识到人格的生物学基础的重要性。有证据表明，人们并不是具有同样的心理机能。不同的人的脑电活动、心率反应、激素水平和其他一些生理特点都具有差异，而这不同的生物学差异很容易导致一些认知行为模式上的差异。

人格特质无论健康与否，遗传率都很高，有反社会行为父母的子女寄养在正常人家中，他们成年后仍有很多人被诊断为反社会型人格障碍。由此可见，遗传因素是导致部分人格障碍的原因之一。有关精神病的研究发现，精神病患者的脑唤醒水平和情绪唤醒水平较一般人低，他们不能像正常人那样回应刺激、习得经验，这种学习障碍也影响了他们社会性行为的学习，从而使得他们表现出与所在社会文化环境相偏离的行为模式，且难以从失败中获取经验。

2.神经生化因素

中枢神经递质活性研究表明边缘型人格障碍患者的冲动特征与中枢5-羟色胺功能缺乏相关。有研究发现，反社会人格障碍个体的大脑皮层唤醒较正常群体而言相对较低，也有研究（Retz，2004）发现，短等位基因形式与人类的暴力行为相关，这在一定程度上预测了人格障碍中的暴力倾向特征具有生物学的基础。除此以外，研究发现精神障碍病人中的某些人格特征与某些递质浓度有相关关系（罗小年，1996）。

研究还发现，早期严重的创伤有改变大脑发育的潜在可能性。许多证据表明，创伤性经历、亲子沟通失调都可能导致与情绪调节有关的神经功能的损伤（Teicher，2002）。我国有研究（马光瑜，1999）证实，颅脑损伤可以引起人格变化，导致人格障碍。但颅脑损伤的严重程度与人格改变的严重程度没有明显的相关性。

（二）心理社会因素

人格障碍形成的心理社会因素主要集中于早期亲子关系和童年创伤性事件。

有学者认为，早期母婴互动所形成的内部工作模式可能是导致人格障碍与其他功能失调行为发生的广泛性基础。依恋作为内部工作模式的表征，将母婴关系内化并形成最基本的人际关系模式并影响儿童以后的人际关系发展。早期母婴互动不良产生不安全依恋，这将对个体心理社会适应、人格发展带来障碍。早期研究已发现不安全依恋与行为抑制是焦虑症状的重要原因，不安全依恋型儿童更容易被同伴拒绝，更容易出现社会适应不良。个体人格在遗传及依恋模式基础上受到众多内外部因素的共同影响而逐渐偏离，并最终形成人格障碍。童年创伤性事件包括性和人身的虐待、乱伦、幼年丧失父母及忽视。创伤作为一个坏的印记或通过想象、游戏和梦境被进一步加工之后，对儿童尚未稳定的自我认知、情感和行为模式产生冲击，使其严重偏离而诱导人格障碍的形成。

精神分析理论认为，个体出生后的前几年是人格形成的关键期，他们按年龄将人的一生划分为不同阶段，每个阶段都有这个阶段发展的关键内容，若某个阶段的需求未获得满足，就会形成情结，进而导致人格异常，并影响之后每个阶段的发展，如肛门期的困难发展可能导致强迫型人格障碍。因此，精神分析理论认为，人格障碍的形成与早期心理创伤有关，尤其是父母不良教育方式、压抑、挫折都可能形成情结，使潜意识冲突，进而形成病态人格。

行为主义理论认为，人格的形成主要受后天环境、教育的影响，人格障碍就是在成长过程中受环境的影响，形成了不良的行为模式。

认知理论认为，人格障碍者存在着不合理的信念和假设，如偏执型人格障碍认为“任何人都不值得信任”，依赖型人格障碍认为“如果我反击，就没人接受我”等，他们按照这些不合理的信念和假设来行事，因而表现出不恰当的行为。

（三）社会学因素

目前很多研究发现，家庭破裂、早期情感剥夺、社会歧视、教育方法惩罚不一致、被父母抛弃或遭到忽视是病态人格发展的首要因素，它使儿童的社会化过程发生困难，难以形成自我同一性。陈燕芬(2011)等人研究发现，大学生人格障碍形成与家庭环境、童年时期经历及社会交往影响因素有关。

也有研究指出，儿童期虐待和不安全依恋对人格障碍的形成有重要影响。以往有关人格障碍的研究表明，童年期的创伤经历、早期的亲子依恋关系和父母教养方式与人格的形成和发展也有着密切的联系(凌辉等，2008)。人格障碍患者的父母教养方式更倾向于过分干涉子女的生活，对他们要求严格，更容易拒绝孩子的请求，较少表达温暖和情感，对子女的错误会严厉惩罚。童年期遭受过虐待者更倾向于表现出人际关系敏感、抑郁、焦虑、敌对等情绪，且患人格障碍的比率高于童年期未受过虐待者(阎燕燕，2009)。

总之，我们可知人格障碍在遗传易感性的基础上，主要与个体早年的不良社会、学校、家庭环境和心理创伤性事件有关，这些心理社会因素使个体难以形成良好的行为模式和合理的信念，也无法形成自我同一性，总是被潜意识中的矛盾冲突影响，进而发展为人格异常。

二、人格障碍的治疗

“江山易改，本性难移”，在当前临床心理学领域，人格障碍被普遍认为是较难治疗的精神障碍。

人格障碍患者的预防和矫正的原则是预防为主，治疗为铺，心理治疗很困难，药物治疗基本无效。

当前，有关人格障碍的治疗方法主要有以下几种：

（一）药物治疗

多年的治疗经验显示，人格障碍的药物治疗效果很有限，往往只能改善它的一些焦虑、抑郁或者冲动情绪等，而对于人格的重建往往无能为力。

当前药物治疗主要用于解决伴随人格障碍的各种情绪问题，如苯二氮卓类药物缓解焦虑情绪，抗精神病药物或碳酸锂缓解冲动情绪、抑郁情绪等。研究最多的是有关分裂型人格障碍和边缘型人格障碍的药物治疗。有研究发现，低剂量的氯丙嗪对改善边缘型人格障碍的抑郁、焦虑情绪、被拒绝的敏感性、强迫、妄想等症状有效。也有研究发现，氯氮平、氟西汀等抗精神病类药物对改善边缘型人格障碍均有效。但药物治疗对人格结构的改变没有帮助，因此一般不主张长期应用，在急性期症状控制后，仍需要积极有效的心理治疗。

（二）心理治疗

心理治疗对部分人格障碍有一定的效果，但往往比较耗时，且效果有限。

在治疗中若能建立良好稳固的咨访关系，并在各种生活情境中长期运用，反复巩固新的认知行为模式及情绪调节机制，人格障碍患者也是可以在一定程度上取得良好治疗效果的。

目前采用的心理治疗方法有：

1.精神分析治疗

精神分析对人格障碍的治疗和对神经症的治疗类似，重在探索导致人格病态的早期创伤经验，使个体认清并重新建构其基本的不安全感与消极的防御方式，这种治疗需要的时间往往较长，通常至少持续一年。

2.认知行为治疗

认知行为疗法重在了解人格障碍患者扭曲的认知观念，通过对认知观念的矫正和行为的重塑，改变他们对自己、对他人、对世界的反应模式。这不仅需要长时间的矫治，一般是一年，也需要患者和相关家人的积极配合。这种疗法重视治疗中习得的方法在生活中的应用，因此往往借助于家庭作业让患者得到大量的练习，从而巩固效果。

3.其他心理治疗

家庭系统疗法、集体疗法和支持疗法对人格障碍的矫治均有效。其中家庭系统疗法帮助最大，因为很多家庭问题，如父母离异、感情不和、教育方式不良、精神病态等是引发人格障碍的根源,人格障碍患者大都存在不良家庭互动模式,而家人在家庭中的言行也能够强化或削弱患者的问题行为,据报道,在已经出院的人格障碍患者中,许多因家庭环境差、缺少关心、不能适应而病情反复并再度入院。

家庭系统疗法将患者及家庭看作一个整体,促进患者与家庭成员良好互动、健康互动,使患者从“问题状态”向“非问题状态”转变。因此,治疗中若有家人的参与非常有帮助。

集体疗法使个体在互助的团体中相互作用,认清自己与他人的需要、想法,学会有效的交流和语言技巧,对边缘型、表演型和自恋型人格障碍的效果较为突出。

罗杰斯的患者中心治疗(完形疗法)假设,人们本身就具有认识自身存在和改变行为的潜力,在一定情况下,这种潜力可以发挥出来,研究显示,患者中心疗法对治疗人格障碍有效。研究发现,完形疗法能够有效治愈强迫型人格障碍。

总体来看,当前有关人格障碍的治疗方法有限,需要的时间长,患者往往容易失去耐心,效果也不易巩固。相对治疗,人们更提倡对人格障碍的预防。但是研究显示,人格障碍与父母教养方式、依恋等有密切相关,而患有人格障碍的父母很难不影响他们子女的人格发展与形成,所以,人格障碍患者不仅自己的人际交往、幸福感受到影响,也很难形成良好的亲子关系,养育出健康的下一代。因此,对人格障碍的干预虽然困难,但有较强的实践价值。

复习巩固

1.人格障碍的病因?

2.人格障碍的治疗方式?

本章要点小结

1.人格障碍(personality disorders)也称为病态人格(psychopathic personality)又称精神病态(psychopathy),是一种人格在发展和结构上的明显偏离正常,使个体形成了牢固和持久的认知、情感和行为模式——这种人格模式顽固难以改变、社会适应不良或反社会,并导致个体社会功能明显损害,主观上痛苦或让周围人感到痛苦。

2.DSM-5将人格障碍分为三组十型。A组人格障碍:多表现为古怪、怪异的特征,包括偏执型、分裂样和分裂型;B组人格障碍:多表现为戏剧化、情绪化及不稳定的特征,包括边缘型、自恋型、表演型和反社会型;C组人格障碍:多表现为焦虑、恐惧的特征,包括回避、依赖型和强迫型。

3.人格障碍形成的原因是多方面的,目前认为主要与先天遗传因素和后天环境教育有关,尤其是后天的环境、社会文化和心理是形成人格障碍的关键因素。有关人格障碍形成原因的解释,主要有生物学因素、心理社会因素、社会型因素等。

4.人格障碍患者的预防和矫正的原则是预防为主,治疗为铺,心理治疗很困难,药物治疗基本无效。

关键术语表

人格	personality
人格障碍	personality disorders
偏执型	Paranoid
分裂样	Schizoid
分裂型	Schizotypal
边缘型	Borderline
自恋型	Narcissistic
表演型	Histrionic
反社会型	Antisocial
回避型	Avoidant
依赖型	Dependent
强迫型	Obsessive-Compulsive
人格障碍的共病	comorbidity of personality disorders

本章复习题

一、选择题

1. 以观念、行为和外貌装饰的奇特，情感冷漠及人际关系明显缺乏为特点的人格障碍称为(　　)。

A. 表演型人格障碍　　B. 偏执型人格障碍

C. 分裂型人格障碍　　D. 强迫型人格障碍

2. 人格障碍起源于(　　)。

A. 胎儿期　　B. 童年期

C. 老年期　　D. 青年期

3. 双生子反社会型人格障碍共生率的研究提示了该种人格障碍哪方面的病因?(　　)

A. 整合模型　　B. 社会心理原因

C. 遗传原因　　D. 生物递质原因

4. 人格障碍在总体人群中的患病率可能为(　　)。

A.10%　　B.30%　　C.40%　　D.65%

5. 以下哪一项不是C组人格障碍(　　)。

A. 回避型　　B. 依赖型

C. 自恋型　　D. 强迫型

6. 以下哪种不是B型人格障碍的特征(　　)。

A. 戏剧化　　B. 情绪化　　C. 高度焦虑　　D. 行为不稳定

7. 以下哪种药物不用于人格障碍的治疗(　　)。

A. 苯二氮卓　　B. 氯丙嗪　　C. 氯氮平　　D. 环丙孕酮

二、案例分析题

"语出惊人"的R

某网红姐姐R曾发表"最强语录":"我那娇媚性感的外形和冰清玉洁的气质,让我无论走到哪里都会被众人的目光'无情地'揪出来。我总是焦点。我那张耐看的脸,配上那副火爆得让男人流鼻血的身体,就注定了我的前半生的悲剧。"

她的博文《藕实在不想露点》:"'藕'(我)被变相的(地)强奸啦,藕真的不要活啦,藕哭,藕哭,藕哭哭哭!""所有的一切都要优美,高贵,艺术,深谙(知)藕深厚的舞蹈功底和举世无双的身材。一层层的(地)剥去外衣,一次次显现不同特色不同风格的服装。"

网红姐姐R火起来不仅仅因为她"语出惊人",还因为她斥巨资让自己变得美丽性感。为了让自己长得更像女星Angelababy,她在两年的时间里花了150万元做了面部整容手术,而且还公开表示自己会继续追求美丽。

问题:她可能有哪些症状?可能被诊断为何种障碍?

第九章

心理因素相关生理障碍

我们的身体机能是一个精巧的平衡系统。当我们休息的时候，恢复系统就在工作；当我们需要为行动做好准备时，身体就确保必需的系统都处于“完全警觉”状态。在正常范围的心理和生理波动中，这些机制都在有效地工作，从而保持我们的健康。如果这种平衡被扰乱呢？当正常的自我调节处于异常状态时会怎样？

心理因素相关的生理障碍指一组与心理社会因素有关的以进食、睡眠和性功能异常为主的精神障碍，是一组生理功能障碍，与心理因素有关，但无明显精神活动或行为障碍的疾病。

心理与身体之间存在复杂的交互作用，这种作用与健康和疾病有关，所以现在越来越多的临床医生和研究者都在努力搞清楚它们之间复杂的交互作用，最终的目的就是确定重要的风险因素，并且研究出可以改善健康状况的心理技术。

本章主要内容：

1.进食障碍；

2.睡眠障碍；

3.性障碍。

第一节　进食障碍

美国电视明星奥普拉·温福瑞(Oprah Winfrey)在一次受到公众普遍关注的快速节食节目中减掉了67磅,在她的电视节目中,她推着一辆拉着67磅重的牛肉的红色小手推车出现在舞台上,向人们展示着自己一年内减掉的重量;但是在随后不到一年的时间里,她的体重又增加了90磅。

大多数年轻女性和大约三分之一的年轻男性都认为自己过于肥胖,并希望能够减掉一些重量,于是开始节食。然而节食是痛苦的,并且几乎每个通过节食减轻体重的人都会反弹,恢复原本的体重,甚至变得更胖。

许多人一生都进行着"溜溜球"式的节食,在减掉和增加几十斤体重之间循环。然而对某些人来说,由于他们对饮食和体重的顾虑如此巨大,以至于他们的进食或节食行为完全失去了控制,由此导致食物消耗或吸收的显著改变,并且显著损害躯体健康或心理社交功能,这种疾病我们称之为进食障碍(Eating Disorder,ED)。

一、概述

(一)进食障碍的概念与分类

1.进食障碍概念

进食障碍是一组以异常进食行为为主的精神障碍,它的主要心理病理特征是对身体不满意,怕胖,对体形、体重存在歪曲认知,并伴发显著的体重改变或生理功能紊乱。

与一些其他的心理障碍相似,进食障碍经常伴有其他形式的心理病理学因素,如抑郁症、焦虑症和药物依赖行为。

2.进食障碍分类

进食障碍是一组以进食行为异常为主的精神障碍,进食障碍包括神经性厌食症(Anorexia nervosa, AN)、神经性贪食症(Bulimia nervosa,BN)和暴食症(Binge eating disorder, BED)等,主要以厌食症和贪食症多见。

神经性厌食症患者,拒绝进食或只吃微量食物,以致体重严重减轻,营养不良,甚至濒临险境;神经性贪食症患者,进食失控或暴饮暴食,随后通过自我引吐、滥用泻药等补偿性行为来"消除"体内的食物;暴食症是新提出来的一种进食障碍,它是指暴食会周期性地发作,但是没有控制体重的相关行为。与神经性贪食症区别,暴食症的特征是年龄较大人群,大约为40岁,其中1/4为男性。在暴食中没有引吐、导泻等行为作为补偿。

进食障碍在DSM-4中第一次作为一个独立的部分划分出来,在DSM-5中,这部分的标题是喂食及进食障碍。

(二)进食障碍流行病学、预后与传播

1.进食障碍的流行病学

由于患者不坦诚相告等因素会引起偏差,进食障碍的发病率、患病率等流行病学数据就会依据样本和统计方法的不同而不同。神经性厌食和神经性贪食尚且还有严格符合ICD或DSM中定义的样本数据,而非典型进食障碍和暴食症的流行病学资料则非常有限。

进食障碍的终生患病率约1.01%。神经性厌食的终生患病率有明显的性别差异(女性0.9%,男性0.3%),而神经性贪食则没有明显的性别差异。神经性厌食的两个发病高峰在13—14岁和17—18岁,神经性贪食的发病高峰则多在成年早期。暴食症患病男女比例约为3:2。在寻求减重治疗的患者中,暴食症的患病率高达20%—30%。

我国尚缺乏有关进食障碍的全国范围流行病学调查研究资料。上海市的流行病学调研表明:成人神经性厌食患病率为0.032%,神经性贪食的患病率为0.017%(上海成人流行病学调查,2008年12月—2009年5月);儿童青少年进食障碍患病率1.4%:小学生1.3%,初中生1.1%,高中生2.3%(上海儿童青少年流行病学研究,2011—2012)。

北京大学第六医院1988年12月至2000年12月的13年间收治进食障碍患者51例,平均每年收治3.9例;2001年后进食障碍住院患者数量迅速攀升,由每年几十例增加到百例左右,到2014年住院患者超过150例。上海市精神卫生中心近10年(2004—2013年)收住院的进食障碍患者为134例,前10年(1994—2003年)仅为49例,说明进食障碍患者有逐渐增加趋势。

2.进食障碍的预后

进食障碍是出了名的难对付,而且反弹率很高。然而,从长远来看,恢复还是有可能的。

(1)神经性厌食症

洛和他的同事们从患有神经性厌食症的病人寻求治疗的那天开始,就一直观察着他们的临床结果,观察了21年之久。由于神经性厌食症的高发病率,16%的病人(全部为女性)已经死亡,她们基本都死于饥饿或自杀;另外10%仍受着这种病痛的折磨,还有21%则在后续治疗过程中在部分恢复。

这些发现告诉我们,患有神经性厌食症的女性还是有可能再恢复的,即使要经历一系列的治疗失败。他们同样强调这种疾病的危险性。既有神经性厌食症又患有共存性滥用药物的患者,早逝的风险特别高。

实际上,进食障碍,特别是厌食症的死亡率是所有心理障碍中最高的,甚至超过了抑郁症。

(2)神经性贪食症

就神经性贪食症而言,长期以来,它的死亡率则低很多,大概是0.5%。据一项约跟进11年的长期研究结果,基尔(Kiel)发现刚开始是暴食症的女性患者中约70%在缓慢恢复中,而且不再满足其他进食障碍的条件;余下的30%则仍有饮食方面的问题。

联系不上或是拒绝接受采访的女性占了20%,所以这项数据还是保守估计(有严重问题的女性尤其会拒绝接受调查)。再者,有药物滥用(或是在治疗前就长期受疾病折磨)的病人随着时间的推移,病情会恶化。

许多已经恢复的神经性厌食症和神经性贪食症患者,恢复只是相对的。病人即使恢复到不满足任何一项进食障碍的诊断标准,也同样会有食物和体形方面的阴影,心情不好时极容易过量进食或清除。

(3)暴食症

目前为止,我们对暴食症的发展所知甚少。暴食和无主观过度消耗的失控进食都可发生在儿童中,并与躯体脂肪、体重和心理症状增加有关。暴食在青少年和大学生中很常见。失控进食或发作性暴食对一些个体而言可能代表进食障碍的前驱期。

与神经性厌食和神经性贪食相比,暴食症患者在接受治疗后的缓解率更高。暴食症看起来相对持续,并且病程的严重性和持续时间与神经性贪食相似。从暴食障碍转换到其他进食障碍并不常见。

3.进食障碍的传播

在20世纪50年代或60年代早期,进食障碍发病率开始增高,在随后的几十年中一直在悄悄地发展。如果进食障碍发生在整个人群,其增长就足以令人费解;更让人感兴趣的则是它的不同文化的倾向性。

过去,进食障碍只发生在一般食物供应充足的西方国家,而未见于那些每天以获取足够食物为努力目标的发展中国家。进食障碍在非西方国家比西方国家案例少,在非洲(不包括南非),关于进食障碍的记录只出现在案例报告和个案研究中,没有进一步的研究统计。现在这种情况正在改变,有证据表明,进食障碍的发病已趋向全球化。

(三)进食障碍的病因

与其他精神疾病的病因类似,有许多高危因素增加人们患某种进食障碍的总体可能性。但是,这些因素中许多并不会给饮食疾病(相比其他种类的障碍)造成确切的可能性,也不会形成进食障碍的特定形式。进食障碍发生的可能性是由生物、社会文化和个人的交互影响造成的。

1.生物因素

(1)遗传因素

和其他精神疾病一样,进食障碍也有家庭遗传因素。家庭中有暴食症阳性者患暴食症的概率是健康家庭者的3.7倍。然而,进食障碍在某个家族中,联系并没有像心境障碍和精神分裂症那么密切。有趣的是,有进食障碍的病人更容易患其他精神疾病,尤其是情绪障碍。

家族研究也不能解开基因和环境影响的区别。对双胞胎的研究和领养的调查可以最好地证实这类问题。不幸的是,这些资料中的某些结果很难解释。

不像精神分裂症,进食障碍的双胞胎研究还处在最开始的婴儿期。随着采样规模的增大,数据分析也会更加有力,那么,影响神经性厌食症和神经性贪食症的遗传因素也会更容易发觉。但是,多重基因影响很有可能会被证实。

(2)定点理论(set-point theory)

定点论提出,人的体重似乎在生理上一直控制在一个“固定的点”,或者说是人身体本能想维持的一个体重。严重偏离这个点则会导致身体机能为回到这个点做出的一系列生埋补偿反应。

阻止我们体重过轻的一个重要的“生理补偿反应”就是饥饿。随着我们的体重越来越轻，饥饿感就会增强到极致，从而就会激励人吃东西，体重也就相应地增长，恢复了平衡。神经性厌食症患者并不是没有食欲，他们也会经常想吃东西，只不过他们会强迫自己压抑内心增强的饥饿感。因此，长期节食可能会引起他们无法控制的想填饱肚子的冲动增加，而这种冲动可能导致无法控制的贪食行为。

(3)血清素(serotion)

血清素是一种与迷恋性、情绪紊乱和冲动性相关的神经递质，它也控制着人的胃口和饮食行为。有研究指出：进食障碍也与血清素系统的崩溃有关。

扰乱神经传递素系统能发现，偏瘦的神经性厌食症患者的5-羟吲哚乙酸(5-HIAA)浓度比较低，这是血清素的主要代谢物。这一结论也同样适用于神经性贪食症患者。而且，一旦这两类群体恢复，他们的5-羟吲哚乙酸浓度也会高于正常女性，这也意味着他们血清素系统有点儿问题。

但是，要解释这些结果非常困难。在研究这一类问题时，很难知道神经化学的扰乱是否是问题的原始原因，这种扰乱是反映出病人营养不良，限制饮食，贪食还是怎样(即这种扰乱是不是疾病本身的结果)，我们都很难知道。在这一方面，对已恢复病人的研究基本不起作用。然而，关于进食障碍所留下的所有机能障碍，调节异常肯定会将疾病的发作日期提前的假设是没有确凿依据的。从病理学的意义上来讲，这些调节异常同样也有可能是多年来饮食(或不饮食)所遗留下的“伤疤”。此外，进食障碍和抑郁的并发可能性非常大。抑郁症也牵涉到血清素系统。目前为止，相关研究无法确定血清素系统调节异常，是进食障碍的反映还是抑郁的反映。

2.社会文化因素——保持苗条的压力

在发达的西方文化中，存在着对女性的苗条度的社会文化方面的理想化。这些压力在社会经济地位高的背景下尤为突出，这些地方会有很多女性患有神经性厌食症。

超过90%的严重患者是青年女性，14—20岁左右女性是进食障碍的常见人群，她们多来自中上或上层社会经济地位的家庭，并处于一个充满社会竞争的环境中。

虽然，随着时间的推移，体形标准往健壮方向转变的呼声慢慢响起。超级瘦的美女形象仍然频频出现在艳丽的时尚杂志上。

3.个人风险因素——想变瘦

并非所有生活在特别强调瘦的社会里的人都会有进食障碍，所以导致人患病的风险增加因素中更多的则是心理层面的。人们将瘦的理想内化的程度与引起进食障碍的风险因素相关联。这些因素包括：对体形的不满，节食和消极评价。

事实上，有实验表明个人对瘦的理想是其最终罹患饮食紊乱的最初原因。

(1)对体形的不满

保持苗条的社会文化压力的结果之一便是：年轻的女性常会对自己有多胖形成极易受干扰和普遍的认识偏差；与此形成鲜明的对比，年轻的阿米什人(Amish)(他们的生活与现代社会完全隔离)就不会有这种扭曲的体形印象。这一点就证明了，社会文化因素存在于许多年轻女性对自己体形的认识和媒体展示的理想女性的差异中。这种认识上的偏差就会导致女性相信,男人喜欢更瘦的身材,而实际上是女性自己夸大了。而且,许多女人的体形身材也会被其他女人评判。

通过摄入不超过平均水平的热量或者保持健康体重的方式,女性也有可能达到自己理想的体形。但大多数人做不到。

对体形的不满是病态饮食的一个重要风险因素。对体形的不满也与节食和消极评价相辅相成。简单地说,如果我们不喜欢我们自己的外貌,我们就很可能对自己感觉不好。为了让自己更好看点,我们就会试着去减肥。

(2)节食

当人们想变瘦时,他们一般会去节食。几乎所有的进食障碍都开始于所谓的"正常的"节食,节食已经成为我们文化中女性的流行生活习惯。

据估计,在任何一时期,都有39%的女性和21%的男性试图减肥。事实上,大多数人都曾在生命的某个阶段节食过。那些特别关注节食的减肥群体(中产阶级和中上阶级的白人)最易出现进食障碍。

节食被认为是女性患神经性厌食症和暴食症的一大风险性因素。而且,年轻女性开始节食的平均年龄在12到13岁。

同样,节食的流行程度也有文化的差异。美国的女性比欧洲的女性更可能节食(尽管两地区青少年的节食率很类似)。同时,节食的文化也在从欧美向其他国家延伸。

尝试过节食的人都知道,节食是非常困难的。戏剧的是,节食反而会让我们吃得更多。研究表明,即使是计划节食也会使我们吃得更多。自我报告式的节食本身就是消极影响的一个风险因素。这可能是因为当我们进行节食的努力慢慢减少,我们不可避免地就会讨厌自己。

(3)消极评价

消极评价是导致对自己体形不满的一个重要原因。当我们感觉不好,我们就容易变得自责。我们就可能会盯着自己的缺点和短处,放大这些缺点。

和抑郁症患者一样,进食障碍的人对从外界接收到的信息的处理方式也容易扭曲,存在消极的自我评价。这种认知上的扭曲(我胖,我失败,我无用)有可能会让人对自己感觉更糟。

纵向研究也证实了抑郁和一般的消极评价都是造成后期饮食疾病的预言性高风险性因素。而且,研究表明消极评价还可能会导致暴食。患者常说,在压力大、情绪低落、对自己感觉不好的时候,他们会暴食。他们也说,在短时期内,吃能给他们带来安慰。这与影响-管理模式的观点是高度一致的,这种模式认为暴食是一种从消极情绪中转移的方式。当然,狂吃完后又会出现一个主要问题就是:患者会感到失望,甚至觉得自己恶心。

总之,坏的状况会引起让事情更糟的行为出现。

4.完美主义

完美主义很早就已经被确定为是引起进食障碍的重要风险因素。完美主义者容易接受理想的苗条身材,而且会不懈地追求完美身材。研究表明,完美主义者保持着暴食症的病理,他们严格坚持节食,然后进入贪食-清除的怪圈中。

二、神经性厌食症

一些生理疾病或受到惊吓、晕船、过敏等状况都可能导致厌食(持续没有胃口)。但是,如果起因是情绪性的或精神性的,那么这种综合征就叫作神经性厌食症。

英国内科医生古尔(William Gull)在1868年第一次使用了“神经性厌食症”这个词来描述“一种特殊的疾病,它通常发生在年轻女性身上,拒绝正常的进食,特征是使她们变得极其消瘦”。

(一)神经性厌食症的临床表现

1.症状表现

(1)认知

神经性厌食症的一个关键特征是显著扭曲的身体形象认知。主要表现为对体重增加的恐惧和焦虑,对自己的体重或体型的体验障碍,体重或体型对自我评价的不当影响,或持续地缺乏对目前低体重严重性的认识。

患者站在镜子前看自己的时候,她所看到的与别人不同。别人看到的是一个憔悴的、生病的、饿得半死的虚弱的女孩形象,而她们却认为自己身上的某些部位还需要减去几斤。也正因为这个原因,神经性厌食症患者很少主动求医。

(2)情绪

患者常出现对体重增加的焦虑甚至恐惧,同时伴随着抑郁、强迫等负性情绪,情绪不稳定、易激惹。

(3)生理

体重严重减轻,主要表现为极度消瘦,常伴随营养不良,代谢、内分泌障碍和睡眠障碍等一系列症状。患者在发病后数月内体重下降,下降幅度多在标准体重的10%以上。虽然体重减轻是神经性厌食症最明显的症状,但并不是这种障碍的核心症状。

(4)行为

主要表现为限制或拒绝进食、偏食挑食、回避进食相关的场合,即使处于显著的低体重状态,仍然强烈害怕体重增加或变胖,或有持续的影响体重增加的行为。

2.发病背景

神经性厌食通常起病于青春期或成年早期。该障碍很少开始于青春期之前或40岁以后,但早发和晚发的病例均有记载。

神经性厌食症普遍开始于月经初潮后的女孩,她们关注增加的体重并坚信自己开始发胖。从发展的观点来看,青春期女性的身体有多余的脂肪是正常的,这些储备的脂肪可以为以后的分娩和哺乳做准备。但是厌食症的女性为了消除身上任何一处多余的脂肪,而采取极端的节食行为或者过度地运动。

许多人的体重减轻是因为躯体疾病,而神经性厌食症患者则是由于对肥胖的过度恐惧及对瘦的不懈追求。

该障碍的起病通常与压力性生活事件有关，例如发生于那些离家升入大学的女孩中，她们需要努力适应大学独立生活的要求。

神经性厌食症也普遍发生于芭蕾舞演员和模特中，她们的职业过分强调了维持不切实际的消瘦身材的重要性。而且，有越来越多的年轻男性开始有了紊乱的饮食习惯，甚至是厌食行为。

（二）神经性厌食症并发症

1. 死亡的风险

神经性厌食症是一种生理上非常危险的疾病，可引发多种并发症，极严重的可致死。据估计，在过去的10年，厌食症的死亡率大概在5%—8%，大部分死于自杀或严重的体重减轻带来的临床并发症。

2. 月经失调

女性神经性厌食症最普遍的并发症是月经的停止（无月经），这也相对频繁地发生在神经性贪食症患者身上。无月经通常是自我饥饿所产生的早期生理反应。如果几个月无月经，可能会导致长期的月经失调。但这不是一个稳定的标志，并不发生于所有病例中。

3. 身体疾病

摄入的食物量减少降低了个体的新陈代谢程度，也会对循环系统的功能产生不利影响。低血压和低心率使患者看起来很虚弱，还会导致头昏和晕倒。其他的生理变化包括恶心、严重的便秘、指甲变脆易折断以及皮肤干燥易龟裂，严重的体重减少同样会带来骨质疏松症。

一些神经性厌食症的生理并发症也会对生命造成威胁。有些自我饥饿者甚至患上肾衰竭。频繁的呕吐、腹泻和滥用利尿剂会导致严重的电解质紊乱，这种紊乱会引发心血管并发症并造成死亡。

（三）与神经性厌食症相关的心理障碍

神经性厌食症的患者经常伴发焦虑和情绪障碍，阿格罗斯（Agras）的研究发现60%的患者在其一生中患有过抑郁症。

有一种经常与神经性厌食症同时存在的心理障碍——强迫性障碍，神经性厌食症患者由于担心体重的增加而出现许多不愉快的想法，他们采取各种不同的行为来克制这种念头，其中有一些就是仪式化的行为。物质滥用也是神经性厌食症患者常见的一个问题，同时它对死亡（特别是自杀）有很强的预测性，报道比例为每年每10万人中有12人死于物质滥用。

进食障碍的症状存在一些文化差异。害怕变胖是欧洲和美国的白人进食障碍者的最典型特征之一，但是，对中国和印度进食障碍患者的研究证实，对肥胖的担心通常不是他们患病的根本原因；相应的，他们经常抱怨胃痛或者胃胀。在美国和欧洲，厌食症患者通常具有扭曲的体像；而在亚洲国家，厌食症患者很容易承认他们已经很瘦，然后他们仍然顽固地拒食。

三、神经性贪食症

神经性贪食是指发作性的、不可抗拒的摄食欲望和行为，患者一餐可摄入大量食物，食后以呕吐、导泻、利尿、禁食或过度运动等方法来抵消体重增加的临床综合征。

它已经成为大学校园中最常见的心理障碍之一。

（一）神经性贪食症的临床表现

1.症状表现

神经性贪食症这个词来自希腊语“bous”（意思是“牛”）和“limos”（“饥饿”），这个词的意思就是人们已经饥饿到可以吃下一头牛。它的核心特征是毫无控制的进食或者暴食，然后采取特定的行为来防止体重增加，这些行为可能包括自我催吐，服用泻药、利尿剂或灌肠剂，禁食或者参加大量的运动。

（1）认知

患者的自我评价受到身体体型和体重的过度影响。过分关注外形和体重是厌食症和贪食症患者的一个主要特点，但是贪食症个体并不像厌食症个体那样追求极端的消瘦，她们理想的体重跟那些并不患有进食障碍的女性是相似的，但会经常出现难以控制的进食的欲望，并付诸行动。

（2）情绪

她们最初的暴食行为是愉快的，因为这可以让她们从常规的限制饮食中解放出来。暴食可暂缓烦躁情绪，可随后不久她们便对自己不满，接下来她们会感觉困倦、内疚、抑郁而情绪低落。

（3）行为

行为特征主要为反复发作的暴食-清除循环。进食量远远超过正常水平，患者常常是吃到难受为止。暴食后马上采取不恰当补偿措施以防止体重增加，发生次数平均1周至少2次，且这种情况会持续3个月以上。

在初期，患者对自己的暴食行为感到害羞，常是秘密进行。通常发生于没有任何其他计划的下午或晚上，这种发作一直持续到再也没有力气去吃为止。接着会胃痛，感到恶心，甚至觉得食物马上就要喷出来。然后反复出现不恰当的代偿行为以预防体重增加，例如自我引吐，滥用泻药、利尿剂或其他药物，禁食或过度锻炼。

（4）生理

上述行为特点中，已经有关于生理特征的一些描述，如胃痛、恶心等。病情严重者，可出现水电解代谢紊乱，表现为低血钾、低血钠等。呕吐致使胃酸减少而出现代谢性碱中毒，导泻则可导致代谢性酸中毒。疾病后期，因食道、胃肠道、心脏等并发症而有致命危险。

2.发病背景

（1）性别

神经性贪食的发病原因与神经性厌食基本相同，但神经性贪食在男性中远没有女性常见，女性与男性的比率约为10:1。

在神经性贪食症的发病率方面，根据西方流行病学的研究，神经性厌食症患者以14—19岁居多，而贪食症患者则以15—19岁居多。有研究表明，神经性贪食症等进食障碍的女性和男性的患病率之比为6:1—10:1。国内缺乏对神经性贪食症等进食障碍患病率的大范围调查，主要患者是青少年女性(占90%)。

少数病例(10%—15%)的诊断可从最初的神经性贪食转换为神经性厌食。转换为神经性厌食的个体通常可恢复到神经性贪食或在两者之间多次转换。

(2)家庭关系

有研究指出：父母对体重及身材的认识、饮食行为、教育子女的方法和父母的关系等都会影响到子女。具体表现为：神经性贪食症患者的父母通常会过分地强调外表的重要性，其中，母亲的饮食态度及行为对子女的影响更大。

家庭关系与进食障碍有密切的关系，通常神经性贪食症等进食障碍患者的原生家庭关系中存在较多问题。女性对社会文化的认同度越高，出现进食障碍的风险就越大。

综上所述，多数学者认为神经性贪食症等进食障碍的发生并非单因单果，而是一果多因或多果多因。

(二)神经性贪食症的并发症

1.生理障碍

伴有清除性行为的慢性贪食症在很多方面均对健康有影响。其中之一就是经常性呕吐引起唾液腺肥大，从而使患者的脸部显得很丰满。持续的呕吐会扰乱体液平衡，包括钠、钾的水平。如果不加以重视的话，会导致一系列严重的并发症，包括心律不齐、癫痫和肾衰，这些均是致命的；滥用轻泻剂而造成的肠道问题也可能是很严重的，包括严重便秘或者永久性结肠损伤。

在具有正常体重的贪食症女性患者中，有50%的人会出现月经功能紊乱。

2.心理障碍

神经性贪食症的患者经常伴有其他心理障碍，特别是焦虑及情绪障碍。

很多年以来，一种广泛的理论认为进食障碍只是抑郁的一种表达方式，几乎所有的研究都表明抑郁症跟随贪食症而发生，或者抑郁症是对贪食症的一个反应。另外，物质滥用也经常与神经性贪食症伴发，肯德勒(Kendler)等调查2000名双生子，发现在贪食症患者中酒精中毒的发病率升高了。

对许多病人来说，暴食症是一种花费大的病症。高食品价格会导致财务困难，患者有时采取从家庭成员那偷窃食物的手段。

典型的厌食症患者多否认他的病症严重性，似乎没有意识到他人对于他憔悴状况的震惊和关注。相比之下，一般的暴食症患者的心态是自满。患者痛苦地挣扎于羞愧、内疚、自嘲和努力隐藏中，而这种挣扎往往会在日常生活中掌控狂吃的冲动时失败。

生活中的心理学

神经性贪食的大学生

我是一名大学生。大概一年之前出现了狂吃的冲动，我基本每天都会暴食，暴食的时间占了一天的三分之一，但是每次吃完又会催吐，把吃下去的东西再吐出来，我真的被它折磨得快不行了。每次吐完都在想我这到底是为什么？明知道吃多了会吐还是不停地塞，我根本没有什么食欲，甚至很不喜欢吃，但是就是感觉这是一个必须完成的任务，就像被另一个我逼着吃，而且每次都无比自责，真的很讨厌这样的自己。每次吐完之后也都在想下次就不吐了，很多次吐得昏天黑地之后也想过第二天要去找心理医生，但第二天我都会忘了我自己当时的那么多的想法，只是朦胧地知道很难受、很黑暗、很消极负面等等。

我觉得我已经没有一点点自控力了，因为没有自制力，所以更加怀疑自己，觉得自己没有一丁点儿价值，生活也一团糟。学业顾不上，甚至都已经降级了；各种考试，越临近越不想准备，越想放弃，并且越临近暴食就越厉害。身体被弄得更差，我已经因为暴食得了慢性糜烂性胃炎，有很多要忌口的我也没忌，我能感觉到自己的胃病又恶化了。这一年多以来我的体重已经下降了二十多斤，每个人看见我都会说我快比模特还瘦了。月经也很久没来了。我也渐渐从以前开朗活泼的人变成了一个不愿意面对父母和朋友，内心孤僻的人！

暴食后又催吐已经把我的生活扭曲成完全不正常的状态，我不再勤奋进取，对自己的前途感到迷茫但又不知道该怎么办，很多时候得过且过。以前很多喜欢的事都提不起我的兴趣了，除了暴食，如果暴食算的话，可能算一个“爱好”——我已经上瘾了！

这位大学生可能患了神经性贪食症，同时，在她身上还能看到一些强迫的影子。

四、暴食症

暴食症被当作一种独立的饮食疾患，与神经性贪食症区别开来。

它们的区别在于：暴食症患者有暴食的倾向，但通常没有实施任何不合适的“补偿性”行为（如清除，使用泻药或者运动）来限制体重的增加。与神经性厌食症和神经性贪食症不同，暴食症患者较少出现饮食严格限制。

大多数暴食症患者的年龄高于神经性厌食症和神经性贪食症患者（他们的年龄通常是在30岁到40岁之间）。暴食症女性和男性受该症影响的比例为1.5:1。

大多数有暴食症的人体重超标甚至肥胖，这并不奇怪，但这并非区分暴食症和神经性贪食症的标准。

1.症状表现

（1）认知

对自己体型、体重的不正确评价。例如对自己体型不满意，或将体型看得过于重要，当成决定自身价值的唯一影响因素。

(2)情绪

因进食之后感到厌恶自己、抑郁或非常内疚,对暴食行为感到显著的痛苦。

(3)行为

反复发作的暴食。因进食过多感到尴尬而单独进食,有发作性不可抗拒的摄食欲望和行为。一次可进食大量食物,且不分时间地点,也不在乎食物本身,只要能吃就会往嘴里塞,一直到撑得难受为止。但不同于神经性贪食症,患者并不会采取引吐、导泻等方法来控制体重。

近些年来,暴食症已与神经性厌食症和神经性贪食症一起成为世界上广泛流行的三大进食障碍。

2.发病背景

因为暴食症是一种新的诊断,所以目前对它的了解甚少。然而,它相对来说可能更加普遍。基于社区的数据显示,暴食症在一般人口中的患病率是2%到3%,在肥胖人群中的比例则更高(大约有8%)。

在西方国家,暴食症是一种较为常见的进食障碍,终身患病率接近3%。根据世界健康组织对14个国家研究调查结果,在全球暴食症发生率约为1.4%(0.8%—1.9%),发病平均年龄一般为23岁。暴食症多发生在年轻的成年人群中,其中,较多出现于女性群体与受过大学教育的人群之中。

拓展阅读

如何帮助一名患有进食障碍的朋友

进食障碍在年轻人特别是女性中相当普遍,这种病症在大学生中尤为广泛。那些患有这些病症的人常常会否认自己的问题,并且极少主动地寻求治疗。如果你认为自己的一位亲人、朋友或是熟人可能患有进食障碍,你可以做些什么呢?下面列出的指导步骤可以为你提供一些建议。

第一节　阅读有关进食障碍的资料,可以帮助你同时了解厌食症和贪食症的信息。

第二节　如果你觉得自己的朋友可能处于引发生命危险的状况(可能是因为他的体重已经急剧下降,或者可能是因为他有自杀倾向),请立刻寻求帮助,联系心理咨询服务或是紧急热线,并且考虑是否可以联系到患者的亲人。

第三节　不要暗中监视你的朋友。他可能已经对自己的进食习惯产生自我意识,而且如果他感到自己被监视,那么他的不适感可能会增加,这样他的行为可能会变得更加秘密。

第四节　冷静地面对你的朋友,但是带着敏锐的感觉。不要庇护他或用评论来攻击他。如果你表现出诚恳、关心和帮助的意愿,他的任何防卫更可能会消除。

第五节　理解你的朋友可能会感到孤独,并且可能会对他的问题感到羞耻,避免强化他的困境,也不要试图疏远他。

第六节　你的朋友可能会否认他的问题,那么你要后退,同时让他知道你愿意在他需要帮助的时候聆听。如果他承认自己的问题,建议他联系一名咨询师来"探讨此事"。如果觉得合适,第一次可以陪同一起去拜访咨询师。

第七节　最后,记住你朋友幸福的最终责任并不属于你。

复习巩固

1.进食障碍主要有哪些类型？

2.神经性贪食症和暴食症有何区别？

第二节　睡眠障碍

我们一生有1/3的时间在睡觉，这意味着我们绝大部分人一年要睡近3000个小时。对我们大多数人来说，睡眠是一个恢复精力的过程(既是精神上的又是生理上的)；也有很多人正遭受睡眠问题的困扰，

睡眠障碍是个体在睡眠过程中因睡眠量的不正常，或睡眠质量的不高而引发一系列不良反应的身心状态，包括睡眠不足、睡眠减少、睡眠贪多、难以入眠、睡不安寝，以及与睡眠相关的诸多异常心理和行为等。

睡眠障碍不仅反映了个人的生理状况和生活状态，更重要的是，它能反映出个体的心理健康状态。睡眠是项生理活动，而睡眠质量却受到生理、心理以及社会功能等因素的影响。

研究表明，仅仅几天的轻度睡眠剥夺就能影响我们的思维清晰程度。想象一下，如果你好几天没有睡过好觉了，你会怎样？你的学业将产生困难，效率和成果都明显下降；你的人际关系变得很糟，缺乏睡眠还影响了你的身体健康。

高度专业化的治疗机构，即睡眠障碍研究中心，在美国和加拿大已经普遍建立，这种机构可以提供比普通诊所更为广泛的对睡眠问题的评估。有睡眠障碍的人可以在睡眠实验室中睡上一个或多个晚上，并通过多种测量方法对其睡眠期或试图睡眠时的生理反应——脑电波、心率、呼吸频率等进行监视，这种评估方式称为多导睡眠扫描记录法(PSG)。它还可以同步进行多种生理反应的测量，包括脑电波、眼动、肌肉运动和呼吸。从生理检测中获得的信息可以同医疗评估、心理评估、睡眠失调的自我报告及睡眠日志结合起来，这样医生和心理学家就可以通过这些信息做出诊断，并针对出现的问题提出治疗措施。国内许多医院也开设了睡眠门诊或住院治疗，给许多受睡眠障碍困扰的患者带来了福音。

在CCMD-3诊断系统中，睡眠障碍指各种心理社会因素引起的非器质性睡眠与觉醒障碍。包括失眠症、嗜睡症和某些发作性睡眠异常情况(如睡行症、夜惊、梦魇等)。DSM-5中，用睡眠—觉醒障碍来界定这一组障碍，包括十类障碍或障碍群：失眠障碍、发作性睡病、与呼吸相关的睡眠障碍、昼夜节律睡眠-觉醒障碍、非快速眼动(NREM)睡眠唤醒障碍、梦魇障碍、快速眼动(REM)睡眠行为障碍、不安腿综合征以及物质/药物所致精神障碍。

本节着重讨论失眠症、嗜睡症、睡眠-觉醒节律障碍、睡行症、夜惊和梦魇等睡眠障碍。

一、失眠症

失眠症(insomnia)是一种以失眠为主的睡眠质量不满意状况，睡眠障碍的其他症状均继发于失眠，包括难以入睡、睡眠不深、易醒、多梦、早醒、醒后不易再睡、醒后不适感、疲乏或白天困倦。

失眠可引起患者焦虑、抑郁或恐惧心理，并导致精神活动效率下降，妨碍社会功能。

失眠是临床医生经常遇到的问题，一般人群患病率10%—20%，男女差别不大。

（一）失眠症临床表现

1.症状表现

（1）认知

对睡眠的数量和质量不满，即使没有实际的证据支持，仍然认为会对自己身体健康带来实际或想象的损害。

（2）情绪

对失眠产生越来越多的恐惧和对失眠导致后果的过分担心，使失眠者通常陷入一种恶性循环，久治不愈。睡眠紊乱引起有临床意义的痛苦，或导致社交、职业、教育、学业、行为或其他重要功能的损害。

（3）行为

在失眠者中，以入睡困难最多见，其次是睡眠浅表和早醒，有些表现为睡眠感觉缺乏，通常以上情况并存。每周至少出现3晚睡眠困难，至少3个月存在睡眠困难。

2.常见发病原因

（1）心理社会因素

生活和工作中的各种不愉快事件，造成焦虑、抑郁、紧张时出现失眠；另外，对健康要求过高，过分关注，也易引起失眠。

（2）环境因素

生活习惯的改变，更换住所、声音嘈杂、空气污浊和光线刺激等。

（3）躯体因素

身体的各种疼痛、瘙痒、喘息、吐泻、饥饿、疲劳、性兴奋等。

（4）睡眠节律改变

夜班和白班频繁变动等生物钟节律变化。

（5）药物和食物因素

酒精、咖啡、茶叶、药物依赖或戒断症状。

（6）文化常模

针对儿童的跨文化睡眠研究显示，在中国、日本等亚洲文化中，儿童最初几年的生活都与母亲在同一房间，甚至是同一张床上，母亲对儿童晚上的哭泣不会视而不见。然而，在美国的主流文化中，人们认为婴儿应该在不同的床上自己睡觉，如果有可能，还要在不同的房间。而且，与中国形成鲜明对比的是，美国大部分儿童医生会建议父母不理睬儿童晚上的哭泣。

研究者从此研究中得到这样的结论，即睡眠受到文化常模的负面影响，需求无法得到满足会造成应激，这种应激对儿童最终的睡眠结果造成了负面影响。

(二)失眠症的发展背景

在所有睡眠障碍中,失眠障碍最为常见。大约有三分之一的成年人有失眠的症状,其中10%—15%的个体表现出有关的日间功能损害,而6%—10%的个体符合失眠障碍的诊断标准。

失眠症状的起病可出现在生命周期的任一阶段。但其第一次发作多见于青年期。失眠较少始于儿童期或青春期。失眠也可能在生命晚期起病,经常与其他健康相关的疾病的起病有关。

与男性相比,在女性中,失眠是更常见的主诉,首次起病经常与孩子的出生或绝经期有关,即使在其他症状(例如潮热)已经消失后仍继续存在。

虽然失眠既可以是一种症状,又可以是一种独立的疾病,但它最常作为其他躯体疾病(如疼痛)或精神障碍(例如重性抑郁障碍)的共病而存在,40%—50%有失眠的个体存在共病的问题。

(三)失眠症的治疗

1.一般治疗

弄清导致失眠的原因、特点和规律,调整和改善睡眠环境,保持有规律的作息制度。

2.心理治疗

生物反馈、自我催眠、森田疗法等治疗方法可改善患者睡眠前的紧张状态,使其易于入睡。

3.药物治疗

催眠药物可作为辅助治疗手段,一定要在医生的指导下使用,同时应当避免药物依赖的形成。

拓展阅读

失眠症的行为干预治疗

1.有睡意时才上床睡觉。
2.不要躺在卧室床上看书、看电视、吃东西或工作,卧室和床只用于睡觉和做爱。
3.如果15—20分钟后仍无法入睡,应该离开卧室,等有睡意后再返回。
4.每天早上在同一时间起床。
5.日间不要小睡。

二、嗜睡症

嗜睡症(hypersomnia)指睡眠过量(例如,延长的夜间睡眠和不自主的日间睡眠)、恶化的觉醒质量(表现为觉醒困难或当需要时无法清醒)以及睡眠惯性(即从规律性睡眠或打盹觉醒后,有一段时间表现受损或警觉性降低)。

这些表现不是由于睡眠不足、药物、酒精、躯体疾病所致,也不是某种精神障碍(如神经衰弱、抑郁症)症状的一部分。

(一)嗜睡症的临床表现

1.症状表现

(1)认知

认知功能方面的改变,表现为近事记忆减退,思维能力下降,学习新事物能力下降。

(2)情绪

嗜睡伴有显著的痛苦情绪,或导致认知、社交、职业或其他重要功能的损害。

(3)行为

嗜睡症和失眠正好相反,嗜睡者入睡很快,而且一次睡眠时间很长,能一口气睡上12个小时,醒来后依然睡意蒙眬。长期昏昏欲睡,白天会有意或无意地打盹(比如看电视时不经意入睡),尽管我们有些人也会在白天时不时地犯困,甚至可能在读书或看电视时睡着,但嗜睡症患者会有持续严重的睡眠期,影响正常的日常生活,比如错过重要的会议。即使嗜睡症患者白天打盹的时间经常持续一个小时或更长,醒后也不会感觉精力充沛。

2.发病原因

嗜睡症原因不明,缺乏确切的患病率,临床上并不常见。这种障碍被认为是原发性的,是因为它不能用夜间睡眠不足来解释,不能用其他心理或生理障碍来解释,也不能用使用药物或药物疗法的作用解释。

基因影响似乎是病因中的一部分,39%的嗜睡患者有罹患这种障碍的亲属。

(二)嗜睡症的治疗

1.心理治疗

应对患者进行适当的解释,白天有意识地让患者小睡,养成良好的生活习惯。

2.药物治疗

低剂量精神振奋药有一定效果,但一定要在医生指导下使用。

三、睡眠-觉醒节律障碍

睡眠-觉醒节律障碍(sleep- wake rhythm disorders)指睡眠-觉醒节律与所要求的不符,导致对睡眠质量的持续不满状况,患者对此有忧虑或恐惧心理,并引起精神活动效率下降,妨碍社会功能。

(一)睡眠-觉醒节律障碍临床特点

1.症状表现

(1)情绪

睡眠紊乱导致患者的焦虑、恐惧情绪,引起有临床意义的痛苦,或导致社交、职业和其他重要功能的损害。

(2)行为

个体睡眠-觉醒节律与病人所在环境的社会要求和大多数人所遵循的节律不符,在主要的睡眠时段失眠而在应该清醒的时段出现嗜睡。

本症不是任何一种躯体疾病或精神障碍症状的一部分。如果睡眠-觉醒节律障碍是某种躯体疾病或精神障碍(如抑郁症)症状的一个组成部分,不另外诊断为睡眠-觉醒节律障碍。

2.发病原因

多种器质性疾病或心理因素可引起睡眠-觉醒节律障碍,这种障碍常与起居无常、频繁调换工作班次、跨时区旅行有关,也可见于人格障碍、心境障碍患者。

睡眠与觉醒节律受网状上行激活系统、睡眠中枢与觉醒中枢的调节;这种调节具有昼夜变化的节律性和规律性。当精神或器质性因素引起生物钟改变时,睡眠-觉醒时相即出现变化。

(二)睡眠-觉醒节律障碍治疗

1.行为治疗

行为治疗包括物理调整夜间睡眠、逐步训练睡眠节律、养成良好的生活习惯。

2.药物治疗

必要时可在医生指导下少量用药。

四、睡行症

睡行症也称梦游症(Sleep walking),指一种在睡眠过程中尚未清醒而起床在室内或户外行走,或做一些简单活动的睡眠和清醒的混合状态。患者一般不说话,询问也不回答,多能自动回到床上继续睡觉。

1.睡行症临床表现

(1)睡行症并非发生在梦中,通常发生于入睡后的2—3小时内,主要见于睡眠时相的第三与第四期,还可伴有夜惊或遗尿。

(2)发作过程中突然唤醒可产生恐惧情绪,发作后通常无法回忆。5—12岁儿童中大约15%有过至少一次睡行发作,持续的睡行症患病率约为1%—6%。

(3)本症没有痴呆或癔症的证据,可与癫痫并存,但应与癫痫发作鉴别。

2.发病原因

病因尚不明确,可能和神经系统发育有关,部分患者有阳性家族史。

五、夜惊

夜惊(night terrors)指一种常见于幼儿的睡眠障碍,主要为睡眠中突然惊叫、哭喊,伴有惊恐表情和动作,以及心率增快、呼吸急促、出汗、瞳孔扩大等自主神经兴奋症状。

(一)夜惊临床表现

1.主要症状

(1)通常在夜间睡眠的前1/3阶段发作,每次发作约持续1—10分钟;

(2)有暂时的定向障碍,清醒后对发作不能回忆;

(3)安静后重新进入正常睡眠,发作后对发作时的体验完全遗忘;

(4)随年龄增长发作逐渐停止。

诊断本症应排除发热性惊厥和癫痫发作。

2.发病原因

多见于儿童,偶可延续至成年。确切病因不清,遗传、发育、器质性疾病及心理因素在发病中均可能起一定作用,部分病人有阳性家族史。

(二)夜惊治疗

1.药物治疗

偶尔发作不必处理,若发作频繁,在医生指导下可采用药物治疗。

2.预定唤醒策略

减少慢性夜惊的一种方法是采用预定唤醒策略。杜兰德(Durand)和明德尔(Mindell)在这种策略的第一个控制研究中,对那些每晚出现睡惊的儿童的父母进行指导,让他们在儿童症状发作前大约30分钟唤醒儿童。这项技术非常简单,而且几乎可以完全消除夜惊症状,并且几周之后就可以停用。

六、梦魇

梦魇(nightmare)指在睡眠中被噩梦突然惊醒,对梦境中的恐怖内容能清晰回忆,并心有余悸。通常在夜间睡眠的后期发作。

(一)梦魇临床表现

1.症状表现

(1)梦魇表现为睡眠时有噩梦、为强烈的梦境体验所笼罩,伴有情绪紧张、心悸、出冷汗及轻度脸色苍白等植物神经症状;

(2)梦魇体验十分生动,通常涉及到对生存、安全造成威胁的主题;

(3)醒后能马上或在次晨详述梦境体验,可与他人充分交流;

(4)可发生于睡眠中的任何时间,包括午睡,通常发生于睡眠的后半段;

(5)梦境内容与白天的活动、恐惧或所担心的事情有一定联系。

2.发病原因

(1)梦魇是为焦虑或恐惧所占据的梦境体验,可发生于任何年龄。经常遭受精神刺激、患有躯体疾病等都可能引起梦魇。

(2)儿童期的梦魇与其情绪发展的特殊阶段有关。

(3)服用某些精神药物突然中断可使梦魇发生。

(二)梦魇治疗

一般不需特殊治疗。发作频繁者,应了解其心理因素,予以心理治疗,应进一步检查有无心血管系统疾病、哮喘和消化道疾病,必要时在医生指导下采用药物治疗。

复习巩固

1.睡眠障碍有哪些?

2.失眠症如何应对?

第三节　性障碍

古人尝言,“食色,性也”。无论过去如何解释,但对于正常成年人而言,与性有关的活动是生活的一项重要内容。

性功能是一个复杂的生理过程。正常性功能的维持依赖人体多系统的协作,涉及到神经系统、心血管系统、内分泌系统和生殖系统的协调一致,除此之外,还须具有良好的精神状态和健康的心理。当上述系统或精神心理方面发生异常变化时,将会影响正常性生活的进行,影响性生活的质量,表现出性功能障碍。

性功能障碍是性行为和性感觉的障碍,常表现为性心理和生理反应的异常或者缺失,是多种不同症状的总称。据统计40—70岁男子中有52%患有不同程度的性功能障碍;女性性功能障碍的发病率也很高,有人认为可占成年妇女的30%—60%,其中性欲减退和性高潮障碍最为普遍。

性心理障碍泛指个体性行为的心理和行为明显偏离正常,并以此作为性兴奋、性满足的主要或唯一方式的一种精神障碍。性心理障碍大多病因未明,有一部分可能与少年儿童期的生活经历有关。性障碍的治疗效果欠佳,近年来使用行为疗法,有时可以有改善。

本节主要内容是性功能障碍以及性心理障碍。

一、性功能障碍

在对性功能障碍进行描述之前,我们需要注意的是,这些问题无论是在异性恋还是同性恋的性活动中都会出现。在同性恋中存在的性唤起或性高潮障碍似乎与异性恋一样普遍,但我们只对异性恋中的相关问题进行讨论，这些患者占到就诊者的大多数。

偶尔出现的性功能障碍并不影响其性满意度，在一种健康的关系中，偶尔出现的性功能障碍或部分性功能障碍很容易被调节。

性功能障碍是性行为和性感觉的障碍，常表现为性心理和生理反应的异常或者缺失，是多种不同症状的总称。常见为性欲减退、阳痿、早泄、性高潮缺乏、阴道痉挛、性交疼痛等。

成年人不能进行自己所希望的性活动，对日常生活或社会功能有所影响，符合症状标准至少已3个月，即可确定为性功能障碍。同时需要排除器质性疾病、药物、酒精及衰老所致的性功能障碍。

(一)性欲减退障碍(hypoactive sexual desire disorder)

1.性欲减退临床表现

成年人持续或反复地缺失(或缺乏)对性的想法、幻想或对性生活的欲望，性欲的缺失使他们感到沮丧，与伴侣的关系也不好。

症状通常持续至少6个月，并且会引起个体有临床意义的痛苦。

2.性欲减退评估

对性欲低下的评估是非常困难的，需要大量的临床诊断。你可以根据性活动的频率进行评估，比如，一对夫妇每月少于两次；或许，你也可以根据某个人是否有性幻想来进行判断，某人每周进行两次性活动，却只是想通过这种方式维持婚姻，而他可能并无性欲；性欲低下可能对所有性伴侣或情境普遍存在，也可能只针对特定的伴侣和特定类型的刺激。

在绝大多数时候都缺乏性欲的人患有广泛性性欲障碍，而对自己的性伴侣没有兴趣，但对其他人有性幻想的可能被诊断为情境性性欲障碍。而如果性欲的缺乏只是由于暂时的情境因素所致，如太忙、太劳累，则不能诊断为性欲减退障碍。显然，判断某人的性欲过低或缺乏是一个主观的判断。

3.性欲减退的患病率

美国一项调查证实，22%的女性和5%的男性患有性欲减退障碍，男性的患病率随一定年龄增长而增加，女性则随年龄增长而降低。女性患者比男性更多地报告焦虑、抑郁和生活压力，对女性而言，性欲减退障碍更多地与人际关系问题有关。中国目前还未见相应研究报告。

(二)阳痿

1.阳痿的临床表现

阳痿又称勃起障碍(impotence)，指成年男性有性欲，但难以产生或维持满意的性交所需要的阴茎勃起。

(1)性交时阴茎不能勃起或勃起不充分或历时短暂，以致不能插入阴道。

(2)在手淫时不能勃起或勃起不充分，睡梦中，早晨醒来时可以勃起。

(3)症状持续至少6个月,给患者带来身心上的痛苦。

(4)阳痿分为原发性和继发性两种,原发性阳痿指从未完成性交的阳痿;继发性阳痿指既往有正常性生活,现勃起障碍者。

2.患病率

终身性和获得性勃起障碍的患病率是未知的。勃起障碍的患病率和勃起问题的发生率两者都有与年龄相关的显著增长,特别是在50岁以后,在40—80岁的男性中,约有13%—21%主诉偶发勃起困难。在年龄小于40—50岁的男性中,约有2%主诉频发的勃起困难,而在年龄超过60—70岁的男性中,40%—50%可能有显著的勃起困难。

在初次性经历时,约20%的男性担心勃起困难,而约8%的男性有阻碍插入的勃起困难。

(三)冷阴

1.冷阴临床表现

冷阴又称为女性性兴趣/唤起障碍(Sexual arousal disorder)。冷阴指成年女性有性欲,但难以产生或维持满意的性交所需要的性交时生殖器的适当反应,以致性交时阴茎不能舒适地插入阴道。

人们对男性勃起障碍(常称为阳痿)的了解要比女性的性唤起障碍(冷阴)多得多。但是,女性的性唤起障碍是很常见的,约20%的女性报告在性生活中有阴道润滑或性唤起方面的困难。

2.发展与病程

根据定义,终身性的女性性兴趣/唤起障碍表示缺乏性兴趣或唤起的问题在该女性的整个性生活史中一直存在。

在整个生命周期中,性兴趣和唤起会有正常的变化。而且,与在短期关系的女性相比,在长时间持续关系中的女性更有可能报告该障碍,即开始性接触时没有明显的性欲的感觉。年长女性阴道干燥与年龄和绝经状态相关。

(四)性高潮障碍(Orgasm disorder)

1.性高潮障碍临床表现

患者在达到性反应周期的兴奋期后会因为某种原因发生高潮延迟或完全没有高潮,并且这种情况反复出现,以女性多见。最常见的男性高潮障碍是早泄,这类患者只要受到轻微的性刺激就会在他们想要射精之前射精。

2.发生情况

对绝经后的女性,这种问题发生的概率更大,一般是心因性或情境性的,但不能排除躯体或体质因素。

早泄的发生频率似乎相当高,来自美国的调查显示,21%的男性符合早泄的诊断标准,在那些因为性功能障碍而寻求治疗的男性中,60%的患者主诉为早泄。尽管偶尔出现早泄是一种正常现象，但是，严重且持续的早泄似乎主要发生在那些教育程度不高且经验不足的男性身上。

(五)性交疼痛障碍(Sexual pain disorder)

1.性交疼痛障碍临床表现

性交疼痛障碍是指在性交过程中体验到显著的疼痛。

阴道痉挛是女性特有的一种问题，它是指阴道外1/3的骨盆肌肉在试图性交时发生无意识痉挛。阴道痉挛患者可能在任何一次试图插入的过程中发生痉挛反应，包括妇产科检查或塞入止血棉条。

2.发生情况

对于有些男性和女性来说，他们拥有性欲，并且能够轻易地达到性唤起和性高潮，但是严重的性交疼痛会中断其性行为。这一亚型叫作性交疼痛症，在临床上较少见，这种疼痛通常是由于妇科或是泌尿性问题引起的，但是它也可能是对性创伤的一种条件性反应，而且越来越多的证据表明，它常常是心因性的。

在一些观念非常保守的文化中，阴道痉挛的患病率可能高得多，而且是导致不能结婚的主要原因，是异性恋伴侣们最常寻求治疗的性功能障碍。

二、性心理障碍

作为一种生物体存在，性活动对于人类而言，具有繁衍的功能。在此意义下，人类进行性活动的方式和对象具有一定的限制。对于人类来说，性活动具有比一般动物的性活动更广泛、更多重的意义。

性活动不仅具有生物意义，还具有社会意义，更带有了感情的色彩，使性与爱融为一起，成为保证个人生活幸福的三大支柱(工作、爱情、娱乐)之一。在此过程中，某些个体的表现可能与正常、生理成熟的要求不同，可能出现一些偏差。

在DSM-5中，用性欲倒错障碍进行描述，将这些障碍分为两组。第一组障碍是基于异常的活动偏好。此类障碍被细分为求偶障碍，代表着扭曲的人类求偶行为元素(窥阴障碍、露阴障碍)，以及虐待障碍，涉及疼痛与受苦(性受虐障碍和性施虐障碍)。第二组障碍分类是基于异常的目标偏好。此类障碍涉及一种指向其他人的(恋童障碍)和两种指向其他事物的(恋物障碍和异装障碍)。

本书着重介绍基于异常目标偏好的障碍。

(一)窥阴障碍(vogeurism)

窥阴障碍临床表现：

(1)将偷偷观看其他人换衣服、洗澡、裸体行动或进行性行为作为偏好的或唯一的性唤醒方式，在6个月内反复出现并有强迫性质。

(2)被偷窥者通常没有察觉到，否则他们会感到苦恼。窥阴癖者在窥看时或窥看后不久就会手淫。

(二)露阴障碍(exhibitionism)

露阴障碍临床表现:

(1)某种程度上可以说是窥阴癖的一种反像。露阴癖通过在非自愿的观看者面前暴露自己的生殖器得到性满足。

(2)暴露的对象基本上是陌生人。绝大多数情况下,露阴癖是赤身裸体,惊吓女性的男子。他通常会在公共场所截住女性,如公园、公共汽车或地铁上,他的生殖器官可能已经暴露在外,也可能突然掀起外衣,露出赤裸的性器官,然后他会公开手淫。

(3)他的性唤醒来源于看到受害者吃惊、恐惧或厌恶的表情,或幻想受害者产生了性唤醒。

(4)他的行为常常是强迫性和冲动性的:他感到激动、恐惧、烦躁,感到被驱使着通过暴露行为来获得放松。

露阴癖比大多数其他的性犯罪都更容易被抓获。部分是因为他们行为的公众性质。此外其中一些人会回到他们暴露过自己的地方重复暴露行为,似乎希望被抓。被抓的危险可能增加了他们的性唤醒。露阴者倾向于在被抓后继续他们的暴露行为。

(三)摩擦障碍(frotteurism)

摩擦障碍临床表现

(1)摩擦癖是经常伴随露阴癖和窥阴癖发生的另一种性欲倒错行为。

(2)摩擦癖通过在非自愿的受害人身体上摩擦自己的性器官或抚弄他人身体获得性满足。摩擦癖者常在公共场所进行这种行为。如公共汽车或地铁上。

(3)大多数摩擦癖者是15—25岁的年轻男性,但对此障碍的了解并不多。

(四)恋物障碍(fetishism)

恋物障碍又称恋物癖,是性偏好障碍的一种。

恋物障碍临床表现:

(1)表现为在强烈的性欲望与性兴奋的驱使下,反复收集异性使用的物品。所恋物品均为直接与异性身体接触的东西,如乳罩、内裤等“软性”物品及高跟鞋、黑色手套、皮革或橡胶质地的外套等“硬性”物品。

(2)男性恋物癖者性满足的方式通常为闻嗅、抚摸、玩弄、亲吻、吸吮、啮咬等方式激起性兴奋,同时伴以手淫来获得性满足。

(3)女性恋物癖者所恋的对象没有普遍的规律,主要是偶然间能引起她性兴奋的物品,且一直长期以此为性满足的对象。

目前见过报道的女性恋物癖,所恋的对象有灌有墨水的钢笔、充满的牙膏、高级轿车等。临床表现的程度没有男性那么强烈。而她们性满足方式通常为性幻想。

(4)有的患者也伴有自慰行为。一般通过抚摸嗅闻这类物品伴以手淫,或在性交时由自己或由性对象手持此物可获得性满足(所恋物体成为性刺激的重要来源或获得性满足的基本条件)。

（五）恋童障碍(pedophilia)

在性欲倒错障碍中，最常见也最危险的是恋童癖。恋童癖者对儿童感到性吸引，他们更愿意与儿童而不是成人发生性关系。

恋童障碍临床表现：

(1)恋童癖者与儿童受害者的性接触通常是短暂的，但是会反复频繁发生。

(2)恋童癖的性活动包括观看和触摸儿童的性器官；有些人还通过用嘴刺激男童的阴茎或女童的阴部，或用手指、异物、阴茎插入儿童的阴道、嘴、肛门来得到快感。

(3)恋童癖者经常会威胁伤害儿童，束缚他们，或恐吓儿童如果不服从命令，就会惩罚这些儿童或者他们心爱的玩具。恋童癖试图说服儿童这种行为是对他们的爱。

(4)大多数恋童癖者是异性恋男性，他们的性虐待对象通常是女童。同性恋男性恋童癖者的对象通常是男童。大多数施虐者是儿童的家庭成员或熟人。

（六）易装障碍(transvertism)

1.历史记载

易装指女扮男装或者男扮女装。在古代，通常意义上，易装是违背服饰的性别规范而遭到禁止的，文学艺术中的易装也是带着“异端”色彩，很多易装题材来自民间传说，女扮男装在古典文学戏曲中由来已久，最有代表性的就是梁祝传奇和木兰从军；男扮女装在文学中也很多见，明清小说《醒世恒言》《风流悟》《聊斋》《子不语》等，都记载描述了男子易装的奇闻轶事。

最为大众了解的男扮女装还是戏曲中的男旦或乾旦。但这些并非易装障碍。

2.易装障碍临床表现

易装障碍，指的是个体衣着表达出的性别气质不符合个体生理性别和社会规范。

(1)易装恋者所穿着的衣服，就传统文化的角度来看，是属于异性所应穿着的衣服。

(2)易装恋者在易装的程度上有所差异，有的人只穿一件异性衣物，有的人全套易装。

(3)易装恋者通常满意自己的生理性别，不希望对其进行改变。

(4)易装是性别表达的一种方式，并不一定和性欲行为联系在一起。

(5)对男性来说，易装障碍的最初迹象可能出现于童年期，以强烈迷恋女性服饰的某个物体这一形式出现。在青春期之间，变装导致广泛的愉悦兴奋的感觉。随着青春期的到来，穿着女性的衣服开始引起阴茎勃起，或者直接导致初次射精。

复习巩固

1.什么是性功能障碍？

2.性心理障碍有哪些？

3.恋童癖是需要治疗的精神障碍患者还是应该被投入监狱的罪犯？

本章要点小结

1.心理因素相关的生理障碍指一组与心理社会因素有关的以进食、睡眠和性功能异常为主的精神障碍，是一组生理功能障碍，与心理因素有关，但无明显精神活动或行为障碍的疾病。

2.厌食症的特征是体重减轻、对于发胖有着强烈的恐惧、避免“会发胖”的食物以及对于体重、体形和形象的不正常感知和评价。最终，自我饥饿和体重减轻将会对身体健康造成严重的后果，而这些后果有可能是致命的。

3.贪食症患者可以保持与自己身高相应的体重，贪食症的反应包括厌恶自己身体的特定部位，并且对发胖极度关注。文化压力无疑在贪食症的形成过程中发挥了重要作用，但是与关系困扰和冲动行为也有关。

4.神经性呕吐是自发或故意诱发反复呕吐的精神障碍，呕吐物为刚吃进的食物，不伴有其他明显症状，呕吐常与心理社会因素有关；体重无明显减轻，体重保持在正常体重的80%以上，且无控制体重的动机和行为。

5.睡眠障碍在普通人群中发病率很高，指各种心理社会因素引起的非器质性睡眠与觉醒障碍。包括睡眠的启动和维持困难（失眠症）、白天过度睡眠（嗜睡症）、24小时睡眠-觉醒周期紊乱（睡眠-觉醒节律障碍）和睡眠中异常活动及行为（睡行症、夜惊、梦魇）。

6.性功能偶然出现问题是很常见的，要达到性功能障碍的诊断标准，个体的性功能问题必须造成显著的精神痛苦和人际困难，而且不是其他障碍所致，也不是药物或疾病所致。其中，性欲障碍（性欲减退和性厌恶）是最常见的性功能障碍之一。

关键术语表

心理生理障碍	psychophysiological disorders
进食障碍	eating disorder
神经性厌食症	anorexia nervosa
神经性贪食症	bulimia nervosa
神经性呕吐	nervous vomiting
睡眠障碍	sleep disorders
嗜睡症	Narcolepsy
失眠	insomnia
性功能障碍	sexual dysfunction
性欲障碍	sexual desire disorders
性唤醒障碍	sexual arousal disorders
性高潮障碍	Orgasm Disorders
性交疼痛障碍	sexual pain disorders

本章复习题

一、选择题

1.下面属于进食障碍的是(　　)。

A.神经性厌食症　　B.神经性贪食症

C.神经性消化不良　　D.神经性闭食症

2.下面属于神经性厌食症的主要症状有(　　)。

A.体重严重减轻　　B.显著扭曲的身体形象

C.失眠　　D.多梦

3.神经性贪食症的临床特点有(　　)。

A.强烈的进食欲望　　B.采用“清除术”防止体重增加

C.显著扭曲的身体形象　　D.自我诱发呕吐

4.暴食症的主要症状(　　)。

A.对自己体形的不正确评价　　B.常常在进食后感到痛苦

C.摄食欲望不可控制　　D.自我诱发呕吐

5.下列哪些属于睡眠障碍(　　)。

A.失眠症　　B.嗜睡症　　C.睡眠-觉醒节律障碍　　D.睡行症

6.失眠症临床特点(　　)。

A.入睡困难　　B.恐惧失眠　　C.晨重暮轻　　D.清晨疲乏无力

7.失眠症治疗方法(　　)。

A.生物反馈　　B.厌恶疗法　　C.系统脱敏　　D.阳性强化

二、案例分析题

进食障碍

我叫小D，生于国外，长于天津和北京，我有一群爱我的家人和朋友，我也爱他们。家庭条件就那样，说实话我永远不清楚我妈到底有多少钱，反正是不愁吃穿，却也干不了什么大事儿。

我自觉我的生命止于15岁那年，因为从此以后我无法再掌控我的生活。

我的自我意识在小学毕业那年得以发展，我意识到了自己曾经做错的事情，意识到自己的外表和他人的评价。她们叫我“小男孩”，说我“strong”，对我进行孤立，我妈告诉我我应该减肥了并且在许多时刻对我的身材表示担忧，但其实我也就是160cm，55公斤的身材，你说胖么？胖。

初中第一次体检让我知道了大家以瘦为美，初中第一次考试让我知道了大家以学习成绩优异为好，那样的人可以得到大家的关注和喜欢，我也想成为那样的人。结果我减到了34公斤(167cm)，我妈拉着我去看病，什么针灸啊草药啊妇科啊巴拉巴拉，但是我并不想改变这种生活，因为太爽了。

通常早上我会磨一杯豆浆，或者吃1/3根玉米，中午吃一小盒水煮黄豆，晚上喝棒碴儿和青菜叶熬的稀粥，一整天胃里清清爽爽的，我沉溺于胃部饿得抽搐的感觉。那时候我研究透了所有食物的热量、温寒、升糖指数、蛋白质含量、纤维素。那时候班里人觉得我是个养生的小老头。中考体育每天要跑步，动不动就是十几圈加上上下学的路，仰卧起坐也要做，我超厉害的当时，她们说简直是意志力在跑步。初三那年，我包揽了所有考试的年级第一，我得到了前所未有的关于美和瘦的艳羡，我好像真的成为了我想成为的那种人。那种感觉就像踩在云朵上，很舒服很清爽一点儿压力也没有。对于我的生活我可以规划得井井有条，五点起床，九点睡觉，按时上课按时写作业，当着数学课代表，当着宣传委员，当着年级骨干，觉得自己就是真人生赢家。觉得自己以后能进哈佛斯坦福，觉得自己以后能赚大钱，如果我一直这样下去，也许这些都能成为真的，不过也许我在这些成为真的之前就死了。

初中毕业那个夏天，我和小学密友和数学老师出去吃了顿火锅，我往胃里塞满了肉丸蔬菜虾饺鱼丸羊肉肥牛金针菇，喝了许多许多杯酸奶，在回家的公车上吃掉了50块钱的劣质糕点，那是我第一次暴食。我妈感动得都要哭了。我当时还没有什么感觉，甚至为我妈的激动有些得意，但那之后一发不可收。有一天早上，我醒得很早，很想吃东西，于是我在冰箱里翻出了一支冰糕，那是伊利红枣味的那种，我至今都记得，很多很多年后我再一次吃到了冰糕，真的，巨甜，齁得慌的那种，但我竟控制不住自己，即便它是那么不合胃口，我都吃完了！一根冰棍啊，那是我绝对不沾的东西。后来经常的场景就是，我赶在我妈之前早早地起来，去冰箱里翻东西，吃一整罐的花生酱，一整袋面包抹蜂蜜，冻到发硬的水饺，和掉渣的米饭，还有无辜的鸡蛋，囫囵个儿地煎上一整盒。讨厌的是，我妈并不存剩菜。有的时候冰箱里吃完了就偷偷下楼去买五六个鸡蛋灌饼，七八个烧饼，两三个油饼，一堆三无产品，尤其喜欢辣条，因为真的很便宜。有时候下午我也会以各种理由偷偷跑下来买吃的，那时候我最喜欢的是那种高糖高热量却又体积小的东西，因为特别好藏。就这样我用了两个月的时间从60多斤涨到了140多斤。对于我那是全天下最绝望的事情。

高中的第一个学期，因为暴食，我无法学习，没有时间，精力也完全不能放在学习上，满脑子想的都是赶紧放学赶紧放学，我身体里有洪荒之力呼之欲出。

那时候我每天因为积食要放很多的屁，特别臭。我的同桌不是善良就是鼻子有残，但我相信是前者，真的感恩那个时候所有的天使，那都是多么善良的一群人。

高中第一次月考，我年级第二。你要知道一个在成绩方面独孤求败惯了的人忽然身边多出这么多武林高手，那压力是相当大的。后来证明，在我这种身体心理条件下，第二是我可以取得的最好成绩。

之后的日子是日复一日，年复一年。最深的印象是，凌晨的北京城和深夜的北京城，都有我，我在那段时间看过了早上四点的早点铺，看过了半夜三点上货的711，看过一整夜的麦当劳，里面有流浪汉和绣花姑娘，深夜的培新街有醉汉和色鬼以及我的眼泪和绝望。我在双臂用碗茬儿刻出一道道血口，皮肤撕裂透出白色，然后变成红色，血流出来，特别漂亮。我希望别人能看到我的伤口能明白我的绝望，但世界上根本没有感同身受，不是吗?

我尝试过许多方法治疗我的绝望，比如不让家里给钱，比如把我反锁起来，比如住宿，比如在外面租房子，那时候北京的一居室4000元一个月，再比如心理咨询，比如住院。但结果是，我打着学校交费的名义骗钱，在出租房里整日翘课直到班主任来找我，哭着喊着要出校门要出院，是的都没用，我那么绝望也是因为，这些外在的手段都没用，而内在的手段，更没用。

还没学会催吐之前，我不择手段想要瘦下来，吃过左旋肉碱，一板一板地吃，然后我的脑神经好像被伤了，我记得的是那种晕晕乎乎的感觉，晚上八点醒来我背上书包穿着拖鞋说该去上学了，第二天背英语作文，我怎么都无法把前后两个单词连在一起，那种感觉是你知道你有脑子，知道你这个脑子曾经无比好用，现在，废了。后来喝过碧生源减肥茶，买过什么瘦腿膏，抹上去火辣辣的那种。学会催吐之后。哦，催吐这个东西，只要你努力就能炉火纯青。我变本加厉地吃吃吐吐，逼得我姥爷连面粉都保不住。那段日子我造了太多钱。我觉得特别对不起我家人。

催吐，不是一件好事，每次吐完，吐得很狠的时候，我都会摊死在床上。电解质紊乱、心律不齐、严重龋齿、疲劳嗜睡、经常觉得恶心、胃排空延迟、唾液腺肥大。多年之后，我不得已换了全口的烤瓷牙，多年之后我的身体被我自己弄得像个马蜂窝。那些年我觉得自己肮脏而丑恶，那些年我不喜欢在大白天活动，更别提见人，那些年我觉得自己像个吸毒的废人。

高一下学期我休学了，用的手段是吃治甲减的药，然后医院诊断甲亢，我高高兴兴地休学了。转年我重新上了高一，还被安排在最好的班里。高二我自知身体不济，念了文科，你要知道我曾经多喜欢数学和物理。那时候凭着卓越的短时记忆和运气，每次考试我还维持着班级前三，年级前十。但一到高三，所有知识综合起来，我什么都不是了。高三的下学期，我休学在家。感恩我有那么好的一群老师，他们一直一直在帮我，就算我那么不济那么狼狈，他们也一直认我这个学生，并且觉得我没问题。感恩我有那么好的一群同学，他们真的是最善良的小天使，高三×班是最温暖的班，我一辈子感念。

在家的那些日子，我烧香拜佛希望菩萨和佛祖拯救我的病还有我的人生，然后每天很早地醒，状态好的时候背背课本做做题，状态不好的时候从清晨吃到深夜。那个时候我住在天津的出租房里，一居室，我姑妈每天中午给我送来青菜汤和白薯，我吃了也没渐瘦但是安心。高考之前，我只参加过一次文综考试，地理84，政治56，历史48，大概是这个数字，反正是那种考不上大学的水平。所以对于我能不能考上大学这件事，我想起来就像个笑话。冷的那种。好在，我们那届高考，“巨简单”，一本线579，我们学校全员600+。然后我考了627，数学满分，大脑袋被挂在光荣榜上，想来我的人生都写满侥幸。

那种身心俱残的情况下，我苟且地考上了大学，但是那些用来读书和培养爱好的年少时光我是再也没有了，于是我深深地悲伤地认识到自己成了一个无趣而空洞的人。

大学的我，现在的我，还是经常复发轻度的暴食，但再也没有像中学那般厉害和绝望了。我觉得我最难的日子已经过来了。

请问小D可能会被诊断为什么问题？有哪些具体表现？

第十章

儿童与青少年心理障碍

通常认为，童年和青少年期是一个远离压力的时期，男孩和女孩们享受着生活中简单的乐趣，对重大的心理问题是免疫的。然而，事实并非如此，有相当一部分儿童和青少年生活得并不轻松，他们经受着各种痛苦的症状，其严重程度足以引起心理健康专业人士的关注。

从某种意义来说，本书中谈及的绝大多数障碍都可以归入本章的范畴，因为它们会随着时间而变化。因为这些障碍大多起源于儿童期，只是很多问题在较晚时候才展现出来，即使一些早期就充分展现的障碍也会持续到成人以后。

在本章，我们将主要介绍那些在儿童青少年发展阶段具有临床意义且普遍受到家庭和学校重视的障碍，并将探讨它们的典型特征、病源学基础以及预防和治疗情况，同时，还将讨论儿童的生物结构同养育环境之间复杂的相互作用。

主要内容：

1.儿童与青少年心理障碍的特点与分类；

2.精神发育迟滞；

3.儿童孤独症；

4.儿童多动症；

5.儿童其他心理障碍。

第一节　概述

儿童期和青春期的心理障碍涵盖了范围很广的问题，这些问题反映出的常常是正常发展进程中的一些变化或者未能及时跨过的一道发展门槛。举例来说，一个孩子在两三岁时喜欢咬东西是正常的，这个阶段孩子的嘴部活动是其探索外界的一种手段，但如果这一行为一直持续到小学，就是一个问题了；同样的，在大多数孩子开始发展说话能力的时候，那些不能说或不愿说的孩子就经常被认为是有心理障碍的；还有一些在儿童期和青春期表现出来的心理障碍纯粹是成人期障碍的提前发病，或者是既会影响成人也会影响孩子的障碍（如抑郁）。

儿童期发育过程中的迅速变化还意味着任何事情都会很快地脱轨，在语言、社会技能、情绪调节或冲动控制上的偏差会很快导致行为问题。也就是说，在生命早期就表现出来的一些障碍很可能会持续到个体的成年甚至老年时期。

因此，了解个体心理发展的知识对于理解儿童青少年时期心理障碍的本质非常重要。

一、儿童与青少年心理障碍的特点

儿童与青少年的心理障碍有自己本身的特点，依据以下特点可以对成人早期障碍和儿童与青少年期障碍加以区分。

（一）发展速度

正常的心理发展过程对于不同的儿童有不同的发展速度，这使得区分真正的心理问题与暂时的发展性问题变得非常困难。

例如，大多数中国儿童会在3岁的时候接受使用筷子自己吃饭的训练，在那些没有学会的孩子当中，一些人可能仅仅是比正常水平慢了一些；孩子在3岁也会接受上厕所的训练，而那些仍在尿床的孩子，可能反映了他们极端的不安全感。

在进行诊断时，我们必须对发展中的正常变化和真正需要治疗的心理问题做出区别。

（二）预示性

儿童与青少年期心理障碍并不像成人期障碍那样具有预示性。一部分儿童经常在短期里就发生显著改变，因此，这就很难预测哪些儿童具有真正的患病易感性。例如，那些原本具有攻击性的孩子，到了10多岁以后可能会变得非常顺从；相反，那些在两三岁时害羞退缩的孩子也可能最终发展成一个好斗的人。

在一些发育障碍的案例中，有些儿童在前几年还具有正常的言语发展水平，但在过了一段时间之后便丧失了学习语言的能力。

（三）表达性

儿童不能像成人那样清楚地表达自己的思想和想法，儿童会通过破坏性行为间接地表达悲伤。当这种情况发生的时候，父母和老师应当确认这种行为是否暗示了"真正的"问题。

当然，这并不是一个简单的工作。有时，成人会给儿童的行为贴上错误的标签，认为是某种心理问题，但实际上，这种"心理问题"可能只是一个正常的发展阶段的正常现象。另一些时候，成人会忽视儿童的行为问题，总认为儿童会自然走出困境。而实际情况是，这些儿童确实需要专业的帮助。对儿童的大规模研究表明，在符合精神障碍诊断的个体中，只有少数被父母带到心理健康中心就诊。

（四）特异性

儿童的问题经常会针对特定的情境表现出特异性。

例如，一个儿童在家里会表现得很好斗，但在学校却是异常安静。同样，也有的孩子在学校过度活跃，导致老师们都经常抱怨他的好动，但一回到家里，就仿佛变了一个人。

因此，在评估时考虑儿童所处的生理和社会情境是非常重要的。

二、儿童青少年心理障碍的识别与分类

（一）问题的识别

在讨论儿童青少年期心理障碍时，我们面对的主要问题是："哪些心理问题会随着儿童的成熟而消失？哪些会依然存在甚至会产生更加严重的后果？"

正常的人类发展过程中包含着众多的改变，同样的，儿童的行为能力和爱好也是在不断变化的。记忆、注意力和对刺激的控制能力在儿童时期会显著提高，到18岁时，其抽象思维能力接近成人水平。

这些改变部分是源于一个事实，即大脑自出生以来会经历一个漫长的成熟过程；另外，儿童的行为能力是需要社会和自然的经验来塑造的，而这些经验之间可以存在很大的差异。

（二）识别标准

在判别儿童和青少年的行为是否异常时可以分别从纵向和横向两个方面进行比较，参照以下两条标准：

1.纵向标准

心理和行为特点是否和发展水平相符，即个体的外在表现和其年龄是否相符。

2.横向标准

心理和行为特点是否和常模较为一致，儿童或青少年的外在行为和同龄孩子之间是否存在较大的差别。在这一点上，也需要考虑个体发展的特异性。

（三）分类

儿童青少年期心理障碍会有多种表现，根据一定的标准，可以把婴儿、儿童和青春期出现的一

些心理或行为障碍以及由心理或情绪因素引起的躯体疾病分类如下：

1.智力发展障碍——智力落后

根据儿童各年龄阶段心理发展的常模可以判断各个年龄的儿童智力发展是否正常。例如，在哪个年龄阶段，儿童应有哪些运动能力、生活技能（如独立吃饭、穿衣和排便的技能）以及言语和与人交往的能力。智力发展迟缓或智力落后的程度虽有轻有重，但都会影响儿童的心理和行为表现。

2.行为障碍——明显的行为问题

主要包括伴有多动表现或不具有多动表现的注意缺陷障碍，即所谓的“多动症”；此外，还包括说谎、偷窃、破坏行为、对抗行为、课堂行为问题、犯罪行为等行为问题。

3.情绪障碍——紧张、焦虑、恐惧

儿童对某些事物的紧张、焦虑、恐惧是十分正常的，也是暂时的，随着年龄的增长，应付环境的能力有所提高，这种惧怕表现就会逐渐消失。但是有些儿童的惧怕既持久又严重，甚至影响其正常的生活和学习。这种表现就是病态的，必须加以重视，设法矫正。

4.心理或情绪因素引起的生理功能障碍和疾病

人的心理与生理是统一的，当心理出现严重困扰时，也会在身体机能上有所表现。

具体包括以下几类：

（1）进食障碍——神经性厌食；

（2）言语障碍——口吃；

（3）排便习惯障碍——遗尿症；

（4）睡眠障碍——失眠、夜惊、梦魇、梦游；

（5）心理运动功能障碍——晃头、吮拇指、咬指甲；

（6）心身疾病——支气管哮喘、消化性溃疡、溃疡性结肠炎、腹痛、呕吐、心动过速、昏厥、皮肤湿疹、头痛等。

5.学习障碍——学习困难

这主要指儿童表现出学习困难，学校成绩大大低于同年龄儿童的平均水平。

例如，三年级儿童的阅读或算术成绩只有一年级的水平。这种儿童的智力并不一定都落后于正常儿童；有的儿童在某些方面还有特殊的能力。这种儿童除了学习困难外，有的也表现出某些行为问题。

6.神经症和精神病

神经症和精神病都是精神功能障碍的表现，两者之区别只是障碍程度和性质的不同。

例如，神经症患儿的情感和行为只是程度上不同于正常人，他们一般能知道自己有病，也能讲出自己的体验，并能与现实保持一定联系；而精神病患儿的思维、知觉、情感或行为在性质上明显不同于正常人，相当独特和奇怪，严重脱离现实，不能应付日常生活。

关于这两种障碍的诊断,儿童与成人基本采用同样的标准。

三、儿童与青少年心理障碍的诊断和治疗

(一)儿童青少年心理障碍的诊断原则

心理障碍诊断的主要依据是可靠的病史和临床检查,由于儿童和青少年其特有的特点,对他们的精神诊断要注意两个方面。

1.发展性

儿童与青少年的发育非常快速,其各个方面都处于不断的发展变化中。不同年龄阶段儿童的情绪与行为处于不同的发育阶段,评估其情绪与行为表现必须与其特定的年龄阶段结合起来,并针对其所处的环境考虑该种表现是否正常。

2.复杂性

儿童和青少年的病情通常由父母和教师提供,除年龄较大的儿童可以补充一些情况外,年幼者无法自己陈述,据此所得的资料可能与实际情况有较大出入。

(二)诊断方法

儿童是一个不断发育的个体,各方面也一直处于不断的变化之中,检查者必须熟悉不同年龄阶段儿童不同的心理发育水平,才能判断儿童的行为、情绪等表现是正常还是异常。

儿童精神障碍的诊断,主要依据可靠的病史和临床检查。

1.病史采集

病史采集的方法以询问家长为主。内容主要包括起病诱因、主要表现、病程、可能的诊疗经过等,还可以涉及儿童生长发育史、家庭环境及父母教养方式,既往病史和家族精神健康状况等。

在询问前,要取得家长的充分信任,对于重要的行为、情绪等问题,应引导家长举例具体介绍,尽量记录原话,不作主观判断。同时必要时,可以借助一些辅助资料:教师辅助资料、患儿辅助资料、物证(书面资料)、社工的实地调查资料等。

在此过程中,也需要观察儿童的心理及行为表现。

在评估病史的可靠性时,要注意到可能存在的干扰因素(家属个人性格、教育水平、对儿童要求的差异等),并加以克服。

在病史采集过程中,尽量通过多渠道的信息来源,注意不同情境的行为表现,注意儿童的相应发育年龄,综合考虑,有助于得出正确的诊断。

2.临床检查

临床检查涉及到两方面的内容。

(1)生理机能的检查

一般的体格检查,包括常规检查:血、尿、肝功能、心电图等;神经系统检查,包括视觉、听力、染色体、脑电图、CT等,了解是否存在器质性因素的影响。

(2)精神活动的检查

主要采用各种临床评定量表,用自评和他评的方式对儿童行为进行全面评估。包括智力测验、儿童情绪评定、人格评定量表、注意力测验、记忆力测验、孤独症评定量表、多动症评定量表等。

专业人员通过上述方法,综合对儿童行为进行评定,然后再作出诊断。

(三)儿童青少年心理障碍治疗

针对儿童和青少年阶段的患者,治疗者希望他们的治疗不仅能缓解儿童期与青少年期的障碍,而且还可以提前解除成人期的障碍。

但儿童期的障碍确实能预测成人期的障碍吗?如果是,是否能通过治疗儿童期的障碍来预防成人期的障碍呢?

1.预见性

第一个问题的答案取决于我们寻求何种预见性,最清楚、最稀罕的预见性的实例是"稳定性",即一种儿童期障碍能以同一种或相似的形式持续到成人期。有一些儿童期的障碍容易保持稳定,如人格障碍。成年时的反社会人格障碍常常是追随青少年时的反社会行为而来的,其他人格障碍也有类似的预见机制。

另一种预见性类型是发展适应的连续性。这种情况是指儿童期的问题障碍以后不是以同一种形式发展而是以一种偏斜的方式发展,这就产生了另一种障碍,它可能和原来的障碍几乎没有相似性。

比如,那些回避和抵制父母的婴儿容易在2岁就变得有很高的对抗性,在3或4岁表现出很强的破坏性。反过来,在他们开始上学的那段时间(5到7岁),破坏性行为会使孩子处在有很强烈的行为问题和学习障碍的风险中。在这种情况下,我们就无法说学习障碍是婴儿回避的一种连续体,但这似乎说明了早期问题可能会建立一种发展的适应性不良模式,其适应不良的形式会随时间而变化。

第三种预见性涉及的是早期障碍对特定应激源的反应。比如,由于失去父母而变得抑郁的孩子未必一定就发展出成人后的抑郁症。但早期的丧失父母可能会使个体在以后的道路上对类似的丧失(如离婚)更容易起反应,这样就会使个体在成人期更容易受伤害从而导致抑郁。一般来说,童年期的情感压抑障碍,如抑郁或焦虑是容易消除的。但是,这些障碍如果抑制了情感的发展,增加了对应激的反作用性,或陷于不良的伙伴关系,也就可能预测出以后生活中的问题。

如果我们一起考虑预见性的这三种类型,那么对第一个问题的答案就是肯定的,一些儿童期的障碍虽然常常并不是直接地,但的确能预测成年期的障碍。

2.预防性

第二个问题,对儿童期障碍的治疗是否可以预防成人期的障碍,其答案仍不清楚。治疗显然在短期内是有帮助的,研究结果发现心理疗法对成人和儿童几乎一样成功,并且对女孩和非社会适应不良的那些问题常常更有帮助。

那些接受了心理社会治疗,特别是接受认知和行为疗法的孩子容易比那些不接受任何治疗的孩子表现得好。从这个角度看，很多孩子对治疗有很好的响应，这暗示了治疗会帮助预防一些成人障碍。

复习巩固

1.儿童与青少年心理障碍有什么特点？

2.儿童与青少年期的心理障碍可以分为哪些类型？

3.对儿童的心理治疗可能会有什么样的效果？

第二节　精神发育迟滞

日常生活中，也许会见到有一些童年期的孩子有精神发育迟滞（Mental Retardation，MR）的精神障碍，其特征是明显的智力功能低下，并伴有适应性技能方面的缺陷。这些孩子的智力和适应性功能都低于平均水平，在他们的生活中会遇到各种各样的问题。

由于国内外对精神发育迟滞的定义不同，不同研究得到的患病率差异也很大，但有一点很清楚，那就是男性的患病率高于女性。

一、精神发育迟滞的定义与诊断标准

（一）精神发育迟滞的概念

精神发育迟滞是指一组精神发育不全或受阻的综合征，特征为智力低下和社会适应困难，起病于发育成熟以前（18岁以前）。

本症可单独出现，也可同时伴有其他精神障碍或躯体疾病。患者智力水平（按标准化的智力测评方法得出）低于正常。精神发育迟滞如能查明病因，则应与原发疾病的诊断并列。我国常用韦氏智力测验测评智商，用儿童社会适应行为量表测评社会功能。

（二）精神发育迟滞诊断标准

精神发育迟滞的诊断标准有三条：

（1）智力明显低于平均水平，智商（IQ）不高于70。

（2）患者的适应功能同时受到损伤或者存在不足。换句话说，智商接近或者低于70是不足以诊断为精神发育迟滞的，还必须在以下至少两项上存在明显的困难：沟通、自理、家庭生活、社交或者人际交往技能、使用社会资源、自我管理、学习技能、工作、休闲、健康、个人安全。这些方面之所以非常重要是因为它排除了由其他原因导致智力测验得分很低，但社会功能保持良好的个体。

（3）在18岁之前发病。这一年龄标准将由于脑部创伤等造成的成年人的智力障碍排除在外。

(三)精神发育迟滞的分类

智力测验的分数是一个近似正态的分布,通常平均数是100,标准差是15。在精神发育迟滞的诊断中,区分正常人和明显智力低下的分界点是低于平均数的大约2个标准差的分数(70)。如果个体的适应性机能受损,且测验分数低于70,可能就会被诊断为精神发育迟滞。

传统上还有具体划分精神发育迟滞的标准:轻度、中度、重度、极重度。以下就是对这4类分类标准的描述:

1.轻度发育迟滞

在所有的精神发育迟滞患者中,85%左右是属于轻度发育迟滞。因为是轻度的,所以常常是上学后才被发现。此发育迟滞程度相当于IQ分数在50—55到70之间。有轻度发育迟滞的患者小时候的发育就比较慢,在诸如吃饭、穿衣、如厕训练的自我照顾方面需要更长时间的他人帮助。但是,到了青少年时期,他们可以独立地完成生活中的大部分事。他们说话流畅,通常可以阅读简单的材料,也可以做简单的算术。成年后,他们可能需要别人充当他们的顾问,特别是在钱财管理方面。大多数轻度发育迟滞者有工作,有自己的朋友,有些还会结婚、生子。

2.中度发育迟滞

中度发育迟滞的儿童约占所有精神发育迟滞案例的10%,通常在2或3岁就会表现出来,IQ分数在35—40到50—55之间。一直到大约6岁,他们才会自己进食,在他人协助下给自己穿衣,开始如厕训练,使用一些词语说出成形的他人可识别的话。青少年时期,他们可以掌握良好的自我照顾技能,能进行简单的对话,认识一些字,完成简单的任务。

3.重度发育迟滞

重度发育迟滞者的IQ分数在20—25到35—40之间。重度发育迟滞的患者可以学习一些自我照顾的技能,通过适当的训练,他们可以从事简单的非技术性工作。训练对这一程度的患者来说显得尤其重要。但是,重度发育迟滞患者需要相当多的监护。他们可以听懂别人的话,但很多对表达自己存在困难,他们的阅读和计算技能不足以使他们独立生活。

4.极重度发育迟滞

极重度发育迟滞者IQ分数在20或25以下。极重度发育迟滞的患者能够进行一些自我照顾的活动,有时也能从事一些极其简单的工作,但他们需要极多的监护和帮助。语言对他们而言是一个严重的问题;他们可能能够理解简单的对话,但他们很少或完全没有能力说话。他们的身体有严重畸形,中枢神经系统发育不良,生长滞后。他们对疾病的抵抗能力很差,寿命一般短于正常人。

二、精神发育迟滞的病因

(一)基因遗传因素

1.性染色体异常

20世纪早期,我们就知道某些精神发育迟滞是通过X性染色体遗传的,这种情况就被称为脆弱X综合征,在1250至2500个新生儿中就会存在1例左右。脆弱X综合征患者有些显著的生理特征:大而突起的耳朵,拉长的脸,男性有较大的睾丸。很多患者表现出活动过度,但有些也表现出孤独症的特征:咬手、有限的言语、不良的目光接触(相应地,有些被诊断为孤独症)。因为男性只有一条X染色体,女性有两条X染色体,一条正常的X染色体会掩盖另一条变异带来的影响,所以女性出现精神发育迟滞的风险性较小。

2.常染色体异常

唐氏综合征(Down's syndrome)患者是第21对染色体上多出了一条,或被称为21三体综合征。这条多出的染色体被认为是母亲的卵细胞在减数分裂时的错误造成的。

唐氏综合征的一些典型特征有:两眼间距大,塌鼻梁,头小且圆,眼睑上的皮肤非常褶皱,嘴角下垂且口小,舌头厚且常保持伸出状态,手指粗短,肌肉紧张性不良,几乎所有的患者都有精神发育迟滞,其中大多数属于中度精神发育迟滞。他们也容易患严重的心脏病和呼吸系统疾病,因此他们的平均寿命要短于正常人。

唐氏综合征在1000个新生儿中发病率大约1.5例。

脆弱X综合征是遗传得来的,所以那些有患病风险的人都有与X染色体相联系的发育迟滞的家族史;至于唐氏综合征,其患病风险更直接地是和母亲的年龄相联系,母亲生育时的年龄越大,其子女患此病的概率将大大增加。如果女性是45岁以上生育,则孩了的患病可能性甚至高达25个新生儿中1例。

上述两种染色体异常占了所有精神发育迟滞患者的四分之一。

3. 新陈代谢基因异常

由于遗传缺陷引起的新陈代谢障碍,其中最为人所知的是苯丙酮尿症(PKU),它的发病率是10000到15000个新生儿中1例。由于代谢障碍,大量的苯丙氨酸及其酮酸在体内积累,最终损害正在发育中的中枢神经系统。其后果通常表现为个体严重的迟缓、多动以及无规律和不可预计的行为。

这种病出生后可以进行诊断,并且可以通过进食不含苯丙胺酸的食物来加以控制,但费用不菲。

(二)环境因素

环境在智力发展中起着很重要的作用。

1.胎儿期环境

胎儿所处的胎儿期环境对个体的智力发展有着极其深远的影响。母亲身上的一些慢性疾病，例如高血压、糖尿病，如果不加以治疗，会导致胎儿的神经发育异常；一些传染性疾病，也会导致神经发育异常。

除此之外，母亲孕期服用的药物也会影响胎儿的发育。胎儿酒精综合征的患者会表现出各种各样的生理上的缺陷和畸形，以致精神发育迟滞。这是由于母亲在怀孕期间的饮酒导致胎儿暴露在酒精环境下所致。若孕妇在怀孕时酗酒，孩子的智商平均在70左右。

2.外部创伤

身体虐待以及头部受到的偶然撞击都能导致大脑的损伤和精神发育迟滞。如果婴儿头部受到过于强烈的震动，会导致脑部损伤。这是因为，婴儿的头既大又沉，他们颈部的肌肉不能很好地控制头部运动。当受到强烈震动时，婴儿的脑组织就会和头骨撞击，从而产生瘀伤。

3.社会经济地位

社会经济地位低下同样不利于智力的发展。生活贫困的母亲不大可能在孕期接受良好的照顾，婴儿早产的风险也会增加。生活在贫困地区的儿童更可能暴露于铅污染中，因为许多老旧的建筑油漆中都含铅。当油漆从墙面剥落后，有可能被儿童吸收。低收入家庭的父母所受教育很少，能提供给儿童的教育资源也很有限，造成了环境刺激的剥夺。这些因素直接影响儿童的智力发展，使与儿童认知发展有关的生理条件恶化。

三、精神发育迟滞的治疗

精神发育迟滞的治疗必须全面、密集、长期才能见效，常用的疗法有药物疗法、行为疗法和社会疗法。

（一）药物治疗

药物本身并不能改善儿童的智力水平，但药物可以缓解在精神发育迟缓患者中常见的痉挛，控制攻击性或者自我伤害的行为，改善心境。精神安定药能够减少攻击性、破坏性和反社会的行为，不过这类药物对神经系统的潜在副作用使其备受争议。

一些非典型性抗精神病药物已被证实能够减少精神发育迟滞患者的攻击性和自我伤害的行为，而且不会对神经系统产生严重的副作用；抗抑郁药可以缓解抑郁症状，提高睡眠质量，帮助精神发育迟缓患者控制自我伤害的行为。

（二）行为疗法

行为疗法中，一般要求儿童的父母或者看护者也要参与治疗，学习强化儿童的积极行为、消除其消极行为的技巧。行为疗法通常用于帮助精神发育迟缓的儿童和成人学习新技巧，从正确辨别颜色到运用职业技能。帮助儿童通过模仿逐步学习，并奖励取得进步的人。行为疗法同样有助于减少自我伤害和其他适应不良行为。这种疗法不仅仅局限于单一的技巧，而是一个全面治疗计划的一部分，最大限度地帮助精神发育迟缓患者融入社会。

（三）社会疗法

社会疗法则侧重于对患儿病情的早期干预。例如，对存在精神发育迟滞可能性的儿童从出生伊始即启动综合治疗计划，包括强化儿童基本技能的发展，减少不利于儿童成长的社会环境因素（例如虐待儿童、营养不良或者接触有毒物质）等。

复习巩固

1.什么是精神发育迟滞？如何辨别？

2.精神发育迟滞的影响因素有哪些？

第三节　孤独症

生活中，我们会发现一些孩童看起来与周围的人和物格格不入，他们完全沉浸在自己的世界里，不愿意与周围人（哪怕是父母）有目光、肢体上的接触，言语交流存在障碍，行为表现常常刻板重复，注意力不集中，智力发育不均衡等等，它不同于我们前面所说的精神发育迟滞障碍，而是另一种病症——孤独症（autism），也称自闭症。

许多父母因为孩子患有孤独症而苦恼异常，常常充满了挫败感，但是这的确需要我们极大的关注和耐心去面对这些患有孤独症的孩子，努力尝试去理解他们。

一、概述

（一）孤独症历史

1.关于孤独症的最初报道

临床上首次描述孤独症是在20世纪40年代。1943年，美国医生坎纳（Kanner）报道了11例患者，并命名为“早期婴儿孤独症”（early infantile autism）。他当时描述这个类群的患者特征如下：严重缺乏与他人的情感接触；怪异的、重复性的仪式性行为；缄默或语言显著异常；高水平的视觉——空间技巧或机械记忆能力与在其他方面学习困难形成鲜明对比；聪明、机敏且具有吸引力的外貌表现。

2.孤独症的早期分类界定

最初，坎纳报道的这类患者被认为是儿童精神分裂症的一个亚型而未受重视。在20世纪40—60年代，又有数人描述了与坎纳报道相似的病例，并冠以各种各样的名称。当时的国际及美国精神病分类与诊断标准将这类患者归入"儿童分裂样反应"类别中。

孤独症的行为如果被认为是从出生到童年早期的发育障碍所致则更为合情合理。由此,逐渐把孤独症看作一种躯体性的、与父母抚育方式无任何关联的发育障碍。洛特(Lotter)发表的新的孤独症诊断标准中,强调把社会交互作用、言语与交流和重复性活动三个方面作为基本标准,并舍弃了坎纳诊断标准中关于"特殊技能和吸引人的外貌"等两项。以后,在洛特标准的基础上,开展了广泛的流行病学调查研究。

孤独症同成年精神病性障碍,尤其是成年精神分裂症没有关系。1980年出版的DSM-Ⅲ首次将童年孤独症视为一种广泛性发育障碍。

3. 目前的观点

目前认为,孤独症,又称孤独症或孤独性障碍(autistic disorder),是广泛性发育障碍(pervasive developmental disorder,PDD)的代表性疾病,是一类起病于3岁前,以严重孤独,缺乏情感反应,语言发育障碍,刻板重复动作和对环境奇特的反应为特征的心理发育障碍疾病。

近十年来,孤独症的概念、诊断和分类等方面发生了很大的变化,相关进展迅速,病因学、治疗和预后认识也有了重大的进步。人们逐渐认识到孤独症的表型极为广泛,包括情感、认知、社交及适应行为等多方面异常,症状的轻重程度差异也很大。目前一般用孤独症谱系障碍(autism spectrum disorders, ASD)来界定此类障碍。

2007年12月24日,联合国大会通过决定:从2008年开始,将每年的4月2日定为"全球孤独症日"(World Autism Day),以此来提高人们对孤独症的研究与诊断以及对孤独症患者的关注。

(二)孤独症的流行病学

孤独症的患病率本身就是一个引起热点关注的话题。从1960年报道的4—5人/万,到后面报道的1%—2%,再到2017年我国某市托幼机构2—6岁儿童中孤独症患病率约为3.54%,孤独症的患病率在全球呈现出明显上升的趋势,该病已成为全球严重的公共儿童健康问题,也已经成为增长速度最快的心理疾病。也有专家认为患病率的提高,受到很多因素的影响,比如诊断方法的改进,以及调查方法的不同,都会造成了患病率升高的现象。

有专家估计目前全球大约有6700万的孤独症患者,而国内的孤独症患者也可能在1000万左右。数字已经超过了癌症、艾滋病、糖尿病的总和,庞大的患者群体不容忽视。

孤独症患者男女比例约为3:1—4:1,女孩症状一般较男孩严重。75%以上的孤独症儿童在6岁前没有得到及时的确诊,以至对他们将来的发展带来严重影响。

二、孤独症的症状表现

孤独症一般起病于出生后36个月以内,主要表现为三大类核心症状,即:社会交往障碍、交流障碍、兴趣狭窄和刻板重复的行为方式。

(一)社会交往障碍

交往障碍是孤独症的核心症状,儿童缺乏与他人的交流或交流技巧,与父母亲之间缺乏安全依恋关系等。

具体症状有以下几点:非语言表达缺陷,同伴互动困难,分享情感困难,缺乏互惠行为。

孤独症患者的社会交往障碍会伴随他/她的一生,随着儿童年龄的增长,每个阶段又会有不同的表现:

(1)在婴儿期,患儿回避目光接触,对人的声音缺乏兴趣和反应,没有期待被抱起的姿势,或抱起时身体僵硬、不愿与人贴近。

(2)在幼儿期,患儿仍回避目光接触,呼之常无反应,对父母不产生依恋,缺乏与同龄儿童交往或玩耍的兴趣,不会以适当的方式与同龄儿童交往,不能与同龄儿童建立伙伴关系,不会与他人分享快乐,遇到不愉快或受到伤害时也不会向他人寻求安慰。

(3)学龄期后,随着年龄增长及病情改善,患儿对父母、同胞可能变得友好而有感情,但仍明显缺乏主动与人交往的兴趣和行为。虽然部分患儿愿意与人交往,但交往方式仍存在问题,他们对社交情境缺乏理解,对他人情绪缺乏反应,不能根据社交场合调整自己的行为。

(4)成年后,患儿仍缺乏交往的兴趣和社交的技能,不能建立恋爱关系和结婚。

(二)语言交流障碍

孤独症患者的语言交流存在障碍,语言发育落后,或者在正常语言发育后出现语言倒退,或语言缺乏交流性质。

主要有以下几种表:

1.非言语交流障碍

该症患儿常以哭或尖叫表示他们的不舒适或需要。稍大的患儿可能会拉着大人手走向他想要的东西;缺乏相应的面部表情,表情也常显得漠然,很少用点头、摇头、摆手等动作来表达自己的意愿。

2.言语交流障碍

该症患儿言语交流方面存在明显障碍,包括:

(1)语言理解力不同程度受损;

(2)发育迟缓或不发育,也有部分患儿2—3岁前曾有表达性言语,但以后逐渐减少,甚至完全消失;

(3)形式及内容异常:患儿常常存在模仿言语、刻板重复言语,语法结构、人称代词常用错,语调、语速、节律、重音等也存在异常;

(4)能力受损:部分患儿虽然会背儿歌、背广告词,但却很少用言语进行交流,且不会提出话题、维持话题或仅靠刻板重复的短语进行交谈,纠缠于同一话题。

(三)兴趣狭窄及刻板重复的行为方式

孤独症患儿的行为方式具有一定的特异性:狭隘的兴趣,固执行为,重复身体动作,只注意事物细节等等。

(1)孤独症患者对一般儿童所喜爱的玩具和游戏缺乏兴趣,而对一些通常不作为玩具的物品却特别感兴趣,如车轮、瓶盖等圆的可旋转的东西;有些患儿还对塑料瓶、木棍等非生命物体产生依恋行为。

(2)患儿行为方式也常常很刻板,如:常用同一种方式做事或玩玩具,要求物品放在固定位置,出门非要走同一条路线,长时间内只吃少数几种食物等;常会出现刻板重复的动作和奇特怪异的行为,如:重复蹦跳、将手放在眼前凝视、扑动或用脚尖走路等。

(四)其他症状

约3/4该症患儿存在智力异常,大多数孤独症儿童存在感觉异常。部分患儿在智力低下的同时可出现"孤独症才能",如在音乐、计算、推算日期、机械记忆和背诵等方面呈现超常表现,被称为"白痴学者"。

例如全球最著名的白痴学者是美国盐湖城的一位名叫金·皮克(Kim Peek)的孤独症患者。他在历史、文学、地理、体育、音乐等15个不同领域,都有着超凡的天赋。据报道,皮克有过目不忘本领。他甚至能将一本电话号码簿上的名字和电话号码一字不差地记住。直到如今,皮克几乎能一字不漏地背诵9000本书的内容。

不过,皮克在其他方面却显得相当"低能",不能料理自己的生活,连穿衣服这类简单的日常工作都不能做。皮克的故事给了好莱坞导演灵感,1988年奥斯卡获奖电影《雨人》(Rainman)就是以他为原型拍摄的。因此,智能障碍学者又被人们俗称为"雨人"。

另一个例子,英国男子德雷克·帕拉维奇尼(Derek Paravicini)先天失明并患有严重孤独症,至今仍不会数数,不懂穿衣吃饭,但他竟是一个四岁起就无师自通的钢琴奇才,对所有乐章过耳不忘,被誉为"再世莫扎特"。尽管人际交往方面存在巨大障碍,可是德雷克内心深处却有着强烈的表现欲望。他曾经说:"我喜欢弹钢琴,喜欢在众多观众前表演,更喜欢台下的掌声。"

因此,尽管表面上看孤独症患者似乎和整个世界失联了,但这并不代表他们会一生一事无成。他们是生活在自己的世界中,不太能被普通人理解和接受的人。

三、孤独症的病因

美国精神病学家坎纳于1943年首先提出孤独症诊断后,也同时提出了孤独症是由于父母亲在情感方面的冷漠和教养方式过分形式化所造成的,经过数十年的广泛研究,现在已证实孤独症与父母教养方式无关,越来越多的证据证明生物学因素(主要是遗传因素)和胎儿宫内环境因素在孤独症的发病中有重要作用。

(一)遗传因素

双生子研究显示,孤独症在同卵双生子中的共患病率高达61%—90%,而异卵双生子则未见明显的共患病情况。在兄弟姊妹之间的再患病率,估计在4.5%左右。这些现象提示孤独症存在遗传倾向性。

研究显示,某些常染色体或者性染色体异常都可能会导致孤独症的发生。繁多的候选基因提示了孤独症是一种多基因遗传病,即孤独症可能是在一定的遗传倾向性下,由环境致病因子诱发的疾病。

(二)感染与免疫因素

早在20世纪70年代末就有研究发现,孕妇被某些病毒感染后,其子代患孤独症的概率将增大。后来数个研究均提示,孕期感染与孤独症发生可能有一定的关系。目前推测,这些病原体产生的抗体,由胎盘进入胎儿体内,与胎儿正在发育的神经系统发生交叉免疫反应,干扰了神经系统的正常发育,从而导致了孤独症的发生。

(三)器质性因素

近年来,研究发现孤独症患者脑室左颞角扩大较多见,提示颞叶内侧结构的病变,可能是由于脑组织的变态反应所致。

最近的研究证明,患幼年孤独症的儿童,其免疫系统可能将一个基本的脑蛋白误为异体,而将其吞噬掉,因此导致脑损伤,表现出孤独症的一些特征。并且孤独症患者同时出现情绪、智力和交际的缺陷,亦是与脑病变有关。

四、孤独症的治疗

(一)孤独症治疗的几点共识

(1)孤独症没有特效药物治疗。早期诊断早期干预可以改善孤独症的预后,因此孤独症治疗一般认为是年龄越小、效果越好,但是到目前为止并没有一个年龄的截止点,事实上也存在着部分患者在较大年龄获得改善。

(2)世界各国尤其是发达国家建立了许多的孤独症特殊教育和训练课程体系,各种训练方法各有优缺点,尚无证据表明哪一种疗法显著优于另外一种。目前各种方法有互相融合的趋势。

(3)由于孤独症缺乏特效治疗,目前尚存在数以百种的另类疗法(alternative therapy),这些疗法缺乏循证医学证据,使用需慎重。少部分未经特别训练和治疗的孤独症儿童有自我改善的可能,部分疗法声称的疗效可能与此有关。

(二)孤独症的治疗方法

20世纪80年代以前,孤独症普遍被认为属不治之症。自从1987年洛瓦斯(Lovaas)报道采用行为分析疗法成功“治愈”9例孤独症儿童以后，世界各国（主要是美国）相继建立和发展起来了许多的孤独症教育训练疗法或课程，多数疗法或课程的建立者均声称自己的疗法取得了显著的疗效，但是一些疗法的疗效有夸大之嫌。

社会交往障碍是孤独症儿童的核心症状，孤独症儿童的社会交往能力并不一定随着年龄的增长而自然改善。这意味着对孤独症儿童进行有针对性的社会交往训练十分有必要。

目前普遍认为孤独症儿童社交能力干预有两个导向：一是以行为主义为导向的方法，注重社交、情绪和沟通技能的发展。二是以认知为导向的方法，注重培养儿童对社会关系及社会交往的认识理解能力，期望通过提高孤独症儿童的社会认知能力改善他们的社会行为，提高他们的社交能力。

以下列举部分相关的干预方法：

1.录像示范法

通过把孤独症儿童需要学习的目标行为用正确示范的方法录制成视频，并提供给孤独症儿童，让孤独症儿童反复观看和模仿学习，以此教导孤独症儿童获得目标行为的一种方法。孤独症儿童能够看到并听到成人与自己恰当和适宜的对话过程，视频中当自己做出恰当和适宜的回应时，成人会很开心并进行赞扬和鼓励，干预后儿童对他人提问的语言社交回应行为比原来增多了一倍，父母也反映儿童有了进步情况。

2.同伴介入法

同伴介入法的理论奠定在行为主义心理学的基础上，通过培训有社交能力的儿童，指导他们和孤独症儿童建立恰当的社交模式，强化孤独症儿童合适的社交行为以提升他们的社交技能方法。换句话说，同伴介入法是以教导孤独症儿童的同伴如何与孤独症儿童正确进行互动来提高孤独症儿童社会交往技能的方法。同伴介入的干预往往会结合其他一些干预方法，以取得更好的效果。

3.自然情境训练

传统的社交沟通训练致力于在指定的或者隔离的情境中训练儿童的语言能力，忽视儿童在真实情境中的语言运用，虽然训练之后，儿童的语言能力增加了，但却无法在自然情境中用来与人沟通。自然情境教学注重在学习或互动过程中孤独症儿童的兴趣和动机，强调情境的安排，注重儿童沟通的主动性和语言沟通的功能性，其主要包含以下四个方面：第一，教者示范法，训练孩子的模仿能力和教导新行为的能力；第二，要求—示范，根据儿童的兴趣点、当下的需要或所关注的事物等方面开始沟通，然后根据儿童反应给予强化或进一步提示；第三，提示—示范策略，建立共同的注意点，训练学习者在口语及教学提示下提供信息和学习适当的反应；第四，时间延宕法，采用儿童感兴趣的事物，制造需求动机，在情境中给予停顿或延缓提示的时间，等待儿童自主的互动行为。

4.心理理论训练

从孤独症儿童心理理论缺陷的假说来看，孤独症儿童通常没办法理解自己与他人的心理状态，并且不能凭借该心理状态去预测和解释别人的行为，所以无法与他人开展有效的社会交往活动。这体现了心理理论能力与社交能力之间关系密切，孤独症儿童社交能力一定程度上受到心理理论能力的制约或影响。因此为了提升孤独症儿童的社交能力，对其进行心理理论干预也是一种训练方法。

心理理论训练与一般教学法的不同之处在于其注重孤独症儿童的观点采择能力，也就是从他人的视角去看待问题，帮助他们理解和预测他人的行为和意图，提升其社会交往能力。治疗者们将训练任务细化分为理解信念、理解情绪、假装扮演相关的三个主要领域。理解错误信念是个体心理理论发展中的重要内容，孤独症儿童心理理论干预训练也主要以错误信念训练为重点和突破口。

（三）孤独症父母的自我调适

作为孤独症患者的父母，必然十分不易。可能会经历焦虑、痛苦、甚至抑郁……想要帮助孩子，自我调适尤为重要。

1.真正接纳自己的孩子

什么是接纳？承认他是一个孤独症的孩子，站在他的角度理解他，不会因为他身上的孤独症特质而不开心，而是用平静的心态来对待。承认他是一个孤独症的孩子，不要对他有太高的要求，不要和正常孩子比，他是特别的，每个孩子都不一样。

2.加入团体获取支持

建议孤独症孩子的家长都去寻找自己的圈子，一方面可以互通有无，知晓一些不知道的家庭训练方法，另外一方面很重要的是形成心理支持。任何一个家里没有孤独症的孩子的家长都难以想象家里有孤独症的孩子的家长每天面对的情况，孤独症的孩子的行为可以说在其他人眼里很“古怪”，只有感同身受过的人才可以理解，大家可以相互鼓励，相互宣泄情绪。

3.学习一切关于孤独症的知识

克服对可怕事物的恐惧焦虑以及负面情绪，最好的方法就是接近它，了解它，看穿它。家长了解了孤独症，了解了孤独症其实是一个谱系，很多患有孤独症的孩子也还是有自己的生活能力，同时了解了孤独症的症状其实可以通过作业治疗、言语治疗、心理治疗来减轻，某些能力可以通过行为训练发展起来，以后并不是一个废人，知道了我的孩子和其他孩子相比并没有什么不一样，他的未来也需要我来谋划，虽然我的孩子看起来和其他孩子不一样。这样一来，家长可能就能够以一颗平常心接受，毕竟，这样的孩子都需要一个理智的家长来实现教育和陪伴的过程。

复习巩固

1.孤独症患儿主要症状表现有哪些？

2.可以通过哪些途径对孤独症患者进行干预？

第四节　多动症

在现实生活中，儿童一般都是多动的。但有少数一些人，与同年龄儿童相比，显得更加多动，更加难以教育和管理。在对他们的管理上用尽各种手段，但收效甚微，以至于老师和家长都感到很头痛，他们可能患有注意障碍性多动(attention deficit hyperactivity disorder，ADHD)，它与品行障碍一样，是破坏性行为障碍最重要的两种表现之一。

一、概述

(一)多动症的定义

注意障碍性多动，又称多动症，属于广义的行为障碍，是指发生于儿童时期(多在3岁左右起)，与同龄儿童相比，表现为同时具有明显的注意集中困难、注意持续时间短暂及活动过度或冲动的一组综合征，常伴有认知障碍、学习困难或品行障碍，智力正常或基本正常。

(二)多动症的影响

它是儿童期最普遍、最复杂的心理与行为障碍之一。大量最新研究表明，多动症对儿童的学习、人格、心理健康、同伴交往、亲子关系等不仅具有十分重要的近期影响，而且还有着不可忽视的长期效应。

多动症对儿童发展影响途径有直接和间接两种方式。

1. 直接影响

多动症本身直接造成的对儿童发展的影响。如多动症儿童注意力问题，导致其不能专心学习，妨碍了他们计算、推理等认知思维能力的发展，造成发展障碍。

2. 间接影响

多动症儿童导致的不良外界环境反过来对儿童发展产生影响，如多动症儿童活动过多、冲动任性，常常惹是生非、扰乱秩序，往往使他们无法形成良好人际关系，常受到家长、教师和同伴的消极评价，进而被拒绝、蔑视等，可能使他们形成不良的自我概念，产生无助感，必然对其随后的身心发展带来极大的消极影响。

另外，从时间轴看，多动症对儿童发展影响可能有近期效应，还可能有长期效应。在学习成绩、能力发展、同伴关系及个性品质的形成和发展上，均带来一定的消极影响。研究发现，多动症儿童长大后，多动症症状虽可消失，但其犯罪行为、学习困难、抑郁症和其他精神障碍发生的可能较一般人多见。

(三)多动症流行病学

很多资料报告儿童多动症的患病率为3%—5%，国内有报告为1.5%—10%，其中至少有70%的患者病情将延续至青少年，大约一半的儿童多动症患者在成年时仍然有症状。男孩患注意障碍性多动明显多于女孩，约为女孩的4—9倍。

在跨文化研究中，因不同民族和社会经济文化等方面的差异，其发病率有所不同，西方国家偏高于东方国家。此外，研究还发现，不少多动症儿童来自父母离婚或分居的破裂家庭、父母以体力劳动为主的经济地位低下的家庭和父母教育观念不一致的家庭等。

二、多动症的症状表现

多动症的症状可分为核心症状和派生症状两类。核心症状是指多动症儿童具有的最本质、最基本的特征，如注意障碍、活动过度、冲动性强等；而派生症状则指由核心症状导致的多动症儿童具有的其他一些突出特征，如学习障碍、同伴关系障碍、品行不良等。

这些症状持续至少6个月，且达到与发育水平不相符合的程度，并给学习和社会生活带来直接的消极影响。

儿童多动症的症状虽然很多，但其最基本、主要的核心症状主要有以下三个方面：

（一）活动表现过多

1.缺乏目的性

他们通常极度不安宁，过于活跃，好像“被发动机驱动着”。这种儿童的多动与一般儿童的好动不同，他们的活动是杂乱的、缺乏组织性和目的性的。经常手脚动个不停或在座位上扭动，或者讲话过多，无法安静地玩耍或参与休闲活动。

2.无法控制

在家里爬高钻低，翻箱倒柜，又蹦又跳，经常闯祸；在托儿所、幼儿园里，不服从老师管教，会不断更换和毁坏玩具、小人书；与小朋友做游戏时，也常常捣乱，还会突然攻击其他小朋友；在限制活动的场所中（如教室），此类儿童比一般好动的孩子明显表现出不能控制自己的活动，精力也特别旺盛。

上课时不能安稳坐定，常常做鬼脸，逗同学发笑，不停地做小动作，或用小刀或笔乱刻乱画，玩铅笔、纸片、指甲，甚至敲桌子、吹口哨、大声尖叫，或在提问还没有读完之前就把答案脱口而出，在教室里乱跑乱动等。

在运动场上可以看到他们与一般儿童的区别。虽然他们好动，但活动速度不快，身体转动也较迟钝，显得比较笨拙，整体运动技能较差。

（二）注意集中困难

1.注意集中短暂

这类儿童主动注意（有意注意）功能极差，难以根据一定的任务和要求自觉把注意力集中在某项活动或任务上。他们做事极不专心，不能善始善终，老师上课的内容经常听不清，以至于做作业时常出现遗漏。

2.注意力易分散

这类儿童无意注意功能相对亢进，非常易于被外界任何细小的变化所吸引，不能过滤无关刺激，对来自各方面的刺激几乎都起反应，因而注意力集中的时间短暂。

经常在日常生活中忘记事情（例如做家务、外出办事；对于年龄较大的青少年或成年人，则为回电话、付账单、约会等）。

（三）冲动任性

冲动任性是多动症突出并且经常出现的症状，为此，有的学者将其视为核心症状。

多动症儿童意志力薄弱、耐受力差，遇到问题缺乏信心，不去想解决的办法，适应新环境的能力也很差。经常难以等待轮换到他或她（例如，当排队等待时）。

他们缺乏克制力，行动多先于思维，不经考虑就行动，行动前不顾后果，常出现危险举动，且事后不吸取教训。因而在实际生活、学习活动中，他们常会突然做出一些危险性的动作或破坏性行为，想干什么就干什么，经常重犯许多错误，有时出现自伤或伤人等严重问题。

活动表现过多，注意集中困难，冲动任性，这三种特征是多动症儿童主要的和普遍的特征。此外，还有其他一些表现。

（四）其他症状

1.动作的精细与协调困难

患有多动症的儿童动作笨拙，精细度和协调性差，通过指鼻试验、点指试验和翻手试验可反映出多动症儿童动作笨拙或协调性差的问题，有些学者把这些轻微的异常体征称为软性神经征，作为诊断、治疗的参考指标。

2.学习困难

大约有60%的多动症儿童存在学习困难，造成的原因主要是注意力不集中，多动、冲动任性、意志力薄弱，也有的是因为有学习能力障碍，即由于认知缺陷造成的学习功能紊乱。

3.情绪不稳定

情绪很不稳定，具有冲动性和易变性的特征，自制力较弱，容易激惹，情绪波动大，易怒、易哭、易冲动，个性倔强、固执、急躁，轻微的刺激即能引起强烈的反应。

4.延迟满足困难

多动症儿童难以为一个长远的目标而工作，他们缺乏耐心、不能等待。他们经常要求一些小的、重复性的及时报偿而不愿等待一个大的、重要的、但需花较长时间等待的奖赏。同样，研究表明，奖励也难以长久地改变其行为，当奖励取消时，其行为又很快退回到原有状态。

5.睡眠问题

这一类的儿童还有睡眠问题，他们常常入睡困难、睡眠浅、容易惊醒，有时一直要在床上玩耍到深夜也不想睡觉，在托儿所、幼儿园里常常不肯午睡。

拓展阅读

简易多动症量表

国内外学者为使多动症患儿的病史采集标准化，设计了许多行为量表，通过这些行为量表使诊断更为准确，常用的有美国康纳(Conner)设计的简易多动症量表，可为诊断提供依据。该量表按数字级别判定症状，由教育者根据儿童的表现逐项打钩，然后将每项得分累加成总分，总分在15分以上者，应怀疑有多动症，要尽快查明原因，以便及早治疗。

评项	无(0分)	有一点儿(1分)	较多(2分)	很多(3分)
1.动个不停				
2.容易兴奋或激动				
3.打扰其他小孩				
4.做事有头无尾				
5.坐不住				
6.注意力只能短暂集中，易随环境转移				
7.要求必须立即得到满足				
8.好大声喊叫				
9.情绪改变快				
10.脾气暴躁，有不可预料的行为				

三、多动症的病因

对多动症形成原因的研究与把握，是有效诊断和鉴别的基础，更是采取有力治疗措施的前提。长期以来，众多研究者从各自不同角度和领域，使用多种研究方法，对其病因进行了广泛的探讨，至今仍未得到完全一致的结论。

多动症是由多种因素引起的，主要包括以下几个方面：

(一)遗传因素

1.双生子研究

研究发现，不少患儿的父母在年幼时也有多动的症状，此外，在其家庭中成年人患有癔症、病态人格及酒精中毒的居多。用同样方法研究非血缘关系的养子多动症，发现在与患儿有血缘关系的三代以内的近亲有多动症的，远较无血缘关系的养父母要多见。因此有专家提出，儿童多动症具有家族性倾向，表明儿童多动症的发病率与遗传因素有着极为密切的关系。

对双生子的研究，更进一步证实了这一点。双生子的研究发现，无论是由母亲还是教师担任行为级别评价人，多动症同卵双生子的一致性相关系数都要高于异卵双生子，这几乎说明了遗传因素对多动症的确有着很大的影响。

2. 多巴胺受体基因

近些年来，通过使用分子基因技术，科学家已经看到多动症的候补基因片段。一些人已经找到证据，认为被编码为D2和D4的多巴胺受体的亚型基因片段可能对多动症起到相当的作用，但是，仍需要更多的研究来证实这样的结果。这些研究与某些理论相吻合，这些理论认为多巴胺受体的某种变异可能导致多动症儿童的多巴胺活性降低，这种观点得到了有关治疗研究的支持。

（二）脑功能因素

1. 不良环境因素导致的脑病变

多动症也与那些破坏脑功能的环境因素有关，遭遇过胎儿期并发症的儿童更可能患多动症。环境中的毒素也可能起到了作用，如血铅浓度过高的儿童有更高的概率出现活动过度、注意分散、行为冲动和难以遵循规则等问题。儿童血铅浓度高常常是由于儿童摄入含有铅类原料的膨化食品所致。

2. 大脑功能性理论

大脑功能性理论认为，多动症与大脑中控制唤醒和行为抑制的区域有关。过去，很多研究者认为过分活跃的儿童其大脑的唤醒水平过高。从直觉上看，这句话是正确的。但是，多动症患者在使用兴奋类药物后反而会变得更加镇定，这一事实与先前的观点完全不符。相反，最近的理论认为过多活跃的儿童是由于唤醒水平过低导致的，这使得他们很难维持注意。边缘系统是与多动症唤醒水平过低的情况有关的大脑区域。多动症儿童难以抑制自发行为的障碍，使学者们考虑到前额叶是否也在其中起到了作用。当多动症儿童的大脑电波活动被抑制时，大脑前额叶的活动也趋于减弱。当多动症儿童被要求对特定的视觉刺激加以注意时，这些区域的活动情况尤为明显。

（三）家庭环境

儿童的社会环境也是多动症的影响因素。在缺乏关心与温暖的环境下长大的孩子，有可能出现多动症行为异常。对儿童的溺爱或是苛求也都会引起儿童多动症的出现，对儿童的溺爱使孩子从小养成任性、不能控制自己行为的习惯；而苛求则使儿童长期处于紧张状态，情感受到压抑，最后导致行为异常。

患有多动症的儿童常常来自于一些分裂的、不稳定的家庭，比如经常搬迁的家庭或父母离异的家庭。而且，多动症儿童的父亲更倾向于不负责任，以及表现出反社会行为。但是，这些结果仍然伴随一些难以回答的问题：家庭的分裂是多动症的原因，还是仅仅与多动症存在相关？父亲的影响作用真的会通过先天遗传或后天环境的途径使儿童有患上多动症的危险吗？虽然我们还无法找到确切的答案，但很有可能的是，家庭的影响是通过遗传和环境等因素起作用的。

四、多动症的治疗

常见的用于治疗多动症的方法有两种：药物治疗和心理治疗。通常，生物学的治疗目标是减少儿童的多动和冲动，并改善他们的注意水平；心理学的治疗主要是集中在一些更广泛的问题上，如改善学业成就，减少破坏行为，改善社交能力等。

（一）药物治疗

1. 兴奋剂治疗

治疗多动症通常采用兴奋剂。让多动儿童服用兴奋剂似乎有点奇怪，但是70%—85%的患者对这些药物反应良好，减少了苛刻、破坏性和叛逆性的行为。此外，他们在积极的心境、目标指向能力和与其他人交流的质量方面都表现出增长。其原因可能是兴奋剂能够抑制神经递质多巴胺的再吸收，从而提高大脑突触中的多巴胺水平。

2. 抗抑郁药治疗

抗抑郁药有时也被列在多动症儿童和青少年的处方中，特别是当他们并发抑郁症时。这类药物对于认知表现有一定的积极作用，但是在治疗行为方面不如兴奋剂有效。

药物治疗简便可行，有些具有明显的短期效果。但也有一定局限，如对某些儿童无效，存在一定副作用；在提高学习成绩、促进社会与情绪发展方面缺乏一定的积极效果。目前的矫治工作中，更倾向于将药物治疗与心理治疗有机结合。

（二）心理治疗

对多动症儿童的心理治疗工作可以从三方面进行：

1. 行为治疗

对多动症儿童进行直接的行为治疗。行为疗法是利用学习原理来纠正孩子的不适宜行为的一种方法。当他们在学习中出现适宜行为时，就及时给予奖励，以鼓励他们继续改进，并求巩固；而当不适宜行为出现时，就要加以漠视或暂时剥夺他们的一些权利，这样就会促使这些行为逐渐消失。如教师把患儿在上课时间内屁股扭动的次数记下来。假如次数减少了，就加以表扬，并且每天给家长带一份报告去，家长就根据报告给予奖励。而奖励的办法可根据各家的具体条件确定，如准许其晚上看电视，或假日去动物园，或奖给玩具等。

2. 训练家长

研究表明，家长对儿童多动症的正确认识、教育能力的提高对儿童多动症的矫治有积极的作用。因此，训练家长掌握各种正确控制环境、控制多动症儿童的各种技术，无疑对于多动症儿童行为的矫治将具有建设性的效果。

3.教育教师

大量研究表明，教师对儿童多动症的正确认识及理解，导致对待儿童态度的改变，对儿童多动症的矫治有重要帮助。

一般教师干预模式包含以下步骤：

(1)教会教师从发展异常角度看待多动症儿童的各种表现，以及奖励、惩罚等对他们行为的影响；

(2)掌握鉴别多动症儿童问题行为的标准与方法，把握儿童的实际表现；

(3)制定有针对性的干预方案，包括适用于课内和课外的，也包括帮助孩子进行自我管理的和改变学校不良环境的。

(三)综合模式

研究表明，单独使用药物治疗的效果很短暂，联合使用药物治疗和行为治疗比单独使用任何一种治疗手段更能够收到短期或长期的效果。

例如，一项多地域研究调查了579名多动症儿童，平均年龄为8岁。研究将所有儿童进行随机分配，一部分接受药物疗法(兴奋剂)和行为疗法，一部分只接受两种疗法之一，还有一部分只接受一般的社区看护。经过14个月的治疗之后，联合治疗法组中68%的儿童症状得到缓解或者完全消失，特别是在攻击性行为和注意力不集中方面。仅接受药物治疗的组中，有56%的儿童症状得到缓解或者完全消失；在只接受行为疗法的组中，仅有34%的儿童的症状有所缓解；而接受常规社区看护的儿童中，症状缓解的只有25%。

因此，目前的干预多采用多学科、多治疗方式的综合模式，各种干预方法的结合方式主要有以下四种：

(1)药物治疗与在家庭、学校中家长与教师的行为管理、技术相结合；

(2)药物治疗与自我控制训练相结合；

(3)家长行为管理技术训练与儿童自我训练相结合；

(4)药物治疗、自我控制训练和教师、家长行为管理技术训练相结合。

对综合干预模式效果初步评价结果表明，它不但存在明显的短期效果，而且还有较好的长期效应，是多动症治疗未来发展方向。

复习巩固

1.多动症的临床表现有哪些?

2.多动症的综合干预模式的主要内容是什么?

第五节　其他障碍

除了前面几节提到的心理障碍，儿童与青少年还会存在其他几种心理障碍，例如学习和交流障碍，品行障碍。

一、学习和交流障碍

在我们的社会中，学业成就和交流能力都受到了人们的高度重视。就个体来讲，家长常常在孩子身上投入大量的时间和精力，希望孩子有良好的学业成就，具备流畅的口头表达能力，以便铺就未来的成功之路。当一个孩子没有明显的智力缺陷但是却没能达到预期的成就，出现了学习和交流上的障碍时，是一件极其令人烦恼的事情。

(一)学习障碍

1.学习障碍的定义

学习障碍(learning disabilities)主要有三种类型：阅读障碍、书面表达障碍和数学障碍。当个体在阅读、写作或数学上的技能明显地低于其年龄、教育和智力所期望的水平，且这个技能妨碍了个体的适应时，就被认为是有三种学习障碍中的一种。

有阅读障碍(也被认为是诵读困难)的孩子阅读缓慢，理解力差，当要求他们大声朗读时，他们就会跳词、换词或者曲解词；有书面表达障碍的孩子会典型地表现出大量的写作问题：段落组合不好、错误的拼写、不规范的书写；有数学障碍的孩子可能无法理解概念、识别符号或记住运算(如记数)，无论什么情况，答案总是错的。

与精神发育迟滞相反，患有学习障碍的个体只是在特定的认知技能方面存在问题，而不是整个脑机能都出现问题。而且，学习障碍患者并不存在精神发育迟滞所特有的严重的社会问题。

在现代社会里，每个儿童必须有9—10年的时间来接受义务教育。儿童在学业上的发展是各不相同的，很多儿童在某一段时间里落后于别人是正常的。但当这种落后明显低于正常水平时，就变成了一个心理学问题。对于8—13岁的儿童，这是一个获得和完成学业能力的关键时期，如果个体比同龄儿童落后2年，那么，问题就非常明显了。

学习障碍通常在儿童入学时才被确认。一般来说，在入学的前几年，老师和家长会注意到儿童的实际学习成绩与预期的成绩出现了矛盾。如果儿童的智力测验分数处于正常或者更高，就有理由怀疑他是否有学习障碍了。

2.学习障碍的症状表现

虽然视力、听力受损的孩子被认为不能归入学习障碍，但显然大多数有学习障碍的孩子的确有知觉(信息的组织)问题。这就是说，一个视觉没有受损的孩子仍然可以有知觉问题，如读一个句子时有识字困难，把一个新词拆成其组成部分存在困难，对理解一个词的读音和字形之间的关系有困难等等。事实上，视觉障碍是此类儿童中最常见的问题，很多儿童很难把注意力集中在一页纸的几行字上，有些不能正确地抄写板书，有些无法区别map和mop，未和末或圆圈和三角。

就听觉障碍而言，学习障碍儿童常常需要做出很大的努力去辨别不同字词的发音或者将他们听到的字词做简单的联系。一些儿童可能无法识别声音，举例来说，汽车的轰鸣声或狗的吠声。当知觉问题伴随一个学习障碍时，它们通常表现出的就不止是一个系统（视觉、听觉和触觉）有问题。正是因为这些知觉问题使很多专家认为学习障碍是基于生理的。

一些学习障碍儿童也会表现出记忆和其他认知功能的障碍。很多无法回忆起当天在学校学了些什么，这常常使他们自己和老师感到痛苦和受挫。他们还可能在连续思维和思维的组织性上存在困难。

与学习障碍相联系的记忆偏差可能和注意缺陷有关。我们已经提及，一些有学习障碍的孩子同时也有多动障碍，而且即使没有多动症的孩子常常也会有较短的注意时限。学习障碍的孩子在回忆重要信息上会表现得比正常儿童差，但他们在回忆无关信息时却表现得比正常儿童好。这就表明他们的问题可能并不在于记忆，而在于他们的注意是否能集中在期望他们记住的事情上。像其他的孩子一样，有学习障碍的孩子会随年龄的增大注意力越来越集中，但他们可能会落后正常儿童2到4年。一些专家认为学习障碍基本上是延迟发育的问题，一些研究发现支持了这个理论。

学习障碍并没有绝对的特征，它会随年龄和个体的差异而表现不同。但是，如果一个孩子和同龄人相比似乎是落后了，那么就应该考虑去做一个专业评估，以便确诊。

3.学习障碍儿童的特征。

(1)不同年龄学习障碍儿童特征

学龄前儿童的学习障碍可能伴随语言或注意集中问题。这些孩子可能比同龄人开口说话晚，语词的增长速度慢；他们可能也在数字、字词、字母表或星期几的学习上存在困难；他们字词的发音是不清楚的，很多这类儿童在发音和押韵上有困难。另外，这些儿童常常坐立不安、容易分心，他们在做追随指示语的活动上也有问题。他们会逃避要求他们安静坐下来或集中注意力的任务，如猜谜、画画或剪纸。

当有学习障碍的孩子进入幼儿园，他们的症状开始在作业上表现出来。幼儿园的孩子在拼写和阅读课上会一直出现语言错误，比如把字母写反(p/q)，或把字母写颠倒(u/n)，他们可能在学习哪个字母发什么音上有困难。一些孩子无法很好地握笔，这使他们的字写得更糟。注意力问题可能以冲动性，或无法追随指示语或对时间的学习上体现出来。孩子可能有不好的记忆和学习任何新技能的困难。

(2)不同类型学习障碍儿童特征

当然，并不是所有觉得上学困难的孩子都有学习障碍。不良的听力、视力和肌肉疾病也都会阻碍学习。可能有学习障碍的孩子也需要和诸如焦虑、抑郁、注意障碍性多动这样的心理问题作甄别。容易分心、冲动的孩子可能仅仅在家里表现出问题，但如果这些问题会影响学校功课，这就需要在课堂外来解决这些问题了。

患学习障碍的儿童可能在班级中变得沮丧和挫败。如果学习障碍没有得到治疗，这种挫败感很可能导致逃学，根据DSM-5统计，有学习障碍的孩子40%没能完成高中学业；当他们成年的时候，很难找到或者保住一份称心的工作。学习障碍在情绪方面的作用也会影响他们的社交关系，比如说，一个记不住游戏规则的孩子常常会被排除在游戏之外。

（二）交流障碍

1.口吃

通过阻碍、延长或重复字词、音节或语音而使流畅的言语受阻就被称为口吃。在年幼的儿童中说话含糊支吾是常见的，所以和很多其他的儿童期障碍一样，口吃在什么时候变成一个严重的障碍常常很难确定。持久性的口吃在人群中的发病率是1%左右，男孩有口吃的人数是女孩的4倍。最有可能出现口吃的年龄段是2到7岁（顶峰年龄是在5岁左右），在11岁之后就很少会出现了。

很多孩子随着他们运动技能和自信心的增长，口吃会被戒除。据估计，大约40%的口吃患者在他们上学前就会克服这个困难，80%的患者在青春期晚期可以克服。即使那些没有完全克服口吃的人，随着年龄的变大，口吃也会减少或仅在紧张的情景下出现。

2.语言发展迟缓

大多数的孩子会在他们出生后的几个月说出第一个词，到他们18至24个月时，就可以把2到3个词放在一起，说出句子。根据这个时间表，几个月的推迟很少是有问题的征兆，但一个长时的延期却是让人担心的理由。它可能是一种器质性障碍的早期征兆，如耳聋、孤独症或精神发育迟滞，或是源于环境因素。

接受性语言迟缓是一种更严重和典型的长时间持续的类型。接受性语言是指理解他人的语言，对一个上学的孩子来说，这种类型的无能是灾难性的。在学校都是快速的言语信息，别人是明显能理解这些信息的而他们却不能，这样他们就会变得沮丧。特殊的教育技术通常对有接受性语言缺陷的人来说是必要的。

3.交流技能的差距

还有其他的一些情况是，语言的发展是准时的，但儿童的交流技能会存在差距。一些儿童有发音问题，他们不能清晰地发音，或者，在理应不使用婴儿语言的阶段之后很久还继续使用婴儿语言；另一些有语言表达困难，很难把脑中的思维转化为口中的文字，这也许是因为他们的词汇量有限或者很难形成一句完整的句子。这两种模式都会使孩子“像一个婴儿”一样，周围的大人也会像对待婴儿一样对待他们。他们不被理解时，可能会变得情绪沮丧。但到了他们读小学时，这两种模式都会趋向于自己消除。

（三）学习和交流障碍的治疗

学习和交流障碍的病因尚不完全清楚，遗传因素被认为与几种障碍有关，特别是口吃和阅读障碍。这些障碍也可能与铅中毒、出生缺陷、感知功能不良或者贫困的生活环境有关。

治疗这些障碍的方法通常包括对所丧失技能的建立和矫正，例如演讲疗法治疗沟通障碍，阅读疗法治疗诵读障碍。计算机化训练有助于患学习和交流障碍的儿童恢复正常的阅读和沟通。研究表明，非典型性抗精神病药利培酮也能够缓解部分儿童口吃的情况。

二、品行障碍

如多动症一样，品行障碍也是一种破坏性行为障碍。所谓破坏性行为障碍，是指在需要自我控制的情境下，而表现出以控制不良、冲动、出格为特征的行为。

控制自己行为的能力取决于过去大量已被发展的技能。没有人会指望一个饿了的婴儿表现出克制，耐心地等待，抑制自己的哭泣。但是在孩子蹒跚学步和上学前，我们就会对孩子产生这种期望：人们开始要求这个年龄段的孩子根据命令（“不要去摸那个电源插座！”）来抑制自己的行为，根据他人的感受（“不要拿她的玩具，玩这个”）来改正自己的行为。

这种学习进程是缓慢的，还会出现很多以不遵守、侵犯行为和发脾气为表现形式的背离。然而，这是个过程。到开始上学的年纪，大多数的孩子已经发展了必要的自我控制技能，表现出服从，在课堂里做出有组织性的行为，和同伴进行回应的、非侵犯性的互动。那些还没有发展这些技能、持续有破坏性和侵犯性行为的孩子就会有很高的风险出现学校适应困难，出现学习问题，被同伴遗弃。

（一）品行障碍的概念

1.品行障碍定义

品行障碍是指在儿童青少年期反复或持续出现攻击性和反社会性行为，这些行为违反了规范和道德准则，影响儿童青少年本身的学习和社交际功能，损害他人利益或公共利益。

2.品行障碍的症状表现

（1）侵犯他人或动物（恃强欺弱、打架、行凶抢劫、强奸）；

（2）损毁财物（破坏他人的或公共财产、放火）；

（3）欺骗或偷窃（撒谎、冒充顾客进商店行窃、破门而入）；

（4）其他违反规章的行为（逃学、离家出走）。

如果个体小于18岁，在过去的一年表现出以上4类中的任何3类，还在家或学校表现出适应不良，那么可以诊断他或她有品行障碍。

品行障碍类似于多动症，它是儿童和青少年中最常见的综合征之一。和多动症相似，男孩患品行障碍的人数多于女孩，在任何地方两者之间的比率在4:1到12:1之间。除了性别，发病的年龄似乎也很重要。

在诊断品行障碍时要区分病例是属于童年期的发病类型（在10岁前就表现出至少1个症状）还是属于青春期发病类型（10岁前没有表现出任何症状）。童年期发病类型的患者通常是男性，他们更多地表现出身体上的侵犯，很少有朋友；他们更可能从品行障碍发展为成人的反社会人格。青春期发病类型中的患者侵犯性较少，通常有朋友，当他们成人后，他们似乎更少地发展为反社会人格。研究者已经确认了发病年龄的预后价值。

拓展阅读

两种类型的反社会青少年

大多数的少年犯的反社会行为是暂时的和具有年龄段的。默菲特(T. E. Moffitt, 1993)认为少年犯中的确隐藏着两种非常明显的类型:有一组人数很多,他们的反社会行为是局限在青春期中;另一组人数很少,他们的反社会行为会伴随他们一生,从童年到成年。在默菲特看来,这两种类型在青春期可以做出区分:一贯型和暂时型。

一贯型的特征是反社会行为的持续性;这种反社会行为可能的根源是神经心理功能受到破坏。反社会儿童的侵犯行为容易创造一种情境,这种情境只会强化他们的反社会倾向,特别是在没有支持性的环境中。他们对学习亲社会行为的选择会一直变窄直到其一贯的反社会行为固着下来。行为可能会在不同的年龄段上采取不同的形式:在4岁时候可能是咬、打行为,到10岁时可能是冒充顾客到商店行窃,到16岁可能是偷车,到22岁可能是抢劫,到30岁可能是虐待儿童。这种反社会行为会在任何一种情境下发生——在家,在学校,在工作场所,在商店。反社会行为越稳定越持续,所采取的形式可能越极端。

暂时型是指那些违法行为只是发生在青春期的少年罪犯,在很多重要方面与一贯型的罪犯有区别。最显著不同的是,他们的行为特征是不连续的,他们犯罪行为容易很快地爆发也同样很快地结束。另外,暂时型的少年犯似乎只是在可以获得奖励的情境下才表现出反社会性;如果亲社会行为可以获得更多的奖励,他们就会表现出亲社会行为。换言之,他们的反社会行为是有适应性和灵活性的,而不像一贯型少年犯所表现出的那种稳定性。

这两种类型的动机是不同的。对一贯型的罪犯来讲,生理缺陷和不利的环境因素相结合产生了反社会行为,这种反社会行为是病态的和异常的。相反,暂时型的犯罪行为是短暂的,可以通过一定方式改善和纠正。

(二)品行障碍病因

引起品行障碍的原因不外乎先天性和后天性两大类原因,即本质和教养问题。

1.个体的本质

托马斯(Thomas)等认为婴儿一出生就表现出气质差异,并将婴儿分为"困难型"(不容易带的儿童)、"容易型"(很容易带的儿童)及"缓慢型"(活动度较低、较被动、较退缩的儿童)。研究表明,约有70%的困难型儿童以后会产生行为问题。同时指出,是否产生品行障碍取决于气质与教养的相互作用。

许多有中枢神经系统疾病的儿童也可以有注意力涣散、多动、易冲动等特点,易于发展成行为问题。但即使对这样的儿童,良好的教养也常常可以防止他们产生行为问题,除非器质性因素十分严重。另外,新生儿缺氧、婴幼儿期感染、中毒、外伤、慢性腹泻和严重营养不良,均可妨碍脑的正常发育,以致到预期年龄还有不少生理功能尚未成熟,或由于以上因素引起大脑皮层功能失调,都可成为行为问题和品行障碍的生物学前提。

2. 教养

在后天的影响因素上，儿童在幼年期主要受家庭的影响，随后受教育机构、伙伴及社会等方面的影响。家庭影响主要来自父母（或养父母），比如父母的关系和父母的行为等。例如，对孩子的歧视、敌视或拒绝接受以及家庭气氛紧张、父母不合、离婚和虐待儿童也能造成儿童的精神创伤；家庭中失去父母一方，尤以失去母亲为显著，会对儿童的心理社会发育产生不利影响。

3. 社会环境因素

同样，不良的同伴群体、过度沉迷于暴力电视节目或网络游戏等社会方面的不良因素，都将对儿童产生不利影响。

（三）品行障碍的治疗

大部分品行障碍的治疗方法都以社会学习理论为基础，关注改变儿童对人际交往的阐释方式，教他们从别人的角度出发来看待问题，并尊重他人的想法。儿童可以以更具适应性的方式，而不是攻击他人来解决冲突。许多疗法尝试让父母也参与治疗，以改变促使儿童维持其反社会行为的家庭交流模式。

行为疗法首先是让儿童认识到引发愤怒、冲动或攻击行为的情境。这可以通过观察儿童在自然场景中的表现，指出他们发怒或者做出无礼行为的场景，并讨论在一些假定的场景中他们会如何反应，让他们记录自己的感受和行为日记。此外，治疗师也教这些儿童分析他们在这些情境中的想法，并考虑对情境的其他解释方式。治疗师质疑认为其他儿童或者成人故意恶劣地对待他们的假设，并帮助他们从其他人的角度看待问题。其次，儿童可以通过“与自己谈话”的方式避免对情境的消极反应：他们学会在困难的情况下与自己交谈，重复一些能够帮助他们冷静下来的词句，并学会以更具适应性的方式处理问题。通过讨论现实的和假想的问题情境，并帮助他们想出一系列积极的问题解决方案，使儿童掌握适应性的问题解决技巧。治疗师可以先给出一个模范解决方案，然后让儿童通过角色扮演来练习。

行为—认知疗法治疗品行障碍儿童也常用团体治疗的方式。

三、分离焦虑障碍

和那些涉及破坏性行为障碍的行为出格相比，分离焦虑障碍就不容易被观察到，因为其冲突是转向内部的。

分离焦虑障碍的主要受害者是儿童，并且因为他们缺乏言语和概括技能来告诉成人他们的感受，所以很难诊断年龄较小人群的情绪压抑障碍。通常情况下，我们不得不基于他们的行为来猜测他们的情绪，但这种猜测有时会出现偏差。例如，如果一个孩子拒绝去学校，我们可能就推测他有“学校恐惧症”，但可能不愿去学校并不是因为害怕上学，而只是因为发现待在家里会更有益。但是，由于缺乏高一级的言语技能，儿童的行为仍然是理解他们情绪和想法的最好线索。

对青少年进行焦虑和抑郁的准确评估就变得容易得多，那时的孩子已经具备了表达自己情感的能力。事实上，和年幼儿童相比，分离焦虑障碍在青少年中发病率高，这可能仅仅是因为青少年可以用语言来描述自己的问题。无论何种情况,儿童和青少年都会有焦虑和抑郁这些形式的严重情绪困扰。

(一)分离焦虑障碍的概念

1.分离焦虑障碍定义

儿童也可能受到焦虑障碍的困扰,例如惊恐发作、广泛性焦虑障碍、社交恐怖症等,这些障碍已在前文各章中有所描述,而名为分离焦虑障碍(separation anxiety disorder)的情绪障碍是儿童期所特有的。

分离焦虑是指当要离开父母(或其他照顾者)时表现出的极大的害怕和悲痛,几乎所有的孩子都会在1岁后期表现出这样的分离焦虑。

2.分离焦虑的持续时间

它出现的顶峰是在出生后12个月左右,然后会逐渐地消失。但是对一些儿童而言,它不但不会消失而且会持续到上学的年龄。或者,在一些更典型的模式中,它会照惯例消失,然后在童年后期再一次集中出现,常常是处在了某种压力之下,如宠物的死亡或进入一个新学校或新社区时再次出现。像这样基于害怕和父母分离的情况被称为分离焦虑障碍。

(二)分离焦虑障碍的症状表现

许多婴儿如果与他们的主要看护者(主要是母亲)分开,会心情低落,情绪焦躁。他们大声哭叫,除了主要看护者外别人哄不了他们。婴儿随着成长逐渐理解了不在眼前的物体(包括父母)也仍然存在,再加上他们与看护者间之间建立了依恋关系,出现这种结果是正常的。然而,随着进一步发展,大多数婴儿知道看护者会回来,而他们也找到了在这之前安慰自己的办法,所以他们不会过于焦虑。

有些孩子的分离焦虑甚至持续到儿童期或者青春期。他们可能拒绝上学,因为他们害怕离开自己的看护者。除非看护者在身边,否则他们夜里不敢睡觉。他们做和看护者分离的噩梦。即使在家附近散步,他们也紧跟着看护者。一旦与看护者分开,他们会非常担心看护者发生不幸。他们极度担心自然灾害(例如龙卷风和地震)、抢劫、绑架以及其他意外事故。另外,在被迫和看护者分开时,他们还可能感到胃痛、头痛,甚至恶心和呕吐。年幼的儿童可能哭泣不止,年长一些的可能拒绝参加使自己和看护者分离的活动,他们更愿意所有时间都与看护者在一起。

在极端的病例中,有此障碍的儿童无法和父母分开甚至是分开一堵墙的距离,他们像影子一样跟着父母从这个房间追到那个房间。然而,大多数的情况是孩子只要父母在家中,他们就可以待在自己的房间里。但是,即使他们的父母都在场,有此障碍的孩子也可能被恐怖事件的害怕情绪所萦绕。

有这种障碍的孩子典型的表现是黏附和命令,他们推给了父母大量的压力。父母和孩子之间的冲突会因为分离焦虑障碍而变得常见,而且会恶化,这是因为父母的生气会使孩子更有被遗弃的恐惧感。除了家庭冲突之外,孩子还会受到其他方面的冲突。例如,他们可能会拒绝去上学,因此他们的学习进展就会停止。因为他们不去学校或者其他同伴的家,他们可能会交不到朋友或者失去自己已有的朋友。

据估计,分离焦虑障碍在儿童和青少年中的发病率在2%到5%之间。根据定义,它是出现在18岁之前,通常在身体发育之后,以波动性的强度持续好几年。的确,它也可能持续到18岁之后。有分离焦虑障碍的成人或是拒绝搬出他们儿童时期住的家,或是即使成立了一个新的家庭,他们也会像以前和父母分开时出现的焦虑一样,对配偶及孩子的分离表现出焦虑。

社会上普遍存在的"啃老一族"是否存在这样的障碍有待考证。

(三)分离焦虑障碍的原因

1.个体因素

个体生物因素可能与分离焦虑障碍的发病有关。患此症的儿童多半具有焦虑和抑郁障碍的家族病史;双生子研究表明,分离焦虑障碍有遗传性,女孩比男孩更多。

有学者认为,气质因素可能参与了分离焦虑障碍的形成。某些儿童天生具有强烈的行为抑制性——他们在学步阶段就害羞、胆怯、易怒,在学龄期谨慎、安静、内向。这些儿童倾向于回避新异环境或表现出退缩,紧贴着父母,处于陌生环境中常过度激动。一些研究表明,在婴儿期具有高度行为抑制性的孩子更可能在儿童期患焦虑障碍。这些孩子的父母同样容易患焦虑障碍,特别是惊恐障碍。许多父母在童年期都有焦虑障碍病史。因此,行为抑制可能是儿童患焦虑障碍风险的一个早期标志,这种抑制性是儿童从父母那里遗传来的。

性格外向、活泼大胆的孩子比性格内向、文静的孩子能更快地适应幼儿园生活。另外,一些与家长有过分离经验的幼儿也能很快度过分离焦虑期。

2.社会环境因素

除了生物因素之外,儿童可能从父母那里学会焦虑情绪,或者也可能是对陌生的环境和情境产生了不正常反应。

在某些案例中,分离焦虑障碍在创伤事件后发生。

生活中的心理学

地震后的孩子

清晨时分,发生了地震。7岁的小丽突然被巨大的声响和摇晃惊醒。她从床上坐起,呼叫10岁的姐姐小梅。姐姐已经被抛到离床1米远的地方。姐妹俩跑向母亲的卧室,玩具和书从书架和柜子上面摔了下来。走廊上的餐具柜摇摇欲坠,最终重重地砸在她们面前,挡住了通往母亲卧室的通道。母亲刘华让她们退回去,待在她们自己房间的门口。她们知道地震时那个地方比较安全,因此在那儿抱成一团,直到震动平息。刘华翻过厨柜和打破的碗爬向女儿们。尽管她们吓得浑身颤抖,所幸没人受伤。

两周后姐妹俩返回学校。小丽开始抱怨自己每天早晨胃痛、头痛和眩晕。她要求母亲让她待在家里。四天后小丽进行了体检,但是没有发现任何问题,母亲要求她必须上学。她泪流满面地抗议,不过母亲坚持己见,姐姐上学路上一刻不停地握住她的手。在教室里,小丽不能集中精力完成作业,她离开自己的座位,望着家的方向。她告诉老师她需要回到家中,看看母亲是否还好。当被告知不能回家时,她拼命哭闹,以致班主任老师把她的母亲叫来。母亲把她带回家中。第二天早晨,小丽的反抗更加厉害,她拒绝去学校,直至母亲同意前一个小时在教室中陪着她。当妈妈要离开的时候,小丽抓住她不停地哭,请求她不要离开,并且一直追母亲到走廊里。第二天,小丽拒绝外出参加体育课和舞蹈课,她甚至不愿到前院玩上一会儿。她跟在妈妈身边在房子周围散步,并且坚持在夜间与母亲睡在一起。她说:"万一有什么事发生的话,妈妈,我需要和你在一起。"

根据小丽的表现,她可能被诊断为分离焦虑,而地震无疑是引发其问题的重要原因。这是一例在创伤事件后发生的分离焦虑,在诊断上也可以考虑应激相关障碍。

父母对子女过度保护,或者在与他们分离时表现出焦虑,就可能促使子女形成分离焦虑障碍;患该症的儿童的家庭关系非常紧密,不鼓励子女们发展适当的独立性。

一些对非人类灵长类动物的研究找到了一些令人信服的证据,表明环境和父母养育因素能够影响青少年焦虑障碍的形成。米纳卡(Mineka)及其同事发现,如果年龄在2—6个月间的恒河猴被给予足够的水和食物,但是不能自行获取食物和水,那么它们的胆量将逐渐变小,行为抑制性不断加强。反之,如果提供相同数量的食物和水,但是它们可以对食物和水的获取有一些控制,那么它们将不会变得胆小。这表明,当儿童生长在他们无法控制的环境中时,他们可能患上焦虑障碍。

除此之外,索米(Suomi)发现,尽管有些恒河猴看似生来具有行为抑制性,但是它们最终形成的胆怯和焦虑程度与它们得到的父母养育有关。如果幼猴由焦虑的母亲带大,并且母亲也具有抑制性,同时对幼仔有不适当的反应方式,则它们很可能患上焦虑障碍。而由冷静、反应积极,在严峻条件下做出良好表率的母亲带大的幼猴,发展出焦虑障碍的可能性小于那些生来没有行为抑制性的幼仔。

(四)分离焦虑障碍的治疗

认知—行为疗法是治疗分离焦虑障碍的常用方法。治疗师教儿童在与父母分离时做放松练习,质疑他们对分离的恐惧,并教他们在焦虑时通过"与自己交谈"的方式使自己平静下来。随着治疗的进展,与父母分离的次数和时间可以逐渐增加。父母必须积极参加治疗,并处理好子女(以及他们自己)对延长分离时间的反应。父母需要学会在离开子女时做出非焦虑反应的表率,并且强化子女的非焦虑行为。临床对比研究表明,这种疗法短期即可见效,并且效果可以长期保持。一项研究表明,对焦虑儿童和父母进行为期10周的干预,发现这些儿童在两年后患分离焦虑障碍或者其他焦虑障碍的可能性远远低于没有接受干预的对照组儿童。

下面介绍小丽的分离焦虑障碍是如何治疗的:

医生指示刘华女士带着小丽上学，并在女儿听课期间离开四次。起初刘华女士每次离开三十秒，一段时间之后，当小丽仍然坐在教室里时，她逐渐延长了离开的时间和距离。如果每次当母亲不在教室里，快放学时小丽仍能坐在自己的位置上，她就会得到一张小贴纸。另外，她不但得到老师和母亲的表扬，也做出积极的自我评价（例如，“妈妈会安然无恙；我是个大女孩，能够待在学校里”）。当她在自己的位子上坐不住时，老师和家长不给予任何反应。小丽每星期可以用她的小贴纸换取奖品。

在家里，刘华女士被告知，尽量不要理会小丽在舒适方面的要求，不理睬她无理取闹的哭喊。最后，每天早晨小丽得到一张小贴纸和表扬，奖励她晚上睡在自己床上。

最初的几天，刘华一离开教室，小丽也会跟出来。不过很快她就开始坐在位子上接受小贴纸了。在家里，她第一次整晚睡在自己床上，即使母亲已经告诉她只需要独自在床上两个小时就可以得到一个小贴纸。应她自己的要求，她又重新参加了体育课和舞蹈课。

许多种药物也可用于治疗儿童焦虑障碍，包括抗抑郁药、抗焦虑药如苯丙二氮、兴奋类药物和抗组胺剂。目前对药物治疗分离焦虑障碍的有效性研究非常有限。

四、儿童期抑郁

多年来，儿童的抑郁一直被忽视或误诊。到今天，即使是孩子报告说自己有严重压抑的感觉，包括自杀的想法，家长和老师仍然经常注意不到孩子的抑郁。治疗者也常常无法指出年幼者自杀的意图，但是心理学家目前认识到了存在儿童期抑郁，虽然对它所表现的症状存在争议。根据一些研究，儿童期抑郁的症状类似于成人抑郁：悲伤或无望的心境，对生活消极的看法，注意集中问题等等。但是，发展心理学家指出儿童抑郁症在症状表现方面有别于成人：黏在父母身边，拒绝去上学，或表述一些夸大的害怕（害怕父母死亡）；大一些的孩子可能会生气，不参加家庭活动而待在自己的房间里，他们可能会在学校遇到困难，变得懒散，或者做出犯罪行为。在儿童和青少年中，抑郁可能仅仅是以另一种情感障碍或品行障碍的一个症状表现出来。

（一）儿童期抑郁的流行病学

在未成年群体中，表现出明显的抑郁并不少见。对儿童和青少年的社会调查发现临床上抑郁的发病率是2%到5%。青少年可能在某些方面比更小的儿童脆弱。一般在学龄儿童中。有1%的人会极度抑郁以至于会清楚地表达有自杀的念头，但青少年会更容易沉思默想，尝试并实施自杀。

近几年，青少年的自杀率以令人惊恐的速度增加。对那些在儿童期被诊断为抑郁的人所做的跟踪研究表明他们成人后也有患情绪障碍的风险。因此，他们可能从早期的诊断和治疗中获益。

（二）儿童期抑郁症状表现

要判断孩子是不是患了儿童期抑郁症，可从其是否性格突变，行为突变，也可能过度嗜睡或者晚上失眠这些情况来判断，儿童期抑郁症除非言语性表现外，常有自我评价低、自责自罪、注意力不集中、记忆力减退、思维能力下降、活动减少、兴趣减退、拒绝参加集体娱乐活动；可产生抱怨厌烦情绪，能够诉说感到不愉快和自杀观念，甚至抑郁症早期的孩子会向父母求助。如果父母能够及时识别，儿童抑郁症就能够得到及时的处理。虽然所有的孩子都会有感到伤心难过的时候，或是经历一些低潮期。不过，有抑郁症的孩子坏情绪常常会持续数周或数月。

家长一旦发现儿童有抑郁风险，一定要及早检查并积极接受干预和治疗。

复习巩固

1.学习障碍有哪些类型？

2.分离焦虑是由哪些因素引起的？

本章要点小结

1.儿童和青少年心理障碍不同于成人的心理障碍，前者更难以区分，不具有明显的预示性，会针对特定的情境表现出特异性，并且儿童不能像成人那样清楚地表达自己的思想。

2.儿童和青少年心理障碍包括智力发展障碍、行为障碍、情绪障碍、心理或情绪因素引起的身体器官功能障碍和疾病、学习障碍、精神病和神经症。

3.精神发育迟滞是一种在童年期就明显表现出来的精神障碍，诊断标准有三条：第一，智力明显低于平均水平，智商接近或者低于70；第二，患者的适应功能同时受到损伤或者存在不足；第三，在18岁之前发病。

4.学习障碍主要有三种类型：阅读障碍、书面表达障碍和数学障碍。

5.孤独症，又称自闭症，一般起病于出生后36个月以内，主要表现为社会交往障碍、交流障碍、兴趣狭窄和刻板重复的行为方式三大类核心症状。

6.注意障碍性多动，又称多动症，是指发生于儿童时期（多在3岁左右起），与同龄儿童相比，表现为同时具有明显的注意集中困难、注意持续时间短暂及活动过度或冲动的一组综合征。

7.品行障碍是指在儿童青少年期反复或持续出现攻击性和反社会性行为，这些行为规范和道德准则，影响儿童青少年本身的学习和社会交际功能，损害他人利益或公共利益。

8.分离焦虑是指当要离开父母（或其他照顾者）时表现出的极大的害怕和悲痛，几乎所有的孩子都会在1岁后期表现出这样的分离焦虑。它出现的顶峰是在出生后12个月左右，然后会逐渐地消失。但是对一些儿童而言，它不但不会消失而且会持续到上学的年龄。

关键术语表

精神发育迟滞	mental retardation
学习障碍	learning disorder
交流障碍	communication disorder
破坏性行为障碍	disruptive behavior disorder
注意障碍性多动/多动症	attention-deficient
多动症	hyperactivity disorder

品行障碍 conduct disorder

孤独症 autism

本章复习题

一、选择题

1.童年和少年期的品行障碍包括(　　)。

A.反社会性品行障碍　B.对立违抗性障碍

C.多动障碍　D.其他待分类的品行障碍

2.IQ分数在50—55到70之间按照精神发育迟滞的标准划分属于(　　)。

A.轻度　B.中度

C.重度　D.极重度

3.孤独症的核心表现包括(　　)。

A.社会交往障碍　B.交流障碍

C.兴趣狭窄　D.刻板重复的行为方式

4.引起孤独症的原因主要是(　　)。

A.遗传因素　B.感染与免疫因素

C.器质性因素　D.环境因素

5.孤独症患儿言语交流方面存在明显障碍,包括(　　)。

A.语言理解力不同程度受损　B.言语发育迟缓或不发育

C.言语形式及内容异常　D.言语运用能力受损

6.多动症的临床表现包括(　　)。

A.活动表现过多　B.冲动任性

C.学习困难　D.情绪不稳定

7.(　　)是多动症儿童主要的和普遍的特征。

A.动作的精细与协调困难　B.活动表现过多

C.注意集中困难　D.冲动任性

8.以下哪个选项不是学习障碍的主要表现(　　)。

A.阅读障碍　B.书面表达障碍

C.口头表达障碍　D.数学障碍

9.(　　)的情绪障碍是儿童期所特有的。

A.惊恐发作　B.广泛性焦虑障碍

C.社交恐怖症　D.分离焦虑障碍

10.分离焦虑出现的顶峰是在(　　)。

A.出生后6个月左右　B.出生后12个月左右

C.出生后1岁左右　D.出生后2岁左右

二、案例分析题

孤独的小李

一名4岁的幼儿小李,行为与其他幼儿不同。他没有朋友,常常脱离班级一个人活动。最明显的是他极其好动,上课从不会集中精神,最多两三分钟注意力就会转移。容易受身边的事物所影响,窗外的脚步声就能影响他的注意力。而且好奇心强,自控能力差,并常伴有某种习惯性小动作,如咬指甲、吸手指、抠鼻子等,做事大都半途而废,有头无尾。而且他从来没有守纪律的概念,还有点口吃,与老师和小朋友语言交流有障碍。

问题:小李有什么问题?如何分析和诊断?

第十一章

精神卫生服务：法律与伦理问题

想象你在网上看到的一篇报道：一名工人在社交网站上发布自己的视频，咆哮着他所遭受的不公正待遇，然后开车在街道上横冲直撞，之后被捕入狱。你可能认为，权力机构只需要确定，他的暴力行为是否是由精神障碍导致的。如果是，那么他应该得到治疗，以克服精神障碍；如果不是由精神障碍导致的，而是自愿的和蓄意的，那么他应该被监禁起来。

然而，事实上，精神障碍诊断标准界限并不分明。因此，精神诊断并不能确保个体在法律上的处置。例如，精神障碍诊断并不足以保证个体获得所需的治疗，或让一个犯了罪的人免除责任。

如果精神障碍患者没有伤害过自己和他人，医院不会强行让他住院治疗，除非患者主动申请入院。医院的这一做法会增加家人的无助感，因为他们明显感到患者已经陷入病态，需要专业的帮助。他们不明白为什么医院不能收治患者？为什么家人不能授权医院来治疗患者？如果患者未来伤害自己或他人，患者是否需要对此负责？在权衡精神障碍患者所拥有的权力和社会所担负的责任时，以上的问题仅仅是冰山一角。

因此，精神卫生系统与法律一直都在不断协作，力求最大限度地保护社会，在保持精神障碍患者的同时，减少他们对自己及他人所造成的危害。

本章的主要内容是：

1.精神障碍患者的法律保护；

2.民事安置；

3.刑事安置；

4.治疗与研究中的道德困境；

5.相关案例研判。

第一节　精神障碍患者的法律保护

精神障碍患者属于社会的弱势群体,长期受到歧视甚至迫害。大多数患者都处于社会的边缘状态,在生活、工作、学习、人际交往甚至医疗等方面,面临着比其他内外科疾病患者更多的困难。为了改变这种状态,国际社会、各国政府以及广大精神卫生工作者进行了长期不懈的努力,其中一个最重要而有效的措施,便是开展精神卫生立法。

立法既能保护患者本人的基本权益,防范对患者的歧视和侵害,同时也可有效地保护其家庭成员以及社会大众。精神卫生立法体现了国家政治、经济、文化、医疗卫生和人权保障等诸多方面对精神障碍患者所做的努力。

一、精神卫生立法

(一)国外的精神卫生立法

1.英国的精神卫生法

1890年,英国颁布《疯人法》(*The Lunacy Act*),首次通过立法来保护精神障碍患者的权利和财产,提出不得非法拘禁精神障碍患者。1915年,英国议会再次通过了一项法令,准许精神障碍患者自愿住入精神病院。这项法令于1930年在《精神病治疗法》中被颁布,规定凡能够而且自愿签名住院的精神障碍患者,可住入精神病院,为期一年。

2.法国的精神卫生法

1938年,法国颁布了世界上第一部正式命名的《精神卫生法》,以后许多欧美国家及其殖民地也相继制定或修改了各自的精神卫生立法。英国的《疯人法》也于1959年更名为《精神卫生法》。

20世纪60年代以后,随着人权运动的兴起和不断发展,精神卫生立法逐渐成为世界性的潮流。世界卫生组织(WHO)在2001年对160个成员进行调查发现,3/4的国家和地区已经颁布了精神卫生法。

3.世界卫生组织的基本原则

20世纪70年代以来,联合国和许多国际性精神卫生专业组织相继发表的一系列宣言,对各国精神卫生立法起到了极大的推动作用。

1991年第46届联大75次全体会议通过了《保护精神疾病患者和促进精神健康》第119号决议,世界卫生组织据此于1996年制定了《精神健康立法:十项基本原则》,具体内容为:(1)促进精神健康与预防精神障碍;(2)获得基本的精神卫生保健;(3)采用国际公认的原则进行精神健康评估;(4)提供最少限制的精神卫生保健;(5)自主决定;(6)在行使自主决定时有权获得帮助;(7)有效的复核程序;(8)自动定期复核的机制;(9)有资质的决策者;(10)尊重法律规定。

(二)中国的精神卫生立法

一直以来,我国政府对精神障碍患者的合法权益保障十分关注。

1.宪法等法律法规关于精神卫生的说明

《中华人民共和国宪法》第三十三条规定："中华人民共和国公民在法律面前一律平等。"精神障碍患者作为中国公民仍然享有国家法律赋予的各种权利，如人格尊严、人身自由和财产安全不受侵犯，拥有治疗权、劳动就业和受教育权、隐私权、从国家和社会获得物质帮助的权力等。

我国新颁布的《中华人民共和国民法典》也通过对无民事行为能力或限制民事行为能力的精神障碍患者设置监护人，保护其人身、财产及其他合法权益，对改善我国精神障碍患者的处境起到了重要作用。

2.精神卫生的地方法规

我国也存在着一些精神卫生的地方法规，如《上海市精神卫生条例》《北京市精神卫生条例》《无锡市精神卫生条例》等，都从法律上确保了精神障碍患者的权益不受侵害。

3.《中华人民共和国精神卫生法》

《中华人民共和国精神卫生法》自1985年开始起草，由中华人民共和国第十一届全国人民代表大会常务委员会第二十九次会议于2012年10月26日通过，自2013年5月1日起施行，并于2018年4月进行了修订。

该法案明确了精神障碍患者的权益，明确了精神卫生工作相关主体的职责，明确了精神卫生的相关法律责任，建立了精神障碍预防制度，规范了精神障碍患者的住院医疗制度和康复制度，对精神障碍的诊断和治疗医疗机构提出了相关要求，以及为发展精神卫生事业建构了精神卫生保障体系等，使得中国精神障碍患者的合法权益保护进入了崭新的历史时期。

二、精神障碍患者的相关权益

（一）精神障碍患者的隐私保护

1.保护精神障碍患者隐私的相关法规

《中华人民共和国精神卫生法》中多次提到要保护精神障碍患者的隐私。其中第四条规定："精神障碍患者的人格尊严、人身和财产安全不受侵犯"，"有关单位和个人应当对精神障碍患者的姓名、肖像、住址、工作单位、病历资料以及其他可能推断出其身份的信息予以保密；但是，依法履行职责需要公开的除外"。第二十三条规定："心理咨询人员应当尊重接受咨询人员的隐私，并为其保守秘密。"

费安玲（2014）指出，精神障碍患者的隐私范围需要根据其是否为重性精神障碍患者而适用不同规则。例如，鉴于重性精神障碍患者的病情对周边公众存在一定的潜在危险性，故应让周边公众知情，以防止因重性精神障碍患者无控制能力而产生损害他人人身或财产的情况。但是，鉴于轻性精神障碍患者无此威胁，因而不应随意披露其病情信息，以免影响患者的正常生活和工作。而精神障碍患者是否有危险及危险程度如何，应该由专业机构具有资质的医生作出判断。

在临床实务工作中，医患关系一旦建立，医生就自动地承担起保护患者的隐私不予泄露的义务。对此，《执业医师法》第二十二条明确规定"关心、爱护、尊重患者，保护患者的隐私"是医师在执业活动中应履行的义务。

生活中的心理学

心理健康专业人员的伦理准则

在临床心理学领域，心理学家对精神障碍患者所实施的一切干预手段，都必须在保护患者的最大福祉的前提下进行。干预的最佳效果是最大限度地保护患者的个人利益以及社会的整体利益。为此，任何执业的临床心理学家都必须明确自己的职责和专业范围，在该范围内开展工作，且必须遵守一定的行为准则，如《心理学家伦理原则与行为准则》《咨询督导之伦理指导准则》《国际婚姻与家庭咨询师学会伦理准则》等。

下面简要介绍《心理学家伦理原则与行为准则》(2010)的五大原则。

原则A：善行和不伤害原则

心理学家应努力惠及那些向他们寻求帮助的人，照顾他们以免其受到伤害。此外，心理学家还应保障那些与他们互动的专业人员和其他受影响的人的福利和权利，以及研究中受试动物的福利。心理学家工作的最终目标应是避免或最大限度地减少伤害。

原则B：忠诚与责任

心理学家应坚持职业行为标准，明确自己的职业角色和义务，接受适当的责任，为自己的行为负责，管理利益冲突。心理学家应努力为那些寻求帮助的人提供最佳服务。

原则C：诚实正直

心理学家应努力信守承诺，避免不明智或不清楚的承诺，严肃对待欺骗带来的不信任或其他有害影响。

原则D：公平公正

心理学家需要做出合理的判断，并采取预防措施，以避免偏见或者由知识局限性所带来的不公正做法。

原则E：尊重人们的权利和尊严

心理学家应尊重所有人的尊严和价值，尊重个人的隐私权，并力图消除那些基于年龄、性别、语言、宗教等因素的偏见行为。

2.侵犯精神障碍患者隐私的相关法规

现行《上海市精神卫生条例》第七十一条规定：未经精神障碍患者或者其监护人书面同意，擅自进行涉及精神障碍患者个人的医学教学、科研等活动的，情节严重的，依法吊销有关医务人员的执业证书。

现行《北京市精神卫生条例》的有关规定更为详细，第四十二条规定："政府部门、医疗机构、与精神卫生工作相关的其他单位及其工作人员应当依法保护精神疾病患者的隐私权。未经精神疾病患者或者其监护人、近亲属书面同意，不得对该精神疾病患者进行录音、录像、摄影或者播放与该精神疾病患者有关的视听资料。因学术交流等原因需要在一定场合公开精神疾病患者病情资料的，应当隐去能够识别该精神疾病患者身份的内容。"违反第五十条规定，如"安排不具备相应资格的医师进行精神疾病诊断、诊断复核、会诊及治疗，或者未及时进行诊断复核的"，"对经诊断复核未能确诊或者对诊断复核结论有异议，医疗机构未组织会诊的"，"擅自安排精神疾病患者参与医学教学、科研或者接受新药、新治疗方法临床试验的"，"泄露精神疾病患者隐私的"，"未经精神疾病患者本人或者其监护人、近亲属书面同意，对精神疾病患者进行录音、录像、摄影或者播放与该精神疾病患者有关的视听资料的”，“由卫生行政部门责令改正，可以并处3000元以上3万元以下罚款；造成精神疾病患者人身损害、财产损失的，依法承担民事责任；构成犯罪的，依法追究相关责任人的刑事责任”。

（二）精神障碍患者的劳动就业和受教育等权利

保护精神障碍患者劳动就业权利以及适龄儿童青少年受教育的权利，避免他们受到社会的歧视，有利于患者的康复和社会适应。

1.精神卫生法的相关条款

《中华人民共和国精神卫生法》第五十八条规定：“用人单位应当根据精神障碍患者的实际情况，安排患者从事力所能及的工作，保障患者享有同等待遇，安排患者参加必要的职业技能培训，提高患者的就业能力，为患者创造适宜的工作环境，对患者在工作中取得的成绩予以鼓励。”第七十条规定：“县级以上地方人民政府及其有关部门应当采取有效措施，保证患有精神障碍的适龄儿童、少年接受义务教育，扶持有劳动能力的精神障碍患者从事力所能及的劳动，并为已经康复的人员提供就业服务。国家对安排精神障碍患者就业的用人单位依法给予税收优惠，并在生产、经营、技术、资金、物资、场地等方面给予扶持。”

2.其他法律法规的相关说明

我国《宪法》第四十五条规定：“国家和社会帮助安排盲、聋、哑和其他有残疾的公民的劳动、生活和教育。”第四十六条规定：“中华人民共和国公民有受教育的权利和义务。”

《残疾人保障法》第三十三条规定：“国家机关、社会团体、企业事业单位、民办非企业单位应当按照规定的比例安排残疾人就业，并为其选择适当的工种和岗位。达不到规定比例的，按照国家有关规定履行保障残疾人就业义务。国家鼓励用人单位超过规定比例安排残疾人就业。”

《劳动合同法》第四十二条规定：“患病或者非因工负伤，在规定的医疗期内的”，用人单位不得依照第四十条、第四十一条的规定解除劳动合同。以上这些法律条款都是精神障碍患者就业、受教育权利的法律保障，确保患者不会在发病期间被解雇或退学，并保障患者痊愈后能够获得平等的入学、考试、就业机会，不会因曾患有精神疾病而受歧视和被剥夺相关资格。

（三）精神障碍的诊疗权利

《中华人民共和国精神卫生法》规定了精神障碍诊疗的基本原则：由具备资质的机构、人员提供诊疗；应当以精神健康状况为依据；应保护患者安全、自主权、隐私权等合法权益，尊重患者人格尊严；特殊诊疗活动应按严格的条件和程序实施，包括精神障碍诊断标准、治疗管理制度、质量监督制度等。

在具体临床相关操作中，《中华人民共和国精神卫生法》第二十八条还规定了送诊主体，“除个人自行到医疗机构进行精神障碍诊断外，疑似精神障碍患者的近亲属可以将其送往医疗机构进行精神障碍诊断。对查找不到近亲属的流浪乞讨疑似精神障碍患者，由当地民政等有关部门按照职责分工，帮助送往医疗机构进行精神障碍诊断。疑似精神障碍患者发生伤害自身、危害他人安全的行为，或者有伤害自身、危害他人安全的危险的，其近亲属、所在单位、当地公安机关应当立即采取措施予以制止，并将其送往医疗机构进行精神障碍诊断。医疗机构接到送诊的疑似精神障碍患者，不得拒绝为其作出诊断。"

医疗机构在接诊患者或疑似患者之后，需要依法对其进行检查评估，做出临床诊断，不得拒绝。且《中华人民共和国精神卫生法》第二十九条规定："精神障碍的诊断应当由精神科执业医师作出。"

精神科诊断的目标：一是确诊有无精神障碍以及患何种精神障碍；二是评估精神障碍的严重程度；三是评估是否需要住院治疗。此外，对于那些可能会实施伤人行为的疑似患者，医疗机构应安排进行留院观察，并立即指派精神科医师进行诊断，以便及时出具诊断结论。

除了上述各项权利之外，针对精神障碍患者，我国《刑法》以及《中华人民共和国精神卫生法》还制定了相关的民事安置法规和刑事安置法规，我们将后面的内容中对其进行介绍。

复习巩固

1.《中华人民共和国精神卫生法》的制定过程和作用分别是什么？

2.法律保护精神障碍患者的哪些权益？

第二节　民事安置

在对限定民事行为能力或无民事行为能力的精神障碍患者进行诊疗时，精神健康专家期望他们能够主动求医，进行可以减轻症状、控制病情的药物治疗和/或心理治疗。然而，许多患有严重精神障碍的人并没有意识到自己需要治疗，或者以各种理由拒绝治疗。

例如，被害妄想患者认为对他进行治疗的医生意图谋害他，因此拒绝遵守医嘱；处于躁狂期的患者很享受他的症状——充沛的精力、膨胀的自尊、浮夸的想法，因此不愿意服用那些会减轻症状的药物；滥用毒品的青少年可能认为这是他的权力，他没有做错什么……

因此，在必要的情况下，需要违背他们的意愿将他们强制送进精神健康机构以接受治疗。

这个过程主要由民事安置法律来进行调节。

一、民事安置法律的定义和发展

（一）定义

民事安置法律（civil commitment laws）是指具有严重精神障碍的个体依据法庭命令住院（住院病人）或进行社区治疗（门诊病人）的法律程序。这种法律程序可以违背精神障碍患者的意愿强制其入院接受治疗，它详细阐明了在何种情况下，一个人在法律意义上被认定为患有精神疾病，而且需要入院治疗。也即是说，这个法律规范了精神障碍患者的送诊程序。

当精神障碍患者的家人想要把他们强行送进精神病院的时候，院方如果认为该患者并没有表现出伤害自己或他人的迫在眉睫的危险，就不能在其本人未予同意的情况下进行收治。在这种情况下，法律保护了患者不被强行收治的权利，却会因为未能强制患者接受治疗而将他和其他人置于潜在的危险中。

（二）发展过程

美国的民事安置法律可以追溯到19世纪后期，在此之前，几乎所有患有严重精神障碍的个体都由家人或社区照料，或者由他们自己照料自己。但是，随着大型公共医院体系的发展，美国社会出现了一种强制收治未患精神障碍的个体的趋势。有时，妇女仅仅因为观点或政见不同而被丈夫送进精神病院。例如，19世纪，帕卡德(E. P. W Packard)夫人掀起了改进民事安置法律的运动。此前，她被她的丈夫强行送进精神病院长达3年，因为她的丈夫认为她的宗教观念“对他的孩子和社区的精神利益有害”。

针对上述发展过程，研究者(La Fond和Durham，1992)指出，最近几十年来，美国社会在精神卫生立法方面明显地表现出两种趋势：1960—1980年这个阶段属于“自由时代”，它的特征是崇尚个体权利和公平；1980至今属于“新保守时代”，它更加重视多数人的利益，强调法律和秩序。在自由时代，患者的权利占据主导地位；而在新保守时代，他们的权利受到限制，以便让社会获得更多的保护。

我国没有专门的民事安置法律，只是在《中华人民共和国精神卫生法》中有相关的民事安置法规。在阐述民事安置的标准和程序之前，我们首先介绍精神障碍患者的民事权利（或民事行为能力）和监护。

二、民事行为能力和监护

（一）民事行为能力

1.定义

民事行为能力(civil capacity)指公民能够通过自己的行为，取得民事权利和承担民事义务，从而设立、变更或终止法律关系的资格。也即是公民以自己的意志行为独立进行民事活动和对其过失行为承担相应民事责任的能力。

我国《民法总则》规定，完全民事行为能力人是指年满18周岁以上的成年人，或者16周岁以上以自己的劳动收入为主要生活来源者；限制民事行为能力人是指8周岁以上的未成年人或者不能完全辨认自己行为的成年人；无民事行为能力人为不满8周岁的未成年人以及不能辨认其行为的成年人。

大多数精神障碍患者具有做出正确选择和决定的能力，即具有民事行为能力。但少数严重患者不具备这种能力或者能力部分受损，导致错误的选择和决定。为了平衡或保护患者的基本权益，各国在民法或精神卫生法中都有相应的规定，亦即“用最有利于患者的方式来处理其个人的事务”。对患者的“监护”或“代理”等制度便是这种立法思想的体现。这类制度在非自愿入院等服务实践中运用得最为普遍。

2.精神障碍患者的民事监护

限定民事行为能力的成年人仍可以独立实施纯获利益的民事法律行为，或者与其智力、精神健康状况相适应的民事法律行为，其他民事活动由其监护人或其他法定代理人代理，或者征得其法定代理人同意、追认；无民事行为能力人则应由法定代理人代理民事活动。

原则上，任何代理人在代表无行为能力者做决定时，都应受“代替判断”标准的约束，即代理人做出的应当是“缺乏行为能力者在有行为能力的情况下可能做出的决定”。

《中华人民共和国民事诉讼法》第一百八十七条规定：申请认定公民无民事行为能力或者限制民事行为能力，由其近亲属或者其他利害关系人向该公民住所地基层人民法院提出。

需要注意的是，成年人的法定监护人包括：配偶，父母和子女，其他近亲属，其他愿意担任监护人的个人或者组织，但是须经被监护人居住地的居民委员会、村民委员会或民政部门同意。如果对监护人的确定有争议，可由居住地居民委员会、村民委员会或民政部门指定监护人；如果对指定不服，可申请人民法院指定。有关当事人也可以直接向人民法院申请指定监护人。

《中华人民共和国精神卫生法》第八十三条则进一步明确：“本法所称精神障碍患者的监护人，是指依照民法通则的有关规定可以担任监护人的人。”意即在患者诊疗相关的代理决策中，监护人还可能依据“严重精神障碍”等判断而自然产生。

3.民事行为能力的鉴定

在法庭做出判决之前，任何年满18周岁的成年人都被认定为是完全民事行为能力人，然后根据鉴定检查和调查分析证明其能力有削弱或丧失。

对精神障碍患者进行民事行为能力的鉴定或评估，要根据医学要素（是否为精神障碍患者）和法学要素（对民事行为的辨认能力状况。辨认能力是指民事活动当事人能否理解其民事行为的法律意义和行为后果，以及能否做出与真实意思相一致的表示）相结合的原则进行。也即是说，首先确定被鉴定人是否存在精神障碍，在此基础上分析其精神状态对某种民事行为辨认的影响。

三、民事安置的发生率

现有研究结果显示，在美国，大约25%的患者是非自愿入住精神病机构的；在欧洲，这个数字大约在15%—20%之间。在美国州立和郡立精神病院，非自愿入院的可能性远高于其他类型的医院。据1986年美国的数据显示，州立和郡立精神病院民事安置（或强制收容）的百分比为61.6%，社区精神卫生中心等服务组织为46.1%，私立精神病院为15.6%，非联邦综合医院为14.8%，退伍军人医院为5.6%。此外，12%—20%的精神病门诊患者报告，民事法庭曾命令他们接受门诊治疗。

对于居住在精神病机构的个体，以及那些缺乏社会支持、心理社会功能不良、近期有过暴力行为或与警察打过交道、有药物滥用问题、终身入院率和非自愿入院率较高的个体，法院发出指令要求他们接受门诊治疗的情况更加普遍。

然而，有研究者指出，前边提供的数据可能低估了被强制接受精神治疗的人数，因为不服管教的儿童和生活无法自理的成人常常被其父母和法定监护人"自愿"送进精神病机构。在一项研究中，近一半"自愿"入住精神病机构的成年患者报告说，是其他人提议他们入院的，14%的患者在入院时处于其他人的监护之下。近40%自愿入院的患者相信，如果他们没有同意入院，也会被强制收容。还有一些患者认为他们受到了执业医师的强迫，尽管后者并未参与他们入院的过程。被强制收容的患者往往意识不到自己需要治疗。其中一半患者最终可能会认识到自己的确需要治疗，但还有一半患者始终认为治疗是不必要的。

马文·斯沃茨和他的同事对那些在纽约接受非自愿门诊精神治疗的患者开展了为期八年的评估，结果发现，与自愿接受治疗的患者相比，接受非自愿治疗的患者之后住院的次数更少，更可能拥有充足的适合于其诊断的药品供应，更可能得到更深入的精神健康状况管理。由此我们可以看出，对于那些具有严重精神健康问题的患者，非自愿治疗似乎会产生更多积极的效果。

四、民事安置的标准和程序

（一）民事安置标准

1.国外的民事安置标准

在美国和其他许多国家，要违背个人意愿而将其送进精神病治疗机构，必须符合下列标准：

（1）存在由国际公认标准定义的、达到一定严重程度的精神障碍；

（2）存在自伤或伤人的极大可能性；

（3）如果未经治疗，患者的状况会恶化；

（4）患者无法自理；

（5）入院具有治疗性目的（如果可采用限制性更小的其他备选方案，如社区治疗，则不必入院）。

此外，美国大多数州均要求对自己或他人造成的危险是迫近的。也即是，如果不马上将其监禁，不久之后可能会对他们自己或他人造成伤害。

2.中国的民事安置标准

《中华人民共和国精神卫生法》第三十条规定，精神障碍的住院治疗实行自愿原则。患者患有严重精神障碍，且已经发生伤害自身的行为（或者有伤害自身的危险），或者已经发生危害他人安全的行为（或者有危害他人安全的危险），才能实施非自愿住院治疗。具体而言，患者有伤害自身行为或危险时，由监护人做出非自愿入院和出院的决定；有危害他人安全的行为或危险时，则由负责诊治的医疗机构及其专科医生决定患者的入院和出院。收治这类患者的医疗机构必须能够提供充足的安全措施和恰当的医疗服务，以保障患者的合法权益不受侵害。

（二）民事安置程序

在许多国家，20世纪中期以前，只需要一份由两位医师签署的证明，说明此人需要接受治疗，而且不同意自愿接受治疗，然后这个人就会被监禁起来。通常是无限期的，没有律师的帮助，也没有听证会或上诉。20世纪60年代的患者权利运动推动了民事安置法律的改进步伐，引起了国家和民众对精神障碍患者的个人自由权和公民自由权的关注。

目前，美国的大多数州规定，精神障碍患者的民事安置通常都由患者的亲属或执业医师提出，然后法庭可能会要求当事人接受检查来评估心理状况、自我照顾的能力、是否需要治疗以及造成伤害的可能性。在综合考虑这些信息的前提下，法官最终判断是否应当对患者进行安置。这一过程与其他法律程序类似，患者也享有法律所规定的充分的权利和保护。

例如，在大多数情况下，患者享有公开听证、传唤并与人证对质、上诉，以及被安置于限制最少的治疗环境的权利，患者甚至可以要求陪审团出席并做出决定；不管在什么情况下，只要民事安置程序已经启动，有关的信息都必须通知当事人；在庭审过程中，当事人必须出庭，也必须有辩护律师来代表他；此外，当事人还能检查证据，并要求独立做出评估。民事安置程序中的这些条款有助于保护当事人，能够避免在违背本人意愿的情况下被收治，除非这么做是基于合法的原因。

此外，一些州采取了另一条民事安置程序——法院签发的协助门诊治疗。在这种情况下，患有严重精神障碍的个体必须同意接受治疗，他才能继续居住在原来的社区。这一做法在保障个体独立居住权利和保障社区安全之间建立了平衡。

在紧急情况下，如存在迫在眉睫的危险时，精神病院也可以不经正规的民事安置程序而对当事人采取短期安置的措施。但是，其家庭成员或警察需要证明当事人对自身和他人形成了“当下的、显而易见的威胁”。当然，要想判断什么是当下的、显而易见的威胁，有时候需要法庭或精神疾病领域的执业医师做出大量的判断。

我国法律也规范了非自愿医疗的程序，包括再次诊断、医学鉴定等；有异议时还可向卫生行政部门投诉，直至通过司法途径诉讼等。

复习巩固

1.如何理解民事安置？

2.我国民事安置的标准是什么？

第三节　刑事安置

精神疾病患者受到幻觉、妄想等症状的支配，会出现暴力、凶杀等危害行为。例如，精神分裂症患者可以在命令性幻听、被害妄想、物理影响妄想等支配下产生毫无先兆的残暴攻击行为；一部分抑郁症合并焦虑、冲动或激惹性增高等症状的患者会做出凶杀伤害行为(亦称凶杀式自杀)。其中以患产后抑郁或产后精神病的女性杀害其幼年子女最为常见(即杀幼式自杀，属于扩大自杀的一种表现形式)，系患者在强烈自杀意念以及歪曲的认知支配下，认为自己自杀离开人世后，其幼年子女可能留在世上会受尽苦难，不如把他(们)一起带走。

由上述内容我们可以看出，某些精神障碍与违法犯罪之间存在密切联系。就流行率而言，20%的精神分裂症患者入院前有过暴力行为，20%—40%精神分裂症患者在急性住院期有暴力行为。此外，精神分裂症患者凶杀作案的风险约为一般人群的4倍，而重性精神病伴有人格障碍或酒精、药物依赖问题时，凶杀作案风险会增加10余倍。定罪罪犯中，反社会型人格障碍终生患病率为50.1%，酒精滥用或依赖为46.5%。危害行为也常见于曾经非自愿住院的患者，因为他们对治疗的依从性差，风险会更高。

既往暴力史往往是预测精神障碍患者暴力行为最好的指标，10%—20%反复暴力者可能导致50%—70%的暴力事件。

如何处置患有精神障碍的犯罪人成为了刑事司法领域中一个充满争议的问题。首先要进行的必然是司法精神病学鉴定。

一、司法精神病学鉴定

(一)定义

司法精神病学鉴定又称精神疾病的司法鉴定，是司法精神病学的主要任务之一，它是指精神医学专家应用精神医学知识、技术和经验对被鉴定人的精神状态做出科学评价，并对其在法律上行使某种权利或者承担某种责任或义务的能力做出判断。

与临床精神病学直接服务于患者不同，司法精神病学鉴定属于“第三方服务”，即面对的对象(被鉴定人)并不一定是其服务的对象，它只服务于法律；鉴定人与被鉴定人之间并非传统的医患关系，所作出的鉴定诊断和结论也不一定对被鉴定人有利。因此，与临床评估关注患者的症状学不同，司法鉴定主要关心个体的法律(或与法律相关的心理)能力。

(二)司法精神病学鉴定的影响

按照刑事司法系统的观点，提供有关精神障碍的证据对法律行为的影响主要表现在以下五个方面：

第一，某些患有精神障碍的犯罪嫌疑人可能因其完全丧失了刑事责任能力而被免予起诉；

第二，在审判时，若发现被告无能力受审，他就会被送到精神病院接受治疗，直到有能力接受审判为止；

第三，精神障碍可能是一种辩护的理由，如果辩护成功，“因精神失常而无罪”的“特别裁决”就会出现；

第四，如果发现被告可能有罪，但精神上有障碍的证据，可以减轻判决的严厉程度，使法院准予安排“治疗”而不是进行“惩罚”；

第五，已被判刑的罪犯在服刑期间出现精神障碍时，可以被移送至精神卫生系统。

(三)司法鉴定人员资格

由上述内容我们可以看出，司法精神病学鉴定是一个科学的过程，其结果对患有精神障碍的犯罪嫌疑人会有很大影响，因此，《全国人大常委会关于司法鉴定管理问题的决定》(2015年修正版)明确规定了从事司法鉴定业务的人员所必须必备的条件，包括："(一)具有与所申请从事的司法鉴定业务相关的高级专业技术职称；(二)具有与所申请从事的司法鉴定业务相关的专业执业资格或者高等院校相关专业本科以上学历，从事相关工作五年以上；(三)具有与所申请从事的司法鉴定业务相关工作十年以上经历，具有较强的专业技能。"

在进行司法精神病学鉴定之后，司法机构就能对患有精神障碍的犯罪嫌疑人进行刑事安置。

二、刑事安置

(一)刑事安置的定义

刑事安置是指个体是否具备以下两种能力的判定：

(1)因精神失常被判无罪而被强制收入精神病院(或无刑事责任能力)，

(2)因被控犯罪而需进入精神病院接受评估，来决定其是否有能力接受审判的程序(或有无受审能力)。

(二)刑事责任能力

1.刑事责任能力的定义

刑事责任能力简称"责任能力"，这是一个刑法学概念，指行为人在实施侵害他人权利的危害行为时，对所实施行为承担刑事责任的资格。

刑事责任能力是某人接受刑罚的前提，而刑罚则是承担刑事责任的结果。法律明确规定，只有有责任能力的人才适宜使用刑罚。在我国，18周岁以上、智力和精神状态正常的成年人均应具有刑事责任能力。

由于精神疾病症状导致患者刑事责任能力削弱或者丧失则是基于这样的认识：精神症状使患者对其行为缺乏自由意志，即患者在症状支配下，往往对其行为的对错、危害后果等缺乏实质性的判断认识能力，其犯罪要件不完整。因此，各国都从立法上对患者的违法行为予以免除或减轻刑事责任，代之以强制性的精神医学治疗。

拓展阅读

精神病人犯法不负责任吗？

根据《中华人民共和国刑法》第十八条有关责任能力的规定，"精神病人在不能辨认或者不能控制自己行为的时候造成危害结果，经法定程序鉴定确认的，不负刑事责任，但是应当责令他的家属或者监护人严加看管和医疗；在必要的时候，由政府强制医疗。""间歇性的精神病人在精神正常的时候犯罪，应当负刑事责任。""尚未完全丧失辨认或者控制自己行为能力的精神病人犯罪的，应当负刑事责任，但是可以从轻或者减轻处罚。醉酒的人犯罪，应当负刑事责任。"

2.刑事责任能力的鉴定

按照我国《刑法》的相关规定，在确定精神疾病诊断以后，辨认能力和控制能力就是评定刑事责任能力的两大关键。

(1)辨认能力

辨认能力是指行为人具备对自己的行为在刑法上的意义、性质、作用、后果的认识能力。具体而言就是行为人是否意识到其行为的动机、目的、为达目的所准备或采取的手段、该行为的法律意义，是否预见到行为的后果、是否理解其行为的犯罪性质等。

辨认能力并非指对一般事物和现象的是非曲直的抽象判断力，而是指对其特定行为的实质认知判断力。精神疾病患者辨认能力受损常常表现为其病态的行为动机、曲解其行为的违法性质、不理解行为的法律后果等。

(2)控制能力

控制能力是指行为人具备按照自己的意志选择实施或不实施刑法所禁止的行为的能力。控制能力是以辨认能力为前提的，不具备辨认能力的行为人就不具备法律意义上的控制能力，只有在辨认能力存在的情况下，才需要确认是否具备控制能力。在具体判断中，需要充分考虑行为人社会功能受损的程度、既往人格因素或行为方式、作案的诱因和先兆、作案后的自我保护、作案环境的选择等。

某些精神疾病症状或人格素质可以导致患者对自身愤怒情绪、冲动意识和冲动行为的管理控制能力削弱，在情绪爆发或失控的状态下因琐事甚至毫无客观诱因地出现严重攻击伤害行为，造成不成比例的严重后果。各种精神活性物质的滥用可以加重患者控制能力的削弱，从而增加危害行为的潜在可能性。

(三)受审能力

1.受审能力的定义

受审能力是指刑事案件中的犯罪嫌疑人或被告人理解自己在刑事诉讼活动中的地位和权利，理解诉讼过程的含义以及合理行使自己诉讼权利的能力。

与责任能力反映被鉴定人作案当时的精神状态不同，受审能力涉及批捕以后直至判决以前这段时期的精神状态，因而是实时观察和评估到的，在法庭辩护中可信度更高。在许多欧美国家，它实际上已经逐步替代刑事责任能力，成为精神疾病相关的刑事司法鉴定中最主要的内容。

刑事责任能力和受审能力可能是一致的。例如，具有完全责任能力的被鉴定人一般也具有受审能力，而脑器质性精神障碍患者、急性期精神分裂症患者等可能既不具有责任能力，也不具有受审能力。但是，在某些情况下，两者之间也可存在不一致。例如，某些患者受精神疾病的影响实施作案，但在审理时，精神疾病已缓解，其受审能力可能存在。也有的被鉴定人在作案时精神活动正常，但案发后或审理过程中发作精神疾病。如出现严重拘禁性精神障碍，此时可能具有责任能力，但无受审能力。

2.受审能力的构成成分

研究发现，受审能力主要由以下成分构成：

(1)是否理解对其诉讼的目的和性质；

(2)是否理解自己的情况与这次诉讼的关系；

(3)是否具有与律师合作、商量，协助辩护人为其辩护的能力；

(4) 是否理解与其他诉讼参与人的关系，能对其他诉讼参与人的提问做出应有的回答。

此外，能否承受审讯和在拘禁场所长期等待判决等所带来的压力；在审讯中能否克制自己，避免出现不理智的失控行为；以及能否进行自我保护，利用法律有效地保护自己等：也都是评定受审能力时应当考虑的问题。

毫无疑问，有长期精神疾病史的被告，特别是精神分裂症或其他精神病症，比那些没有类似病史的人们，更可能被移送进行受审能力评估。相比那些没有被移送评估的人，接受受审能力评估的被告往往具有受教育程度低、贫穷、失业和未婚等特点。

3.受审能力的鉴定

受审能力的问题通常由被告的辩护律师提出，但有时检察官、逮捕被告的警察，甚至法官都有可能提出这个问题。当受审能力的问题被提出时，法官会指定被告做心理评鉴，通常是在住院的情况下进行。在美国，大约20%的被告被发现没有能力接受审判。如果法庭判决被告没有受审能力，此人就要被安置在相关机构接受治疗，直到有能力接受审判。

在鉴定完刑事责任能力和受审能力之后，刑事司法系统就要对患有精神障碍的犯罪嫌疑人进行精神失常辩护。

三、精神失常辩护

(一)精神失常辩护的定义

刑事司法系统存在的目的是保护人们的生命、自由以及对幸福的追求，但并非所有人犯罪都一定会受到惩罚。通常情况下，个体可以控制自己的行为并必须为其行为负责，如果做了违法的事情，就应该受到法律的惩罚；但是，如果个体由于某些原因不能控制自己的行为，却坚持让他们为自己的行为负责，或为此接受惩罚，就是不适当的。

精神失常辩护就是基于这样一个信念：如果个体在实施行为时精神上是如此地无行为能力，以致不能遵守社会规则，那么就不能承担违法行为的全部责任。

(二)精神失常辩护的使用

精神失常辩护的适用人群不一定是长期的精神上无行为能力者，他们只需被判定在实施犯罪行为时处于精神上无行为能力的状态。但是，做出这一判断可能很困难。因此，精神失常辩护是心理学在法律中最具争议的应用之一，也导致精神失常辩护的实际使用远远少于公众认知。如表11-1所示，重案中的被告提出精神失常辩护的不到1%，而这些人中只有26%被宣判无罪。这意味着在大约400名被指控重罪的被告中，仅有1人因精神病而被判无罪。然而，其中大约265人患有精神分裂症，大部分人有精神病院住院史和犯罪前科。

表 11-1　公众对精神失常辩护的感知与实际使用情况及结果比较

项目	公众感知	实际情况
重罪被告提出精神失常辩护请求的百分比	37%	不到1%
精神失常辩护申请带来"因精神病而无罪"结果的百分比	44%	26%
"因精神病而无罪"的人被送往精神病院的百分比	51%	85%
"因精神病而无罪"的人被释放的百分比	26%	15%
被有条件释放的百分比		12%
被指定门诊治疗的百分比		3%
被无条件释放的百分比		1%
"因精神病而无罪"的人被监禁的时间		
所有犯罪	21.8个月	
谋杀罪	32.5个月	

公众所认为的通过精神失常辩护免罪的比例远高于实际情况。资料来源:Silver等,1994

3.精神失常辩护的结果

令人遗憾的是,即使被告因精神病而被宣判无罪,他们通常也不会被释放。其中85%的人被送往精神病院,99%的人处于某种监管和看护之下。被送往精神病院的人中,考虑到所有类型的犯罪,平均住院(或监禁)的时间差不多是3年,而被指控犯谋杀罪(并因精神病而获判无罪)的人,平均住院(或监禁)的时间达6年以上。

美国有些州规定:因精神病而无罪的人在精神病院接受监管的时间,不能超过其假设被判有罪而应当在监狱服刑的时间。不过,并不是所有的州都有这样的规定。总之,没有什么证据显示精神失常辩护被广泛应用于帮助人们避免因犯罪而被监禁。

4.精神失常辩护的规则

5条精神失常辩护的规则见表11-2。5条规则被用于判断当事人在实施犯罪行为时是否精神失常,若判定精神失常,则不应为其罪行承担责任。

表 11-2　精神失常辩护规则

规则	年份	当事人不需要为其罪行承担责任,如果
麦纳顿规则	1843	在实施犯罪行为时,当事人受精神疾病的影响,以至于不理解所实施行为的性质,或不知道其错误性。
不能控制规则	1934	在实施犯罪行为时,当事人受到不可抑制的冲动的驱使,或抗拒实施这种该行为的能力减弱。
德赫姆规则	1954	犯罪行为是精神疾病或缺陷的产物。
美国法律学会规则	1962	在实施犯罪行为时,当事人因精神疾病或缺陷,对其行为的犯罪性(错误性)缺乏辨别力,或没有能力使其行为符合法律的要求。
精神失常辩护改革法案	1984	在实施犯罪行为时,当事人由于精神疾病或精神发育迟滞,不能辨别其行为的错误性。

1.麦纳顿规则

精神失常辩护的第一条规则是麦纳顿规则，它是从英国案例法中借用过来的（1843年的“丹尼尔·麦纳顿案”），在100多年的时间内构成了英国和美国精神失常辩护的基础，目前仍在很多司法管辖区使用。具体内容：为使以精神错乱为理由的辩护成立，必须清楚地证明，在行为发生时，被告因受某种精神疾病的影响而缺乏理智，不知道所实施行为的性质；或者虽然了解，却不知道自己的行为是错误的。

2.不能控制规则

用于判断精神失常辩护能否被接受的第二条规则是不能控制规则。不能控制规则的首次应用是在1934年的俄亥俄州，它拓宽了精神失常辩护的条件范围，将“激情行为”包括在内。即使一个人知道自己正在实施的行为是错误的，但是如果他/她是受到不可抗拒的冲动驱使，或抵抗行为的能力减弱，那么当事人可以免于为其行为承担责任。

3.德赫姆规则

1954年，法官戴维·贝兹伦在德赫姆诉美国一案时，进一步放宽了精神病法律定义的标准，从而产生了界定精神病的第三条规则——德赫姆规则。根据这一规则，任何犯罪行为，只要是精神疾病或缺陷的产物，就使用精神失常辩护。这条规则允许被告将自身的精神健康障碍称为其罪行的“原因”，从而使得被告不会得到有罪的审判，且他是否犯下这个罪行也变得无关紧要。德赫姆规则标志着法律对现代精神病学的正式认可。但是，由于其过分宽容的态度，到70年代初，几乎所有司法管辖区都终止了这一规则。

4.美国法律学会规则

决定精神失常可接受性的第四条规则是由美国法律学会于1962年提出的。因为对当时精神病的法律定义不满意，一批与美国法律学会有合作关系的律师、法官和学者共同努力以制定一个更好的定义，最终形成了我们现在所知的美国法律学会规则（也称为模范刑法典规则）。具体内容为：如果在实施犯罪行为时，个体因精神疾病或缺陷而缺乏辨别其行为的犯罪性（错误性），或使其行为符合法律要求的实际能力，则对其犯罪行为不承担责任。

5.精神失常辩护改革法案

1981年3月30日，约翰·欣克利在华盛顿希尔顿饭店外面的大街上向美国总统罗纳德·里根开枪射击，并造成里根总统受伤。在这个案件中，被告约翰有长期的精神分裂症病史，并对女演员朱迪·福斯特非常痴迷。在枪击里根之前，他给福斯特所写的信显示，他的行为基于一种妄想，他认为这样做会让福斯特印象深刻，可使她回应他的爱。尽管欣克利受到包括企图刺杀总统在内的13项刑事指控，但是，法庭最终采纳了因精神失常而无罪的裁定，欣克利被送入医院接受治疗。

这一裁定激起了公众的强烈抗议，促成了对精神病法律定义和精神失常辩护应用的又一次重新评估，进而产生了决定精神失常可接受性的第五条规则，该规则被编纂在《精神失常辩护改革法案》中，并于1984年获国会通过。

其具体内容为：如果有证据表明，由于精神疾病或精神发育迟滞，被指控犯罪的当事人在实施犯罪行为时不能辨别其行为的错误性，则应被判因精神病而无罪。

这一规则现用于美国联邦法庭审理的所有案件，并且大约半数的州也采用这一定义。

6.有罪但患有精神病

在精神失常辩护第六次也是最近的一次改革中，美国一些州采用了“有罪但患有精神病”(GBMI)来作为“因精神病而无罪”判决的一种替代性选择。被判处有罪但患有精神病的被告将按其罪行的正常刑期被监禁，同时预期他们也会得到精神疾病的治疗。GBMI判决的支持者认为，这个判决承认被告患有精神疾病，同时仍然要求他们为自己的行为承担责任。批评者则认为，GBMI判决实质上是一种有罪判决且取消了精神失常辩护。陪审团可能认为他们作出GBMI判决确保了被告能够得到治疗，但是，事实上，能不能得到治疗是由司法部门决定的。

复习巩固

1.刑事安置的定义是什么？

2.如何对患有精神障碍的犯罪嫌疑人进行刑事责任能力鉴定？

3.受审能力的构成成分是什么？

第四节　治疗与研究中的道德困境

之前的内容讨论的是对精神卫生工作者的法律限制。这些法律限制十分重要，因为法律是社会中约束我们所有人按照特定方式行为的最强有力的工具。除此之外，精神卫生工作者还必须在一系列道德限度内工作。

道德标准无处不在，因此我们很自然地把它们当成了简单的常识。尽管我们可能来自不同的社会，有着不同的价值观和生活经历，但是我们都认可一些共同的道德标准。需要注意的是，道德和法律并不相同。一个行为可能是合法的，但不一定是道德的；一个行为也可能是违法的，却是合乎道德的。接下来，我们将对心理咨询中的道德观进行阐述。

一、治疗和研究中的道德问题

（一）以医学研究为名的道德问题

以医学研究为名进行的虐待案件在20世纪屡见不鲜。几乎每个人都认识到了第二次世界大战中纳粹在数千集中营囚徒身上所进行的医学暴行的恶劣性，其中很多暴行都是由优秀的德国医生和科学家实施的。20世纪90年代，美国公共健康署所实施的塔司基尼项目导致28人直接死于梅毒，100人死于相关并发症。

不幸的是，以医学研究为名的道德问题并不仅仅存在于20世纪，21世纪初，在发展中国家所进行的药品临床试验就受到了国际社会的广泛关注。此类临床试验利用了发展中国家病人的贫穷处境,利用他们对医疗的需求来实验新药以获取最大利润。贫穷、没有文化的病人经常成为临床试验的试验品,却无力让势力强大的公司和研究机构承担责任。资源匮乏国家的公民就像豚鼠一样被医药产业用来进行药物实验,而这些药品更多是为了满足西方而非试验国的需求。

(二)治疗性研究和非治疗性研究中的道德问题

最近研究者开始区分治疗性研究和非治疗性研究。前者关注能够直接带来健康利益的研究工作;后者则是指健康参与者提供对照组、控制组数据,或患病参与者接受与他的疾病无关或者不会对他有什么帮助的研究。

尽管治疗性研究和非治疗性研究引发的具体问题可能有所不同,但基本的道德问题是相同的。参与者具有知情权,他们可以在知情的情况下自主决定是否参加,参加必须自愿,不得受胁迫或诱导。参与者有匿名权和保密权。如果参与者的匿名权和保密权可能受到侵害,则研究者有义务明确告知此类情形。例如,信息披露将对参与者本人或他人造成伤害时应予告知。

二、治疗和研究中的道德权利

(一)知情同意

伦理研究的基础是知情同意。研究者必须提供足够的信息使参与者自主决定他们是否想要参与研究。应以参与者所能听懂的语言来描述要进行的研究,并告知研究可能带来的好处和风险,研究的保密性和匿名性(以及保密权可能受到侵害的情形),以及数据将会被储存多久,谁会使用这些数据。不得使用诱导或胁迫手段(例如,向病人参与者提供更好的临床护理等)。参与者还必须了解他们有不参加研究和随时退出的权利,且不会受到任何处罚。

这里的核心议题是:参与者必须能够理解这项研究及其相关风险。但是,如果参与者不能完全理解需要做的事情,研究者该怎么办?如果他们很希望参加研究,但是因为不能理解研究,就被取消参与研究的机会,这是否合乎道德?在临床上,研究者必须确定病人对所进行的研究不存在理解困难。

知情同意问题得到了研究者和精神病(包括精神分裂症、退化性脑疾病如老年痴呆症)患者的共同关注。患有精神分裂症或老年痴呆症并不必然意味着患者无法行使知情同意权。研究者已经开发出了用于评定此类患者同意能力的测量手段,这些临床试验人群仍会在研究中活跃下去,尤其是65岁以上人群的数量将会不断增加。

这些研究表明了认定参与者知情同意能力的重要性,研究者不应仅仅因为病人患有精神分裂症或老年痴呆症就假定其没有知情同意权。因此,精神失常并不必然意味着此人无法做出知情同意。

(二)保密与特许保密通信

保密权意味着精神科医生或临床心理学家不会向第三方(其他专业人员以及密切参与治疗的人除外,如护士或秘书)透露相关信息。

特许保密通信则更进一步，它是指保密关系各方受法律保护的通信。此类通信的接受者不得被强制披露相关信息。特许保密通信权是司法程序中法庭获取证据的重要例外。该特权适用于如配偶、医患、神职人员与教徒、律师与客户、心理医生和病人之类的关系。这一法律的宗旨是让病人或客户“享有特权”，只有当事人才能够允许另一方在法律程序中披露保密信息。

但是，特许保密通信也存在种种限制。例如，在美国的一些州，下列情况可以排除此项权利：

(1)客户控告治疗师治疗不当。在此类案件中，治疗师可以在客户发起的法律诉讼中透露治疗相关的信息为自己辩护；

(2)客户小于16周岁，并且治疗师有理由相信客户曾经是某项犯罪如儿童虐待的受害者。事实上，心理医生应当在怀疑儿童客户受到身体虐待包括性侵犯的36小时内就报告警察或儿童福利机构；

(3)客户犯罪后为了逃避法律或为实施犯罪而启动治疗；

(4)治疗师认为客户对自身或他人构成威胁，为了防止此类威胁有必要披露相关信息。

(三)谁是客户/病人?

临床医生是否总是清楚自己的客户是谁？在私人治疗中，当一个成年人向临床医生付费以解决自己与法律系统毫无关系的个人问题时，很明显这个成年人就是客户。但是，临床医生有时也需要评估咨询者的受审能力，也可能受个人或家庭委托参与民事收容程序，也可能帮助医院控制某个病人的攻击性冲动问题。

由此我们可以看出，临床医生所服务的不止一个客户。除病人外，他还为家庭和国家服务，并且他有责任将此情况告知病人。这种双重效忠并不意味着病人的个人权益会被牺牲，但却意味着双方的信息不再是完全秘密的，将来临床医生可能会做出不符合甚至严重损害病人利益的事。

复习巩固

1.什么是知情同意权利?

2.特许保密通信权利存在哪些限制?

第五节 相关案例研判

本节中的案例，几乎都是真实发生的。通过对这些案例的研判，大家对精神疾病的司法实践工作能有更直观的认识。

一、徐×案

(一)案情介绍

徐×1966年生,23岁去澳大利亚留学。因迷恋赌博,他输光了打工的积蓄,在当地慈善机构接受救济。2000年,他申请澳大利亚永久居留证遭到拒绝,被遣送回国。

回国后的徐×对澳大利亚移民局耿耿于怀、四处维权,甚至到澳大利亚大使馆申诉。徐×的父亲、大哥据此认为他有精神病。2001年,徐×第一次被送到上海市普陀区精神卫生中心治疗,一年后出院。

2003年,徐×因琐事动手打了父亲,遂被送入上海青春精神病康复院,诊断为精神分裂症。2008年,徐×父亲去世后,居委会指定大哥徐××为监护人。

徐×自称,入院后一直积极配合治疗,病情没有反复,认为“可以出院了”。但是大哥徐××屡次以自己常年在外打工、无法监护徐×为由,坚持不让他出院。然而,徐×认为,大哥徐××是因为担心自己出院后入住父亲留下的房子,影响出租收益,故不允许其出院。上海青春精神病康复院也坚持,如果监护人不允许,就不能让徐×出院。

此后,徐×想了多种方法出院,都无果。2012年,徐×还曾联系了一名律师,尝试通过变更监护人的方式出院,结果败诉。当时,上海普陀区法院委托鉴定机构对他进行精神状态鉴定及民事行为能力评定,结果为患有精神分裂症,处于残留期,且具有限制民事行为能力。这一住就是十年。

2013年5月1日,我国《中华人民共和国精神卫生法》正式实施。5月6日,徐×将上海青春精神病康复院、大哥徐××诉至闵行区法院,请求法院判决被告侵犯其人身自由。对此,上海闵行区法院一度拒绝立案,理由是徐×没有民事行为能力,不具备诉讼主体资格。不过,根据我国精神卫生法第82条,精神障碍患者或者其监护人、近亲属认为行政机关、医疗机构或者其他有关单位和个人违反此法规定侵害患者合法权益的,可以依法提起诉讼。也就是说,不论精神障碍患者有无民事能力,其作为诉讼主体的资格是法律明确赋予的。2013年12月20日,徐×接到法院通知,已经正式立案。该案成为了中国“《中华人民共和国精神卫生法》第一案”。

经过两次开庭,闵行区法院于2015年4月14日一审宣判,驳回原告徐×的诉讼请求。法院认为,徐×属于非自愿住院治疗的精神疾病患者,不适用精神卫生法关于“自愿住院”的规定,其是否出院,仍然需要得到其监护人同意。故被告康复院以未经监护人同意为由拒绝原告提出的出院要求,并无不妥。

直到2017年,司法鉴定中心给出了徐×的最新鉴定意见——“患有精神分裂症,目前病情缓解,应评定为具有完全民事行为能力”,院方才同意徐×出院。徐×案总算告一段落。

(二)案例理解——我国精神障碍患者的权利保护

这一案件从起诉到立案再到判决,历时两年。其间,法院深入了解各方面情况,组织讨论与协调,最终判决患者不能出院。这一判决是正确的。但是,本案的关键是监护权与患者权利的冲突问题,而非患者是否符合“自愿住院”的规定。

1.监护人的定义和监护权

(1)定义

我国《中华人民共和国民法典》第二十八条规定:“无民事行为能力或者限制民事行为能力的成年人,由下列有监护能力的人按顺序担任监护人:(一)配偶;(二)父母、子女;(三)其他近亲属;(四)其他愿意担任监护人的个人或者组织,但是须经被监护人住所地的居民委员会、村民委员会或者民政部门同意。”第三十一条规定:“对监护人的确定有争议的,由被监护人住所地的居民委员会、村民委员会或者民政部门指定监护人,有关当事人对指定不服的,可以向人民法院申请指定监护人;有关当事人也可以直接向人民法院申请指定监护人。”

徐×没有配偶,没有成年子女。2003年被诊断患有精神病后,由其父亲担任监护人。2008年其父去世后,因其生母有其他不宜监护的原因(猜测),由其所在的居委会在徐×的近亲属中指定大哥徐××担任了他的监护人。

(2)监护权

我国《中华人民共和国民法典》第三十五条规定:“监护人应当按照最有利于被监护人的原则履行监护职责。监护人除为维护被监护人利益外,不得处分被监护人的财产”,“成年人的监护人履行监护职责,应当最大程度地尊重被监护人的真实意愿,保障并协助被监护人实施与其智力、精神健康状况相适应的民事法律行为。对被监护人有能力独立处理的事务,监护人不得干涉”。

由此可见,精神病人的监护人必须更好地保护监护人的权益,当然不同意被监护人出院,可以视为在依法履行监护的权利,而该权利受法律保护。

2.精神障碍患者的权利

《中华人民共和国精神卫生法》第八十二条规定,精神障碍患者或者其监护人、近亲属认为行政机关、医疗机构或者其他有关单位和个人违反本法规定侵害患者合法权益的,可以依法提起诉讼。因此,徐×的诉讼资格是毋庸置疑的。

而且,《中华人民共和国精神卫生法》第四十四条的规定,自愿住院治疗的精神障碍患者可以随时要求出院,医疗机构应当同意。这里就引出了一个问题:如何理解“自愿住院”?

3.对“自愿住院”的理解

根据《中华人民共和国精神卫生法》第三十条规定,我们可以推论,“自愿”应该有两种情况,一种是自己要求住院,说明本人有相应行为能力,因此出院也完全取决于自己的决定;二是强制住院,经治疗符合出院条件,本人可要求出院,但作为限制行为能力人须经监护人辅助同意。

徐×住院前,有不听其父劝解并动手打人的情节,强制送其住院治疗是必要的。但是,法律上对“自愿住院”的理解,是以住院时的情况为标准,还是经治疗后的现实情况为标准呢?经司法精神病学鉴定,徐×患有精神分裂症,目前症状基本缓解。因此,从现阶段而言,徐×具有民事行为能力,属于“自愿住院”,可享有出院的自我决定权。

4.监护人的监护权和患者的自我决定权之间的冲突

因徐×出院需人监护,而其哥哥无力承担日常监护之责。因此,继续住院治疗是别无选择的行使监护权方式。这并不代表徐×不享有出院的自我决定权。只能说,徐×自我决定权的效力不及监护权效力;或者徐×作出出院决定须由监护人辅助,未经监护人同意,被监护人作出的出院决定不发生效力。

5.我国精神障碍患者的权益保护

我国《中华人民共和国精神卫生法》规定了精神障碍者的基本权利。对有能力承担院外监护责任的监护人,应接受符合出院条件的精神障碍者出院,使其回归家庭、回归社会,享受家庭欢乐和自由。然而,徐×案恰恰暴露了精神障碍患者权益保护方面的不足之处。

徐×案中,其大哥是唯一的监护人,但监护能力不足。如果让徐×出院,谁来照顾他?出现伤害他人的情况,谁来负责?事实上,我国有很多精神病院认为可以出院但家属不接纳,导致患者长期滞留医院的事例,不少精神病院住院患者的最长院龄近30年。解决这一问题,核心是要完善社会保障机制:一方面,对有一定劳动能力的限制行为能力人,政府应创办特殊企业供其就业,并安排精神科医生、心理医生帮助其改善健康状况,预防因病情恶化危害社会;另一方面,有帮扶能力并有扶助义务的监护人,必须承担监护责任,对不尽责的监护人,应依法追究相应的法律责任。

总之,社会应创造一种既保障精神障碍患者合法权益、维护其人格尊严,又能有效减少其因病造成社会危害的机制。

二、王某进案

(一)案情介绍

2015年6月20日下午,在南京市秦淮区石杨路与友谊河路交界处,一辆宝马牌轿车由西向东撞上一辆正常行驶的马自达轿车,导致轿车当场解体,车内一男一女被撞出车外,不幸身亡。肇事驾驶人王某进事发后逃逸,后被警方找回,并因涉嫌交通肇事罪被警方刑事拘留。事故现场未发现毒品,排除王某进酒驾、毒驾嫌疑,王某进所持驾驶证在有效期内。

2015年6月28日,南京市公安局直属分局以涉嫌交通肇事罪将犯罪嫌疑人王某进向南京市秦淮区人民检察院提请逮捕。经审查,南京市秦淮区人民检察院于7月4日以涉嫌交通肇事罪对王某进批准逮捕。

2015年9月10日,江苏省南京市秦淮区检察院发布情况说明称,证据表明肇事司机王某进案发前后精神异常。该结果一出,引起了受害者家属和众多网友的质疑。

事故鉴定结果显示,事发时肇事宝马轿车的速度达到了195.2公里每小时(一般动车的行车速度在150—200km/h),是事发路段限速的三倍还多。究竟为什么肇事者以如此之快的速度闯红灯,完全不顾及自己和他人的安全呢?在《新闻调查》记者对犯罪嫌疑人王某进的采访过程中,他始终表现得思维混乱,没有正面回答问题。

警方调查还发现,在事故发生之前两个小时,王某进曾打电话报警称有人要害自己,手机已被监听等。但公安机关对其报警行为登记备案时,他却拒绝向警方透露个人信息。此外,案发前的一段时间,王某进曾出现过精神异常,对身边人员说,自己被跟踪了,脑子不好使,行为不受控制。而案发当天王某进表情冷漠,有思想不集中等情况。

再者，证据显示，事发后，王某进逃到附近一处工地上。工地上的多名工人证实，王某进跑到该工地时，满身血迹，精神不正常。问其发生了什么，他却躺在地上不说话，走路时站立不稳。被抓获之后，在被警方讯问的过程中，王某进情绪激动，处于胡言乱语的状态，表现出惊魂未定的模样。在派出所，甚至还攻击民警，用头撞墙。民警只好给他戴上头盔，并控制住他的手脚。

根据南京脑科医院司法鉴定所的鉴定证明，确定王某进在案发时突发“急性短暂性精神障碍”，属于限制刑事责任能力。

2017年4月1日，引发社会各界广泛关注的“620宝马案”一审在南京秦淮区法院开庭，并当庭宣判，被告人王某进，虽系限制刑事责任能力人，但根据法律规定和司法鉴定结论，其具有刑法意义上的辨认控制能力，应当承担相应的刑事责任。根据被告人王某进犯罪行为的危害程度，危害后果以及犯罪后没有赔偿被害人家属的经济损失，未能取得被害人家属谅解等情节，该院决定对其不予减轻处理，被告人王某进犯以危险方法危害公共安全罪，被判有期徒刑11年。

2018年6月29日，南京宝马车民事赔偿案一审宣判，江苏省南京市秦淮区人民法院依法判决各被告赔偿两死者家属共计171.6万元。其中被告王某进个人赔偿两名死者家属共计155.7万元（含其先期赔偿的10万元），余款由5家保险公司分担。

（二）案例理解——急性短暂性精神障碍的刑事安置

这个案件主要反映了三个问题：什么是急性短暂性精神障碍？为什么要强调“作案”时？这个鉴定结果是怎么得出来的？

1.急性短暂性精神障碍

急性短暂性精神障碍是指一组起病急骤，以精神病性症状为主的短暂精神障碍。它有三大临床特征：急性、短暂性、精神病性。急性，是指起病过程很急，一般在两周内起病；短暂性，是指病程持续时间不长，整个过程一般在一个月以内；精神病性，是指以幻觉、妄想进行逻辑推理，比较多见的如被害妄想等；且这些症状都是原发性的。

这是一类严重的精神疾病，临床上时有所见。这类疾病患者发病时会对环境（物或人）发生攻击，如妄想杀人等，社会危害性较大。

王某进在案发前、中、后所表现出来的异常表现，正是急性短暂性精神障碍的症状。

2.刑事责任能力

那么精神障碍患者犯法可以不负责任吗？这就涉及刑事责任能力的概念。刑事责任能力是指行为人在实施侵害他人权利的危害行为时（强调“作案时”），对所实施行为承担刑事责任的资格。在我国，18周岁以上、智力和精神状态正常的成年人均应具有刑事责任能力。

然而，精神疾病症状导致患者刑事责任能力削弱或者丧失，使得患者对其行为的对错、危害后果等缺乏实质性的判断认识能力。因此，法律对患者的违法行为予以免除刑事责任，代之以强制性的精神医学治疗。但是，我国《刑法》第十八条规定，“间歇性的精神病人在精神正常的时候犯罪，应当负刑事责任。”“尚未完全丧失辨认或者控制自己行为能力的精神病人犯罪的，应当负刑事责任，但是可以从轻或者减轻处罚。醉酒的人犯罪，应当负刑事责任。”

关于刑事责任能力的鉴定，我国《刑法》规定，在确定精神疾病诊断以后，辨认能力和控制能力就是评定刑事责任能力的两大关键。辨认能力是指行为人具备对自己的行为在刑法上的意义、性质、作用、后果的认识能力。具体而言就是行为人是否意识到其行为的动机、目的、为达目的所准备或采取的手段、该行为的法律意义、是否预见到行为的后果、是否理解其行为的犯罪性质等。控制能力是指行为人具备按照自己的意志选择实施或不实施刑法所禁止的行为的能力。在具体判断中需要充分考虑行为人社会功能受损的程度、既往人格因素或行为方式、作案的诱因和先兆、作案后的自我保护、作案环境的选择等。

王某进在案发时神志清楚，表明开车"就是想转转"，"坐在车里等不如开着转转"，自诉平时就喜欢开快车，承认车速快导致事故，并有逃逸行为。但是，他在开车前突然表现出非真实感（感觉周围如梦境）、当即感觉"不走就走不掉了"以及案后莫名地称妻妹被杀等精神病性症状。上述情况都反映出王某进的辨认能力和控制能力都受到了一定限制，也即是本次驾车事故也受急性短暂性精神障碍的影响。

因此，南京脑科医院司法鉴定所鉴定人员介绍，依据《精神障碍者刑事责任能力评定指南》，评定犯罪嫌疑人王某进有限制刑事责任能力。

三、药×鑫案

（一）案情介绍

2010年10月20日22时30分许，西安音乐学院学生药×鑫驾驶红色雪佛兰小轿车，从西安外国语大学长安校区返回市区途中，将前方在非机动车道上骑电动车同方向行驶的被害人张×撞倒。药×鑫恐张×记住车牌号找其麻烦，即持尖刀在张×胸、腹、背等处捅刺数刀，将张×杀死。逃跑途中又撞伤两人。同月22日，公安机关找其询问被害人张×被害案是否系其所为，药×鑫矢口否认。同月23日，药×鑫在其父母陪同下到公安机关投案。

药×鑫自诉，当日他开车行至事发地时，正在给车里的音响换碟，不清楚车是否在走直线，突然听见"嗵"地一声，感觉出事了便下车察看。结果发现车后有一个女的侧躺在地上，发出呻吟声。"天太黑，我不清楚她伤的程度，心里特别害怕、恐慌，害怕她以后无休止地来找我看病、索赔。"于是，两三秒后，"一念之差"下，他从随身带的包里取出一把单刃刀，向张×连捅数刀，然后驾车逃跑。开出一段路后，因为"心里发慌，手打颤、脚也不听使唤"，遂又撞上两名行人。

2011年4月22日上午，西安市中级人民法院对被告人药×鑫故意杀人案作出一审判决，以故意杀人罪判处药×鑫死刑，剥夺政治权利终身，并处赔偿被害人家属经济损失45498.5元。药×鑫随后提起上诉。2011年5月，二审判决宣布维持原判；2011年6月7日，药×鑫被依法执行注射死刑。

（二）案例理解——激情犯罪

该案备受关注的一点是：药×鑫是不是激情犯罪？

1.激情犯罪的定义和特征

激情犯罪是指行为人在受到强烈挫折后，由于情绪异常激动而产生的难以控制的暴发性、冲动性犯罪行为。这是一种带有明显情绪、情感色彩的犯罪，包括杀人、伤害、毁物、纵火等。

激情犯罪的特征包括：

(1)犯罪人的理智削弱或丧失，具有自控力缺乏和易激惹的反应习惯。在激情状态下，表现为认识狭窄，思考问题的能力受到极大限制，自我控制力减弱；犯罪人一般具有抗拒、固执的逆反心理，对外界刺激过于敏感。

(2)犯罪人具有盲目、畸形的自尊意识，以及过分认真、拘泥形式、敏感多疑、易受暗示、情绪不稳定、易冲动等人格特征，大多缺乏客观的自我评价能力和坚强的意志品质。

(3)从产生激情到实施犯罪行为，有两种情况：一是当即产生犯罪冲动而引起犯罪行为，在刺激与行为之间缺乏冷静思考的时间，此为典型的激情犯罪；二是不良情绪体验长期郁积，在某种刺激的引发下瞬间爆发而实施犯罪。

(4)无预谋。犯罪人预先未确定犯罪动机和侵害目标，其实施犯罪行为是因受到外界强烈的刺激，这种刺激既可以与被害人无关，也可以是在犯罪人与被害人的冲突互动中产生的。

(5)手段残忍，后果严重。某些激情犯罪行为除直接攻击目标外，还会牵连其他无关的人和事。

2.激情犯罪的处罚

各国刑法都对激情犯罪持一种比较宽容的态度，在处罚上往往轻于同种罪行的一般故意犯罪。以德国为例，德国刑法将故意杀人分为谋杀罪和故意杀人罪，对于谋杀罪的法定刑是终身自由刑；故意杀人罪(非谋杀)是5年以上自由刑或终身自由刑(情节特别严重)；而对于故意杀人罪的激情犯罪处1年以上、10年以下自由刑，这明显低于谋杀和一般故意杀人罪的处罚。

中国的刑法虽然没有具体规定“激情犯罪”，但立法上变相地承认这种犯罪，而且从多方面对其从轻或减轻处罚。例如，法官常用的酌定量刑的几种情况：(1)犯罪动机；(2)犯罪手段；(3)实施犯罪时的环境和条件；(4)犯罪造成的损害结果的严重程度；(5)犯罪侵害的对象；(6)犯罪人的一贯表现；(7)犯罪后的态度；等等。

被告人药×鑫开车将被害人张×撞倒后，不予施救，反而因害怕被找麻烦而杀人灭口，持尖刀捅刺被害人胸、腹、背等处数刀，其行为构成故意杀人罪，不属于激情杀人。他的犯罪动机极其卑劣，主观恶性极深，手段特别残忍，情节特别恶劣，后果特别严重，属罪行极其严重，应依法惩处。其虽有自首情节，仍不足以从轻处罚，遂依法作出前述判决。

复习巩固

1.什么是急性短暂性精神障碍？它有什么特征？

2.什么是激情犯罪？它有什么特征？

本章要点小结

1.《中华人民共和国精神卫生法》自2013年5月1日起施行，并于2018年4月进行了修订。该法案明确了精神障碍患者的权益，明确了精神卫生工作相关主体的职责，明确了精神卫生的相关法律责任，建立了精神障碍预防制度，规范了精神障碍患者的住院医疗制度和康复制度，对精神障碍的诊断和治疗医疗机构提出了相关要求，以及为发展精神卫生事业建构了精神卫生保障体系等，使得中国精神障碍患者的合法权益保护进入了崭新的历史时期。

2.精神障碍患者具有隐私保护、劳动教育和受教育、诊疗、民事安置以及刑事安置等权利。

3.民事安置法律(civil commitment laws)是指具有严重精神障碍的个体依据法庭命令住院(住院病人)或进行社区治疗(门诊病人)的法律程序。这种法律程序可以违背精神障碍患者的意愿强制其入院接受治疗，它详细阐明了在何种情况下，一个人在法律意义上被认定为患有精神疾病，而且需要入院治疗。

4.民事行为能力(civil capacity)指公民能够通过自己的行为，取得民事权利和承担民事义务，从而设立、变更或终止法律关系的资格。也即是公民以自己的意志行为独立进行民事活动和对其过失行为承担相应民事责任的能力。

5.刑事安置是指个体因精神失常被判无罪而被强制收入精神病院(或无刑事责任能力)，或因被控犯罪而需进入精神病院接受评估来决定其是否有能力接受审判的程序(或有无受审能力)。

6.刑事责任能力简称“责任能力”，这是一个刑法学概念，指行为人在实施侵害他人权利的危害行为时，对所实施行为承担刑事责任的资格。

7.受审能力是指刑事案件中的犯罪嫌疑人或被告人理解自己在刑事诉讼活动中的地位和权利，理解诉讼过程的含义以及合理行使自己诉讼权利的能力。

8.精神障碍患者在治疗和研究中享有知情同意、保密与特许保密通信、客户/病人等道德权利。

关键术语表

精神卫生法	Mental Health Law
民事安置	Civil settlement
民事行为能力	Capacity for civil conduct
刑事安置	Criminal placement
司法精神病学	Forensic psychiatry
刑事责任能力	Criminal capacity
受审能力	Ability to stand trial
精神失常辩护	Defense of insanity
知情同意权	Informed consent

本章复习题

一、选择题

1.精神科诊断的目标是(　　)。

A.确诊有无精神障碍以及患何种精神障碍

B.鉴定民事行为能力

C.保障患者的相关权益

D.保障患者隐私

2.(　　)于1938年颁布了世界上第一部正式命名的《精神卫生法》。

A.英国　　B.法国　　C.德国　　D.美国

3.《中华人民共和国精神卫生法》自(　　)开始实施。

A.1938年　　B.1985年　　C.2013年　　D.2018年

4.下列关于民事安置法律的说明,错误的是(　　)。

A.它违背了患者不被强行收治的权利

B.它是指具有严重精神障碍的个体依据法庭命令住院(住院病人)或进行社区治疗(门诊病人)的法律程序

C.它允许违背精神障碍患者的意愿强制其入院接受治疗

D.它规范了精神障碍患者的送诊程序

5.公民能够通过自己的行为,取得民事权利和承担民事义务,从而设立、变更或终止法律关系的资格,这是公民的(　　)。

A.受审能力　　B.辨认能力　　C.控制能力　　D.民事行为能力

6.刑事安置是指(　　)。

A.允许患者被强行收治

B.它是指具有严重精神障碍的个体依据法庭命令住院(住院病人)或进行社区治疗(门诊病人)的法律程序

C.因精神失常被判无罪而被强制收入精神病院

D.因患有严重精神障碍而主动进入精神病院接受治疗

7.刑事责任能力鉴定的关键之一是(　　)。

A.受审能力　　B.辨认能力　　C.自知能力　　D.民事行为能力

8.关于受审能力的成分包括正确的是(　　)。

A.是否理解对其诉讼的原因

B.是否理解自己的案情与辩护方向

C.是否具有自我辩护能力

D.是否理解与其他诉讼参与人的关系,能对其他诉讼参与人的提问做出应有的回答

9.精神失常辩护的规则包括(　　)。

A.麦纳顿规则　　B.麦肯锡规则

C.民事规则　　D.刑事规则

10.有精神障碍犯罪人的刑事责任(　　)。

A.精神疾病症状导致患者刑事责任能力削弱或者丧失，使得患者对其行为的对错、危害后果等缺乏实质性的判断认识能力，法律对患者的违法行为予以免除刑事责任，直接释放

B.不负任何刑事责任

C.间歇性的精神病人在精神正常的时候犯罪，应当负刑事责任

D.尚未完全丧失辨认或者控制自己行为能力的精神病人犯罪，应当负完全刑事责任

二、案例分析题

校园行凶案

犯罪嫌疑人黄某(男，29岁)，无业，曾遭受他人欺辱，心有不甘。但是，他没胆子去报复那些伤害他的人，却产生了杀害无辜且无力抵抗的幼童以发泄的念头。2017年3月至10月之间，黄某专程到上海、广州等地现场察看多所小学与幼儿园，选择最容易下手的作案目标。他最终选择了上海某小学。

2018年6月28日7时许，黄某早早地带着一把不锈钢斩切刀来到学校附近，伺机作案。11时30分学校放学后，他尾随该校小学生谭某某、费某某、金某某、学生家长张某某等人，在走到校南门约130米处时，拿出斩切刀对小学生进行凶残砍杀，造成谭某某、费某某死亡，金某某、张某某受伤。黄某被公安民警当场抓获。

经鉴定，犯罪嫌疑人黄某患有精神分裂症，在本案中具有限定刑事责任能力。

请问：(1)犯罪嫌疑人黄某患有精神分裂症，就可以不承担刑事责任吗？

(2)应如何对黄某进行定罪量刑？

参考答案

第一章

◎复习巩固

◎第一节

1.答案:我们需要对一个人是不是心理变态做出判断,判断要素包括以下几点:无益、无接触、无法控制、无法预测。此外,为避免误差,还需要考虑以下要素:社会因素、主观因素、患者自评、实习医生综合征、标签效应。

2.答案:(1)变态心理学是医学心理学中的一个重要分支,它与医学心理学的其他分支(临床心理、神经心理、健康心理等)交叉渗透,互为补充。(2)精神病学涉及的各种障碍与变态心理学中的症状学有重叠之处,它的临床实践可丰富变态心理学的内容,验证变态心理学的某些理论和假设。(3)变态心理学重在理论和病理机制上进行分析,它是临床心理学的基础,是优化临床服务的前提。临床心理学是变态心理学的应用,它在通过实践活动的验证之后能对变态心理学的理论和构想提出矫正,是检验变态心理学的重要方法。因此它们相辅相成,互相促进。

◎第二节

1.答案:情志相胜的原理就是根据五行(肝木、心火、脾土、肺金、肾水),它们是依次相生的关系,同时以金水土水火的顺序依次制约关系,以一种情志去矫正相应的另一种情志,以调节囱某种情志所引起的疾病而达到治疗的目的。

2.答案:李兆健的《中医心理治疗研究》中认为古代心理治疗医案蕴涵着古人的智慧和深邃的见解,挖掘中医心理治疗的宝贵遗产,医案是合适的切入点,这样可以使中医心理治疗的诊治经验得到真实、完整的总结和弘扬,从而指导临床实践,满足患者的需求,促进中医心理治疗学科的创建和加快心理治疗本土化建设。

◎第三节

1.答案:在医学上,流行病学(epidemiology)是研究疾病分布规律及影响因素,借以探讨病因,阐明流行规律,制订预防、控制和消灭疾病的对策和措施的科学。是预防医学的一个重要学科。

2.答案:身体负担;经济负担;医疗负担。

◎本章复习题

一、选择题

1.A 2.A 3.B 4.B 5.C 6.A 7.D 8.D

二、案例分析题:

有。首先,当安娜在治疗中说出她的某些“幻觉”——其实应当包含引发症状的诱因——后,她的症状就会消失。这种情形的一个典型例子就是安娜曾看见一只狗从杯子里喝水的事件。其次,其情绪非常夸张。她情绪上总是倾向于轻微的夸张,像是很高兴而又有些忧郁,这使她脾气多少有点变幻无常,易受心境支配。最后,她有“失神”、睡眠障碍和饮食障碍,出现过语言方面的错乱和强烈的自杀冲动。

治疗方法:交谈法、催眠治疗。

第二章

◎复习巩固

◎第一节

1.答案:弗洛伊德曾做过一个形象的比喻:人的心理活动就像漂浮在海洋上的一座冰山,意识部分好比露在海面上的小小山尖,而无意识则是海洋下面看不见的巨大部分。他把意识分成三个层次:意识、前意识、无意识。意识(conscious)是指人们能够直接感知到的部分;前意识(preconscious)是介于意识与无意识之间,虽然不能即刻回忆起来,但经过努力就可以进入意识的部分;无意识(unconscious,又称潜意识)是指不能意识到的、藏在内心最深处的那部分,占据着心理活动最大的一部分。

2.答案:压抑、退行、合理化、转移、投射、否认、反向形成、升华等。

◎第二节

1.答案:经典条件反射是指行为受反应前刺激控制;操作条件作用是指行为受跟随反应的后果控制。

2.答案:经典条件反射:之前被蛇咬过人,看到蛇就会害怕。

操作性条件反射:孩子可能因为害怕考不好被惩罚,而在考前努力看书。

观察学习:看到其他人做好事受到了表扬,自己也去做好事。

◎第三节

1.答案:心理学家艾利斯(Albert Ellis,1913-2007)认为负性事件本身不能导致焦虑、抑郁或紊乱的行为,是我们对负性事件的不合理信念造就了消极情绪和异常行为。艾利斯的ABC理论详细阐明了认知因素对人的心理异常的作用。其中,A(activating event)指外在的诱发事件,B(belief)指信念,对事件的看法、态度,C(consequence)指情绪、行为结果。

2.答案:在认知治疗中最主要的两种技术是苏格拉底式询问(产婆术式辩论)和行为验证技术。在苏格拉底式问答中,治疗师会提一系列问题来让来访者自己判断他正在思考的问题、所做的假设、以及是否存在必然真理的信念。治疗师会问“哪些能证明你的信念? 哪些能反驳你的信念?”以及“你这么想的好处有哪些?”;在行为证明技术中,要来访者通过事实来论证假设。如一位抑郁症学生坚持她的朋友不再需要她了,我们可以让她打电话给一些朋友建议开个聚会。她可以自己来检验结果:是否所有的人拒绝和她说话? 是否所有人都拒绝她的邀请?

◎第四节

1.答案:马斯洛假定了一个需求的层次,从下逐级往上,依次为生理需要、安全需要、归属与爱的需要、尊重的需要和自我实现的需要。人们总是先满足低级需要,然后才关注高层次的需要。

2.答案:罗杰斯认为,每个人都有一种“自我实现”或“自我提高”的动机,表现为最大限度地实现各种潜能的取向。个体在自我实现的驱使下成长与发展,同时也发展了自我,自我是罗杰斯理论中非常重要的核心概念。他把自我分成理想自我与真实自我,自我发展的过程就是自我逐渐靠近理想自我的过程,真实自我与理想自我的和谐统一就是自我实现。

◎第五节

1.答案:画出前脑、脑干、小脑、大脑、丘脑、大脑皮层、胼胝体、下丘脑、垂体即可。

2.答案:如果异常行为作为部分器质性病变被人们所认识,这将有利于减少现今仍然吸附于精神病理学的瑕疵。并且,如果精神病理学是生物学因素所导致的,那么其治疗也应该从生物学角度进行——通过较精神治疗更快更便宜的生物治疗。神经科学研究人员在认识生理系统与精神障碍关系方面取得了重大进步。这些突破促进了一些有效药物的发展及一些著名的诊断工具的发明,如CT、PET、MRI;反之,这些进步又为进一步的发现提供了基础。

◎本章复习题

一、选择题答案

1.D 2.D 3.A 4.A 5.B 6.C 7.B

二、案例分析题

希波克拉底(公元前390年):“很明显,这个患者黑胆汁分泌过多,导致忧郁。为了恢复体液的平衡状态,她需要吃素食并从事体力活动。她还需要安静生活,包括一段时间的禁欲。”

罗马天主教神父(1596年):“她的症状是魔鬼附体的直接结果,她与魔鬼发生了不正当关系。她未能遵守当局的规定(上课),她希望自己死去是个罪恶的行为,这一切都清晰地表明她与魔鬼的勾结。她甚至可能是一个女巫。”

医学博士比奈尔(1800年):“如果我们肯花时间去理解它的话,精神疾病是可以治愈的。小红必须离开造成她的问题的环境并且接受住院治疗,她将被安排到花园工作。这样的身体 活动会让她在晚上得到很好的休息,她的精神因此会恢复正常。”

医学博士西格蒙德·弗洛伊德(1920年):“虽然在某种水平上,小红认为上大学学习是一件愉快的事情,但在更深的潜意识水平上,她可能会为父母没有财力让自己在离家近的地方上一所更有名望的大学而感到愤怒和怨恨。当她的母亲患有乳腺癌时,这种愤怒会尤其严重。她一直在负责检查这些不被接受的情感的超我,会将她对父母的愤怒转回到自己身上,在母亲患病的时候尤其如此,从而导致抑郁,这种情绪更易被社会所接受。”

B.F.斯金纳博士(1965年):“小红的抑郁行为是通过一系列的强化经验习得的。在她每次给家里打电话告诉家人她想家时,她可能都受到了明显的关注。她可能觉得伤心,改变她情绪的方法是,改变行为和改变控制该行为的偶然事件。我建议所有与她接触的人对她的‘非抑郁’行为(例如参与社交活动、完成任务)提供积极强化并对其抑郁行为(例如不去上课、待在寝室)进行消退或忽视。”

认知心理学家(2005年):“小红的抑郁是由她对自己和世界的负性想法引起的。所有的大学生都面临适应新环境的问题。然而,小红的认知图式错误地将这种适应困难解释为一个人软弱和失败的标志。在治疗中,我们将检查这些功能失调的信念并帮助小红发展出更积极、更适用的想法。”

生物学取向的精神病学家、医学博士(2006年):“这个患者符合单相重度抑郁症的诊断标准。她没有躁狂史。其家族史在抑郁症的表现上呈阳性(母亲、姨妈,可能还有祖母),她的祖父是自杀的。因为她母亲对选择性5-羟色胺再摄取抑制剂呈阳性反应,我建议她使用一个疗程的氟西汀(百忧解),初始剂量为20毫克/天。”

持生物-心理-社会观点的临床医生(2008年):“小红的抑郁明显说明了联合造成她痛苦的因素是多么多。她的家庭史表明遗传素质的存在,她有发展出抑郁的生物学脆弱性。然而,直到上大学前她没有表现出任何问题,应激来自1第一次远离家乡;2为获得奖学金需要维持好成绩,这是实际触发她负性心境的最可能的环境和社会因素。药物在短期内可能是有效的,但小红需要学习如何应对应激,以此来消解她的生物素质并防止未来发生同样的事情,因为在她的一生中她会面临各种应激源。”

第三章

◎复习巩固

◎第一节

1.错觉是对客观事物歪曲的知觉,也即是把实际存在的事物歪曲地感知为与实际完全不相符合的事物。

幻觉是指在客观现实中并不存在某种事物,但患者却感知到它的存在。它是一种很重要的精神病性症状。

由上述定义我们可以看出,错觉是有对象性的、歪曲的知觉,幻觉是无对象性的知觉。

2.妄想是在病理基础上产生的歪曲信念、病态的推理和判断,包括错误的判断与逻辑推理。妄想主要有三个特征:

(1)妄想是一种坚信或确信,不接受事实和理性的纠正,是不可动摇和不可纠正的;

(2)妄想是自我卷入的。其核心判断总是包含着“我”;

(3)妄想是某个人独有的信念。

3. 顺行性遗忘是短时记忆障碍，患者不能回忆起病后一段时间内所遇到的人和经历的事，但能回忆起久远的事。
逆行性遗忘是指患者回忆不出疾病发生之前某一阶段的事件，一般和器质性的损害有关。
进行性遗忘是指患者记忆的丧失随着病情的发展而逐渐发展，表现为回忆和再认的严重障碍，持续进行且日趋严重，多由近事遗忘开始，逐渐发展到远事遗忘。
心因性遗忘是指患者对生活中某一特定阶段的经历完全遗忘，通常是由沉重的创伤性情感体验引起的。遗忘的内容只限定于与某些痛苦体验有关的事。

◎第二节

1. 情感淡漠是指患者对外界的任何刺激都缺乏相应的情感反应，对于一些能引起正常人极度悲伤或者高度愉快的事件，患者都无动于衷，漠不关心。对周围发生的事情视若无睹，毫无反应，对周围人和事物态度冷淡。
情感减退的患者对各种外界事物逐渐丧失相应的态度和内心情感体验。除了重大干扰或侮辱会偶尔引起患者的一点愤怒或者回避反应，患者对其他刺激都不会有情绪反应，完全丧失任何行动动机，处于麻木不仁的状态中。
由上述定义我们可以看出，情感淡漠是毫无情感体验和反应，而情感减退还存在一定的情感体验和反应。从疾病发展的过程来看，情感减退先于情感淡漠。
2. 情绪倒错是指认识过程和情绪过程之间丧失一致性，从而出现脱节的现象。患者的情绪反应和外界刺激的性质不符。令人高兴的事件引起悲哀的情绪体验，令人悲哀的事物则引起快乐的情绪反应。常见于精神分裂症青春型患者。

◎第三节

1. 意志减弱是指患者的意志活动减少，意志力量减退。主要表现为患者的心情焦躁、情绪低落，缺乏坚持性，容易灰心丧气，不能坚持到底，或者表现为对周围事物兴趣索然，整日呆坐不动或卧床不起，严重时连日常生活都不能自理。
意志缺乏是指患者的意志活动缺乏或极度减少，意志力量的极度减退。主要表现为患者对外界环境毫无兴趣，缺乏任何情感反应，严重缺乏行动动机。行为被动，完全丧失了任何自觉主动的行为。
由上述定义我们可以看出，意志减弱还有一定的行为动机和行为活动，但是意志缺乏表现为无动机，几乎没有行为活动。两者的程度明显不同。
2. 精神运动性抑制指动作行为和言语活动显著减少，主要表现在以下几个方面：
木僵：患者行为动作和言语活动的完全抑制或普遍减少。
蜡样屈曲：这是在木僵状态的基础上出现的一种特殊状态，患者的姿势固定不变，但身体可以任人摆布，能在某种位置维持较长时间而不主动改变，如同蜡做的一般。
违拗症：患者对于别人向他提出的要求不仅没有相应的行为反应，反而加以抗拒。
被动服从：与违拗症的表现恰好相反，患者对于他人的任何要求都会无条件接受，即使别人的要求会对他不利，患者也会被动地服从。
刻板动作：患者在没有任何目的的情况下，机械、刻板地重复某一单调无意义的动作，常与刻板言语同时出现。
模仿动作：患者简单地、无目的地重复别人的动作，常与模仿言语同时出现。
意向倒错：患者的行为冲动，意志活动与一般常情相违背，让人难以理解。
强迫动作：患者明知没有必要，但又不由自主地反复进行的动作。
作态：患者做出一些幼稚、古怪、愚蠢的动作、姿势、步态或表情，使人感到像是故意装出来的。

◎本章复习题

一、选择题答案

1.D 2.C 3.A 4.B 5.D 6.B 7.C 8.B 9.A 10.D

二、案例分析题

妄想是一种坚信或确信,不接受事实和理性的纠正,是不可动摇和不可纠正的。但是,该患者头脑中不由自主地反复出现同一思维内容,且患者对于这些内容表现出强烈的怀疑和抵抗,想摆脱,却又无法摆脱,因而痛苦不堪。这是强迫观念的典型表现。

第四章

◎复习巩固

◎第一节

1.(1)阳性症状是指与现实扭曲有关的症状,表现为异常的知觉、思维和行为。阳性症状包括:幻觉、紧张性行为等。
(2)阴性症状是指正常心理功能的缺失,涉及情感、社交及认知方面的缺陷。阴性症状包括:意志减弱、社交退缩、言语贫乏等。

2.(1)心因性精神障碍发病后易缓解,病程大多不超过半年,精神症状与心理因素关系密切,情感反应强烈。(2)精神分裂症虽然可由心理因素诱发,然而,症状较难缓解,幻觉、妄想内容离奇,情感淡漠。
如果某些患者的心理因素持续存在,心因性精神障碍难以缓解,这就需要结合既往病史、病程、症状持续时间、治疗反应及疾病转归等因素做出判断。

◎第二节

1.(1)I型精神分裂症是阳性症状亚型,其原发症状是幻觉、妄想、明显的思维障碍、反复的行为紊乱和失控等。它对抗精神病药物反应良好,无认知功能改变,预后良好。
(2)II型精神分裂症是阴性症状亚型,其原发症状是情感淡漠、言语贫乏、意志缺乏、无快感体验、注意障碍等。它对抗精神病药物反应差,伴有认知功能改变,预后差。

2.偏执型是精神分裂症最常见的一个分型,又称妄想型。其临床特点主要包括在精神分裂症的所有亚型中,本病发病年龄最晚。临床症状常伴有幻觉(特别是幻听),其中被害妄想、关系妄想和嫉妒妄想较多见。另外本型起病呈亚急性或慢性,病程可呈发作性,精神活动衰退很慢,部分患者可在某种程度上自行缓解,少数人能完全缓解,部分患者发展成为慢性。

◎第三节

1.(1)多项研究证明了基因和遗传对精神分裂症的产生的影响,如第6号染色体上的DTNBP1。(2)多巴胺等神经递质的水平也会影响精神分裂症的产生。(3)前额叶和颞叶等皮质在结构和功能上的异常也是精神分裂症产生的重要原因。(4)有证据表明,产前和围产期的环境与精神分裂症的发病有关,包括胎儿期病毒感染、妊娠期并发症以及分娩并发症等。

2.20世纪50年代,一批药物的出现,如氯丙嗪、三氟拉嗪、硫利达嗪、氟奋乃静和奋乃静等,使得精神分裂症的治疗取得了一定突破,这些药物被统称为神经阻滞剂。但是,需要注意的是,这些药物都有很大的副作用,包括头晕眼花、抑郁等,甚至出现运动不能,类似帕金森氏病的症状。

3.危机取向家庭干预是Goldstein根据危机干预理论而设计的方法,主要是为解决精神疾病急性期的问题。治疗分四个步骤:
(1)询问患者发病前后可能存在的紧张事件,并将这些事件与患者的发病情况联系起来;

(2)在其中找出2—3个对患者影响最明显的事件；
(3)提出避免或应付这几种紧张事件的策略，并付诸实践；
(4)提高他们对潜在紧张事件的预见能力。

◎本章复习题
一、选择题
1.A 2.B 3.B 4.C 5.B 6.C 7.D 8.C 9.B 10.D
二、案例分析题
(1)该同学是否有精神分裂症？
精神分裂症是一组具有感知、思维、情感、行为等多方面障碍的综合征，包括思维无逻辑，知觉和注意错误，情绪表达存在困难或不恰当，行动和行为错乱等。该患者表现出精神活动的不协调，例如，思维和言语紊乱，很难进行交流；意向倒错等行为异常。
(2)具体的症状表现是什么？
①思维联想障碍，表现出思维不连贯、接触性离题等症状，因此很难进行沟通交流；
②行为异常，表现出不可接受的、令观察者不适的意向倒错行为，如捡垃圾、吃别人剩下的东西。
③部分阴性症状，例如，意志减弱，生活没有目标；快感缺失，对一切失去兴趣；情感淡漠，反应迟钝，表情呆板等。

第五章

◎ 复习巩固
◎第一节
1.抑郁发作的表现可分为核心症状、心理症状群与躯体症状群三个方面。
(1)核心症状包括心境或情绪低落、兴趣缺乏以及乐趣丧失。
(2)心理症状群包括心理学伴随症状(焦虑、自罪自责、精神病性症状、认知症状以及自杀观念和行为、自知力等)和精神运动性症状(精神运动性迟滞与精神运动性激越等)。
(3)躯体症状群包括特异性躯体症状(睡眠紊乱、食欲紊乱、性功能减退以及精力丧失等)和非特异性躯体症状(疼痛、周身不适、主动神经功能紊乱等)。
2.躁狂发作表现出“三高”症状，即情感高涨、思维奔逸和意志行为增强。
(1)情感高涨是躁狂状态的主要原发症状。患者表现为轻松、愉快、热情、乐观、兴高采烈、无忧无虑。
(2)思维奔逸是指思维联想的速度加快。患者言语增多，高谈阔论，滔滔不绝，感到说话的速度远远跟不上思想的速度。
(3) 意志行为增强即协调性精神运动性兴奋。
此外，躁狂发作患者还表现出一些伴随症状，如睡眠减少、不知疲倦、性欲亢进等。

◎第二节
1.(1)长期性是重性抑郁障碍和心境恶劣的最显著的区别，重性抑郁障碍持续至少两周，而心境恶劣至少持续两年，且发生于一天中的大部分时间。
(2)从强度来看，重性抑郁障碍是一种极其抑郁的心境状态，而心境恶劣是一种持续的抑郁心境。
(3)从病程来看，重性抑郁障碍是一种发作性障碍，症状会在一段时间内出现，然后消失；而心境恶劣症状发作的间隔期(即无症状时间)一次最长不超过两个月。
(4)从共病来看，心境恶劣的患者有更高的共病风险，尤其是焦虑和物质滥用障碍，并且倾向于产生更严重的功能不良。

2.(1)从症状来看,双相Ⅰ型障碍是指在一生中的某段时间至少经历过一次躁狂发作,它经常伴有较严重的抑郁发作。双相Ⅱ型障碍是指个体必须出现至少一次重性抑郁发作以及至少一次轻躁狂发作。

(2)从强度来看,双相Ⅰ型障碍的患者在持续至少1周的一段时间内,在几乎每一天的大部分时间里,表现出异常并持续的情绪高涨、自夸,或易激惹的情绪,以及持续的活动增多或精力旺盛。而双相Ⅱ型障碍是一种表现较为温和的双相障碍,虽然也有情感高涨和过分自信,但通常没有精神病性症状、思维奔逸或明显的精神运动性激越。

◎第三节

1.目前用来治疗抑郁障碍的药物主要有四种:选择性5-羟色胺再摄取抑制剂、混合再摄取抑制剂(如选择性5-羟色胺-去甲肾上腺素再摄取抑制剂、去甲肾上腺素-多巴胺再摄取抑制剂)、三环类抗抑郁药以及单胺氧化酶抑制剂。

2.共有4种

(1)行为治疗

(2)认知行为治疗

(3)人际关系治疗

(4)家庭治疗

◎第四节

1.自杀是由各种内外因素促发的。

(1)外因

引起自杀的外因一般是感情危机和情绪障碍的重大生活事件,使人产生强烈的应激性反应,比如说失恋、背叛、父母责骂、朋友的不理解、恋人配偶亲人的意外死亡等等。

(2)内因

自杀的内因主要包括:

①精神疾病,抑郁障碍、精神分裂症患者及酒精成瘾者是自杀的高危人群。

②长期的疲劳和压力过大所引发的异常焦虑和抑郁。

③人生目标的丧失,持续的挫折会导致患者丧失人生目标,失去信心。这种不良情绪和不良认知的累积,可能会导致悲剧发生。

④缺乏安全感和归属感,社会支持的缺乏会导致自杀率明显提高。

⑤环境参照,自杀往往发生在自认为境遇不同于别人的人的身上。

⑥人格因素,心理承受力过低、心灵脆弱、人格及情绪处理不成熟、适应环境能力及解决问题能力过弱的人,在面对挫折和困难时更容易选择自杀。

⑦特定动机,有一些特定的政治和文化环境下,有的人用自杀作为一种献身的、追求某种心理满足的手段。

人们一般所看到的都是外因,即诱发因素,而真正决定自杀的,往往是内因。任何的外因都要在内因下发生作用。

2.自杀并非突发,一般而言,自杀者在自杀前处于想死同时渴望被救助的矛盾心态,从其行为与态度变化中可以看出蛛丝马迹,大约2/3的人都有可以观察到的征兆。

(1)言语上的征兆,如直接或间接暗示自己的自杀意念。

(2)情绪上的征兆,如过度焦虑、自责和孤独等。

(3)行为上的征兆,如反常行为、反复的自杀或自伤行为等。

◎本章复习题

一、选择题

1.D　2.C　3.A　4.D　5.B　6.D　7.D　8.B　9.D　10.A

二、案例分析题

该患者的情况属于重性抑郁障碍单次发作。具体症状为：

心境抑郁、悲伤、无望、泄气或"心情低落"，持续时间长于两周；

快感缺失，对一切事物不感兴趣；

认知方面的症状，如无价值感、自罪自责、自杀想法；

躯体功能的失调，如失眠，食欲和体重显著变化或精力明显丧失；

行为方面的症状，如回避亲友同事，反应迟钝，主动言语明显减少，并拒绝进食。

第六章

◎复习巩固

◎第一节

1. 神经症是一种精神障碍，主要表现为持久的心理冲突，个体觉察或体验到这种冲突并因此而深感痛苦，且妨碍了心理功能或社会功能，但没有任何可证实的器质性病理基础。

神经症具有以下六个特征：

(1)意识到的心理冲突；

(2)妨碍个体的心理功能或社会功能；

(3)持久的精神痛苦；

(4)无明显或持续的精神病性症状；

(5)没有任何器质性病变作为基础。

2. 神经症的病因是多源性的，外在的精神应激因素与内在的素质因素是神经症发生的必不可少的原因，两者缺一不可。

(1)心理应激因素。长期以来，神经症被认为是一类主要与社会心理应激因素有关的精神障碍。

(2)生物学因素。遗传学研究发现，神经症具有家族遗传倾向。肾上腺素共感神经系统和5-羟色胺系统。

(3)素质因素。与精神应激事件相比，神经症个体的个性特征或个体易感素质对于神经症的病因学意义可能更重要。

3. (1)认知观点。认知理论家认为，神经症个体的基本问题是，他们高估了危险并且固执的依赖于失败的方式来处理他们的恐惧。

(2)行为主义观点。神经症的传统行为主义理论认为，神经症是通过回避学习而产生，

(3)心理动力学观点。心理动力学认为，神经症产生于潜意识过程和内部冲突，且一个人焦虑的原因常常可以追溯到儿童期早期。

◎第二节

1 惊恐障碍是一种以反复的惊恐发作为主要原发症状的神经症。这种发作并不局限于任何特定的情景，具有不可预测性。

2. 患有广泛性焦虑障碍的个体很难控制自己的焦虑和担忧，临床表现有以下三个方面：

(1)认知上。个体预料到某种可怕的事情将会出现，但却又不知道具体是什么。

(2)情感上。主要表现过分的焦虑和担心(焦虑期待)。

(3)在生理上。他们神经过敏，易惊醒，难以入睡，经常处于崩溃的边缘。患有这种障碍的个体容易疲劳，难于集中精力，会体验到慢性的肌肉紧张。

◎第三节

1.恐怖症是个体对某些特定事物、特定情景或要从事的特定活动产生强烈、持久的恐惧,并主动采取回避的方式来解除这种焦虑不安的焦虑障碍。它包括:

(1)场所恐怖症;(2)社交恐怖症;(3)特定恐怖症

2.社交恐怖症的临床表现不同于害羞。当社交恐怖症个体置身于社交场合,他们会发抖、出汗、头脑混乱、眩晕、心跳加快,最终惊恐发作。它主要表现为以下三种情况:

一种是个体只害怕当众发言;

另一种是一些个体对许多社交环境存在中等恐惧;

最后一种是个体对很多社交环境都感到强烈的恐惧,从当众发言到只是和其他人交谈,这些人是综合社交恐怖症个体。

3.恐怖症一旦发生,将可能持续一生。因此,对这种障碍的治疗是非常重要的。

(1)药物治疗。药物治疗对伴有惊恐发作的场所恐怖症和社交恐怖症个体较有效。

(2)行为疗法。行为技术可以在数小时内治愈大多数恐怖症。

此外,一些治疗师在治疗恐怖症个体时,还会运用认知技巧。将暴露疗法和认知疗法结合使用,个体的功能恢复要优于仅仅只使用暴露疗法的人。

◎第四节

1.强迫症是指个体强迫自己反复完成某些特定的动作,或强迫自己思考某些特定的观念或想法为主要症状的一种焦虑障碍。强迫症状可表现为强迫思维和强迫行为。

2.(1)强迫观念

强迫思维是指持续反复的念头、影像或闯入意识的冲动。这些念头是不受欢迎的,且很难被消除或控制。

(2)强迫行为

强迫行为是对强迫观念的反应,是继发性的,包括固定仪式(如洗手、检查、抹擦)或心理活动(如数数)。

3.药物治疗和行为治疗都可被用来治疗强迫症。

(1)药物治疗。药物治疗是强迫症最主要的治疗方法之一

(2)心理治疗。心理治疗方法有行为疗法、精神分析疗法、认知疗法、认知行为疗法、森田疗法和支持性心理治疗等。

(3)物理治疗。目前可供选择的物理治疗方法有:经颅磁刺激(TMS)、改良电抽搐治疗(mECT)、深部脑刺激(DBS)、迷走神经刺激(VNS)等,但疗效有待进一步确定。

◎第五节

1.躯体形式障碍是一种以持久地担心或相信各种躯体症状的优势观念为特征的神经症。个体因这些症状反复就医,各种医学检查阴性和医生的解释,均不能打消其疑惑。

2.(1)躯体化障碍

躯体化障碍是一种以多种多样、经常变化的躯体症状为主的神经症。

(2)疑病症

疑病症是一种以担心或相信患严重躯体疾病的持久性优势观念为主的神经症,是最常见的一种躯体形式障碍。

(3)持续性躯体形式疼痛障碍

持续性躯体形式疼痛障碍是一种不能用生理过程或躯体障碍予以合理解释的持续、严重的疼痛。情绪冲突或心理社会问题导致了疼痛的发生,经过医学检查未发现相应主诉的躯体病变。

躯体形式障碍包括躯体化障碍、疑病症、躯体形式自主神经紊乱、持续性躯体形式疼痛障碍、其他或待分类躯体形式障碍。

3.该患者可能诊断为疑病症。

(1)疑病症患者对自身健康过分担心,反复纠缠于身体健康和疾病而无法摆脱。

(2)患者的疑病症状可涉及躯体的各个系统和器官,其中以胸、腹、头、颈等部位的症状最为常见。

(3)对身体状态的过度警觉往往会导致焦虑、抑郁情绪。

(4)患者总是拒绝接受多位不同的医生关于其症状为阴性的忠告和保证,并频繁更换医生寻求保证。通过这种强迫性地检查和寻求保证,可以减轻其焦虑程度,并维持了其疑病症状。

(5)疾病可限制患者的活动,造成生活不便,妨碍工作、学习或社会交往,甚至其他更为严重的后果。

◎第六节

1.(1)与精神易兴奋相联系的精神易疲劳;

(2)情绪症状

神经衰弱的情绪症状主要有三种表现:烦恼、易激惹和心情紧张。

(3)心理生理症状

心理生理症状实际上指的是生理功能障碍,指明这类症状跟个体的心理有密切的关系。常见的障碍包括:睡眠障碍,头部不适感,个别内脏功能的轻度或中度障碍。

2.神经衰弱的产生原因主要有精神和素质两种因素。

追溯个体的生活经历,往往会发现他们有较长时间的紧张状态,这种紧张往往是由长期的心理冲突和精神创伤引起,构成了导致精神衰弱的精神因素。

从性格特点来看,多数神经衰弱的个体偏向于胆怯、自卑、敏感、依赖性强;也有的个体任性、好胜、难以自制。

◎本章复习题

一、选择题

1.C 2.D 3.D 4.D 5.C 6.C 7.B 8.C 9.B 10.A

二、案例分析题

该患者的情况属于强迫症。具体症状为:

(1)强迫观念

强迫回忆,具体表现为:上课时会不断的想以前学过的公式,从初中一直想到高中,按顺序一个一个的想,若控制自己不去想,不久还会从头想起。

强迫怀疑,具体表现为:怀疑自己的脸和手是否洗干净,尽管已经反复洗脸洗手,仍然很担心。

(2)强迫行为

强迫清洗:反复清洗自己的脸和手。

强迫计数:洗脸和洗手的时候,会同时数数字,并赋予每个数字不同的含义(如4和13都不好,必须洗到8或19次才比较吉利)。

第七章

◎复习巩固

◎第一节

1.简述癔症的定义及诊断依据。

定义:癔症(hysteria),又名“歇斯底里”或“歇斯底里症”,有时又被称为分离(dissociation)障碍或转换(conversion)障碍,是因重大生活事件、内心冲突、强烈情绪体验、不良暗示等因素作用于易感个体引起的,以分离症状和转换症状为主的一种神经性精神障碍。

诊断依据：癔症的临床特征主要是一种以解离症状（部分或完全丧失对自我身份识别和对过去的记忆，CCMD-3称为癔症性精神症状）和转换症状（在遭遇无法解决的问题和冲突时产生的不快心情，以转化成躯体症状的方式出现，CCMD-3称为癔症性躯体症状）为主的精神障碍，这些症状没有可证实的器质性病变基础。解离症状在临床上主要表现为精神活动方面的异常，意为把引起心理痛苦的一些意识活动从整体的意识活动中分离出去；转换症状则以躯体的运动、感觉等功能障碍为主，常为心理的痛苦和焦虑转换为躯体症状的结果。

2.对相关癔症案例进行分析。

要求列举癔症案例，然后分析其症状表现，然后说明诊断依据，最后得到诊断结果。

◎第二节

1.癔症的病因

癔症的发作常常由一些致病性的精神刺激因素引发，遗传因素也是一个重要方面，而在具备某些人格特征的人身上也更容易出现该类病症，此外，身体状态等健康因素也容易导致癔症的并发。

(1)精神因素：一般能够诱发机体应激反应的一些生活事件很可能成为引起癔症发作的重要因素，生活事件往往通过引发个体精神紧张或恐惧而促使个体发病。

(2)人格特点：一般认为典型的癔症病患典型个性特征是情感丰富、暗示性强、自我中心，善于模仿及富于幻想。

2.区别急性应激障碍和创伤后应激障碍

(1)急性应激障碍又称急性心因性反应，是指由于突然发生的强烈应激性生活事件所引起的一种异常的快速的精神反应。在灾难事件后，即刻发生的严重的心理障碍多为急性应激障碍。

发生原因：急性应激障碍在人群中的发生情况依赖于应激事件的严重程度、持续时间的长短，以及患者在应激中的暴露程度。对个体来说，应激性生活事件是难以承受的，或对生命具有严重威胁的，例如重大交通事故、火灾、战争、亲人突然去世等，这些强烈的或持久的精神刺激因素是导致应激性障碍发生的直接原因。

(2)创伤后应激障碍是由异乎寻常的威胁性或灾难性心理创伤导致出现并长期持续的精神障碍。与急性应激障碍起病急相比，本病的潜伏期较长，一般几日、几周到几个月，多不超过6个月；症状持续时间在1个月以上，有的可长达1年；病程波动，多数患者预后较好，少数患者有人格改变，是在严重精神创伤后经过一段潜伏期才发病的。

3.创伤后应激障碍的病因都有哪些？

创伤后应激障碍是一种病因明确的心理障碍，但一个人是否会发展成创伤后应激障碍有着复杂和综合的原因，包括生理、心理和社会等多方面因素。

(1)生理易感性：与其他障碍一样，我们自身就具有心理和生理上的易感性。易感性越强的人，越容易患创伤后应激障碍。

(2)心理易感性：同样，创伤后应激障碍似乎也存在着某种一般性的心理易感性。福伊(Foy)等人发现，在非常强烈的创伤下，这种易感性的作用不大，然而在普通的创伤事件中，这种特质却起着决定性的作用。

(3)社会和文化的因素：社会和文化的因素在创伤后应激障碍的发展过程中起着非常重要的作用。许多研究的结果强有力地表明，如果你有一个强有力的支持系统，那么在遭受创伤后患上创伤后应激障碍的可能性会明显降低。同时，积极的应对方式，如包含主动问题解决在内的积极应对策略，也具有保护作用，而生气或责备他人都会使得创伤后应激障碍的发病率升高。

◎本章复习题

一、选择题

1.D 2.E 3.A 4.B 5.A 6.D 7.C 8.B

二、案例分析题

该女子可能诊断为癔症。在转化反应中，心理障碍变成身体障碍，导致了身体上实际的生理功能丧失，如失明、失听或肢体的瘫痪，而这些都找不到身体上的原因。歇斯底里患者并非有意装出身体症状，但他们又没有任何身体上的原因。分离反应是指在一些情境中，人格的某些部分同一些部分分裂开来。歇斯底里患者以此方式来进行自我防卫，与恐怖的观念或内部冲突作斗争。分离的发生有好几种途径，如遗忘症、梦游症、多重人格等。

第八章

◎复习巩固

◎第一节

1.答案：人格障碍也称为病态人格，又称精神病态，是一种人格在发展和结构上的明显偏离正常，使个体形成了牢固和持久的认知、情感和行为模式——这种人格模式顽固难以改变，表现为社会适应不良或反社会，并导致个体社会功能明显损害，主观上痛苦或让周围人感到痛苦。

2.答案：(1)异常心理行为模式：这种模式显著偏离了文化背景预期和大众期望的内心体验和行为的持久模式。具体表现在认知、情感、人际关系功能和冲动控制四个方面上的异常模式。

(2)社会功能受损：社会功能受损是人格障碍的异常行为模式产生的后果。该类患者持久的心理行为模式缺乏弹性和泛化的，影响到涉及个人和社交场合的诸多方面。

◎第二节

1.答案：DSM-5将人格障碍分为A、B、C三组10种类型。

A组人格障碍是以比较连贯的非冲突行为为特征，包括偏执型、分裂样和分裂型。

B组人格障碍包括：边缘型、自恋型、表演型和反社会型，具有这些人格特性的人对人际关系有矛盾心理。

C组包括：回避型、依赖型和强迫型，主要表现为处理人际关系上的严重困难，包括公开的敌意和混乱。

2.答案：人格障碍的共病是指人格障碍与其他精神疾病共存于同一患者或同一人共患几种不同类型的人格障碍。人格障碍与诸多精神障碍有显著的共病，是这些精神障碍的底层变量，而人格障碍的功能性受损也与这些共病症状密切相关。

◎第三节

1.答案：

(1)生物学因素

①遗传因素：有证据表明。不同的人的脑电活动、心率反应、激素水平和其他一些生理特点都具有差异，而这不同的生物学差异很容易导致一些认知行为模式上的差异。

②神经生化因素：中枢神经递质活性研究表明边缘型人格障碍患者的冲动特征与中枢5—羟色胺功能缺乏相关。

(2)心理社会因素

人格障碍形成的心理社会因素主要集中于早期亲子关系和童年创伤性事件。

被父母抛弃或遭到忽视是病态人格发展的首要因素，它使儿童的社会化过程发生困难，难以形成自我同一性。

2.答案：(1)精神分析治疗重在探索导致人格病态的早期创伤经验，使个体认清并重新建构其基本的不安全感与消极的防御方式，通常至少持续一年。(2)认知行为治疗重在了解人格障碍患者扭曲的认知观念，通过对认知观念的矫正和行为的重塑，改变他们对自己、对他人、对世界的反应模式。(3)家庭系统疗法、集体疗法和支持疗法对人格障碍的矫治均有效。

◎复习思考题

一、选择题答案

1.C　2.B　3.C　4.A　5.C　6. C　7. D

二、案例分析题

本例主要症状包括：利用外表、夸张和戏剧化的行为来吸引和追求他人注意，表现出自我吹捧和夸张的情绪表达。可能诊断为癔症型人格障碍。

第九章

◎复习巩固

◎第一节

1.答案：进食障碍是一组以进食行为异常为主的精神障碍，进食障碍包括神经性厌食症（anorexia nervosa，AN）、神经性贪食症（bulimia nervosa，BN）和暴食症（binge eating disorder，BED）。

2.答案：神经性贪食指毫无控制的进食或者暴食，然后采取特定的行为来防止体重增加，这些行为可能包括自我催吐、服用泻药、利尿剂或灌肠剂，禁食或者参加大量的运动。暴食症者有暴食的倾向，但通常没有参与任何不合适的"补偿性"行为（如清除，使用泻药或者运动）来限制体重的增加。与神经性厌食症和神经性贪食症不同，暴食症患者较少出现饮食严格限制。

◎第二节

1.答案：在CCMD-3诊断系统中，睡眠障碍指各种心理社会因素引起的非器质性睡眠与觉醒障碍。包括失眠症、嗜睡症和某些发作性睡眠异常情况（如睡行症、夜惊、梦魇等）。DSM-5中，用睡眠—觉醒障碍来界定这一组障碍，包括十类障碍或障碍群：失眠障碍、发作性睡病、与呼吸相关的睡眠障碍、昼夜节律睡眠-觉醒障碍、非快速眼动（NREM）睡眠唤醒障碍、梦魇障碍、快速眼动（REM）睡眠行为障碍、不安腿综合征以及物质/药物所致精神障碍。

2.弄清导致失眠的原因、特点和规律，调整和改善睡眠环境，保持有规律的作息制度，进行自我调节；有必要的时候，可以进行心理治疗和药物治疗。

◎第三节

1.答案：性功能障碍是性行为和性感觉的障碍，常表现为性心理和生理反应的异常或者缺失，是多种不同症状的总称。常见为性欲减退、阳痿、早泄、性高潮缺乏、阴道痉挛、性交疼痛等。

2.答案：在DSM-5中，用性欲倒错障碍进行描述，将这些障碍分为两组。第一组障碍是基于异常的活动偏好。此类障碍被细分为求偶障碍，代表着扭曲的人类求偶行为元素（窥阴障碍、露阴障碍），以及虐待障碍，涉及疼痛与受苦（性受虐障碍和性施虐障碍）。第二组障碍分类是基于异常的目标偏好。此类障碍涉及一种指向其他人类的（恋童障碍）和两种指向其他事物的（恋物障碍和异装障碍）。

◎本章复习题

一、选择题答案

1.AB　2.AB　3.ABCD　4.ABC　5.ABCD　6.ABCD　7.AD

二、案例分析题

该案例在初中之前可能被诊断为厌食症，高中以后可能被诊断为贪食症。症状符合这两种进食障碍的标准，但病因并不明确。

第十章

◎复习巩固

◎第一节

1.儿童与青少年心理障碍有什么特点?

与成人心理障碍相比,儿童青少年心理障碍在发展速度、预示性、表达性和特异性方面不同。

2.儿童与青少年期的心理障碍可以分为哪些类型?

儿童青少年期心理障碍分为:(1)智力发展障碍;(2)行为障碍;(3)情绪障碍;(4)心理或情绪因素引起的生理功能障碍和疾病。(5)学习障碍;(6)神经症和精神病。

3.对儿童的心理治疗可能会有什么样的效果?

对儿童青少年心理障碍的治疗,有预见性和预防性的效果。

◎第二节

1.什么是精神发育迟滞? 如何辨别?

精神发育迟滞的诊断标准有三条:

(1)智力明显低于平均水平,智商接近或者低于70。

(2)患者的适应功能同时受到损伤或者存在不足。换句话说,智商接近或者低于70是不足以诊断精神发育迟滞的,还必须在以下至少两项上存在明显的困难:沟通、自理、家庭生活、社交或者人际交往技能、使用社会资源、自我管理、学习技能、工作、休闲、健康、个人安全。这些方面之所以非常重要是因为它排除了由其他原因导致智力测验得分很低但社会功能保持良好的个体。

(3)在18岁之前发病。这一年龄标准将由于脑部创伤等造成的成年人的智力障碍排除在外。

2.精神发育迟滞的影响因素有哪些?

精神发育迟滞的影响因素包括:基因遗传因素——1.性染色体异常;2.常染色体异常;3.新陈代谢基因异常。环境因素——1.胎儿期环境2.外部创伤;3.社会经济地位。

◎第三节

1.孤独症的症状表现怎样?

孤独症一般起病于出生后36个月以内,主要表现为三大类核心症状,即:社会交往障碍、交流障碍、兴趣狭窄和刻板重复的行为方式。

2.可以通过哪些途径对孤独症患者进行干预?

首先在认识上达成共识,其次从社交技能上入手,第三父母需要支持和自我调适。

◎第四节

1.儿童多动症的症状虽然很多,但其最基本、主要的核心症状主要有以下三个方面:(1)活动表现过多;(2)注意集中困难;(3)冲动任性。

2.多动症综合干预模式的主要内容是什么?

目前的干预多采用多学科、多治疗方式的综合模式,各种干预方法的结合方式主要有以下四种:

(1)药物治疗与在家庭、学校中家长与教师的行为管理、技术相结合;

(2)药物治疗与自我控制训练相结合;

(3)家长行为管理技术训练与儿童自我训练相结合;

(4)药物治疗、自我控制训练和教师、家长行为管理技术训练相结合。

对综合干预模式效果初步评价结果表明,它不但存在明显的短期效果,而且还有较好的长期效应。

◎第五节

1.学习障碍的主要类型有哪些?

学习障碍(learning disabilities)主要有三种类型:阅读障碍、书面表达障碍和数学障碍。

2.分离焦虑障碍是由哪些因素引起的?

分离焦虑障碍是由个体因素和社会环引因素引起。

◎本章复习题

一、选择题

1.ABD 2.A 3.A 4.ABC 5.ABCD 6.ABCD 7.BCD 8.C 9.D 10.B

二、案例分析题

1.注意力不集中,分心。对任何事物都有注意力集中的困难,即使是对最感兴趣的事。不仅上课不能注意听讲,做小动作,扰乱别人,即使是在看比较喜欢的动画片时也不能聚精会神。所以有一定程度的注意障碍,这是多动症的主要表现之一。

2.小动作多,手脚不停,让其安静下来难度较大。在多动症儿童中其中95%的就有此类表现。

3.情绪不稳定,自我控制能力差。举止行为缺乏思考和判断。意识不到到处乱跑的危险性。

4.存在着一定程度的学习困难,还有语言障碍—-口吃,讲话少。通过以上分析我们基本可以断定该幼儿患有多动症。

第十一章

◎复习巩固

◎第一节

1.答案:《中华人民共和国精神卫生法》自1985年开始起草,终于于2012年10月26日通过,自2013年5月1日起施行,并于2018年4月进行了修订。该法案明确了精神障碍患者的权益,明确了精神卫生工作相关主体的职责,明确了精神卫生的相关法律责任,建立了精神障碍预防制度,规范了精神障碍患者的住院医疗制度和康复制度,对精神障碍的诊断和治疗医疗机构提出了相关要求,以及为发展精神卫生事业建构了精神卫生保障体系等,使得中国精神障碍患者的合法权益保护进入了崭新的历史时期。

2.答案:

(1)精神障碍患者的隐私保护;

(2)精神障碍患者的劳动就业和受教育等权利;

(3)精神障碍的诊疗权利;

(4)民事和刑事安置所维护的相关权益。

◎第二节

1.答案:民事行为能力指公民能够通过自己的行为,取得民事权利和承担民事义务,从而设立、变更或终止法律关系的资格。也即是公民以自己的意志行为独立进行民事活动和对其过失行为承担相应民事责任的能力。

2.答案:对精神障碍患者进行民事行为能力的鉴定或评估,要根据医学要素(是否为精神障碍患者)和法学要素(对民事行为的辨认能力状况。辨认能力是指民事活动当时人能够理解其民事行为的法律意义和行为后果,以及能否做出与真实意思相一致的表示)相结合的原则进行。也即是说,首先确定被鉴定人是否存在精神障碍,在此基础上分析其精神状态对某种民事行为辨认的影响。

3.答案:精神障碍患者的民事安置通常都由患者的亲属或执业医师提出,然后法庭可能会要求当事人接受检查来评估心理状况、自我照顾的能力、是否需要治疗以及造成伤害的可能性。在综合考虑这些信息的前提下,法官最终判断是否应当对患者进行安置。这一过程与其他法律程序类似,患者也享有法律所规定的充分的权力和保护。

◎第三节

1.答案:刑事安置是指个体①因精神失常被判无罪而被强制收入精神病院(或无刑事责任能力),或②因被控犯罪而需进入精神病院接受评估来决定其是否有能力接受审判的程序(或有无受审能力)。

2.答案:按照我国《刑法》的相关规定,在确定精神疾病诊断以后,辨认能力和控制能力就是评定刑事责任能力的两大关键。

(1)辨认能力

辨认能力是指行为人具备对自己的行为在刑法上的意义、性质、作用、后果的认识能力。具体而言就是行为人是否意识到其行为的动机、目的、为达目的所准备或采取的手段、该行为的法律意义、是否预见到行为的后果、是否理解其行为的犯罪性质等。

(2)控制能力

控制能力是指行为人具备按照自己的意志选择实施或不实施刑法所禁止的行为的能力。控制能力是以辨别能力为前提的,不具备辨别能力的行为人就不具备法律意义上的控制能力,只有在辨认能力存在的情况下,才需要确认是否具备控制能力。

3.答案:

受审能力主要由以下成分构成:

(1)是否理解对其诉讼的目的和性质;

(2)是否理解自己的情况与这次诉讼的关系;

(3)是否具有与律师合作、商量,协助辩护人为其辩护的能力;

(4)是否理解与其他诉讼参与人的关系,能对其他诉讼参与人的提问做出应有的回答。

此外,能否承受审讯和在拘禁场所长期等待判决等所带来的压力;在审讯中能否克制自己,避免出现不理智的失控行为;以及能否进行自我保护,利用法律有效地保护自己等,也都是评定受审能力时应当考虑的问题。

◎第四节

1.答案:研究者必须提供足够的信息,使参与者能够理解这项研究及其相关风险,并让参与者自主决定他们是否想要参与研究,这就是知情同意权利。

2.答案:在下列情况中不能使用特许保密通信权利,具体内容如下:

(1)客户控告治疗师治疗不当。在此类案件中,治疗师可以在客户发起的法律诉讼中透露治疗相关的信息为自己辩护;

(2)客户小于16周岁,并且治疗师有理由相信客户曾经是某项犯罪如儿童虐待的受害者。事实上,心理医生应当在怀疑儿童客户受到身体虐待包括性侵犯的36小时内就报告警察或儿童福利机构;

(3)客户犯罪后为了逃避法律或为实施犯罪而启动治疗;

(4)治疗师认为客户对自身或他人构成威胁,为了防止此类威胁有必要披露相关信息。

◎第五节

1.答案:急性短暂性精神障碍是指一组起病急骤,以精神病性症状为主的短暂精神障碍。它有三大临床特征:急性、短暂性、精神病性。

急性,是指起病过程很急,一般在两周内起病;

短暂性,是指病程持续时间不长,整个过程一般在一个月以内;

精神病性,是指以幻觉、妄想进行逻辑推理,比较多见的如被害妄想等;
且这些症状都是原发性的。

2.答案:

激情犯罪是指行为人在受到强烈挫折后,由于情绪异常激动而产生的难以控制的暴发性、冲动性犯罪行为。这是一种带有明显情绪、情感色彩的犯罪,包括杀人、伤害、毁物、纵火等。

激情犯罪的特征包括:

(1)犯罪人的理智削弱或丧失,具有自控力缺乏和易激惹的反应习惯。

(2)犯罪人具有盲目、畸形的自尊意识,以及过分认真、拘泥形式、敏感多疑、易受暗示、情绪不稳定、易冲动等人格特征,大多缺乏客观的自我评价能力和坚强的意志品质。

(3)从产生激情到实施犯罪行为,有两种情况:一是当即产生犯罪冲动而引起犯罪行为,在刺激与行为之间缺乏冷静思考的时间,此为典型的激情犯罪;二是不良情绪体验长期郁积,在某种刺激的引发下瞬间爆发而实施犯罪。

(4)无预谋。

(5)后果往往相当严重,犯罪手段残忍。

◎本章复习题

一、选择题

1.A 2.B 3.C 4.A 5.D 6.C 7.B 8.D 9.A 10.D

二、案例分析题

我国《中华人民共和国刑法》第十八条规定,"精神病人在不能辨认或者不能控制自己行为的时候造成危害结果,经法定程序鉴定确认的,不负刑事责任。""间歇性的精神病人在精神正常的时候犯罪,应当负刑事责任。""尚未完全丧失辨认或者控制自己行为能力的精神病人犯罪,应当负刑事责任,但是可以从轻或者减轻处罚。"本案中的犯罪嫌疑人黄某在作案时辨认能力和控制能力没有明显影响,因此他应当承担相应的刑事责任。

上海一中院对此案的最终判词:犯罪嫌疑人黄某系有预谋、有准备地在校园附近针对无辜儿童实施严重暴力,其犯罪动机极其卑劣,犯罪手段极其残忍,犯罪后果极其严重,社会影响极其恶劣。虽黄某患有精神疾病,具有限定刑事责任能力,但鉴于其罪行极其严重,人身危险性极大,且其精神疾病对其作案时辨认、控制自己行为能力没有明显影响,故应依法予以严惩。故判决黄某犯故意杀人罪,依法判处死刑。

主要参考文献

[1]王玲.变态心理学[M].广州:广东高等教育出版社,2005.
[2]王建平,张宁,王玉龙.变态心理学(第三版)[M].北京:中国人民大学出版社,2018.
[3]徐砺.我的我——电影中的异常心理分析[M].成都:西南交通大学出版社,2016.
[4]陈仲庚.变态心理学历史发展的四次变更[J].心理科学通讯,1983(05):31-36.
[5]戴明月.中国传统变态心理学思想研究[D].南京:南京师范大学,2008.
[6]李亚明."天人合一"与中国古代的精神疾病观[J].医学与哲学(A),2013,34(09):31-34.
[7]郝风仪.童年创伤与精神障碍[D].重庆:重庆医科大学,2018.
[8]李向青,卢颖,任利华,等.中国精神疾病流行病学调查的研究[J].现代预防医学,2014,41(19):3489-3491.
[9]孙旭海.中医精神疾病分类与症状的古代医学文献整理研究[D].北京:中国中医科学院,2007.
[10]Tolle.实用精神病学(第10版)[M].王希林,译.北京:人民卫生出版社,1996.
[11]高铭.天才在左 疯子在右[M].武汉:武汉大学出版社,2010.
[12]安德鲁·格兹费尔德.他们在跟踪我(变态心理学案例故事)[M].石林,等译.北京:世界图书出版公司,2006.
[13]Philips M, Zhang JX, Shi QC, et al.2001—2005年中国4省份精神疾病的患病率、治疗情况和相关残疾:一项流行病学调查[J].世界临床医学,2009(11):914-926.
[14]肖茜,张道龙.ICD-11与DSM-5关于双相障碍诊断标准的异同[J].四川精神卫生 2019,32(05):456-459.
[15]汪隽,樊嘉禄,凌艳.社交恐怖症研究综述[J].中国校医,2008(04):473-475.
[16]何浩,金洪源.特定对象恐怖症的条件性情绪心理干预1例[J].中国健康心理学杂志,2010,18(12):1529-1531.
[17]常桂花,孔伶俐,刘春文.躯体形式障碍的病因学研究进展[J].国际精神病学杂志,2013,40(01):46-48.
[18]周昕,陈姣红,袁星.神经衰弱的发病因素及心理护理效果的研究[J].中国当代医药,2015,22(29):182-184,188.
[19]简毅荣.神经衰弱患者的心理特征及护理对策[J].临床合理用药,2013,6(11A):156-157
[20]姚玉芳,胡波.躯体化障碍的临床特征、治疗及临床转归的研究[J].国际精神病学杂志,2011,38(01):10-14.
[21]王伟勇,翟书涛.癔症和躯体化障碍[J].中国神经精神疾病杂志,1989(05):297-298.
[22]翟书涛.文化人类学和癔症有关状态[J].国际精神病学杂志,1987(02):65-69.
[23]钟衔江,张丽丽,韩书贤,等.一起集体性癔症诱因、临床特征、干预措施的研究[J].中国神经精神疾病杂志,2014,40(03):162-166.
[24]刘舜华,廖振慧.应激相关障碍患者的精神创伤事件与应对方式研究[J].临床心身疾病杂志,2015,21(05):91-93,97.
[25]罗勇,郑友军.汶川大地震后重灾区民警应激反应调查研究[J].中国健康心理学杂志,2009,17(02):228-230.
[26]樊洁,朱熊兆,雷辉,等.强迫症伴强迫型人格障碍患者的临床表现[J].神经疾病与精神卫生,2014,14(03):229-231,235.
[27]王振,肖泽萍,邹政,等.强迫症与人格障碍的共病研究[J].中国心理卫生杂志,2003,17(06):409-411.
[28]周肖榕,周娟,陈红辉.复杂型创伤后应激障碍与边缘型人格障碍的病因学共病研究[J].神经损伤与功能重建,2014,9(04):331-334.
[29]蒋小娟,赵利云,程灶火,等.儿童和青少年心理障碍与家庭教养方式的关联研究[J].中国临床心理学杂志,

2013,21(05):800-803,806.
[30]聂晶.儿童与青少年心理障碍的防治[M].北京:中央广播电视大学出版社,2014.
[31]王亚莉,方凤,潘志尧.儿童多动症、抽动症与过敏原[J].中国心理卫生杂志,2006(06):370.
[32]郭田友,郭兰婷.伴品行障碍多动症儿童的临床观察[J].中国心理卫生杂志,2003(07):451-452.
[33]高维佳,苏林雁,丁香平,等.注意缺陷多动障碍共患焦虑和抑郁情况及其行为特点的研究[J].中国实用儿科杂志,2010,25(11):857-860.
[34]张银波,代光智.感觉统合训练对精神发育迟滞儿童影响的对照研究[J].临床精神医学杂志,2012,22(02):85-88.
[35]韦晴,胡晓毅.孤独症儿童的认知行为干预研究[J].应用心理学,2018,24(03):234-242.
[36]张婷,邵智.孤独症儿童心理理论特征及临床干预的研究进展[J].中国儿童保健杂志,2018,26(04):386-388.
[37]肖舟,卢建平,柯晓殷,等.孤独症谱系障碍行为与发展干预训练的研究进展[J].国际精神病学杂志,2018,45(02):220-222.
[38]王卫红.抑郁症、自杀与危机干预[M].重庆:重庆出版集团,2006.
[39]中华医学会精神科分会.CCMD-3中国精神障碍分类与诊断标准[M].济南:山东科学技术出版社,2001.
[40]美国精神医学学会.精神障碍诊断与统计手册(第五版)[M].张道龙,等译.北京:北京大学出版社,北京大学医学出版社,2015.
[41]Andrews G,Hunt C,Jarry M.精神障碍的处理(第三版)[M].肖泽萍,徐一峰,译.上海:上海科学技术出版社,2002.
[42]赵敏彤.你离变态有多远? 变态心理学绘本书[M].武汉:武汉大学出版社,2010.
[43]珍妮特·S.海德,约翰·D.德拉马特.人类的性存在(第8版)[M].贺岭峰,李强,高旭辰,等译.上海:上海社会科学院出版社,2005.
[44]Huang Y,Liu Z,Wang H,et al.The China Mental Health Survey(CMHS): I.background, aims and measures[J].Social Psychiatry & Psychiatric Epidemiology,2016,51(11): 1559.
[45]Mancill R B,Lehman S L,Sills L L,et al.Current and lifetime comorbidity of the DSM-IV anxiety and mood disorders in a large clinical sample[J].Journal of Abnormal Psychology,2001,110(4): 585.
[46]Parmar A,Kaloiya G S.Comorbidity of personality disorder among substance use disorder patients:a narrative review[J].Indian Journal of Psychological Medicine,2018,40(6):517-527.
[47]Niedtfeld I I,Schulze L,Krause-Utz A,et al.Voxel-based morphometry in women with borderline personality disorder with and without comorbid posttraumatic stress disorder[J].PLOS ONE,2013,8(6):1-9.